新工科建设之路 · 区块链工程与金融科技系列

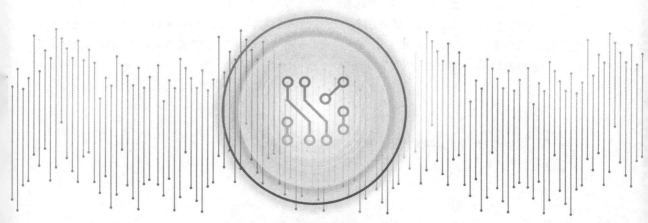

BLOCK CHAIN

区块链
原理与实践

潘　恒　斯雪明◎编著

电子工业出版社·
Publishing House of Electronics Industry
北京·BEIJING

内 容 简 介

本书详细介绍区块链涉及的相关理论、思想和方法。全书共 11 章，按照区块链 3.0 的体系架构思想，由底向上逐层介绍数据层、网络层、共识层、激励层、智能合约层、应用层所涉及的核心方法，同时对区块链的安全和比特币、以太坊、超级账本三种典型区块链系统进行了介绍，并辅以相应示例。

本书内容知识点覆盖全面，文字通俗易懂，技术介绍深浅有度，应用示例多，可操作性强，可作为高等学校区块链工程与技术、计算机科学与技术、金融科技、商务智能等相关专业的教学参考书，也可作为区块链从业人员和相关企业事业单位相关人员的参考书。

图书在版编目（CIP）数据

区块链原理与实践 / 潘恒，斯雪明编著. —北京：电子工业出版社，2021.9

ISBN 978-7-121-41945-4

Ⅰ. ① 区… Ⅱ. ① 潘… ② 斯… Ⅲ. ① 区块链技术—高等学校—教材 Ⅳ. ① TP311.135.9

中国版本图书馆 CIP 数据核字（2021）第 179689 号

责任编辑：章海涛

印　　刷：中煤（北京）印务有限公司

装　　订：中煤（北京）印务有限公司

出版发行：电子工业出版社

　　　　　北京市海淀区万寿路 173 信箱　　邮编：100036

开　　本：787×1 092　1/16　　印张：22　　字数：560 千字

版　　次：2021 年 9 月第 1 版

印　　次：2022 年 9 月第 3 次印刷

定　　价：59.80 元

前　言

作为新一代互联网技术，区块链可以解决现有非信任网络环境下的信任问题，继而重构商业关系、生产关系，推动互联网从信息互连到价值互连的升级转变。

人们对区块链（Blockchain）的认知多从比特币开始，甚至有些人至今仍然将区块链与比特币混为一谈。比特币开启了区块链应用的大幕，但是区块链不等同于比特币，比特币仅是区块链在金融方面的第一个也是最成功的应用实例。可以预见，在不远的将来，区块链技术将被应用于各行各业，成为提高人类社会生产力的技术革新力和推动力。

为此，各国政府和企业都异常重视这项新技术。截至 2019 年年初，全球 40%财富 500 强企业都已经涉足区块链技术的研发和应用。2019 年 6 月 18 日，Facebook 发布了数字货币 Libra（天秤币）的白皮书，引发业界震动。我国政府更是特别重视区块链技术，习近平总书记强调要把区块链作为核心技术自主创新的重要突破口，明确主攻方向，加大投入力度，着力攻克一批关键核心技术，加快推动区块链技术和产业创新发展。区块链将成为未来信息领域研发的必备技能，区块链技术学习是非常必要的。

作为一本入门级教学参考书，本书特点如下。

（1）知识点深入全面。本书覆盖了区块链涉及的基本概念，对区块链的最新技术也分散在各章中进行了介绍。

（2）应用示例多，可操作性强。除了介绍基本理论，本书还对比特币、以太坊、超级账本 Fabric 三种典型区块链系统做了详细介绍，同时辅以大量的代码示例，所有示例均经过实际环境调通并运行测试。

（3）技术介绍深浅有度。本书虽然基本涵盖目前区块链的各类技术，但考虑到初学者需要循序渐进，重点仍然在介绍基本概念、方法、操作、实例上；相关新技术及发展方向仅介绍了基本概念和思想，但给出了相关参考资料，供有需求的读者深入研读。

本书将按照区块链 3.0 的体系架构思想，由底向上逐层详细介绍区块链涉及的各种技术和方法，为读者揭开区块链的神秘面纱。本书各章的内容安排如下：

第 1 章介绍区块链技术的基本知识点、分类、特点、发展历程、典型区块链系统、技术发展方向及价值作用等，以期读者能够对区块链技术及发展形成初步了解。

第 2 章介绍区块链中常用的哈希算法、非对称加密算法，并介绍 Merkle 树及其在区块链中的应用。

第 3 章介绍区块链网络层技术，包括 P2P 网络的原理与特点、区块链网络拓扑结构、节点编址方法、资源获取方法等。

第 4 章阐述分布一致性理论和共识算法的其他理论基础，分析区块链系统中典型的几种共识算法及其技术原理，介绍一些新型区块链共识算法和共识算法发展趋势，最后总结了不同共识算法的适用场景及其优缺点。

第 5 章介绍区块链激励层的组成部分和重要作用，并分别详细介绍比特币、以太坊和 IPFS 三种典型公有区块链系统中的发行机制和分配机制。

第 6 章介绍智能合约的概念、原理、特点和应用，对比特币、以太坊和超级账本中的智能合约进行详细阐述，介绍智能合约的开发、部署和调用方法。

第 7 章简要介绍区块链技术在金融、实体经济、行业服务等方面的典型应用场景，以及比特币、以太坊、超级账本 Fabric 开发环境和一般开发流程。

第 8 章分析区块链系统的主要安全目标，详细介绍区块链系统各层中存在的多种安全威胁和攻击方式，介绍为实现区块链系统主要安全目标而采用的各类密码和网络技术。

第 9 章介绍比特币系统的系统结构、网络构成、共识算法及其运行原理，并分析核心源码 Bitcoin Core 及其使用方法。

第 10 章介绍以太坊的体系结构、工作流程与运行原理，介绍以太坊开发环境和智能合约开发语言，并给出以太坊投票智能合约案例和基于以太坊的彩票项目完整实例。

第 11 章介绍超级账本项目、Fabric 技术原理，基于 Fabric 1.4 版本介绍链码的编写方法及示例，并给出基于 Fabric 的一个电子合同存证系统项目实例。

本书涉及的环境搭建和详细代码以附录形式给出，所附代码均经过实际调试运行。

本书得到了斯雪明教授的全程指导，在章节编排、讨论并审阅了全书；潘恒老师负责全书的统稿，并撰写第 1、7、11 章及相关附录；祝卫华老师撰写了第 2、10 章及相关附录；姚中原老师撰写了第 4、5、8 章；刘伎昭老师撰写了第 3、6 章；王文奇老师撰写了第 9 章。马雪、朱自强、赵海鸿、文家、武志立、钱海洋、张瑶瑶、蔡福港、郭尚坤等研究生搜集了相关素材，实现了示例代码的编写、调试、运行及相关文档的初步编写。

本书所引图片及所引文字尽量标出出处，有些图片来自网络素材无法找到原始发布者，均注明来自网络资料。对参考内容未能标注出处的，敬请相关著作权人及读者谅解并给予反馈，将在后续版本中做出说明和修正。

由于认识水平及表达能力所限，书中错漏之处在所难免，还望读者批评指正。

作　者

目　录

第 1 章 认识区块链

本章从区块链的几个基本术语开始，讲解区块链的基本概念和工作原理，然后介绍区块链的发展历程、发展趋势、存在问题和意义价值，试图为读者建立起对区块链的基本认知和宏观认识。

1.1 区块链概述

区块链是利用块链式数据结构来验证和存储数据、利用分布式节点共识算法来生成和更新数据、利用密码学的方式保证数据传输和访问的安全、利用由自动化脚本代码组成的智能合约来编程和操作数据的、一种全新的分布式基础架构和计算范式。

区块链不是一个全新技术，是分布式网络、密码学和计算机编程等技术的巧妙组合。互联网技术日新月异，但应用的最大瓶颈仍然是可靠、安全和信任问题。区块链技术巧妙地通过对等网络 (Peer-to-Peer, P2P) 技术、共识算法 (Consensus Algorithm)、哈希算法 (Hash Algorithm)、公钥算法 (Public Key Algorithm)、分布式账本 (Distributed Ledger)、智能合约 (Smart Contract) 等技术的组合为解决网络的信任问题找到了较好的解决方法。

下面介绍分布式账本、共识机制、非对称密码算法和智能合约等概念。

1.1.1 分布式账本

1. 中心化和去中心化

在介绍分布式账本前，首先要理解去中心化 (Decentralized) 的思想。计算机网络有两种典型应用模式，一种是中心化的集中式客户 - 服务器 (Client/Server, C/S) 模式，另一种是去中心化的对等 (即点到点) 网络模式。C/S 模式是指所有的网络资源集中在服务器上，用户作为客户端，采用向服务器请求资源、服务器应答回复资源的方式。在 C/S 模式中，服务器在网络中处于中心地位，大多数操作必须通过服务器，存在服务器负载过重、网络带宽限制、中心节点容易遭受攻击等诸多问题。对等网络模式是指每个节点地位相等且具备服务器和客户端的双重功能，既能作为服务器节点为其他客户提供服务，也能作为客户端向其他节点请求资源。C/S 模式是典型的中心化模式，而对等网络的各节点彼此平等，没有主次之分，是一种去中心化的服务模式。

1999 年以来，P2P 技术被广泛应用于计算机网络的各领域，其主要特点是分布式存储、分布式处理、分布式资源共享等。P2P 网络根据其去中心化程度可大致分为去中心化、半中心化、中心化三种。简单来说，去中心化 P2P 网络就是各节点完全平等，没有主次之分；半中心化也称为混合式结构，吸取了中心化和去中心化的优点，节点分为能力较强的超级节点和普通节点；早期的集中目录式结构对等网络采用中心化结构，将资源索引放在中心节点，具体资源分布式存放在各节点。

虽然 P2P 技术有诸多优点，但是在过去的 20 多年，其发展的主要瓶颈包括对等节点之间的信任、如何保持一致性等问题。在一个去中心的分布式系统中，怎样才能防止非恶意的误操作及网络延迟等问题引起的不一致？怎样才能保证在各节点在完全对等的基础上确保没有恶意节点，保证无节点散播虚假信息和恶意破坏？区块链技术在现有分布式共识机制的基础上引入密码学技术，在提供分布式系统可靠性的同时，一定程度上拓展了其安全和可信能力，路径也是为了解决以上问题而出现的。

2. 分布式记账

区块链的第一个成功应用是比特币，因此区块链的很多概念和术语来源于比特币系统。比特币实际上是一个金融交易系统，最重要的概念是账本（Ledger）。账本是所有金融系统中的交易记录。区块链实际上是提供分布式存储的数据库，将数据写入数据库，就是记账的过程。

从金融的角度看，记账方式从记录花费详情的"单式记账法"发展到现代金融系统的"复式记账法"，再到以比特币为代表的"多点记账"或"分布式记账"。无论"单式记账"还是"复式记账"均采用中心式记账方法，与区块链的"分布式记账"有本质的区别。

"单式记账法"是最简单、最直观的记账方式，指对发生的每项经济业务，只在一个账户中加以登记的记账方法。单式记账法能够帮助个人了解自己的花费情况，其账户设置不完整、不能全面系统地反映资金要素的增减变动和经济业务的来龙去脉。

现代金融系统多使用"复式记账"的方法来记录交易。在任何一项经济业务发生时，会引起在资产和负债两个项目上同时发生增减变动，且增减的金额相等，因此两个或两个以上相互联系的账户中登记资产和负债情况的方法就是复式记账法。复式记账法的种类有借贷记账法、收付记账法、增减记账法等。常见的借贷记账法是以"借"和"贷"为记账符号，以"有借必有贷、借贷必相等"为记账规则。其账目记录分为左右两块，左块称为借方，右块称为贷方。左块记录资产的增加、负债的减少；右块记录资产的减少、负债的增加。每笔交易都要记录"借"和"贷"两笔，两笔的金额相等。与单式记账法相比，复式记账法能够反映每笔交易资金的来龙去脉，能够进行试算平衡，便于查账对账。虽然复式记账法具有账户设置灵活、减少记账差错、便于业务分析等优点，但是存在虚假财务、核算工作量巨大等问题。

与以往的单式和复式记账法完全不同，以比特币为代表的区块链记账方式是"全网统一、全网共享"的分布式记账法，如图 1-1 所示。其主要区别在于多节点记账，即账目不但被存于发生交易的各方，而且账目在全网所有节点处都有完整一致的记录。也就是说，区块链的记账方式打破了单式记账和复式记账的中心化记录方法，是一份公开的分布式账本，全网每个节点记录了全网所有节点的所有交易历史，即与传统记账方式相比，区块链账本属于多点记录，各节点账本完全一致，更难篡改。

图 1-1　分布式账本和中心式账本

区块链起源于比特币，但不等同于比特币。区块链应用日益广泛，能够应用于金融领域之外的许多场景，但各种区块链书籍和文献资料仍将各种非金融操作称为交易（Transaction）。本书也采用"交易"术语指代操作，"记账"则指代将信息记录在区块链上的操作。

通常，一个账本由若干账本页组成，一个账本页以固定格式记录了多笔交易。

3. 区块链账本

通俗理解，区块链就是一个分布式账本。区块链中的每个区块可以理解为一页账本页。一个区块（Block）是由多笔交易记录组成的。每个账本页的记录内容有一定的格式，如前面介绍的单式记账法和复式记账法其记录格式有所不同。同样，区块结构如图 1-2 所示，区块一般包括区块头（Block Header）和区块体两部分。类似协议报文头部，区块头部一般是固定长度，不同的区块可以设计不同头部。例如，比特币的区块头部主要包含前区块哈希值、时间戳、版本号、随机数（有的也称为难度位）、默克尔树根值（Merkle-Root）等组成。区块体一般是由该区块所包含的交易数量和交易内容组成。传统纸质账本是利用线或者书钉将账本页串联起来的，区块链是将前一区块的杂凑值作为指针将区块连接在一起的。

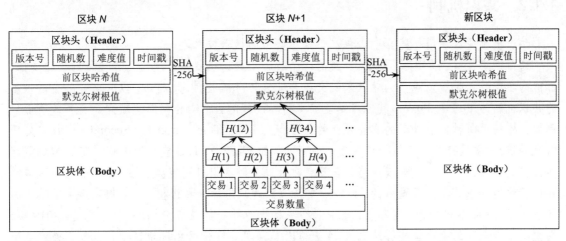

图 1-2　区块结构

构成区块及区块链的核心技术是杂凑函数。哈希（Hash）函数是将任意长度的消息压缩到某一固定长度的消息摘要的函数，也被称为单向散列函数、杂凑函数、杂凑算法等，是密码学中重要的保证数据完整性的方法。哈希函数具有单向性、抗碰撞性、可验证性等特点。

单向性是指已知函数 H 的输入 x，容易求其输出 $H(x)$；反之，已知输出 $H(x)$，求输入 x 则非常困难。

抗碰撞性是指想找到输出相同的两个不同输入是非常困难的。

可验证性是指杂凑函数 $H(x)$ 的输入发生任何一点变化，其输出都会发生明显的改变。

哈希函数的这些性质保证了区块内容的无法篡改。如果修改了某个区块的内容，那么其哈希值就会发生变化。而哈希值包含在其子区块的区块头部，因此该子区块的值也会发生变化，以此类推，从修改的区块开始，区块链的后续所有区块的内容都会有所变化，如图1-3所示。

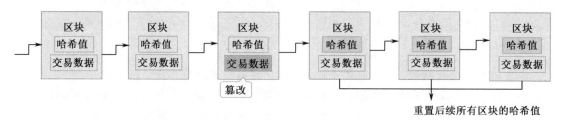

图1-3　区块链的不可篡改性

这种不可篡改性使得区块链式账本与传统账本的维护方法有显著不同，传统账本可以进行增、删、改、查操作，而对区块式账本只能"增"和"查"两个操作。在实际应用中，如果需要对区块链上记录的内容进行删除和修改，一般是通过在新增的区块中重新记录的方式。

哈希函数在区块链中起到了非常重要的作用。区块链在构成和交易中多次使用到哈希函数，除了上述在将区块连接成链时，区块构成中的默克尔树根值（Merkle-Root）也是利用哈希函数将该区块中包含的所有交易组成的哈希二叉树的树根；再如，区块链网络节点进行交易时，网络中的验证节点需要对合法交易进行签名，签名前一般会使用哈希函数对内容进行哈希后再进行签名。哈希函数的具体内容将在第2章进行介绍。

1.1.2　共识机制

共识机制是区块链构建非中心化"信任"网络的核心技术之一。

通俗来讲，共识是达成同步、一致的一个过程。共识机制是区块链可靠运行的核心支撑，目前的各类共识机制很难做到兼顾系统交易吞吐量和可扩展性。比特币、以太坊等公有链采用的共识机制为PoS或PoW，其优点是能够支持大规模的去中心化网络，缺点是交易效率低。例如，比特币每秒能够处理的交易数大约为7笔（TPS，Transaction Per-Second，即每秒处理的交易数）。联盟链共识机制是目前效率最高的，如PBFT的TPS能达到1000，但目前联盟链的主流共识算法仅支持小规模网络，当节点数量过多时共识机制就会崩溃。此外，很多联盟链共识算法的共识节点是预置好的，系统不支持节点的动态加入和退出，不支持完全去中心化的环境要求，可扩展性较差。实际上，集中式交易系统的吞吐量很高，性能也十分稳定。2019年，淘宝"双十一"的交易量能够达到54.4万TPS。可见，即便采用区块链中目前最高效的共识算法，其交易吞吐量与集中式网络存在巨大差距。同时，类似PoW的共识机制会带来巨大的资源浪费，也一直被业界所诟病。

共识机制的一种分类方法是将其按照是否存在恶意破坏节点导致不一致进行区分，按照容错类型，共识算法可以分为"拜占庭算法"和"非拜占庭算法"两类。考虑存在恶意节点或故障节点的分布式一致性算法被称为"拜占庭算法"，不考虑人为故障的分布式一致性算法被称为"非拜占庭算法"。

"拜占庭将军问题"是Leslie Lamport在1982年提出的假想问题。拜占庭帝国国土辽阔，军队之间相隔很远，军队之间通信需要靠信使传递。当发生战争时，不同地域的军队需要通过信使传递信息，才能进行联合作战获取胜利。但在将军们互相传递信息的过程中，如果出现叛徒将军或者叛徒信使，就会在军队之间传递错误信息，导致无法联合取胜。在可能存在叛徒的情况下，怎样保证忠诚将军之间不受影响的传送并获得一致正确的作战信息？

"拜占庭将军问题"描述的分布式一致性问题也是区块链共识问题。"拜占庭将军问题"是对该问题的一个现实世界的事例描述，其实质是在可能存在硬件错误、网络拥塞、恶意节点的分布式系统中，怎样达成节点之间的信息一致共识。

实际上，经典的拜占庭容错技术在同步通信环境下，如果恶意节点或故障节点不超过 1/3 的情况下，就能达成全网节点的共识。但在异步通信环境下，只要有一个恶意节点或故障节点，理论上就无法在达成全网节点一致（FLP 定理）。因此，目前实际可用的共识算法都是在一定假设条件下设计的，这些实用算法虽然有一定的优点，但存在局限性。

"非拜占庭算法"是分布式共识问题研究时间最长的一类，其应用场景是在节点数量有限且相对可信的分布式环境中怎样达成数据一致性。其代表算法有 Paxos 算法、Raft 算法等，目前这些算法也被应用在节点可信度较高的联盟链和私有链环境。

以比特币为代表的公有链共识问题，除了考虑传统分布式网络中的容错问题，还考虑了节点可能出现恶意行为的问题，因此属于"拜占庭算法"。这种区块链分布式架构假设在一个不可信分布式网络中，在没有中心节点和可能存在恶意节点的情况下，要求保证各诚实节点达成对交易内容的一致共识和一致记账。其典型代表有实用拜占庭容错算法（Practical Byzantine Fault Tolerance，PBFT），工作量证明机制（Proof of Work，PoW）、权益证明机制（Proof of Stake，PoS）、股份授权证明机制（Delegate Proof of Stake，DPoS）等。

另一种共识协议的分类方法是从如何选取记账节点的角度，现有的区块链共识机制可以分为选举类、证明类、随机类、联盟类和混合类。

选举类共识是指矿工节点在每轮共识过程中，通过"投票选举"的方式选出当前轮次的记账节点，首先获得半数以上选票的矿工节点将会获得记账权，如 PBFT、Paxos 和 Raft 等。PBFT 共识机制效率高，支持秒级出块，而且支持强监管节点参与，具备权限分级能力，在安全性、一致性、可用性方面有较强优势。然而，在 PBFT 中一旦有 1/3 或以上记账人停止工作，系统将无法提供服务，当有 1/3 或以上记账人联合作恶，且其他所有的记账人被恰好分割为两个网络孤岛时，恶意记账人可以使系统出现分叉。

证明类共识即 "Proof of X" 类共识，即矿工节点在每轮共识过程中必须证明自己具有某种特定的能力，证明方式通常是竞争性地完成某项难以解决但易于验证的任务，在竞争中胜出的矿工节点将获得记账权，如 PoW 和 PoS 共识算法等。PoW 的核心思想是通过分布式节点的算力竞争来保证数据的一致性和共识的安全性。PoS 的目的是解决 PoW 中资源浪费的问题。PoS 是由具有最高权益的节点获得新区块的记账权和收益奖励，不需要进行大量的算力竞赛。PoS 一定程度上解决了 PoW 算力浪费的问题，但是 PoS 导致拥有权益的参与者可以持币获得利益，容易产生垄断。

随机类共识是指矿工节点根据某种随机方式直接确定每一轮的记账节点，如 Algorand 和 PoET 共识算法等。Algorand 共识是为了解决 PoW 中存在的算力浪费、扩展性弱、易分叉、确认时间长等不足。Algorand 共识的优点包括：能耗低，不管系统中有多少用户，大约每 1500 名用户中只有 1 名会被系统随机挑中执行长达几秒钟的计算；民主化，不会出现类似比特币区块链系统的"矿工"群体；出现分叉的概率低于 10^{-18}。

联盟类共识是指矿工节点基于某种特定方式首先选举出一组代表节点，然后由代表节点以轮流或者选举的方式依次取得记账权。这是一种"代议制"共识算法，如 DPoS 等。DPoS 不仅能够很好地解决 PoW 浪费能源和联合挖矿对系统去中心化构成威胁的问题，也能够弥补 PoS 中拥有记账权益的参与者未必希望参与记账的缺点。

混合类共识是指矿工节点采取多种共识算法的混合体来选择记账节点，如 PoW+PoS 混合共识、DPoS+BFT 共识等。多种共识算法结合能够取长补短，解决单一共识机制存在的能源消耗、安全风险等问题。

下面简单介绍常见的区块链共识算法的原理及优缺点，共识协议的详细内容将在第 4 章介绍。

1. 实用拜占庭容错（PBFT）

实用拜占庭容错算法的算法复杂度为多项式级。假设系统内所有节点为 $3n+1$ 个，故障节点必须小于等于 n 个。节点被分为主节点和从节点两类。整个算法包括：客户请求，主节点序号分配，节点间相互交互，节点相互确认序号并执行客户端请求，节点分别响应客户端。

PBFT 算法的缺点如下。

① 扩展性较差。计算效率依赖于参与节点的数量，因此仅适用于节点数量较少的区块链系统。

② 去中心化程度弱。PBFT 算法仅适用于系统节点固定的联盟链或私有链环境，不适用于完全去中心化的公有链环境。

③ 容错率较低。恶意或故障节点数量必须少于 1/3 的系统总节点数量。

PBFT 算法的优点为：共识速度较其他共识机制较快，可以实现秒级共识。

2. 工作量证明（PoW）

节点在每轮共识中通过完成某项难以解决但易于验证的任务来竞争获取记账权，在每轮竞争中获胜的节点获得记账权。

例如，比特币使用的 PoW 共识算法俗称为"挖矿"，就是计算一个给定难度的哈希值的输入值，谁先计算出满足要求的随机数，谁就获取了记账权。由于挖矿需要耗费大量算力，为了鼓励矿工参与争夺记账权，比特币采用特有的激励机制，奖励获取记账权的节点一定额度的比特币，这也是"挖矿"名称的来历。

参加计算这类随机数来争夺记账权的节点被称为"矿工"。正如前面介绍的，哈希函数是一个单向抗碰撞函数，已知 H 的输入 x 计算 $H(x)$ 是容易的，但是已知 $H(x)$ 反推 x 是困难的。所谓"挖矿"，就是给定 $H(x)$ 值的条件，如小于某个固定值，求输入 x。这里不给定 $H(x)$，而是给出 $H(x)$ 的前几位为 0 这一限制条件，其目的是控制求 x 的难度，以控制获取节点记账权的时间间隔。节点获得了记账权，就意味着可以由记账节点打包，以生成区块，比特币系统一般将区块生成时间控制为 10 分钟左右。求得满足 H 要求的随机数 x，必须通过大量的穷举计算获得，这是节点算力的具体表现。

如果两个"矿工"同时"挖出"满足条件的随机数，同时生成两个新区块，这时区块链就存在"软分叉问题"。分叉是指同一时间段内全网不止一个节点计算出随机数，可能存在多个节点在网络中同时广播它们各自打包好的合法临时区块。某节点若同时收到多个针对同一前续区块的后续临时区块，则该节点会在本地区块链上建立分支。但是这种分支是临时性的，区块链采用"最长合法原则"，等到下一个区块被生成即下一个工作量证明被挖出时，该区块被添加到哪条链上，哪条链被证实是最长的，那么它就成为了合法链，如图1-4所示。系统自动丢弃分叉短链。为了防止出现分叉，通常一笔交易所在区块上链后续又有5个新链接的区块，也就是这笔交易得到6次确认后，才被认为确实上链了。

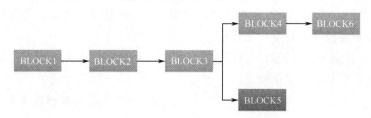

图 1-4　软分叉与最长合法原则

PoW算法的缺点如下。

① 资源浪费。挖矿行为造成了大量的资源浪费，包括电力资源和计算机算力资源等。

② 共识时间长。挖矿时间长且挖矿过程中存在分叉问题，上链确认时间也长，导致共识时间过长。比如，比特币每秒只能进行7笔交易，每笔交易的确认时间一般为1小时。

③ 51%算力攻击。PoW算法基于51%算力假设，如果恶意节点掌握了全网超过50%算力，就可能对网络进行破坏。以比特币为例，由于奖励比特币的激励机制，导致出现了大量集中的矿池，背离了去中心化的初衷，有可能出现51%算力攻击。

PoW算法优点为：工作量证明具有完全去中心化的优点，节点可以在不需要认证身份的条件下自由加入和退出网络，因此是公链较常使用的一种共识算法。

3. 权益证明 (PoS)

为了降低工作量证明共识算法造成的巨大资源浪费，2011年7月，化名Quantum Mechanic的网友在比特币论坛首次提出了权益证明（Power of Stake，PoS）共识算法。2012年，Sunny King在发布的点点币Peercoin中使用权益证明机制发行新币，这是权益证明机制在加密电子货币中的首次应用。

权益证明机制的运作方式是矿工必须拥有一定数量的代币才能获得竞争记账权力，PoS的"挖矿"是以货币的持有量为基础的。如果仅靠代币量来决定记账权，就会出现掌握代币量最多的节点控制记账权的情况，这种共识方法就会变成中心化记账方式。为了避免出现这种情况，不同的权益证明一般需要配合不同的工作量证明（PoW）方法来增加记账的随机性。

常见的权益证明机制根据每个节点拥有代币的多少和时间，依据算法等比例地降低节点的挖矿难度，从而加快了寻找随机数的速度。比如，点点币中拥有最长链龄的比特币获得记账权的几率大。也就是说，在这种共识机制可以缩短达成共识所需的时间，但本质上仍然需要网络中的节点进行挖矿运算。

PoS算法的缺点为：记账权不够随机。掌握代币量多的节点，获得记账权的几率较其他节点大，容易失去公正性，导致无法实现系统的完全去中心化。

PoS算法的优点为：共识时间较PoW短，同时降低了PoW的资源浪费率。

4. 股份授权证明 (DPoS)

股份授权证明机制（Delegated Proof of Stake，DPoS）尝试通过民主集中制实现共识。股份授权证明机制与董事会投票类似。首先由全体节点投票选举出一定数量的节点代表，由节点代表来代理全体节点确认区块、维持系统有序运行。节点代表轮流生成区块，如果在给定的时间片内无法生成区块，则将权限交给下个时间片对应的节点代表。全体节点可以通过投票随时罢免和任命新代表，实现实时的民主。

DPoS 算法的缺点为：记账权不够随机。类似 PoS，选取固定数量的代表节点记账存在中心化的隐患，无法实现完全去中心化架构。

DPoS 算法的优点为：共识时间较短。股份授权证明机制可以大大缩小参与验证和记账节点的数量，从而达到秒级的共识验证。

无论哪种共识算法均是包含四步的一个循环过程。每轮循环完成一次共识，生成一个新区块，如图 1-5 所示。

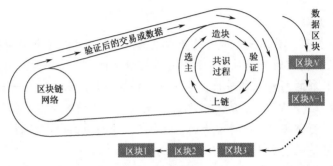

图 1-5　共识过程（见参考文献[8]）

第一步，选取记账节点。从全体节点中选取具有记账权的节点。

第二步，生成区块。由记账节点按照一定的策略，将一段时间的交易打包到一个区块中，并向全网节点进行广播。

第三步，验证区块。全网节点收到新打包区块后，进行数据的完整性、正确性验证和发送者身份信息等内容验证。如果验证通过，那么反馈信息；如果打包新区块得到全网大部分节点的验证认可，那么可以作为新区块添加到区块上。

第四步，上链记账。记账节点将新区块添加到从创始迄今为止最长的一条主链上，完成一次完整共识操作和区块生成上链过程。

共识过程的输入是数据节点生成和验证后的交易或数据，输出则是封装好的数据区块及更新后的区块链。这四步循环往复，每执行一轮就会生成一个新区块。

1.1.3　非对称密码算法

除了哈希函数，区块链技术用到的最多的密码学知识是公钥密码技术。

密码体制可以分为对称密码体制和非对称密码体制两种。对称密码体制的加密算法和解密算法的密钥是同一个。在非对称密码体制中，每个用户都会两个密钥：一个密钥是对外公开的，所有用户都可以获知，称为用户公钥；另一个密钥只有用户本人知道，不能透露给其他任何用户，称为用户私钥。因此，非对称密码算法也被称为公钥算法。一般来说，用户的公钥和私钥需要配合使用，如使用用户 A 的公钥对某个信息进行加密，必须使用 A 的私钥才能进行解密还原信息。正是因为公钥的公开和私钥的私密性质，以及公钥、私钥配合运算的特点，使得非对称密码体制可以实现对信息进行加密，还可以实现对信息的签名。

假定 Alice 想使用非对称密码算法对信息 M 进行加密，并发送给 Bob。这时，Alice 会使用 Bob 的公钥对信息 M 进行加密，因为只有 Bob 有对应的私钥才能进行解密还原信息。能够实现该功能的非对称密码算法被称为公钥加密算法。

现实世界中的签字和盖章有不可抵赖、无法伪造、身份证明的作用。所谓数字签名，是希望利用一串数字串实现现实世界中签字盖章的所有作用。某些特殊设计的非对称密码机制就能够实现这种要求。

如图 1-6 所示，若 Alice 想与 Bob 签署一项协议，需要 Alice 进行数字签名。Alice 可以使用自己的私钥对信息进行运算，发送给 Bob。Bob 收到后用 Alice 的公钥可以进行验证该数字签名。因为 Alice 的私钥只有 Alice 自己知道，所以可以实现证明 Alice 的身份、其他人不能伪造 Alice 操作、Alice 不能抵赖自己没有签署过或谎称是其他人签署的。也就是说，这样实现了现实世界的签名盖章效果，相关实现算法被称为签名算法。

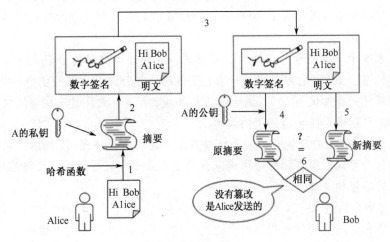

图 1-6 签名算法的使用

与对称密码体制相比，非对称密码体制的计算复杂度比较高。为了降低其运算时间，在进行数字签名时，会先使用哈希函数对需要进行签名的信息进行哈希运算，然后使用数字签名算法对哈希值进行签名。这样，除了能够降低运算时间，还能够保证签名信息的完整性，确保对方接收到的签名信息准确无误，没有被篡改过。

在区块链中，公钥加密算法和数字签名算法是其基础支撑技术。比特币的用户地址、钱包就是该用户的公钥进行哈希运算和编码后的一串字符。当 Alice 付给 Bob 比特币时，先会使用 Alice 自己的私钥进行签名，以保证这笔交易确实是 Alice 付给 Bob 的，还会使用 Bob 的公钥进行加密，这样只有用 Bob 的私钥才可以解密，可以保证只有 Bob 能够领到这笔钱，其他人都不能获得。

由于比特币的用户地址是其公钥，公钥中不包含有用户个人身份信息，因此具有一定的隐私保护作用。传统金融系统中所有的真实用户身份信息都存在于中心化的第三方机构，使得金融用户的隐私有极高的泄露风险。而区块链支撑的加密货币不存在这一第三方，同时使用公钥作为用户地址实现用户身份的匿名性，即用户不需要提供任何个人身份信息，因此大大提高了对个人身份信息的隐私保护。但是，这种匿名性也不是牢不可破的。如果通过对区块链上交易信息和地址的关联性分析，仍然可以获得用户身份的相关信息，所以区块链技术仅仅是在一定程度上提高了用户的隐私性。在实际中，有些用户为了充分保护其自己的身份隐私，还会设置不止一对公钥-私钥对。这是因为比特币没有所谓账户的概念，只有每个用户的未花费记录UTXO。然而，技术这把双刃剑在为用户提供隐私保护的同时，也为区块链的治理和监管提出了很大的挑战。

1.1.4　智能合约

区块链技术之所以能够与各个行业进行广泛结合，智能合约起到了关键作用。

20世纪90年代，Nick Szabo最早提出"智能合约"的概念，并将其定义为"执行合约条款的计算机交易协议"。当时的智能合约主要是嵌入某些物理设备，用于在没有可信第三方参与的情况下，作为各方共同信任的程序化代理，可以高效安全的自动履行合约并创建对应的智能资产。由于应用场景所限，直到2008年比特币提出之前，智能合约都没能得到普遍关注和应用。

区块链技术赋予了智能合约广阔的应用空间，区块链所构建的分布式网络及多节点同时运行智能合约程序、合约运行结果保持一致、上链确认等特点，为智能合约，也就是为"执行合约条款的计算机交易协议"提供了适合的应用环境。智能合约反过来也为区块链广泛应用提供了基础支撑，可以说是区块链应用的灵魂。

通俗来说，区块链上的智能合约就是能够自定义逻辑的程序代码，部署于区块链网络节点上，利用智能合约可以根据实际的应用需求开发出适用于各种场景的区块链应用程序DApp，是区块链应用的趋势和关键。

实际上，智能合约就是一段程序，但这段程序是运行在区块链系统上的。之所以能够产生与运行在传统信息系统上的传统程序所无法达到的"用程序保证约定自动执行，用程序算法代替人仲裁和执行合同"的效果，是因为其所运行的区块链系统环境具有各节点内容一致、不可篡改、多方验证、多方共识的特点，这些环境特点是传统信息系统所不具备的。注意：为了保证各节点内容一致，智能合约不能访问区块链系统以外的外部数据，这一定程度上限制了智能合约乃至区块链的应用，目前主要的解决办法是区块链预言机。作为外部数据与区块链系统的桥梁，区块链预言机提供真实可信、一致的数据。

智能合约主要包括脚本型、图灵完备型和可验证合约型三类。

1. 脚本型智能合约

以比特币为代表的脚本型智能合约，使用基于堆栈的脚本语言，只能在有限的执行环境里进行简单的处理。这种脚本语言主要依靠操作码，在有限的执行次数内进行算术运算、位运算、密码运算等指令。操作码不具备循环等复杂的功能，是非图灵完备的语言。脚本型智能合约仅有的简单功能所具有的主要优点是可以有效避免因编写疏忽等原因造成的无限循环或其他类型的编程中存在安全隐患，防止更多脚本漏洞被黑客利用，利于可编程货币的安全。但是，其明显缺点是应用场景较窄，仅适合加密货币类应用。

以比特币为例，比特币的每笔交易都依赖于锁定脚本和解锁脚本。锁定脚本是使用脚本语言在输出交易上添加附加条件，如付款方要输出到收款方的公钥地址上。与其配合使用的是解锁脚本，要求解锁时，用该公钥地址对应的私钥来解密才能获得相应金额的比特币。

2．图灵完备型智能合约

图灵完备型智能合约是目前主流的智能合约。其典型代表是以太坊（Ethernet）和超级账本（Hyperledger）。所谓图灵完备，是指能用该类编程语言模拟任何图灵机。图灵完备的智能合约能够使用任意数量的变量，编写出各种复杂逻辑，实现各种操作。与脚本型智能合约相比，具有强大的开发能力。

以太坊是第一个提供图灵完备语言的智能合约平台，主要用于构建公有链。其智能合约编写语言主要是 Serpent 和 Solidity，合约代码运行在以太坊虚拟机（Ethereum Virtual Machine，EVM）中。

超级账本是目前流行的一种联盟链开发平台。其智能合约称为链码（Chaincode），由 Go 语言编写，同时支持 Java、Python 等语言。链码运行在 Docker 容器环境中。

3．可验证合约型智能合约

智能合约创业公司 Kadena 项目下属的 Chainweb 项目，主要应用于安全性和效率要求较高的商业交易场合，提出的编程语言 Pact 是非图灵完备的可验证智能合约系统，可以直接编写运行在 Kadena 区块链上，目前该项目正在开发中。

总体来说，智能合约具有以下特点（如图 1-7 所示）：它是部署在节点或区块链上的一段代码，通过事件触发后自动执行合约条款，运行结果会输出到区块链中。智能合约能够及时响应，准确执行，受人为干扰较小。目前，智能合约程序的功能较弱，交互性比较差，调试运行环境与经典程序相比还有一定差距；也存在漏洞等安全问题。

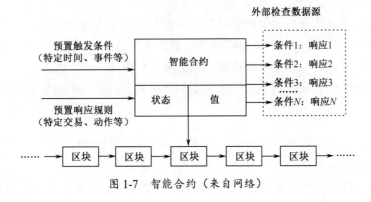

图 1-7　智能合约（来自网络）

1.1.5　区块链的典型工作流程

从区块链结构角度，目前区块链包括块链式结构和图结构（DAG）两类。目前主流且较为成熟的系统还主要是经典的块链式结构，如比特币、以太坊、超级账本等（DAG 相关内容将在共识层进行介绍）。本节主要介绍块链式结构区块链的一般工作流程，一般包括发起交易、广播交易、验证交易、添加区块四个阶段，如图 1-8 所示。

1．发起交易

当用户产生一个需要记录上链的内容时，首先需要通过客户端向区块链系统发送一笔交

图1-8 典型区块链交易流程

易。这笔交易可能是加密货币的转账，也可能是生成的某个交易合同或记录，又或是在其他应用场景中的一些其他操作，这些操作统称为交易（Transaction）。交易发起方一般首先对交易进行杂凑签名，然后向全网所有节点广播该交易。广播通信方式与具体采用的区块链网络架构和具体协议有关，如超级账本 Fabric 项目采用的是 P2P 网络和 Gossip 协议。节点之间的保活、信息交换、路由等方式也与具体的网络协议有关。

2. 验证交易

收到这笔交易的节点（一般称为验证节点）会对交易信息的可靠性和正确性进行验证，验证通过后会再次向全网广播验证后的确认信息。

3. 生成区块

全网节点根据系统采用的共识机制按照具体流程和方法选取出记账节点。比如，比特币中是通过 PoW 共识机制，第一个计算出符合要求的杂凑值的矿工获得记账权。记账节点从交易池中根据系统策略取出某一时间段内被验证节点确认的消息，打包成区块。比如，Fabric 是构建由排序节点（Orderer）组成的集群，采用 PBFT 类共识机制，对消息打包生成区块。

4. 区块上链

记账节点将打包好的区块广播给全网所有背书节点（Endorser），背书节点对新区块进行验证，通过后添加新区块至链上，全网背书节点同步更新区块链。

注意，在公有链系统中，所有节点完全对等，功能相同，因此不区分背书节点、验证节点等；在联盟链中情况有所不同，节点功能有所区别，本节在阐述中采取区分节点功能的说法。

1.1.6 其他相关概念

1. 双重支付

区块链来源于比特币，双重支付是比特币为代表的所有数字货币需要解决的问题，其实质是分布式系统的一致性问题。双重支付也称为双花，就是一笔钱被重复使用了两次。

在现有货币体制下双重支付是很难发生的。现有货币使用的纸币等实物货币，不仅具有复杂的防伪技术，很难制造假币，同时在使用的过程中，也不存在能将同一纸币支付给两个不同收款人的情况。但是，在数字货币中，双重支付一直是困扰数字货币的棘手问题，一笔钱（实际上是一个数字）很容易被发送到两个收款地址并被两个收款人确认。

假设 Carol 是一个恶意用户，有 3 个数字币。他先花 3 个数字币在 Alice 那儿买了一本书，Carol 将 3 个数字货币发送给 Alice 的同时，又使用这 3 个数字币在 Bob 那儿买一束花。能够让 Carol 实现双重支付的一个主要原因是，数字货币极易被无成本的拷贝成多份，同时网络传输有延迟。Carol 可以利用网络延时，在 Alice 确定接收这笔钱之前，使用这 3 个数字币在 Bob 处买到一束花。特别是在比特币等去中心化货币系统中，由于没有第三方机构监控，更容易发生双重支付问题。

为了防止双花问题，比特币等以区块链为技术支撑的数字货币利用时间戳、共识、签名等方式，较好地解决了去中心化环境下数字货币的双花问题。

（1）时间戳

在区块的设计中，每个区块头会有一个时间戳记录该区块的生成时间，从而可以区分交易产生的先后顺序。

（2）签名机制

在前面的例子中，Carol 在付费给 Alice 或 Bob 时，需要对支付的 3 个数字货币用自己的私钥进行签名运算。其目的是证明这笔数字货币确实是 Carol 认可且花费出去的，根据数字签名的特性，Carol 无法对自己的签名过的信息抵赖，因此如果 Carol 存在双重支付行为，就有据可循。

（3）最长合法原则

在以区块链为支撑的数字货币系统中，所有信息对全网公开。如果 Carol 存在双重支付的情况，则 Carol 对 Alice 的交易（简称交易 1）和 Carol 对 Bob 的交易（简称交易 2）均会向全网广播，并会先后被全网所有节点获知。交易 1 和交易 2 中只能有 1 笔会被最终认可。

这主要是因为当挖矿成功的节点在进行新区块打包时，会首先检查交易池中的记录，进行初步筛选。如果存在双花问题，可以容易检查出来，这样就有效避免了双重支付。此外，即便出现了交易 1 和交易 2 被打包在不同区块。由于网络存在延迟，全网的某些节点可能先收到的是包含交易 1 的区块，有些节点可能最先收到的是包含交易 2 的区块。当节点收到存在双重支付的两个区块时，就会出现区块链的分叉，即同时记录包含两个交易的区块，后续区块会添加到哪条链上就变得十分关键了。以比特币为例，根据"最长合法原则"，在分叉处哪一支在后续能够最先连续添加 6 个区块，哪一条分叉链才能最终被认可为最长链，一旦该链被认可，另一条分支链就会被丢弃。被认可的链上的交易 1 或交易 2 被最终确认，这样基本上可以避免双重支付。根据比特币白皮书说明，6 个区块后仍存在双重支付的概率仅有 0.024%。

2．UTXO 与交易记录

由于比特币是最早的区块链系统也是最成功的运行系统，这里对其交易记录方式做以简单介绍。

如图 1-9 所示，一条交易主要记录了比特币的流转内容，包括交易输入、交易输出两部分。

交易输入分为发币交易（Coinbase）输入和普通交易输入。在一个比特币区块记录的多笔交易中，第一笔一般是一个称为"发币交易"的特殊交易，其付款方为比特币系统，也就是新区块生成时，系统奖励的比特币，即通常所说的"挖矿奖励"。所有比特币的产生都是通过挖

图 1-9 一笔比特币交易记录

矿奖励获得的。普通交易输入包括前交易哈希值、前交易输出索引、签名和公钥（通常称为解释脚本）。

交易输出包括利用收款人公钥加密后的输出金额和输出地址等。输出地址是收款人的公钥通过杂凑和编码后的乱数。交易输出实际上代表了资金的转移，需要有收款人的私钥才能解密，以及为比特币设定类似花费条件这样的锁定脚本。

传统金融交易的核心是建立在用户账户上的。例如，Alice 有 12.5 元要付给 Bob 2.5 元这一交易的基础是 Alice 和 Bob 分别有自己的账户或者钱包，Alice 从自己的账户中减去 2.5 元，剩余 10 元；Bob 在自己账户的原有金额中增加 2.5 元，如图 1-10 所示。

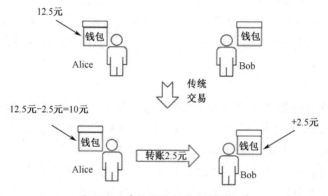

图 1-10 基于钱包的传统货币交易

比特币系统的交易与传统基于账户的思维完全不同。在比特币系统中没有传统账户或钱包的概念，只有 UTXO（Unspent Transaction Outputs）未花费交易输出的概念。

仍以 Alice 有 12.5 元要付给 Bob 2.5 元这一交易为例，如图 1-11 所示，为了简化问题，省略了签名加密过程。

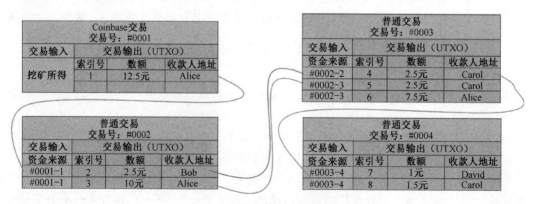

图 1-11 基于 UTXO 的交易

· 14 ·

假设 Alice 这 12.5 元是由挖矿得到的，则产生了一个发币交易；输入是系统挖矿所得，假定输出的索引号为 1，输出的金额为 12.5 元，输出地址为 Alice。

当 Alice 付给 Bob 2.5 元时，假定出索引号为 2，这次交易的输入处的前输出索引号为 1，地址为 Bob，同时产生一个新输出索引号为 3，Alice 自己支付给自己的剩余的 10 元。

假设第三笔交易为 Alice 转给 Carol 2.5 元，Bob 也转给 Carol 2.5 元。这是会产生 3 条记录。一条记录输入处的前输出索引号是 2，新建输出索引号假定为 4，金额为 2.5 元，输出地址就是收款人是 Carol。顺着索引号 2 向前查出，2 号表示输入来源也就是付款方是 Bob。其他两条记录输入处的前输出索引号都是 3，可以假定其新建输出索引号分别为 5 和 6，表示其付款方是 Alice。这两条记录的输出金额一条是 2.5 元，地址是 Carol，表示是由 Alice 转给 Carol 的 2.5 元。另一条是记录的输出金额是 7.5 元，地址是 Alice，这是 Alice 的未花费金额。

假设第四笔交易为 Carol 转给 David 1 元，则产生两条记录，输入处的输出索引号均是 4，新建两个输出索引号。一条记录的地址 David，金额为 1 元，表示现在 David 有 1 元的支持权利。另一条记录地址是 Carol，金额为 1.5 元。

到目前为止，Alice 有 7.5 元，Bob 有 0 元，Carol 有 4 元，David 有 1 元。这些是目前这 4 个用户的 UTXO。

Carol 如果想查看自己目前持有的资产，不能像传统方式那样查看自己的钱包或账户总额，Carol 名下的 4 元并没有转到特定账户或钱包中。"地址"仅仅是类似公钥的一个乱数。假设 Carol 需要使用进行下一次花费，则需要利用自己的私钥解密，确定自己未花费的 1.5 元和 2.5 元的拥有权和使用权。系统中产生的涉及 Alice、Bob、Carol 的所有交易组成了一个链条。如果 Carol 想查看自己拥有的资金，就必须从当前 UTXO 向前不断追溯记录，计算出自己还有多少未花费资产。

此外，整个系统中所有用户的未花费金额 UTXO 相加一共是 12.5 元，是这个系统一共挖出的资产。也就是说，代币系统创建开始到目前一共挖出的资产，是整个系统的输入金额的来源，不存在透支的情况。

代币交易包括以下重点。

① 任何一笔交易的输入总额与交易输出总和相等。每笔交易所有的资金来源（输入）来自以前系统某几个用户的 UTXO 未花费金额，也就是交易输出。如表 1-1 所示，这笔交易的输入总额来自 Carol 的前输出索引号为 4 的 UTXO，总金额为 2.5 元，该笔交易的输出总额就是 UTXO 总额，是 Carol 的 1.5 元与 David 的 1 元的总和，即 2.5 元。

表 1-1 UTXO 例子

交易号	交易输入	交易输出（UTXO）	Alice	Bob	Carol	David	前索引	输出索引	收款人地址
1	12.5（挖矿所得）	12.5	12.5	0	0	0	无	1	Alice
2	12.5	2.5		2.5	0	0	1	2	Bob
		10	10	2.5	0	1	3	Alice
3	12.5	2.5		0	2.5	0	2	4	Carol
		2.5		0	5	0	3	5	Carol
		7.5	7.5	0	3	6	Alice
4	2.5	1	7.5	0	2.5	1	4	7	David
		1.5	7.5	0	4	1	4	8	Carol

② 代币交易中没有我们熟悉的钱包或账户的概念，个人资产实际上是通过追随个人的所有"未花费记录"计算出 UTXO 值。

③ 为了保证输入的真实性，付款人需要用自己的私钥对输入信息进行签名。收款人会用付款人的公钥进行验证。

④ 输出地址实际上是收款人的公钥，只有拥有收款人私钥才能解密，获得相应的资产。

1.2　区块链的分类

根据节点进入区块链网络是否需要许可，区块链可以分为公有链（Public Blockchain）、私有链（Private Blockchain）和联盟链（Consortium Blockchain），如图 1-12 所示。

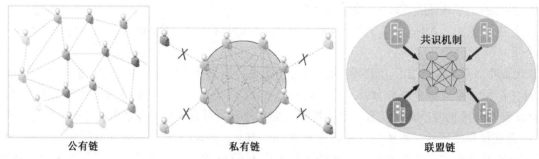

公有链　　　　　　　　　私有链　　　　　　　　　联盟链

图 1-12　区块链的分类（来自网络）

1. 公有链

公有链是一种完全去中心化的区块链。节点没有准入门槛，所有节点可以随时进入或退出网络，全程不需进行任何身份认证和授权，因此也被称为非许可链（Permissionless Blockchain）。每个节点享有同样的权利和义务，完全对等、信息完全公开透明，所有节点都有权参与共识，都可以存储一份完整的区块链账本，都可以获知链上所有信息。公有链的记账节点一般通过共识算法产生。共识机制一般使用工作证明量 PoW 或权益证明 PoS，或者 PoW+PoS 混合型的共识机制。

与其他类型区块链相比，公有链具有以下特点。

① 完全去中心化：在陌生节点中建立共识，形成节点间完全对等的网络。

② 匿名性：节点可任意进入网络，不需要进行任何约束和证明，用户具有较强的匿名性。

③ 激励性：为了保证对等节点愿意为网络做出贡献，公有链一般设置有激励机制，多数通过发币来激励节点参与共识。每个节点获得的奖励与其在共识过程中所做的贡献成正比。

比特币和以太坊都是采用公有链架构。目前，基于区块链的各种虚拟代币基本上衍生自比特币，因此采用公有链形式。

2. 私有链

私有链一般运行在一个组织内部，其读写权限和记账权限由组织进行规定。由于节点需要进行身份认证和权限分配，因此是一种许可链（Permission Blockchain）。私有链一般是半中心化结构，可以采用实用拜占庭容错或非拜占庭容错的共识机制，与公有链相比，其共识效率较高。其主要价值是利用区块链技术提供不可篡改、可追溯、自动执行的高安全性、高可靠性的运行平台，主要用来在组织内部进行审计追踪、共享数据等。

币科学公司（Coin Sciences）团队创建的多链（Multichain）是一个开源的私有链开发平台，部署迅速，声称 90 秒就可以在企业内部创建一条私有链。多链向后兼容比特币，能使私有区块链与比特币区块链相互转换，其主要特点是能够解决隐私与权限控制等问题。

多链能够支持去中心化交易所、货币结算、债券发行等第三方资产，可以自定义如区块的产生时间、挖矿方式、共识程度、激励报酬等区块链参数，具有权限管理和本地资产跟踪等功能。区块链上的内容仅由部分参与者看到，可以控制交易是否被允许，提供更加灵活、高效的挖矿机制等。

3. 联盟链

联盟链是介于私有链和公有链之间的一种许可链，一般由多个不同组织构成。比如要搭建一条医疗区块链，可以将多家医院、保险公司、省市医保中心等不同组织构成一条联盟链，每个组织就是联盟链的一个机构，也就是区块链上的一个具备完整账本的完全节点。

区块链的读写权限和记账权限由联盟链规则决定。其记账节点一般由系统选定，参与共识的节点较公有链少很多。因此一般不采用工作量证明 PoW，较多采用 Raft、PBFT 等共识算法。根据实际的应用需求，联盟链节点可以包括公开节点和授权节点两类。网络中的部分节点作为公开节点可以任意接入网络，授权节点必须通过授权才能接入网络。

联盟链中最具代表的开发平台包括 R3 联盟、超级账本（Hyperledger）。2015 年 9 月成立的 R3 金融联盟开始由高盛、摩根大通、西班牙银行、瑞士信贷银行等九家联合发起，中国平安是第一家加入其中的中国企业。R3 联盟主要针对金融系统进行区块链技术开发，其采用的技术平台称为 R3 Corda。Corda 是一种开源分布式账本技术。不发行虚拟加密货币，成员管理使用 X.509 公钥证书，数据只在符合条件的交易相关方之间共享，共识也是只在相关各方之间进行，交易通过智能合约来进行，合约由双方许可的第三方代理或被授权方来保障实时运行。

超级账本（Hyperledger）是目前最具代表性的联盟链开发平台，可以用于各种应用的联盟链搭建，由 Linux 基金会于 2015 年发起，包括 Fabric、Sawtooth Lake、Iroha、Blockchain-explorer 四个子项目。Fabric 致力于通过易配置的权限管理、可扩展的技术架构、开放的接口、可插拔的组件化来为不同应用提供通用的联盟链开发平台。Fabric 包括链码服务（Chaincode）、成员服务和区块链服务三部分。其中，链码是扩展的智能合约。成员服务用 PKI 和 CA 来认证、管理用户身份。区块链服务使用 P2P 协议、可插拔共识算法来管理分布式账本。Fabric 节点被分为背书（Endorser）、排序（Orderer）、确认（Committer）等角色。

与其他类型的区块链相比，联盟链的主要特点如下。

① 部分去中心化。联盟链成员需要注册许可，因此是一种部分去中心化结构。成员节点采用分布式存储，但运行管理中的部分功能还需要集中式处理。

② 成员管理。不同于公有链的完全公开和对成员无任何管理，联盟链有成员管理服务，对成员的进入退出、操作行为等会进行认证、授权、监控、审计等。

③ 数据不公开。联盟链的数据仅限于联盟内机构及其授权用户有权限访问。有的联盟链平台（如超级账本）还会针对不同业务建立不同的通道，同一通道内的节点可以共享数据，不

同通道之间数据不共享、不公开。

④ 交易速度快。联盟链的成员节点数量有限，容易达成共识，其交易速度较快。

⑤ 不需要特殊激励。记账节点一般是预先选好的，且系统是部分中心化结构，因此一般不需要采用发币等激励机制。

1.3 区块链的特点

区块链具有诸多优势，但由于发展时间不长还存在许多问题和瓶颈，本节主要从区块链的优势介绍区块链的特点。

1. 对等性

区块链的最大特征就是节点之间的对等性。整个区块链网络采用无中心或弱中心的架构，采用分布式存储、传输、验证等方式。

在理想情况下，完全去中心化的设计使得每个节点具有相同的权利和数据资源。区块链中的任何一个节点都拥有一份完整的账本副本，这样资源能够在节点间达到真正的全面共享和信息的完全公开透明。

对等性要求节点在享受相应权利的同时，也要承担集体维护网络的义务。比如，系统中任何一笔交易都要由全体节点（或至少是背书节点）进行验证和认可，记账节点的选举需要大多数节点形成共识等。同时，为了保证在完全对等环境下，每个节点愿意为系统的正常运转做出贡献，区块链设计了独特的激励机制，最成功的当属比特币的挖矿奖励，这种激励机制巧妙地融合在发币、交易、打包、上链等全过程中。

2. 开放性

在去中心的区块链系统中（常见于公有链），节点可以随时加入和退出，系统具有最大限度的开放性。在私有链和联盟链中，其开放性体现为节点之间的数据共享。

3. 可信性

可信性是区块链的最关键特点。实际上，对等性并不是区块链独有的。分布式网络尤其是P2P系统中的节点都具有对等性。在区块链技术出现前，怎样保证在节点在完全对等环境下行为的可信一直是P2P网络的难点。

从技术角度上，区块链的可信性是由共识、哈希、非对称密码技术、分布式记账、智能合约等技术配合的结果。区块链技术采用哈希函数保证了凡是上链数据都不可篡改，链上数据只能增加和查找，不能进行删除和修改；利用链式结构、时间戳等机制建立数据之间的关联关系，保证链上数据可永久回溯；利用公钥加密、私钥签名等技术保证了交易不能伪造不能抵赖，以及区块链网络中信息传递及数据的安全性；利用分布式共识机制和分布式记账保证各节点数据的一致性；智能合约实现代码自动执行结果的可信。这些机制的巧妙结合保证了数据只要上链，就会被所有节点永久记录。区块链网络的这种广而告之、全程留痕、共同见证的做法使得各对等节点即使在没有第三方机构监督下，也必须诚实行为，不敢作恶，在不可信的网络环境下搭建起了可信基础设施。

4．可靠性

区块链是高冗余系统，系统每个节点都拥有一份完整的数据副本。这种分布式高冗余的架构，能够保障数据安全和可靠性，降低数据遭受破坏的风险。即便遭受到大规模攻击，或者出现大量节点宕机等故障，仍然能够保证正常运行和数据的完整可用。但是，区块链的这种高可靠性是以增加系统存储空间和通信复杂度为代价的。

5．功能性

智能合约的可编程性为各类交易和应用提供了灵活广阔的开发空间。各种区块链系统通常都是开源的，代码和数据的开放性，也使区块链能够为各种应用提供适合的功能。

6．匿名性

在某些区块链系统中，特别是在公有链系统中，为了保护用户的隐私，采用将公钥作为用户地址的方式，在某种程度上保护了用户的隐私。节点只需要公开地址，不需要公开真实身份，就能够在匿名节点中建立信任。虽然身份信息不公开，但节点的所有操作是公开的。因此，用户的身份等隐私信息还是可以通过大量搜集用户行为分析获得，这种匿名性和隐私保护并不是完全的匿名和完全的隐私保护。

1.4　区块链技术发展历程

区块链技术起源于 2008 年 10 月 31 日中本聪在网络上发表的一篇关于比特币的论文《一种点对点的电子现金系统》，从此区块链技术发展迅速，其应用已经远远超出了加密货币的领域，其价值也被各国政府和企业肯定和重视。

区块链的发展过程中有几个标志性的阶段和事件。

1．区块链 1.0 时代

中本聪在 2009 年 1 月完成了第一笔比特币转账，标志着第一个区块链系统——比特币正式上线。比特币是第一个成功运营的去中心化数据货币系统。

比特币的出现不是凭空而来的，它是建立在对等网络技术、密码技术、分布式系统技术的发展之上的。实际上，对数字货币的研究可以追溯到 20 世纪 80 年代。1983 年，David Chaum 利用盲签名技术设计了应用于银行小额支付系统的 e-Cash；20 世纪 90 年代出现的 HashCash、B-money 采用了工作量证明的共识机制。这些数字货币用到了加密算法、共识机制，但基本上都需要一个中心化的第三方机构，无法做到去中心化下建立信任，虽然这些系统都有这样那样的缺陷而未能实现，但都为比特币的出现做出了有益的探索和实践。

比特币代表的是区块链 1.0 时代，被称为是可编程货币时代。这个阶段的区块链技术仅能用于实现加密货币及其支撑的转账、汇款和数字支付等有限金融业务。区块链 1.0 时代的技术主要面向比特币以及其各种衍生货币，主要用于完全去中心化场景的公有链，其共识机制主要采用工作量证明 PoW，交易效率较低。其智能合约属于非图灵完备型，采用简单脚本实现简单的转账等功能。

2．区块链2.0时代

2013年年末，以太坊创始人Vitalik Buterin（维塔利克·布特林）发布了以太坊初版白皮书，标志着以太坊的诞生。从2014年7月24日起，以太坊进行了为期42天的以太币预售。2016年年初，以太坊的技术得到市场认可，以太币价格暴涨，同时在以太坊平台上开发的各种应用开始发展。

以太坊是一种图灵完备的公有链开源开发平台。基于智能合约，开发人员能够建立和发布下一代分布式应用。与比特币事先设定好的系统不同，以太坊是一种灵活的、可编程的区块链。在以太坊网络中，开发者可以创建符合自己需要的、具备不同复杂程度的区块链应用（DApp）。以太坊的出现标志着区块链进入2.0时代，即可编程经济时代。

区块链2.0时代的突出特点是出现了图灵完备的智能合约，可以支持各种复杂程序设计，可以支持如股票、债券、期货、贷款、智能资产等更广泛的非货币金融应用。在共识算法上，与区块链1.0时代相比，除了使用工作量证明PoW外，还出现了权益证明PoS、股份授权证明机制DPoS等。比特币代表的区块链1.0应用局限性很大，以太坊是第一个区块链技术的通用开源平台。以太坊出现后，区块链这个技术名称才慢慢从比特币中剥离出来，并逐渐成为一门独立的科学技术。

3．区块链3.0时代

从以太坊发布第一个通用开源开发平台和图灵完备的智能合约开始，区块链技术逐渐从仅限于金融行业应用，开始面向各行各业应用展开。区块链技术本身进入了迅速发展阶段。

除了公有链这种完全去中心化的形式，出现了部分去中心化和弱去中心化的联盟链和私有链。2015年，R3金融联盟及其开发平台Corda的出现和Hyperledger超级账本联盟及其各种开发平台的出现，使得区块链可以被应用于政府、科学、文化、健康等方面的治理和建设中，因此，区块链3.0时代也被称为可编程社会时代。

与2.0时代相比，区块链共识算法中更加丰富，除了PoW、PoS、DPoS等共识机制，还出现了实用拜占庭算法PBFT、随机共识算法等机制，如表1-2所示。

表1-2 区块链共识算法

序号	共识方法类型	典型算法
1	证明类	PoW，PoS
2	选举类	PBFT，Paxos，Raft
3	随机类	Algorand，PoET
4	联盟类	DPoS
5	混合类	PoW+PoS，DPoS+BFT

基于不同的开源开发平台的各种智能合约其运行环境和机制各不相同。面向各类应用对区块链的各种性能要求不断提高，可扩展性、安全性、交易性能、监管治理与隐私保护等问题被提出，并成为科研和开发的热点。面向更多应用场景、面向更大用户群体、提供更快的交易速度、更好的应用界面和体验以及与大数据、人工智能、物联网、移动网络等技术的有效结合越来越成为人们关注和研发的重点。

发展到今天，区块链在数字货币领域的应用已经日趋成熟，但是在智能合约、分布式存储等方面的应用还处于起步阶段。区块链的发展过程与以往的互联网、人工智能、大数据发展历程均有所不同，其发展与金融的紧密关联，发展速度热度之快，也造成了一些概念上的混淆和观念上的混乱。

首先，区块链技术不等同于比特币。如前面我们反复强调的，区块链技术起源于比特币，其基本思想和技术与比特币中用到的技术有千丝万缕的关联。比特币是一种加密货币，而区块链技术可以支撑各种加密货币。区块链能支撑的应用不仅是发行各种虚拟货币，还可以应用于社会生产的其他方面。

其次，区块链技术不仅是一个分布式数据库。区块链作为一种信任基础设施，是一揽子技术的综合体。分布式存储是实现区块链可信、公开、透明等优势的一种技术方法。区块链目前不能作为一个独立的分布式数据库存在和使用，其存取效率和使用便捷性等方面都存在问题。

再者，区块链不是万能技术。首先，区块链仍然处于技术发展早期，自身仍然有很多问题尚未得到很好解决，其次由于其技术特点，区块链不能解决现有互联网环境下的所有问题，目前其应用场景还十分有限。在现有阶段，区块链技术更适合落地于价值链长、跨机构、跨部分沟通环节复杂、节点间存在博弈行为的场景，是对传统信息技术的升级、对现有商业环境的优化而非颠覆。

此外，区块链的定位越来越多的被认为需要与云计算、大数据、人工智能、5G 等新兴技术交叉演进，共同构建数字经济的底层基础设施。

1.5 典型区块链系统

本节简要介绍目前主流的三类典型区块链系统比特币、以太坊和超级账本 Fabric 项目的发展历程和主要特点及概念，这三种典型区块链系统的详细内容在后续章节会做介绍。

1.5.1 比特币

1. 比特币历史事件

比特币是第一个成功的分布式货币系统，从 2009 年 1 月上线开始到目前，虽然出现过些漏洞和分叉，但是总体运行平稳。比特币也是区块链技术的源头和第一个成功金融应用。

比特币项目公布后，很多人对中本聪本人充满了好奇，对其身份有各种猜想。有的认为他是日本人，有的人认为是一个团队。中本聪在 2011 年 4 月最后一次出现，给软件开发者邮件里留言："我要去做别的事儿了。"

2008 年 8 月 18 日，域名 bitcoin.org 在被匿名注册。

2008 年 11 月 9 日，中本聪（Satoshi Nakamoto）在 sourceforge.org 上注册了 bitcoin 开源项目。

2008 年 11 月 1 日，中本聪在 P2P foundation 网站上发布了比特币白皮书——《比特币：一种点对点的电子现金系统》（*Bitcoin : A Peer-to-Peer Electronic Cash System*），叙述了他对电

子货币的新设想，比特币就此面世。

2009 年 1 月 3 日，中本聪开发的比特币系统上线，并挖出了第一个区块即比特币创世区块，中本聪本人获得了 50 个比特币（BTC）的奖励，标志着比特币系统的正式诞生。

2009 年 1 月 9 日，比特币 0.1 版本的开源软件发布。

2009 年 10 月 5 日，一位名为"新自由标准"的用户发布了最早有记录的比特币价格，1 美元＝1309.03 比特币。

2010 年 5 月 21 日，美国一名程序员用 10000 个比特币买了价值 25 美元的 2 个比萨。这是比特币在现实世界的首次真实交易。2017 年，比特币最高市值为 1 比特币=19783 美元，2 个比萨价值 1 亿多美元，因此这两个比萨也被戏称为天价比萨，当天被定为"比特币比萨日"。

2010 年 8 月，攻击者利用整数溢出漏洞攻击比特币系统，违规生成了 1840 亿个比特币。

2010 年 9 月，第一个矿池 Slush 出现，集合多节点合作挖矿，并挖出了首个区块。

2011 年 4 月，比特币 0.3.21 版本上线，比特币系统进一步成熟。

2012 年 11 月，比特币奖励数量第一次减半，减少挖矿奖励为 25 个比特币。

2013 年 6 月，德国决定，持有比特币一年以上予以免税。

2013 年 11 月，比特币交易价格创下 1242 美元新高，比特币价格首次超过黄金。

2013 年 12 月，《关于防范比特币风险的通知》发布，明确比特币不具有与货币等同的法律地位，不能且不应作为货币在市场上流通使用。

2014 年 2 月，全球最大的比特币交易平台 MtGox 宣布倒闭。比特币价格严重下滑，跌幅高达 67%。

2014 年 6 月，美国加州通过法案，允许比特币等数字货币在加州流通。

2014 年 12 月，微软宣布接受比特币作为一种支付选项，允许消费者用比特币购买其在线平台上的数字内容。

2015 年 10 月，欧盟法院裁定比特币交易免征增值税。

2016 年 1 月，中国人民银行宣布或推出数字货币。

2016 年 7 月，比特币进行第二次减半，比特币挖矿所得为 12.5 个比特币。

2017 年 9 月，《关于防范代币发行融资风险的公告》发布，全面叫停代币融资。

2018 年 3 月，谷歌发布公告称，将从当年 6 月开始禁止网络广告推广数字货币、ICO 和其他投机性金融工具。

2019 年 10 月，中共中央政治局提出，把区块链作为核心技术自主创新重要突破口，加快推动区块链技术和产业创新发展。

2020 年 2 月，比特币价格再次突破 1 万美元。

2020 年 5 月，比特币区块达到 630001 的高度时，比特币的挖矿奖励将第三次减半，挖矿奖励将从每个区块 12.5 个比特币降至 6.25 个比特币。

2020 年 8 月 14 日，商务部网站刊发《商务部关于印发全面深化服务贸易创新发展试点总体方案的通知》，明确在京津冀、长三角、粤港澳大湾区及中西部具备条件的试点地区开展数字人民币试点。

2．比特币的优势

2009 年，比特币出现后，迅速从小众圈子到大众投资，从少有人知发展出世界关注的区块链技术。比特币的价格更是从不到 1 美分起起伏伏，最高逼近 2 万美元。

比特币的强劲势头与其特有的优势密不可分。

（1）防止通胀

为了防止通货膨胀，比特币的发行总量为 2100 万。创世块挖出的区块奖励为 50 个比特币，以后每 4 年挖矿奖励减半，预计在 2140 年全部挖完。为了限制比特币发行量，设定一般 10 分钟左右生成一个不超过 1 MB 大小的区块。系统会根据挖矿速度，调节需要计算的哈希值的难度。调节挖矿速度的周期为 2016 个区块（约 2 周），系统会根据本周期内挖矿时间的快慢来调整挖矿难度，保证平均出块时间为 10 分钟。历史上最快的出块时间为 10 秒，最慢出块时间为 1 小时。

（2）匿名性

比特币使用椭圆曲线密码（Elliptic Curve Cryptography，ECC）的公钥作为用户的地址。实际上，为了保证用户的匿名性，其 ECC 公钥先进行 SHA256 杂凑，再进行 RIPEMD160 哈希运算后，最后利用 Base58 编码后得到的才是实际用户的公钥。这种复杂的计算保证了用户的隐私，也保证了比特币的完全去中心化架构中随进随出的特点。

（3）完全去中心化

比特币采用基于暴力求解 Hash 的工作量证明的共识机制、挖矿的奖励和交易手续费的激励机制，可以保证矿工及所有匿名参与者的诚信，能够在没有第三方机构的情况下平稳运行。可以说，比特币成功地解决了在完全去中心化的网络环境中的信任和价值传递问题。

（4）永久记录

比特币创造性提出的采用哈希链来连接各区块，各区块在全网所有参与者均有备份，保证了记录到区块链上的交易是得到全网共识和背书的，并且是被永久记录的。如果想对交易进行伪造、篡改、抵赖需要付出超过全网 51%的算力，这种高昂的代价保证了交易的安全和准确。

3．比特币的问题

实际上，比特币作为一种虚拟货币也存在不少缺陷。

（1）高能耗

比特币的挖矿需要耗费大量的算力。2009 年，比特币刚出现时使用普通机器的 CPU 还能够进行挖矿，2010 年出现了使用 GPU 进行挖矿，2011 年出现了使用 FPGA 挖矿，2013 年出现了使用 ASIC 专用矿机挖矿，2016 年出现了矿池挖矿。比特币矿机的运算速度发展飞快，带来的是巨大的耗电量和环境污染。据统计，2018 年，比特币的挖矿耗电为 730 亿度，约为奥地利全国一年的电量。一个区块一般包括上千笔交易，而每笔交易的耗电量平均为 900 度。

（2）低存储和交易效率

比特币的低交易效率是它的主要缺陷，其交易速率为每笔 7 秒。同时，区块正式被确认需要等待生成 6 个区块的时间，区块确认时间一般为 1 小时，也就是平均每笔交易的实际确认时间是 1 小时。比特币的每个区块的存储量小于 1 MB，每个区块能够包含的交易数非常有限。随着比特币交易量的迅速增加，1 MB 的区块存储量已经不能够满足实际需要。为了提升比特币的性能，出现了如隔离见证等链上扩容方案。链上扩容方案通过改变区块链底层结构，如增加区块大小、缩短出块时间等，提升区块链可扩展性。2017 年 8 月，比特币区块在高度 478558 执行硬分叉，将区块扩容到 8 MB，通过该链上扩容解决比特币系统中区块拥堵和手续费高等问题。

（3）半隐私

比特币的用户没有类似传统货币的钱包和地址，使用的是 UTXO。其用户地址是公钥进行哈希和编码后的一串随机数值，常被认为具有较好的匿名性和隐私保护效果。实际上，由于区块链中所有的交易内容及收付款等细节都需要向全网广播并获得全网节点的认可，如果想要获取某个交易方的真实身份信息，可以容易搜集到交易方的相关信息，通过大量的关联数据分析，能够分析出其身份等隐私信息。比特币没有实现完全匿名，只是"将脸遮住进行交易"，实现的是交易细节完全对外公布的"半隐私"。

（4）价格波动大

比特币的价格变化如过山车般巨大，曾经两次单价接近 2 万美元。2019 年 10 月中旬，其总市值超过 3000 亿美元。但比特币在最低价格时仅为 1 美分，这样的价格波动是所有股票证券等前所未有的。其巨大的价格波动也带来了巨大的投资风险，因此比特币的炒作被多国政府明令禁止。

（5）应用场景有限

目前，很少商家支持实际使用，比特币的实际购买能力还是非常有限的，除了炒作，还不具备实际的流通货币功能。

（6）监管困难

比特币的去中心化和匿名性等优点也十分容易被利用进行洗钱、逃税、跨国境资金转移等非法活动，为地下黑市的运行提供了一条安全稳定的资金渠道。比如，勒索病毒 WannaCry 通过比特币实现对用户资产的勒索，袭击的原因与比特币本身并没有直接关系，黑客之所以要求以比特币支付赎金，主要是看中了它在全球转账汇款时的种种优势，从而成为了被选中的支付手段。比特币的去中心化、匿名性的优点也正是其难以监管的主要症结所在。

比特币之后出现了一系列基于比特币的衍生币，包括建立在比特币之上开发的适应某个特定业务系统和协议的代币，如万事达币（Mastercoin）等；也有通过修改比特币参数或改变共识算法而产生的各种新代币，如莱特币（Litecoin）、质数币（Primecoin）等。这些衍生币的出块时间都有所提高，最快 0.5 分钟挖出一个区块，最慢 10 分钟挖出一个区块。

4．比特币的价值

在没有中央机构发行，没有第三方机构监管的情况下，比特币已正常运行了 12 年。由它引发的区块链新技术浪潮，相信还将持续影响人们。比特币的价格在巨大的波动中持续性上涨，致使越来越多的投资者关注到比特币这个新兴的加密资产。比特币在技术上的价值是毋庸置疑的，但是对比特币是否具有货币的价值，一直存有争论。

关于比特币是否具有资产价值目前主要有两种观点。

一种认为比特币具有资产价值，这是由于比特币的稀缺性造成的。由于比特币的总量是2100 万个，目前已经挖出近 1700 万个，之后能挖出的比特币会越来稀少。比特币的价值类似于古董，其资产价值是来源于稀缺性。

另一种观点认为，只有应用功能的加密货币才有价值，没有应用功能的都是泡沫。比特币缺少实际的货币使用功能，到目前为止，在现实社会中基本没有流通和购买作用，仅有炒币的热度，由于比特币这种加密货币没有国家背书，因此比特币不具有资产价值。

此外，虽然比特币这种加密货币采用的是完全去中心化的技术，倡导链上数据的公开透明，但实际上多数比特币掌握在极少数人手中。从比特币的占有量人群看，存在着严重的贫富不均，如果按基尼系数计算，比特币往往超过 80%，而世界上贫富差距最大的国家（或地区）也仅有 60%。

1.5.2　以太坊

以太坊（Ethereum）是 2013 年由加拿大籍俄罗斯裔的 Vitalik Buterin（维塔利克·布特林）受比特币启发而创建的一个开源公有链平台，其官网为 ethereum.org。以太坊在很多地方设计参考了比特币的思想，又对比特币进行了拓展。以太坊通过在虚拟机（Ethereum Virtual Machine，EVM）上运行图灵完备的智能合约，利用以太币（Ether）提供激励，实现去中心化的应用。

比特币的底层区块链技术仍有很多局限。特别是受其非图灵完备的脚本语言限制，比特币采用的底层区块链技术很难扩展到其他应用上。本质上，比特币区块链技术仅是一种货币应用。在以太坊出现前，在比特币基础上拓展的各种加密货币基本上是在比特币区块链系统上创建货币或创建新的协议，无法为某种应用独立的创建该应用所需要的区块链。

以太坊的目标是提供一个带有内置、成熟的图灵完备语言的区块链，可以使开发者能够创建任意的基于智能合约的去中心化应用。这些应用基于共识、具有可扩展、标准化、易于开发、易于协同等特点。与比特币仅作为一个货币系统相比，以太坊打造的是一个基于智能合约的去中心化应用平台，也是一个分布式网络平台，可以面向更为复杂、灵活的应用场景。

以太坊白皮书称，以太坊之上有主要三类应用。第一类是金融应用，如子货币、金融衍生品、对冲合约、储蓄钱包等；第二类是半金融应用；第三类是在线投票和去中心化治理等非金融应用。

1．以太坊大事件

作为一个在不断发展和完善过程中的公有链开源平台，以太坊项目发布之初就对外宣布以太坊的发展分为 4 个阶段：Frontier（前沿）、Homestead（家园）、Metropolis（大都会）和 Serenity（宁静）。以太坊每次升级到一个新的阶段都会进行一次硬分叉。

Frontier（前沿）是以太坊试验阶段，目标是将挖矿和交易等运行起来，建立分布式应用测试环境，吸引更多的人参与到以太坊项目中，扩大以太坊的影响。

Homestead（家园）是以太坊第一个正式产品级发行版本。

在这两个阶段，以太坊的共识机制采用的都是工作量证明 PoW。

2017 年，以太坊基金会成员 Hudson Jameson 宣布推出 ETH 第三个重要阶段 Metropolis（大都会），称这是以太坊从 PoW 算法转移到 PoS 算法的重要阶段。Metropolis 为以太坊带来了庞大数量的更新和大量的新特性，一次分叉不足以成功实现"大都会"。所以，以太坊核心社区决定分为 Byzantium（拜占庭）和 Constantionple（君士坦丁堡）两个阶段来实现。Byzantium 阶段发布了集钱包功能和合约发布等丰富功能的图形化界面软件 Mist，引入了零知识证明、抽象账号等新技术，使用的共识算法仍然是 PoW。Constantionple 阶段则使用混合共识算法 PoW ＋ PoS，为过渡到 Serenity 阶段做铺垫。

以太坊的最后一个阶段是 Serenity（宁静），以太坊共识机制将完全采用权益证明机制

（Proof of Stake，PoS）的 Casper 投注共识协议，以太坊将进入 2.0 阶段。

下面介绍写以太坊发展历史中的重要事件。

2013 年 11 月，以太坊创始人 Vitalik Buterin 发布以太坊初版白皮书《下一代智能合约与去中心化应用平台》（A Next Generation Smart Contract and Decentralized Application Platform）。

2014 年 2 月，Vitalik 在迈阿密比特币会议上首次公布以太坊项目，组建了以太坊的核心开发团队。

2014 年 4 月，以太坊核心成员 Gavin Wood 发布以太坊黄皮书，介绍了以太坊虚拟机(EVM)技术。

2014 年 7 月，以太币预售募集，以太坊基金会创建。7 月 24 日起，以太坊进行了为期 42 天的以太币创世纪预售，募集到时值 1843 万美元的比特币，成为当时排名第二的众筹项目。

2015 年 5 月，以太坊发布了代号为 Olympic 的最后一个测试网络（POC9），为了鼓励更多人进行测试，参与测试者会获得以太币奖励。以太坊测试网络 POC 共经历了 9 个版本的测试。

2015 年 7 月，以太坊网络发布，标志着以太坊平台正式运行。2015 年 7 月 30 日，以太坊第一阶段 Frontier 正式开始，以太坊官方公共主网发布，创世块产生。第一阶段引入了 Gas（燃气）、可用性等关键特征。

2016 年 3 月，以太坊升级到 Homestead 阶段，提供了图形界面的钱包，易用性得到极大改善。以太坊不再是开发者的专属，普通用户也可以方便地体验和使用以太坊。

2016 年 7 月，以太坊遭受 DAO 漏洞攻击，出现了其历史上第一次非计划硬分叉，出现了原链经典以太坊（ETC）和分叉链（ETH）。

2017 年 3 月，企业以太坊联盟（Enterprise Ethereum Alliance，EEA）成立，旨在创建一个企业级区块链解决方案，并共同研究以太坊产业标准。

2017 年 7 月，以太坊遭受 Parity 钱包 1.5 及更高版本漏洞的越权函数调用攻击，损失时值约 3000 万美元的以太币。

2017 年 10 月，Metropolis 的 Byzantium 阶段于以太坊的区块高度 4370000 时成功分叉。

2017 年 11 月，由于开发者和用户"失误操作"意外触发的代码漏洞，导致超过 1.54 亿美元时值的以太币被冻结锁死，至今未能找回。

2019 年 2 月，以太坊项目进行 Metropolis 的第二个阶段 Constantionple 硬分叉，这次分叉的特性就是平滑处理掉所有 Byzantium 引发的问题，并引入 PoW+PoS 的混合链模式。

2．以太坊相关概念及特点

（1）智能合约

以太坊最大的价值在于设计并实现了图灵完备的智能合约，大大拓展了区块链技术的应用场景和范围。以太坊将智能合约作为一个特殊的合约账户，为其分配了 20 字节的合约账户地址。以太坊还设计了智能合约开发的专用编程语言 Serpent 和 Solidity（类似 JavaScript），官方推荐语言为 Solidity。Solidity 是一种面向合约（或面向对象）的高级编程语言，支持强类型、继承、库、自定义类型等。

（2）以太坊虚拟机

以太坊智能合约的运行环境是以太坊虚拟机（EVM）。EVM 是一种基于栈的虚拟机，被部署在执行智能合约操作的每个节点上，负责对智能合约进行指令解码，按照堆栈顺序（先进后出）执行代码。EVM 是一个完全独立的沙盒，智能合约代码在 EVM 内部执行，与外界完全隔离。

（3）燃料（Gas）

与比特币相比，图灵完备的以太坊智能合约引入了循环语句。为了防止出现无限循环等故障，任何代码运行都要进行计费。计费机制以燃料（Gas）为单位，每执行一条合约指令就会消耗固定的燃料。例如，创建智能合约、调用消息、访问账户数据等，虚拟机上的所有运行操作都会花费一定的燃料。燃料可以控制合约代码指令执行的上限。燃料会有价格，GasPrice 是运行每一步需要支付矿工的费用，以以太币计费。

每笔交易运行前会对执行代码所引发的计算步骤（包括初始消息和所有执行中引发的消息）用 StartGas 做出限制。StartGas 是整个交易中所使用的最大燃料量，StartGas 乘以 GasPrice 得到的值是交易发起方需要预先支付的以太币。

如果在执行交易的过程中"用完了燃料"，即超过了最大燃料量，合约运行终止并回滚到初始状态，但是已经支付的交易费用不可收回。如果交易执行中止时还剩余燃料，那么这些燃料将退还给发送者。

（4）以太币

以太币（Ether）是整个以太坊网络能够正常运转的激励机制重要组成。以太币的最小单位为 wei，1 Eth=10^{18} wei。

以太币有三种渠道可以获得。一种类似比特币，挖矿成功的矿工可获得以太币奖励，其奖励币值根据以太坊网络所处的不同阶段而不同。在 Frontier 阶段，奖励为 5 Eth；在 Homestead 阶段，奖励为 3 Eth，在 Metropolis 阶段奖励为 2 Eth。阶段越高奖励币值越低，当系统升级到 Serenity 阶段，共识以 PoS 为主，将取消挖矿奖励。目前，每年大约可通过挖矿挖出 1000 万个以太币。以太币的第二种获得渠道是交易的燃料费用。第三种渠道是通过账户之间的交易转账获得。

（5）GHOST 协议

如果在比特币挖矿过程中出现了软分叉，会根据最长原则处理。比特币的交易确认时间一般为 1 小时，分叉点后产生 5 个区块后才会最终确定丢弃哪些区块。在比特币中，被丢弃的区块的矿工将得不到任何报酬。

与比特币中区块链出块时间相比，以太坊区块链的出块时间从 10 分钟降到 15 秒。由于出块时间短，会频繁出现软分叉的情况。以太坊用 GHOST（Greedy Heaviest-Observed Sub-Tree，贪婪最重可观察子树）协议处理频繁分叉、选择主链及决定如何奖励矿工等问题。不同于比特币的最长链规则，以太坊将分叉区块也会考虑，选择一条包含分叉区块在内区块数目最多（最重）的链作为主链，如图 1-13 所示。

例如，根据比特币的最长链原则，5B→4C→3F→2D→1B→0 为最长主链；根据最重子树原则，4B→3D→2C→1B→0 为最重主链。

此外，对于在最长链中被包含的造成链分叉的块，如图 1-13 中的 3E 和 3C，GHOST 协议对它们也有一套对应的处理机制。

以太坊对挖出的孤块（完全没用的块）的矿工没任何奖励。比特币链中的分叉块都是孤块。如在图 1-13 中，2B、3B、2D、3F、4C、5B 和攻击者制造的恶意链上的所有区块都是孤块。

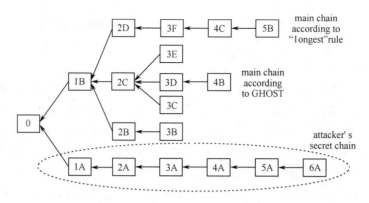

图 1-13　以太坊最重链原则（来自网络）

叔块是指被一定范围内的后续子块所打包收纳的块。挖出叔块的矿工会按照一定算法给予以太币奖励。如 3E、3C 被 4B 打包收纳，并给予以太币奖励，因此 3E、3C 是两个叔块。

叔块的奖励规则是：主链区块获得基础奖励 3 Eth；一个区块最多引用两个叔块；主链区块在包含一个叔块时可以获得挖矿奖励的 1/32，交易费不会奖励给叔块。以太坊区块链中 7 代及其以内的叔父区块都能得到奖励，超过 7 代的叔父区块不会得到奖励。这样是为了避免有些矿工专门在之前的链上制造分叉获取奖励的恶意情况出现。

如图 1-14 所示，以太坊根据 GHOST 的最终原则形成了一条包含叔块 3A、3B、3C 和 3D 的主链，则区块 4 打包收纳叔块 3A 和 3B，区块 4 获得的出块奖励和另外 1/32 的出块奖励作为收纳奖励，叔块 3A 和 3B 的挖矿者与区块 4 仅有一代之隔（这也是叔块名称的来由），因此分别获得 7/8 的出块奖励。被区块 5 收纳的叔块 3C 和 3D 与区块 5 间隔两代，出块奖励降低，分别获得 6/8 的出块奖励。叔块的奖励以此类推，超过 7 代的叔父区块将不会得到奖励。

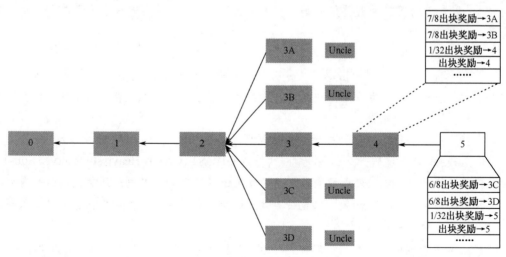

图 1-14　叔块的以太币奖励规则（来自网络）

（6）账户

以太坊有账户的概念。以太坊账户包括两类：外部用户账户（Externally Owned Account，EOA）和智能合约账户（Contracts Account）。

外部账户地址是该账户公钥的后 20 字节，由对应的账户私钥控制。外部账户可以创建交易，发送交易消息给另一个外部账户来触发转账，或发送消息给一个合约账户来触发新智能合约的创建或已有智能合约的调用等。外部账户的获取可以通过以太坊客户端 Geth 或以太坊钱包客户创建。

合约账户不能发起交易，仅能被外部用户调用，对应一个 20 字节的地址。该地址在创建合约时确定，有合约创建的外部地址和该外部地址发出过的交易数量计算得到。

因此，外部账户和合约账户的创建顺序可理解为用户先创建外部账户，在创建智能合约时创建合约账户。创建外部账户不需要花费燃料，但创建合约账户需要花费燃料。

以太坊的账户包含如下 4 部分。

① Nonce（随机数）：账户为外部账户时，表示该账户创建的交易序号，实际上是确定每笔交易只能被处理一次的计数器；账户为合约账户时，表示外部账户创建的合约序号，每创建一次会加 1。

② Balance（账户余额）：账户目前的以太币余额。

③ CodeHash（代码哈希值）：账户的合约代码的哈希值。

④ StorageRoot：账户存储内容组成的 Merkle-Patricia 树的根哈希值。

(7) 区块

以太坊区块结构与比特币相比有很大差别。以太坊区块结构包括区块头、叔块（Uncle）的列表和交易的列表，演示代码如图 1-15 所示。

```
type Block struct {
    header   *Header              // 本区块信息
    uncles   []*Header            // 本区块包含的叔块的信息
    trsnsactions  Trsnsactions    // 本区块包含的交易信息
    hash  atomic.Value
    size  atomic.Value
    td  *big.Int                  // 从开始区块到本区块（含）所有的难度的累加

    // 以下通过 eth 包来跟踪对等节点的区块的中继
    ReceiveAt   time.Time         // 跟踪区块生成的时间
    ReceivedFrom  interface{}     // 跟踪区块生成的节点
}
```

图 1-15 以太坊区块结构代码演示（来自网络）

以太坊的区块头的内容比比特币区块头的内容更多，如图 1-16 所示。

```
type Header struct {
    ParentHash common.Hash `json: "parentHash" gencodec: "required"`        //父块哈希
    UncleHash common.Hash `json: "sha3Uncles" gencodec: "required"`         //叔块哈希
    Coinbase common.Address `json: "miner" gencodec: "required"`            //产生区块矿工地址
    Root common.Hash `json: "stateRoot" gencodec: "required"`               //状态树根哈希
    TxHash common.Hash `json: "transactionsRoot" gencodec: "required"`      //交易树根哈希
    ReceiptHash common.Hash `json: "receiptsRoot" gencodec: "required"`     //数据树根哈希
    Bloom Bloom `json: "logsBloom" gencodec: "required"`                    //交易收据日志组成的Bloom过滤器
    Difficulty *big.Int `json: "difficulty" gencodec: "required"`           //本区块难度
    Number *big.Int `json: "number" gencodec: "required"`                   //本区块块号
    GasLimit uint64 `json: "gasLimit" gencodec: "required"`                 //本区块所有交易消耗的Gas上限, 不等于所有交易 Gaslimit的和
    GasUsed uint64 `json: "gasUsed" gencodec: "required"`                   //区块所有交易花费的Gas之和。
    Time *big.Int `json: "timestamp" gencodec: "required"`                  //打包区块时的时间, 不是出块时间。
    Extra []byte `json: "extraData" gencodec: "required"`                   //区块中的额外数据。
    MixDigest common.Hash `json: "mixHash" gencodec: "required"`            //哈希值, 与Nonce的组合形成工作量证明。
    Nonce BlockNonce `json: "nonce" gencodec: "required"`                   //一个随机数。
```

图 1-16 以太坊区块头的结构演示代码（来自网络）

比如，以太坊区块头中包含父块哈希值、叔块哈希值、状态根哈希值、交易树根哈希值和收据树根哈希值等。虽然同样采用类似哈希树根存储多个交易的哈希值，但以太坊引入了状态树（StateRoot）、交易数（TransactionRoot）、收据树（ReceiptsRoot）。交易树的叶子存储的是交易，用来计算交易树的根哈希值，保证交易数据的完整性；收据树的叶子节点存储的是交易生成的收据，用来计算收据树的根哈希值，保证交易完成证明。交易树和收据树都是 Merkle 树。状态树的叶子节点存储的是账户交易状态，是一个全局树。为了提高查找和存储效率，以太坊采用 Merkle-Patricia 树结构计算状态树的根的哈希值。状态树保证区块链数据的一致性和以太坊数据的回滚。

（8）共识方法

在不同的阶段，以太坊的共识算法不同，分别是 PoW 共识、PoW + PoS 混合共识和 PoS 共识。如前所述，以太坊在 Frontier、Homestead 阶段使用的是类似比特币的 PoW 的算法 Ethash。考虑到比特币出现的矿机矿池可能引发 51%算力攻击，Ethash 算法在执行时要消耗大量内存，与计算效率关系较小，因此制造专门的 Ethash 芯片较为困难，可以在一定程度上抗 ASIC（Application Specific Integrated Circuit，专用集成电路）攻击。

但是，无论如何，PoW 产生的巨大资源消耗和浪费一直被诟病。以太坊项目尝试将 PoW 算法改成 PoS 算法。以太坊的 PoS 算法构建时还有很多缺点，不能保证平等挖矿。因此，其 PoS 的发展历程经历了三个版本，即 PoS 1.0、PoS 2.0 和 PoS 3.0，不断用惩罚作恶模型来修正缺点，最终进化到 Capser 共识机制。

以太坊在 Metropolis 的 Constantionple 阶段使用 PoW+PoS 混合协议，并声称在 Serenity 阶段会完全使用 PoS 共识机制 Capser。

实际上，目前以太坊还支持基于权利证明（Proof of Authority，PoA）的 Clique 共识协议，可支持搭建私有链和联盟链。

（9）扩展性

以太坊使用 GHOST 协议解决了出块速度提高和分叉的矛盾，但吞吐量仍然不高，一般是 20 TPS，仍需要其他扩容方案，提高其可扩展性。

1.5.3　超级账本

超级账本 Hyperleger 项目是由 Linux 基金会在 2015 年发起的开源项目，包括多个面向不同场景和目的的子项目，目前使用最广泛的是作为面向企业的带有准入机制的联盟链分布式账本平台 Hyperledger Fabric 项目（如图 1-17 所示），其开源内容主要公布在 Github 上。Fabric 基于 Go 语言实现，在 2017 年 7 月推出 Fabric 1.0 版本，随后经历了 1.1、1.2、1.3、1.4 版本。2019 年 1 月，Fabric 1.4 版本是首个长期支持版本，其稳定性和可操作性都较之前版本有很大进步。本书主要示例均搭建在 1.4 版本上。2020 年 1 月，Fabric 发布了 2.0 版本，在链码生命周期管理、应用模式、数据共享模式、链码启动、Raft 共识等方面进行了改进，提升了链码、数据隐私、共识效率等方面的性能。

作为联盟链的开源开发平台，Fabric 有以下特点。

（1）多种角色划分

Fabric 包含三类角色：客户端（Client）、节点（Peer）、排序者（Order），这种多角色划分

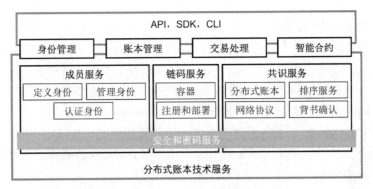

图 1-17 Hyperledger Fabric 项目

有利于提高交易处理效率。客户端（Client）用于将终端用户的交易请求发送到区块链网络节点（Peer）。为了提高交易处理效率，节点分为多种类型，如背书节点（Endorser）、确认节点（Committer）、主节点（Leader）、锚节点（Anchor）。节点是一个逻辑概念，Endorser 和 Committer 可以同时部署在一台物理机上。排序者（Order）负责对交易排序后打包成区块，并将结果返回给 Committer 节点，一般由 Order 集群来实现。

（2）增加了用户身份和权限管理

Fabric 使用成员服务提供者 MSP（Membership Service Provider）构建 PKI/CA 机制，利用公钥证书实现用户的身份证明和准入，作为权限管理的基础，为客户端和节点提供授权服务。

（3）支持可插拔的模块化架构

Fabric 包括支持 Solo、Kafka、Raft 可插拔共识和可插拔身份管理协议（如 LDAP 或 OpenIDConnect）、支持多种密钥管理协议和加密库。

（4）支持多通道（Channel）实现数据隔离

不同通道的交易信息和数据彼此隔离，提供安全性和隐私保护。每个通道是一个独立的区块链，使得多个用户可以共用同一个区块链系统而不用担心信息泄露问题。

（5）独立进行排序和生成区块操作

使用排序者为网络中合法交易进行排序，并生成区块，提高区块链网络的可扩展性，并能显著提高交易效率。

（6）支持多种语言的 SDK

Fabric 提供了支持 Node.js、Python、Java、Go 等语言的 SDK 项目，支持对 Fabric 链码的安装、实例化、调用等操作，可以提供账本、交易、链码、Fabric CA、加解密算法等资源调用。

（7）采用 P2P 网络的区块链网络

Fabric 底层为 P2P 网络，采用 Gossip 协议进行通信。建立在 P2P 之上的区块链网络处理节点间的交易，并维持区块链账本的一致性。Fabric 提供 gRPC API，客户端访问节点，客户端、节点访问排序者等都是通过 gRPC 消息进行通信。

（8）支持多种编程语言的链码

链码（Chaincode）是对智能合约的进一步扩展，链码隔离运行在容器 Docker 环境中。分为系统链码和用户链码，系统链码嵌入在系统内，提供对系统的配置和管理。用户通过相关的 API 编写用户链码，通过部署和实例化后可以对账本中的状态进行更新。部署和启动 Fabric 网络后，可以通过命令行或者 SDK 进行链码操作。

（9）支持多种 DBMS 的账本

Fabric 账本由区块链结构和状态数据库结构两部分组成。区块链由一组记录着全部交易日志的不可更改的有序区块（数据块）组成，每个区块包含若干交易的数据，区块之间用哈希链相连接，成为区块链结构。Fabric 的数据库结构包括：状态数据库（State Database），用于记录最新的键值对（key-value）组成的世界状态库（World State），用于记录各状态历史变化的历史数据库（History Database），以及存放索引信息的索引数据库（Index Database）。区块链结构用文件系统进行存储，状态数据库可以采用 LevelDB 和 CouchDB 数据库，历史数据库和索引数据库主要采用 LevelDB。

（10）两种交易类型

Fabric 支持两种交易类型：部署链码交易、调用链码交易。部署链码交易是将链码部署到节点上。调用链码交易是用户通过客户端程序利用 Fabric 提供的相应接口，调用已经在节点上部署好的链码，通过读取状态数据库并执行链码交易，将结果记录到相应的状态数据库和区块上。

1.6 区块链的技术发展方向

区块链技术为进一步解决互联网中的信任问题、安全问题和效率问题提供了新的解决方案，也为金融等行业的发展带来了新的机遇和挑战。虽然区块链技术有很多优势，其价值和创新性也被世界公认，但毕竟仍处于技术的发展初期，还存在很多问题亟待研究。围绕区块链的共识机制、互操作性、安全性、隐私保护和可监管性等关键技术，在区块链的可扩展性、跨链通信、智能合约、区块链安全与隐私保护、区块链监管、区块链技术应用等方面的技术研究和应用十分活跃。

1.6.1 可扩展性

可扩展性是适应区块链交易规模及数量的增长，提升区块链的交易处理速度和能力的重要研究方向，主要包括高效共识算法、分片技术、链上链下扩容、跨链操作等技术。

（1）高效共识算法

迄今为止，研究者已经在共识相关领域做了大量研究工作，提出了不同的共识机制（见1.1.2 节）。未来区块链共识算法的研究方向将主要集中在共识机制的效率、鲁棒性、安全性等性能提升、支持大规模节点的共识机制、新型区块链架构下的共识创新。

（2）分片技术

分片来源于传统数据库分片技术，将数据库分成更小、更易管理的部分，存放于不同的服务器，以提高数据处理和管理的性能。在区块链网络中，通过分片，每个节点只对自己分片内的交易进行验证，不需要验证片外的交易，以此节约交易时间和网络资源，提高交易处理速率。区块链分片技术分为网络分片、交易分片和状态分片三种，其技术难度依次递增。例如，网络分片方法是随机将区块链节点分到不同分片内，分片内节点对分配的部分交易信息进行验证和共识操作，虽然可以显著提高交易验证效率和共识效率，但是存在明显降低 PoW 协议 51% 攻击和 PBFT 协议的 1/3 恶意成员难度的问题，容易被恶意攻击者控制。难度最大的状态分片除了具有上述问题，还存在分片之间状态同步等交互问题。

（3）链上、链下扩容

作为一个分布式账本，区块链的高冗余性是以牺牲存储效能为代价的，实际存储效能很低。理论上，每个节点都需要存储一条从创始块开始的完整区块链数据副本，导致区块的每个区块仅能具有有限的存储容量。

链上、链下高效协同扩容成为研究方向之一。链上扩容一般通过改变区块结构如增加区块大小、通过设计共识算法缩短出块时间等提升区块链性能，链下扩容则是将部分交易操作转移到链下完成，链上只作为交易记录或仲裁平台。由于链上、链下的扩容方法多少涉及链上链下的配合，本书不严格区分哪些属于链上扩容方法，哪些属于链下扩容方法，主要方法包括状态通道、隔离见证等方案，目前实际应用实例有比特币的闪电网络、以太坊的雷电网络。

由于扩容问题，比特币在 2017 年 8 月出现了第一次硬分叉，形成了 BTC、BCH 两种。BTC 目前认可度高，占据全部数字货币总市值的一大半。BTC 成功地维持了 1 MB 区块，并实现了隔离见证（SegWit），使用闪电网络、侧链等技术实现链下扩容。其主要思路是用主链作为价值存储网络，通过闪电网络在比特币主链外构建一个链下的支付通道，利用主链和闪电网络配合实现其货币体系。闪电网络可以有效提高交易效率，但存在路径发现和通道建立成本等问题。以太坊的雷电网络处理与比特币的闪电网络类似。

隔离见证是指在比特币交易中，将占用较多空间和时间的签名信息和操作从区块链区块和验证操作中独立。这样使得区块能够容纳更多交易数，同时支持闪电网络架构。

（4）侧链与跨链

狭义上的侧链是指以锚定某种原链（主要是比特币）为基础的新型区块链，其目的是支持与原链之间的交互。广义上的侧链是为了解决现有区块链可扩展性问题、异构区块链之间的互操作性问题而发展的技术。

无论广义还是狭义的侧链，研究的核心在于区块链跨链技术。跨链是实现不同区块链互通，提升可扩展性的重要内容。不同技术支撑的区块链之间存在互通困难，如以太坊和比特币之间。此外，目前不同机构构建的不同场景的私有链、联盟链之间也难以互通。虽然区块链数量的不断增多，但是不同区块链网络之间相互隔绝，会形成新的数据和信息壁垒，影响区块链发挥更大的效能。目前，区块链跨链操作主要采用公证人机制、哈希时间锁、侧链、中继链等方法。其中，哈希时间锁和侧链技术可以实现两条区块链之间的跨链；公证人机制和中继链机制可以实现多条区块链之间的跨链。

除了上述研究热点技术，软硬件一体化的区块链可扩展架构、链上链下协同、异构分层的大规模区块链体系架构设计也都是突破区块链性能的研究方向。

1.6.2 隐私保护

相对于传统的中心化存储架构，区块链机制不依赖特定中心节点处理和存储数据，因此能够避免集中式服务器单点崩溃和数据泄露的风险。但是为了在分布式系统中的各节点之间达成共识，区块链中所有的交易记录必须公开给所有节点，实际上显著增加隐私泄露的风险。以比特币为代表的公有链其交易账户是匿名的，但交易账目是公开的。通过搜集某个匿名用户的交易信息可以反推处出用户的一些身份信息，一旦用户的身份信息泄露，其所有交易的细节都将暴露。在联盟链中，各节点属于不同的机构，如何在保证各机构隐私前提下，实现有效数据共享，合作完成业务也是一个巨大挑战。

隐私保护主要包括对数据、交易以及身份隐私保护。目前主要采用的方法可以分为隔离机制和密码算法两类。隔离机制如 Hyperledger Fabric 使用的多通道（Channel）的机制，类似于网络中的虚拟网络 VLAN（Virtual Local Area Network，虚拟局域网），同一个通道的节点能够获取该通道上的所有账本信息，不同通道节点账本信息相互隔离，以此使得不同机构节点共用同一个区块链系统而不用担心信息泄露。密码算法方面目前的研究热点集中在：利用零知识证明、同态加密、安全多方计算等实现交易隐私中的交易可验证不可见；利用盲签名、环签名、群签名等密码技术，实现交易用户身份隐私的保护；利用同态加密、零知识证明、安全多方计算等密码技术，通过实现数据的密态计算和验证实现数据隐私保护。

1.6.3　安全问题

区块链的安全性是需要特别重视的问题。在区块链刚刚开始进入人们视野的时候，区块链的所谓"更安全"只是一个相对概念。虽然区块链本身的架构运用了很多密码学算法，同时其分布式特性也有较高的数据备份冗余，但是迄今为止，很多区块链系统都发生过严重的安全问题。截至 2018 年 4 月，区块链共发生超过 200 起重大安全事件，造成的经济损失已超过 36 亿美元。从 2011 年到 2018 年，智能合约层面发生的安全事件累积损失约 14.09 亿美元，占比42.04%；交易平台累积安全损失约 13.45 亿美元，占比 40.15%，普通用户安全事件损失约 4.37亿美元，占比 13.03%。

"安全"的区块链仅是在发展时间相对较短的情况下，"目前为止比较安全"而已。另外，由于区块链发展时间不长，实际应用还不够普及，系统使用规模还小，针对区块链系统的攻击种类和行为也相对比较少，但随着区块链应用规模的扩大，各种攻击会越来越多。

要清醒地认识到，从来没有绝对安全的网络，今后也不会有，对信息的监听、篡改、窃取、伪造、破坏一直存在。

目前，破坏区块链安全的行为大多可以归结为从算法安全、协议安全、实现安全、使用安全和系统安全五个层面进行的破坏、更改或泄露。算法安全主要是指区块链网络、智能合约中使用的密码算法安全问题。协议安全主要指区块链对等网络协议及区块链共识协议安全问题。实现安全主要包括区块链智能合约和区块链底层代码的安全问题。使用安全主要指用户私钥的安全。在区块链中，私钥代表了用户对资产的所有权，私钥丢失或泄露会造成资产无法获取。系统安全是从区块链系统整体角度出发，攻击者可以综合运用网络攻击手段，对区块链中存在的算法漏洞、协议漏洞、使用漏洞、实现漏洞、系统漏洞等方面综合利用，达成攻击目的。另外，社会工程学攻击的引入也使区块链变得更加脆弱。

除此之外，区块链系统的安全保障体系和对区块链本身及其应用系统的安全评估、安全态势分析及安全标准等逐渐成为区块链安全领域的研究重点。

1.6.4 监管问题

当前区块链在加密货币等领域的应用最为成熟。高效的跨境交易、保证用户身份隐私等优点也是一把"双刃剑"，带来了诸多监管问题。区块链数字货币可以为非法金融交易提供安全稳定的资金渠道。例如，勒索病毒WannaCry通过比特币实现资产勒索，地下黑市网站"丝绸之路"可以对比特币进行非法买卖。此外，区块链数字货币便捷快速低成本的跨境交易也带来非法跨境资金转移等问题。由于区块链去中心化、不可篡改等特性，一旦有恶意或虚假信息上链，这些非法信息就很难从区块链中删除。与一般系统相比，区块链的匿名性使得查找恶意信息的发布者和各种非法用户变得十分苦难。

对区块链的监管治理问题是区块链发展中的巨大挑战。公有链是去中心化程度最高的一种架构，也是用户隐蔽性最强的一种架构，公有链监管问题是最为严重的。联盟链和私有链由于其自身特点，一般采用半中心化架构，对用户有一定的准入限制和身份识别，监管相对容易实现。

针对公有链的匿名监管主要是通过账号分析、交易关联分析等技术来查找公有链账号的真实用户身份；对联盟链主要考虑在保护数据隐私的同时实现可监管，通过设置监管节点或具体的密码学技术手段实现；内容监管方面，主要考虑采用物联网和人工智能等技术实现上链信息的真实性验证。

1.7 区块链在信息时代的作用

1.7.1 区块链的作用

习近平总书记在2019年10月24日中央政治局集体学习中对区块链技术的价值、作用及主要应用领域做出了高度概括，如图1-18所示。目前，联盟链在服务实体经济提升国家治理水平等方面具有巨大优势，国内的区块链研究和应用主要围绕联盟链展开。促进数据共享、优化业务流程、降低运营成本、提升协同效率、建设可信体系是区块链在我国与各类行业、各种技术关联后发挥的五大作用。

第一，通过区块链与实体经济深度融合，服务实体经济发展。区块链技术可以降低产业成本、提升产业协同效率、打造诚信产业环境、创新产业价值。

目前，区块链+金融是最大的应用领域，利用区块链技术解决中小企业贷款融资难、银行风控难、部门监管难等问题。以供应链金融为例，目前供应链金融存在"企业融资难成本高、企业信用无法传递、供应链上存在信息孤岛、贸易背景真实性审核难度大"等诸多问题，区块链作为分布式共享账本，可以存储并实现数据在链上的可信流转，打破供应链信息孤岛，实现企业信用的传递；其具有的不可篡改特性，在一定程度上保证了供应链交易信息的真实性，减少贷前的风控投入；通过将可流转、可融资的确权凭证登记到区块链上，使得债权转让得到多方共识，可以有效降低供应链融资的操作难度，极大解决供应链金融目前存在的各种难题。

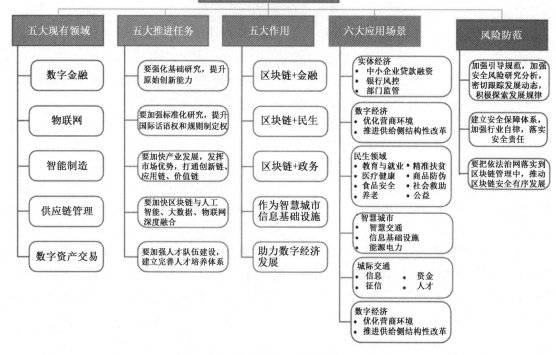

图 1-18 "1024" 政策解读（来自网络）

第二，利用区块链促进民生服务和社会治理。区块链+民生是我国区块链应用的重点和特色，主要是利用区块链技术的存证和溯源功能。

区块链技术可以在教育、就业、养老、精准脱贫、医疗健康、商品防伪、食品安全、公益、社会救助等民生领域广泛应用，提供更加智能、便捷、优质的社会服务。例如，将区块链应用到公益或社会救助领域，可以做到全程跟踪每笔捐款的来源、使用情况、全程透明公开；区块链用于食品安全、商品防伪，可以追踪食品或其他商品供应链的每个环节，利用智能合约自动在区块链上存证，实现食品安全和商品途径的有据可查、有径可循。再如，在医疗健康中使用区块链技术，可以记录医疗数据，提升医疗数据的安全性和隐私性，同时有助于打通不同医疗机构之间的信息共享，方便病人实现保险报销、医保信息更新等。

第三，通过区块链技术，提升政务建设及管理水平，区块链+政务是目前区块链技术的第三大应用。

区块链可以实现政务数据共享，明确数据的所有权、管理权、使用权，解决跨级别、跨部门数据互通问题，规范和优化政府管理业务处理流程，提高政府办公效率，树立政府公正透明形象，促进基于政务数据共享的业务协同办理，实现"让数据多跑腿、群众少跑路"。

第四，区块链可以作为智慧城市信息基础设施。智慧城市要求充分合理的利用城市资源，促进城市发展的整体效率，保障居民生活质量，促进城市可持续发展。智慧城市是在信息化的基础上基于数据实现高智能化、数字化、高效、合理的城市治理和服务。建设智慧城市的基础首先是城市信息的互通共享，区块链技术作为解决数据共享、可信、安全的一种技术手段，可以构建智慧城市数据共享的信息基础设施。

第五，区块链技术可以助力数字经济发展。数字经济的核心是数据的处理应用，是通过大数据（数字化的知识与信息）的识别—选择—过滤—存储—使用，引导、实现资源的快速优化配置与再生、实现经济高质量发展的经济形态。区块链技术的不可篡改、多方参与、一致性、安全等特点可以解决数据的开放、共享、流通、隐私保护等痛点瓶颈问题。此外，区块链作为一种去中心化或弱中心化技术，可以成为现有云计算、大数据等中心化技术的有益补充和平衡。区块链技术与数据技术的充分结合，可以推动数字经济模式创新，为打造便捷高效、公平竞争、稳定透明的营商环境提供动力，为推进供给侧结构性改革、实现各行业供需有效对接提供服务，为加快新旧动能接续转换、推动经济高质量发展提供支撑。

实际上，区块链技术仍然处于发展初期，其应用也会随着技术的发展不断拓宽和深入。此外，区块链技术本身就是多种现有技术的创新组合，实际应用中更多需要融合应用，包括融合云计算、物联网、大数据、人工智能、移动计算、5G等技术，根据与不同场景的实际需求与现有信息系统等进行融合应用。

1.7.2　区块链的价值

目前，区块链技术已经成为全球性争夺技术，上升为国家战略技术，被誉为信任的机器，也被称为下一代互联网，构建价值互联网的信息基础设施。

1. 信任的机器

区块链表面上解决的是技术问题，关键价值在于建立了一套不需要第三方可信机构背书的信任关系。这种信任关系是通过密码学算法实现的记账后不可篡改必须认账的信任，是通过合约编程技术，利用代码自动执行的信任，是基于大多数人签名确认背书后广而告之的信任。这种信任的建立模式和方法是颠覆性的，是去第三方、去中介化的信任建立方式。

2. 打造价值互联网

价值互联网将是以区块链应用为主要代表的互联网新形态。而区块链建立的"信任"正是价值互联网中最重要的"价值"所在。区块链构建的不需第三方背书的信任可以有效降低信用成本，构造新的价值流动机制、交易规则。具体来说，区块链通过"自证"的模式，实现群体间的信任，并通过对等网络技术，不需通过第三方就可以实现两个实体之间点对点的直接传递价值，以此促进更平等自由的数据资产流动，打造共识可信数据的数字经济发展基础。在此基础上，可以进一步优化价值相关业务协作机制和流程，提升社会交易效率，降低社会交易成本。例如，跨境支付是资金在跨国跨地区之间的转移，由于币种的不同，需要通过一定的结算工具和支付系统实现两个国家或地区之间的资金转换，最终完成交易。传统跨境交易需要第三方支付机构参与协助完成，因此转账时间长，手续费高昂，特别不适合小额高频交易。区块链技术可以实现跨境支付的客户点对点转账，大大提高了支付效率，降低中间环节费用。

3. 重构生产关系

不可否认，信息的充分挖掘与利用创新将进一步改变社会经济结构、催生新的经济模式。当前的信息时代，大数据已经成为了新的生产加工对象，云计算汇集了新的生产资料，人工智能能够有效提升生产力，而区块链能够改变商业关系甚至是生产关系。

在互联网经济模式下，数据等核心资源更加迅速地集中于用户数量多的平台型企业，大量用户带来更多的数据资源，更多的数据资源带来更大的市场空间和技术能力提升，这样的正向循环容易导致互联网公司在某领域一家独大，无法做到真正的开放、共享、透明、公正，小企业或用户个体的权益特别是数据资源的权益无法得到保障。区块链技术可以实现数据确权上链，保障个体的权益，特别是保障对其产生的数据资源的权益。通过数据的确权、授权、维权，智能合约等技术手段可以保证数据产生方对自身产生数据有充分支配权利并能从中获益，也可使得用户个体可以参与到与其自身数据建设相关的整体发展过程中，甚至可以参与整体的发展决策。这些无疑将催生新的生产关系。

但就目前阶段而言，区块链技术仍然处于早期发展阶段，上述价值的体现仍然处于理论探讨阶段。虽然区块链技术目前处于非常热的研究应用阶段，但是很多瓶颈问题是目前阶段不能有效解决的，可能导致区块链技术在过热后遇冷。任何技术的发展一定有高潮也有低谷，从长远来看，区块链技术的可信、开放、透明等特点必将成为重要的主流技术之一。

此外，必须清楚地看到，区块链技术不是万能的、放之四海均能起到有效作用的技术。任何一种技术都是解决问题、提高效率、降低成本的手段。解决问题的手段有千条万条，是否采用某种技术，是由技术本身与实际的应用场景、市场需求是否相适应，是否能过够有效提高降低成本提高效率，是否能够产生有效的经济和社会效益所决定的。在进行项目设计开发时，切忌不能为分布式而分布式，为区块链而区块链。

本章小结

区块链是利用块链式数据结构来验证与存储数据、利用分布式节点共识算法来生成和更新数据、利用密码学的方式保证数据传输和访问的安全、利用由自动化脚本代码组成的智能合约来编程和操作数据的一种全新的分布式基础架构与计算范式，具有不可篡改、可追溯、构建信任、公正透明等核心特点。

区块链不是一个全新技术，将已经有多年研究历史的对等网络技术、共识机制、密码算法、智能合约等巧妙组合在一起，通过分布式记账方式为非信任网络环境下建立信任基础设施提供了一个很好的解决思路。由于可带激励、通证（Token）等商业运作模式能够解决信息不对称和多主体之间的协作信任等问题，区块链被看作新一代互联网技术，被认为可以推动互联网从传递信息到传递价值的升级转变，能够重构商业关系和生产关系。通过与其他人工智能、大数据等其他技术结合，与其他需要跨部门、跨机构协作的行业需求相结合，区块链将在服务实体经济和数字经济方面发挥巨大作用。

除了信任这一核心价值，区块链技术的另一个核心特点是分布式。实际上，区块链提供的分布式信任与以往的分布式系统所解决的问题有本质区别。传统分布式系统主要通过将任务分布式或并行化等方法来提高系统计算处理的效能，而区块链采用的分布式架构更多从保障信任、多点备份的角度出发，通过大量的分布式冗余存储来确保多点共识下的信息不可篡改和可信，因此其效能比中心化和传统分布式系统都低。

区块链存在与分布式系统 CAP 类似的三元悖论，即去中心化（Decentralized）、安全性（Security）、可扩展性（Scalability）三者不能兼得。显然，如果系统强调去中心化和安全性，那么该系统不可能规模太大，只有在较小规模下才有可能满足系统在没有第三方监管下，能够安全运行。如果区块链系统要求去中心化和可扩展性，可以想象在一个有很多系统节点且节点之间关系对等的情况下，系统安全性是无法保证的。如果强调系统的安全性和可扩展性，在一个规模较大的系统中要保证其安全性，一般不大可能做到完全的去中心化。区块链从比特币为代表的完全去中心化的公有链发展出半去中心化的私有链、联盟链，是针对具体的应用环境实现上述三者的折中。同样，在区块链技术的研究和应用中要充分根据实际的应用需求，考虑三者如何取舍。公有链、私有链、联盟链以及区块链的各种技术发展方向和研究热点都是围绕着去中心化、安全性、可扩展性展开的。总之，区块链作为一个崭新突破性的技术，目前处于发展早期，技术研究方向和热点众多，其技术前景和应用广阔。

本章介绍了区块链的基本概念、基础技术、基本分类、基本特点、发展历程和方向及在信息时代的作用，为后续章节详细理解区块链提供宏观认知。本章还简要介绍了比特币、以太坊、超级账本三个典型区块链系统的特点。比特币是区块链第一个也是最成功的应用案例，目前与比特币相关的应用拓展主要围绕虚拟货币展开，但其技术问题和技术价值仍是具有很高的研究价值。以太坊和联盟链典型代表超级账本是目前研究最多、发展最快的技术，本章对其基本架构及设计的主要思想和技术点进行了简要叙述，具体内容和应用可详细学习相应章节。

思考与练习

1．区块链是通过哪些机制实现信任的？
2．区块链为什么能够保证链上数据的不可篡改？
3．简述共识机制的种类和特点。
4．智能合约包括哪些类型？图灵完备的智能合约与传统网络环境下的程序有什么区别？
5．区块链是否能实现传统数据库的增、删、改、查操作？为什么？
6．区块链的主要特点有哪些？
7．以太坊的燃料起什么作用？
8．超级账本Fabric有哪几种节点？其节点身份及权限管理是通过哪个模块实现的？
9．区块链在促进我国经济社会建设方面的五大作用是哪些？
10．区块链的分布式与传统分布式系统的分布式实现目的有什么区别？

参考文献

[1] 王欣，史钦锋，程杰. 深入理解以太坊[M]. 北京：机械工业出版社，2019.
[2] 杨保华. 区块链原理、设计与应用[M]. 北京：机械工业出版社，2017.
[3] 冯翔，刘涛，吴寿鹤，周广益. 区块链开发实战：Hyperledger Fabric 关键技术与案例分析[M]. 北京：机械工业出版社，2018.
[4] 邹均，曹寅，刘天喜，等. 区块链技术指南[M]. 北京：机械工业出版社，2016.
[5] Hyperledger fabric MSP 成员管理. https://blog.csdn.net/zhayujie5200/article/details/.
[6] 中国计算机学会区块链专委会. 区块链关键技术研究进展. https://www.8btc.com/article/520861.

[7] 国家互联网金融安全技术专家委员会. 区块链技术安全调研报. http://www.Enginechain.cn/int/ 5568.html.

[8] 袁勇，王飞跃. 区块链技术发展现状与展望. 自动化学报，2016, 42(4): 481-494.

[9] 贺海武，延安，陈泽华. 基于区块链的智能合约技术与应用综述. 计算机研究与发展，2018, 55(11):112-126.

第 2 章　数 据 层

数据层处于区块链层次结构中的最底层。数据层基于 Merkle 树，采用区块的方式和链式结构来进行数据存储，并通过哈希算法和非对称加密等密码学技术来保证账户和交易的安全。本章将介绍在区块链中常用的哈希算法和非对称加密算法，包括国家商用密码管理办公室制定的部分密码标准：SM3 哈希算法和 SM2 椭圆曲线密码机制。本章还将介绍 Merkle 树的定义和其在区块链中的作用。

2.1　哈希函数

2.1.1　哈希函数的定义与性质

哈希 (Hash) 函数，也叫散列函数或者杂凑函数，是把任意长度的输入变换成固定长度的输出的一种算法，该固定长度的输出就是输入数据的哈希值(也叫消息摘要、散列值、哈希值)。这种变换是一种压缩映射，哈希值的空间通常远小于输入的空间，不同的输入可能变换成相同的输出，所以不可能从哈希值来确定唯一的输入值。

安全应用中使用的哈希函数被称为密码学哈希函数，是一种用途广泛的密码算法，在各种不同的安全应用和网络协议中，经常使用哈希函数来实现消息认证、数字签名、口令认证等安全模块。

对于哈希函数 $h = H(x)$，称 x 是 h 的原像，把数据块 x 作为输入，用哈希函数 H 得到 h。其中，H 是哈希函数，x 是任意长度的明文，h 是固定长度的哈希值。

理想的哈希函数对于不同的输入可以获得不同的哈希值。如果是两个不同的消息，满足 $H(x) = H(x')$，则称 x 和 x' 是哈希函数的一个碰撞。

哈希函数具有单向和长度固定的特性，所以可以生成消息或数据块的消息摘要 (也称为散列值、哈希值，Message Digest)，在数据完整性和数字签名领域有着广泛的应用。典型的哈希函数有两类：消息摘要算法和安全散列算法 (Secure Hash Algorithm，SHA)。

哈希函数具有如下性质。

易压缩：对于任意大小的输入 x，哈希值 $H(x)$ 的长度很小，在实际应用中，函数 H 产生的哈希值其长度是固定的。

易计算：对于任意给定的消息，计算其哈希值比较容易。

单向性：对于给定的哈希值 h，要找到 m' 使得 $H(m') = h$ 在计算上是不可行的，即求哈希的逆很困难。

抗碰撞性：理想的哈希函数是无碰撞的，但在实际算法的设计中很难做到。抗碰撞性有两种：一种是弱抗碰撞性，即对于给定的消息，要发现另一个消息，满足 $H(x) = H(y)$ 在计算上是不可行的；另一种是强抗碰撞性，即对于任意一对不同的消息 (x, y)，使得 $H(x) = H(y)$ 在计算上也是不可行的。

高灵敏性：从比特位角度出发，指 1 比特位的输入变化会造成 1/2 比特位的变化。

2.1.2 SHA-1 算法

1993 年，美国国家标准技术研究所 NIST 公布了安全散列算法 SHA-0 标准，1995 年 4 月 17 日公布的修改版本称为 SHA-1。SHA-1 在设计方面是模仿 MD5 进行设计的，但对任意长度的消息均是生成 160 位的消息摘要（MD5 仅仅生成 128 位的摘要），因此抗穷举搜索能力更强。SHA-1 有 5 个参与运算的 32 位寄存器字，其消息分组和填充方式与 MD5 相同，主循环同样是 4 轮，但每轮要进行 20 次操作，包含非线性运算、移位和加法运算等，但非线性函数、加法常数和循环左移操作的设计与 MD5 有些区别。

SHA-1 的输入是最大长度小于 2^{64} 位的消息，输入消息以 512 位的分组为单位进行处理，输出是 160 位的消息摘要。SHA-1 具有实现速度高、容易实现、应用范围广等优点。

1. SHA-1 算法流程

对于任意长度的明文，SHA-1 算法先对其进行分组，使得每组的长度为 512 位，再对这些明文分组反复重复处理。每个明文分组的摘要生成过程如下：

① 将 512 位的明文分组划分为 16 个子明文分组，每个子明文分组为 32 位。

② 申请 5 个 32 位的链接变量，记为 A、B、C、D、E。

③ 16 份子明文分组扩展为 80 份。

④ 80 份子明文分组进行 4 轮运算。

⑤ 链接变量与初始链接变量进行求和运算。

⑥ 链接变量作为下一个明文分组的输入重复进行以上操作。

⑦ 5 个链接变量里面的数据就是 SHA-1 摘要。

2. SHA-1 算法的分组过程

对于任意长度的明文，需要对明文进行扩充，使明文总长度为 448 (mod 512) 位。在明文后添加位的方法是，第一个添加位是 1，其余都是 0。然后将真正明文的长度（没有添加位以前的明文长度）以 64 位表示，附加于前面已添加过位的明文后，此时的明文长度正好是 512 位的倍数。SHA-1 的原始报文长度不能超过 2^{64}，明文长度从低位开始填充。

经过添加位数处理的明文，其长度正好为 512 位的整数倍，然后按 512 位的长度进行分组（block），可以划分成 L 份明文分组，用 $Y_0, Y_1, \cdots, Y_{L-1}$ 表示这些明文分组。

对于 512 位的明文分组，SHA-1 将其分成 16 份子明文分组（sub-block），用 M_k（$k = 0, 1, \cdots, 15$）表示，每份子明文分组为 32 位；再将这 16 份子明文分组扩充到 80 份子明文分组，记为 W_k（$k = 0, 1, \cdots, 79$）。扩充的方法如下：

$$\begin{cases} W_t = M_t, & 0 \leqslant t \leqslant 15 \\ W_t = (W_{t-3} \oplus W_{t-8} \oplus W_{t-14} \oplus W_{t-16} <<<1, & 16 \leqslant t \leqslant 79 \end{cases}$$

SHA-1 有 4 轮运算，每轮包括 20 个步骤（共 80 步），最后产生 160 位摘要，这 160 位摘要存放在 5 个 32 位的链接变量中，分别标记为 A、B、C、D、E。这 5 个链接变量的初始值以十六进制位表示如下：

$$A = 0x67452301$$
$$B = 0xEFCDAB89$$
$$C = 0x98BADCFE$$
$$D = 0x10325476$$
$$E = 0xC3D2E1F0$$

3. SHA-1 的 4 轮运算

SHA-1 有 4 轮运算，每轮包括 20 个步骤，共 80 步，如图 2-1 所示。当第 1 轮运算的第 1 个步骤开始处理时，A、B、C、D、E 链接变量中的值先赋值到另 5 个记录单元 A'、B'、C'、D'、E' 中。这 5 个值将保留，用于在第 4 轮的最后一个步骤完成后与链接变量 A、B、C、D、E 进行求和操作。

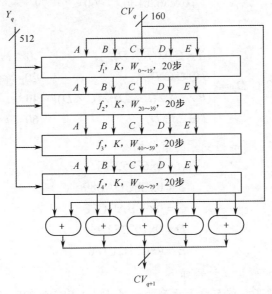

图 2-1　SHA-1 算法单个 512 位消息块的处理流程

如图 2-2 所示，SHA-1 的 4 轮运算共 80 个步骤使用同一个操作程序：

$$A,B,C,D,E \leftarrow [(A <<< 5) + f_t(B,C,D) + E + W_t + K_t], A, (B <<< 30), C, D$$

其中，$f_t(B,C,D)$ 为逻辑函数，W_t 为子明文分组，K_t 为固定常数。

这个操作程序的意义为：$[(A <<< 5) + f_t(B,C,D) + E + W_t + K_t]$ 的结果赋值给链接变量 A；将链接变量 A 初始值赋值给链接变量 B；将链接变量 B 初始值循环左移 30 位，赋值给链接变量 C；将链接变量 C 初始值赋值给链接变量 D；将链接变量 D 初始值赋值给链接变量 E。

在上述算法中，K_t 的定义如下：

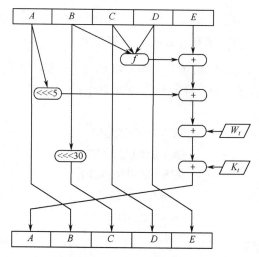

图 2-2 SHA-1 算法的步函数

$$K_t = \begin{cases} 0x5a827999, & 0 \leqslant t \leqslant 19 \\ 0x6ed9eba1, & 20 \leqslant t \leqslant 39 \\ 0x8f1bbcdc, & 40 \leqslant t \leqslant 59 \\ 0xca62c1d6, & 60 \leqslant t \leqslant 79 \end{cases}$$

$f_t(B,C,D)$ 的定义如下:

$$f_t(B,C,D) = \begin{cases} (B \wedge C) \vee (\overline{B} \wedge D), & 0 \leqslant t \leqslant 19 \\ B \oplus C \oplus D, & 20 \leqslant t \leqslant 39 \\ (B \wedge C) \vee (B \wedge D) \vee (C \wedge D), & 40 \leqslant t \leqslant 59 \\ B \oplus C \oplus D, & 60 \leqslant t \leqslant 79 \end{cases}$$

设 $W_1 = 0x12345678$,则链接变量的值分别为:

$$A = 0x67452301$$
$$B = 0xEFCDAB89$$
$$C = 0x98BADCFE$$
$$D = 0x10325476$$
$$E = 0xC3D2E1F0$$

那么,第 1 轮第 1 步的运算过程如下。

① 将链接变量 A 循环左移 5 位,得到的结果为:0xE8A4602C。

② 将 B、C、D 经过相应的逻辑函数,即

$$(B \& C) | (\sim B \& D) = (0xEFCDAB89 \& 0x98BADCFE)$$
$$| (\sim 0xEFCDAB89 \& 0x10325476) = 0x98BADCFE$$

③ 二者的结果与 E、W_t、K_t 相加,得:

0xE8A4602C+0x98BADCFE+0xC3D2E1F0+0x12345678+0x5A827999=0xB1E8EF2B

④ 将 B 循环左移 30 位,得:

$$(B\!<\!<\!<\!30) = 0x7BF36AE2$$

⑤ 步骤③的结果赋值给 A,A(这里是指 A 的原始值)赋值给 B,步骤④的结果赋值给 C,C 的原始值赋值给 D,D 的原始值赋值给 E。

最后得到第 1 轮第 1 步的结果：

$$A = 0\text{xB1E8EF2B}$$
$$B = 0\text{x67452301}$$
$$C = 0\text{x7BF36AE2}$$
$$D = 0\text{x98BADCFE}$$
$$E = 0\text{x10325476}$$

按照这种方法，将 80 个步骤进行完毕。

将第 4 轮最后一个步骤的 A、B、C、D、E 输出，分别与记录单元 A'、B'、C'、D'、E' 中的数值求和运算。其结果作为输入，成为下一个 512 位明文分组的链接变量 A、B、C、D、E。最后一个明文分组计算完成后，A、B、C、D、E 中的数据就是散列函数的最终值。

2.1.3　SHA-2 算法

2002 年，NIST 推出了 SHA-2 系列哈希算法，其输出长度可取 224 位、256 位、384 位、512 位，分别对应 SHA-224、SHA-256、SHA-384、SHA-512。SHA-2 还包含另两个算法：SHA-512/224、SHA-512/256。SHA-2 具有更强的安全强度和更灵活的输出长度，其中 SHA-256 是常用的算法，下面简单介绍。

SHA-256 算法的输入是最大长度小于 2^{64} 位的消息，输出是 256 位的消息摘要，输入消息以 512 位的分组为单位进行处理。

（1）消息的填充

添加 1 个 1 和若干 0，使其长度模 512 后与 448 同余。在消息后附加 64 位的长度块，其值为填充前消息的长度，从而产生长度为 512 整数倍的消息分组，填充后消息的长度最多为 2^{64} 位。

（2）初始化链接变量

链接变量的中间结果和最终结果存储于 256 位的缓冲区中。缓冲区用 8 个 32 位的寄存器 A、B、C、D、E、F、G 和 H 表示，输出仍放在冲区中，以代替旧的 A、B、C、D、E、F、G 和 H。首先，对链接变量进行初始化，初始链接变量存于 8 个寄存器中：

$$A = H_0 = 0\text{x6A09E667}$$
$$B = H_1 = 0\text{xBB67AE85}$$
$$C = H_2 = 0\text{x3C6EF372}$$
$$D = H_3 = 0\text{xA54FF53A}$$
$$E = H_4 = 0\text{x510E527F}$$
$$F = H_5 = 0\text{x9B05688C}$$
$$G = H_6 = 0\text{x1F83D9AB}$$
$$H = H_7 = 0\text{x5BE0CD19}$$

初始链接变量是取自前 8 个素数（2、3、5、7、11、13、17、19）的平方根的小数部分其二进制表示的前 32 位。

（3）处理主循环模块

消息块是以 512 位分组为单位进行处理的，要进行 64 步循环操作（如图 2-3 所示）。每轮的输入均为当前处理的消息分组和上一轮输出的 256 位缓冲区 A、B、C、D、E、F、G、H 的值。每步均采用了不同的消息字和常数，下面给出它们的获取方法。

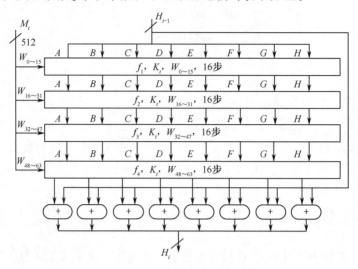

图 2-3　SHA-256 的压缩函数

（4）得出最终的哈希值

所有 512 位的消息块分组都处理完后，最后一个分组处理后得到的结果即为最终输出的 256 位的消息摘要。

步函数是 SHA-256 中最重要的函数，也是 SHA-256 中最关键的部件，运算过程如图 2-4 所示。

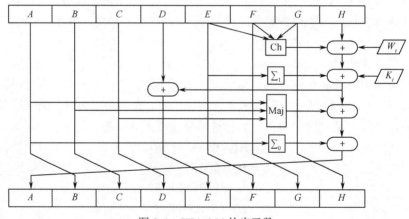

图 2-4　SHA-256 的步函数

每步都会生成两个临时变量，即 T_1、T_2：

$$T_1 = (\sum\nolimits_1(E) + \mathrm{Ch}(E, F, G) + H + W_t + K_t) \bmod 2^{32}$$

$$T_2 = (\sum\nolimits_0(A) + \mathrm{Maj}(A, B, C)) \bmod 2^{32}$$

根据 T_1、T_2 的值，对寄存器 A 和 E 进行更新。A、B、C、E、F、G 的输入值依次赋值给 B、C、D、F、G、H。

$$A = (T_1 + T_2) \bmod 2^{32}$$
$$B = A$$
$$C = B$$
$$D = C$$
$$E = (D + T_1) \bmod 2^{32}$$
$$F = E$$
$$G = F$$
$$H = G$$

其中，t 是步数，$0 \leqslant t \leqslant 63$，则

$$\mathrm{Ch}(E,F,G) = (E \wedge F) \oplus (\bar{E} \wedge G)$$
$$\mathrm{Maj}(A,B,C) = (A \wedge B) \oplus (A \wedge C) \oplus (B \wedge C)$$
$$\sum\nolimits_0(A) = \mathrm{ROTR}^2(A) \oplus \mathrm{ROTR}^{13}(A) \oplus \mathrm{ROTR}^{22}(A)$$
$$\sum\nolimits_1(E) = \mathrm{ROTR}^6(E) \oplus \mathrm{ROTR}^{11}(E) \oplus \mathrm{ROTR}^{25}(E)$$

且 $\mathrm{ROTR}^n(x)$ 表示对 32 位的变量 x 循环右移 n 位。

取前 64 个素数（2，3，5，7，…）立方根的小数部分，将其转换为二进制数，再取这 64 个数的前 64 位作为 K_t。其作用是提供 64 位随机串集合，以消除输入数据里的任何规则性。

对于每个输入分组导出的消息分组 W_t，前 16 个消息字 W_t（$0 \leqslant t \leqslant 15$）直接按照消息输入分组对应的 16 个 32 位字，其他则按照如下公式计算得出：

$$W_t = W_{t-16} + \sigma_0(W_{t-15}) + W_{t-7} + \sigma_1(W_{t-2}) \qquad (16 \leqslant t \leqslant 63)$$

其中：

$$\sigma_0(x) = \mathrm{ROTR}^7(x) \oplus \mathrm{ROTR}^{18}(x) \oplus \mathrm{SHR}^3(x)$$
$$\sigma_1(x) = \mathrm{ROTR}^{17}(x) \oplus \mathrm{ROTR}^{19}(x) \oplus \mathrm{SHR}^{10}(x)$$

$\mathrm{SHR}^n(x)$ 表示对 32 位的变量 x 右移 n 位，其导出方法如图 2-5 所示。

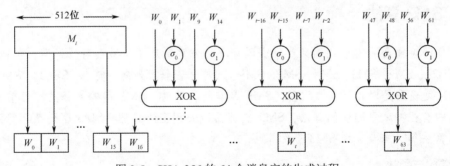

图 2-5　SHA-256 的 64 个消息字的生成过程

2.1.4　RIPEMD-160 算法

RIPEMD（RACE Integrity Primitives Evaluation Message Digest，RACE 原始完整性校验消息摘要）是比利时鲁汶大学 COSIC 研究小组开发的哈希函数算法。RIPEMD 使用 MD4 的设计原理，并针对 MD4 的算法缺陷进行改进。1996 年，RIPEMD-128 版本发布，在性能上与

SHA-1 相类似。RIPEMD-160 是对 RIPEMD-128 的改进，是 RIPEMD 最常见的版本。RIPEMD-160 输出 160 位的哈希值，对 160 位哈希函数的暴力碰撞搜索攻击需要 280 次计算，其计算强度大大提高。RIPEMD-160 充分吸取了 MD4、MD5、RIPEMD-128 的一些性能，具有更好的抗强碰撞能力，旨在替代 128 位哈希函数 MD4、MD5 和 RIPEMD。

RIPEMD-160 使用 160 位的缓存区来存放算法的中间结果和最终的哈希值。这个缓存区由 5 个 32 位的寄存器 A、B、C、D、E 构成，初始值如下：

$$A = 0x67452301$$
$$B = 0xEFCDAB89$$
$$C = 0x98BADCFE$$
$$D = 0x10325476$$
$$E = 0xC3D2E1F0$$

数据存储时采用低位字节存放在低地址的形式。

处理算法的核心是一个包含 10 个循环的压缩函数模块。其中，每个循环由 16 个处理步骤组成，使用不同的原始逻辑函数，算法的处理分为两种情况，分别以相反的顺序使用 5 个原始逻辑函数。每个循环都以当前分组的消息字和 160 位的缓存值 A、B、C、D、E 为输入，得到新的值。每个循环使用一个额外的常数 K，在最后一个循环结束后，两种情况的计算结果 A、B、C、D、E 和 A'、B'、C'、D'、E' 及链接变量的初始值经过一次加运算产生最终的输出。对所有的 512 位的分组处理完成后，最终产生的 160 位输出即消息摘要。

除了 128 位和 160 位版本，RIPEMD 算法也存在 256 位和 320 位版本，共同构成 RIPEMD 家族的 4 个成员：RIPEMD-128、RIPEMD-160、RIPEMD-256、RIPEMD-320。其中，RIPEMD-128 的安全性已经受到质疑，RIPEMD-256 和 RIPEMD-320 减少了意外碰撞的可能性，但是相比于 RIPEMD-128 和 RIPEMD-160，它们不具有较高水平的安全性，因为它们只是在 128 位和 160 位的基础上修改了初始参数和 s-box 来达到输出为 256 位和 320 位的目的。

2.1.5　SM3 算法

为了保障商用密码安全，国家商用密码管理办公室制定了一系列密码标准，包括 SSF33、SM1（SCB2）、SM2、SM3、SM4、SM7、SM9、祖冲之密码算法等。其中，SSF33、SM1、SM4、SM7、祖冲之密码是对称算法；SM2、SM9 是非对称算法；SM3 是哈希算法。目前已经公布算法文本的有祖冲之序列密码算法、SM2 椭圆曲线公钥密码算法、SM3 密码杂凑算法、SM4 分组密码算法等。本节介绍 SM3 哈希算法。

1．常数与函数

① 初始值：IV = 7380166f 4914b2b9 172442d7 da8a0600 a96f30bc 163138aa e38dee4d b0fb0e4e。

② 常量：

$$T_j = \begin{cases} 0x79CC4519, & 0 \leqslant j \leqslant 15 \\ 0x7A879D8A, & 16 \leqslant j \leqslant 63 \end{cases}$$

③ 布尔函数（其中，X、Y、Z 为字）：

$$FF_j = \begin{cases} X \oplus Y \oplus Z, & 0 \leqslant j \leqslant 15 \\ (X \wedge Y) \vee (X \wedge Z) \vee (Y \wedge Z), & 16 \leqslant j \leqslant 63 \end{cases}$$

$$GG_j = \begin{cases} X \oplus Y \oplus Z, & 0 \leqslant j \leqslant 15 \\ (X \wedge Y) \vee (\neg X \wedge Z), & 16 \leqslant j \leqslant 63 \end{cases}$$

④ 置换函数：

$$P_0(X) = X \oplus (X <<< 9) \oplus (X <<< 17)$$

$$P_1(X) = X \oplus (X <<< 15) \oplus (X <<< 23)$$

2．算法描述

对长度为 l（$l < 2^{64}$）位的消息 m，SM3 哈希算法经过填充和迭代压缩，生成哈希值，该值长度为 256 位。

（1）填充

设消息 m 的长度为 l 位，先将"1"添加到消息的末尾，再添加 k 个"0"，k 是满足 $1 + l + k \equiv 448 \bmod 512$ 的最小非负整数；再添加一个 64 位消息串，是长度 l 的二进制表示；填充后的消息 m' 的位长度为 512 的倍数。例如，对消息 01100001 01100010 01100011，其长度 $l = 24$，经填充得到消息串：

$$\underbrace{01100001\ 01100010\ 01100011\ 1\ \overbrace{00\cdots00}^{423比特}}\ \overbrace{00\cdots011000}^{64比特}$$
l的二进制表示

（2）迭代压缩

① 迭代过程。将填充后的消息 m' 按 512 位进行分组，$m' = B_0 B_1 \cdots B_{n-1}$。其中，$n = (1 + k + 65) / 512$。对 m' 按下列方式迭代：

```
FOR i=0 TO n-1
```
$$V_{i+1} = CF(V_i, B_i)$$
```
ENDFOR
```

其中，CF 是压缩函数，V_0 为 256 位初始值 IV，B_i 为填充后的消息分组，迭代压缩结果为 V_n。

② 消息扩展。将消息分组 B_i 按以下方法扩展生成 132 个字：$W_0 W_1 \cdots W_{67} W'_0 W'_1 \cdots W'_{63}$，用于压缩函数 CF。将消息分组 B_i 划分为 16 个字 $W_0 W_1 \cdots W_{15}$，然后进行迭代。

```
FOR j=16 TO 67
```
$$W_j \leftarrow P_1(W_{j-16} \oplus W_{j-9} \oplus (W_{j-3} <<< 15)) \oplus (W_{j-13} <<< 7) \oplus W_{j-6}$$
```
ENDFOR
```

```
FOR j=0 TO 63
```
$$W_{j'} = W_j \oplus W_{j+4}$$
```
ENDFOR
```

③ 压缩函数。令 A、B、C、D、E、F、G、H 为字寄存器，SS1、SS2、TT1、TT2 为中间变量，压缩函数为 $V_{i+1} = CF(V_i, B_i)$（$0 \leqslant i \leqslant n-1$）。计算过程描述如下（字的存储为大端（big-endian）格式）：

$$ABCDEFGH \leftarrow V_i$$
```
FOR j=0 TO 63
```

$$SS1 \leftarrow ((A \lll 12) + E + (T_j \lll j)) \lll 7$$
$$SS2 \leftarrow SS1 \oplus (A \lll 12)$$
$$TT1 \leftarrow FF_j(A,B,C) + D + SS2 + W'_j$$
$$TT2 \leftarrow GG_j(E,F,G) + H + SS1 + W_j$$
$$D \leftarrow C$$
$$C \leftarrow B \lll 9$$
$$B \leftarrow A$$
$$A \leftarrow TT1$$
$$H \leftarrow G$$
$$G \leftarrow F \lll 19$$
$$F \leftarrow E$$
$$E \leftarrow P_0(TT2)$$

ENDFOR

$$V_{i+1} \leftarrow ABCDEFGH \oplus V_i$$

④ 哈希值：$ABCDEFGH \leftarrow V_n$；输出 256 位的哈希值 $y = ABCDEFGH$。

3. 示例

输入消息为 "abc"，其 ASCII 值为：61 62 63。

填充后的消息：

```
61626380 00000000 00000000 00000000 00000000 00000000 00000000 00000000
00000000 00000000 00000000 00000000 00000000 00000000 00000000 00000018
```

扩展后的消息 $W_0 W_1 \cdots W_{67}$ 为：

```
61626380 00000000 00000000 00000000 00000000 00000000 00000000 00000000
00000000 00000000 00000000 00000000 00000000 00000000 00000000 00000018
9092e200 00000000 000c0606 719c70ed 00000000 8001801f 939f7da9 00000000
2c6fa1f9 adaaef14 00000000 0001801e 9a965f89 49710048 23ce86a1 b2d12f1b
e1dae338 f8061807 055d68be 86cfd481 1f447d83 d9023dbf 185898e0 e0061807
050df55c cde0104c a5b9c955 a7df0184 6e46cd08 e3babdf8 70caa422 0353af50
a92dbca1 5f33cfd2 e16f6e89 f70fe941 ca5462dc 85a90152 76af6296 c922bdb2
68378cf5 97585344 09008723 86faee74 2ab908b0 4a64bc50 864e6e08 f07e6590
325c8f78 accb8011 e11db9dd b99c0545
```

$W'_0 W'_1 \cdots W'_{63}$ 为：

```
61626380 00000000 00000000 00000000 00000000 00000000 00000000 00000000
00000000 00000000 00000000 00000018 9092e200 00000000 000c0606 719c70f5
9092e200 8001801f 93937baf 719c70ed 2c6fa1f9 2dab6f0b 939f7da9 0001801e
b6f9fe70 e4dbef5c 23ce86a1 b2d0af05 7b4cbcb1 b177184f 2693ee1f 341efb9a
fe9e9ebb 210425b8 1d05f05e 66c9cc86 1a4988df 14e22df3 bde151b5 47d91983
6b4b3854 2e5aadb4 d5736d77 a48caed4 c76b71a9 bc89722a 91a5caab f45c4611
6379de7d da9ace80 97c00c1f 3e2d54f3 a263ee29 12f15216 7fafe5b5 4fd853c6
428e8445 dd3cef14 8f4ee92b 76848be4 18e587c8 e6af3c41 6753d7d5 49e260d5
```

迭代压缩中间值：

j	A	B	C	D	E	F	G	H
	7380166f	4914b2b9	172442d7	da8a0600	a96f30bc	163138aa	e38dee4d	b0fb0e4e
0	b9edc12b	7380166f	29657292	172442d7	b2ad29f4	a96f30bc	c550b189	e38dee4d
1	ea52428c	b9edc12b	002cdee7	29657292	ac353a23	b2ad29f4	85e54b79	c550b189
2	609f2850	ea52428c	db825773	002cdee7	d33ad5fb	ac353a23	4fa59569	85e54b79
3	35037e59	609f2850	a48519d4	db825773	b8204b5f	d33ad5fb	d11d61a9	4fa59569
4	1f995766	35037e59	3e50a0c1	a48519d4	8ad212ea	b8204b5f	afde99d6	d11d61a9
5	374a0ca7	1f995766	06fcb26a	3e50a0c1	acf0f639	8ad212ea	5afdc102	afde99d6
6	33130100	374a0ca7	32aecc3f	06fcb26a	3391ec8a	acf0f639	97545690	5afdc102
7	1022ac97	33130100	94194e6e	32aecc3f	367250a1	3391ec8a	b1cd6787	97545690
8	d47caf4c	1022ac97	26020066	94194e6e	6ad473a4	367250a1	64519c8f	b1cd6787
9	59c2744b	d47caf4c	45592e20	26020066	c6a3ceae	6ad473a4	8509b392	64519c8f
10	481ba2a0	59c2744b	f95e99a8	45592e20	02afb727	c6a3ceae	9d2356a3	8509b392
11	694a3d09	481ba2a0	84e896b3	f95e99a8	9dd1b58c	02afb727	7576351e	9d2356a3
12	89cbcd58	694a3d09	37454090	84e896b3	6370db62	9dd1b58c	b938157d	7576351e
13	24c95abc	89cbcd58	947a12d2	37454090	1a4a2554	6370db62	ac64ee8d	b938157d
14	7c529778	24c95abc	979ab113	947a12d2	3ee95933	1a4a2554	db131b86	ac64ee8d
15	34d1691e	7c529778	92b57849	979ab113	61f99646	3ee95933	2aa0d251	db131b86
16	796afab1	34d1691e	a52ef0f8	92b57849	067550f5	61f99646	c999f74a	2aa0d251
17	7d27cc0e	796afab1	a2d23c69	a52ef0f8	b3c8669b	067550f5	b2330fcc	c999f74a
18	d7820ad1	7d27cc0e	d5f562f2	a2d23c69	575c37d8	b3c8669b	87a833aa	b2330fcc
19	f84fd372	d7820ad1	4f981cfa	d5f562f2	a5dceaf1	575c37d8	34dd9e43	87a833aa
20	02c57896	f84fd372	0415a3af	4f981cfa	74576681	a5dceaf1	bec2bae1	34dd9e43
21	4d0c2fcd	02c57896	9fa6e5f0	0415a3af	576f1d09	74576681	578d2ee7	bec2bae1
22	eeeec41a	4d0c2fcd	8af12c05	9fa6e5f0	b5523911	576f1d09	340ba2bb	578d2ee7
23	f368da78	eeeec41a	185f9a9a	8af12c05	6a879032	b5523911	e84abb78	340ba2bb
24	15ce1286	f368da78	dd8835dd	185f9a9a	62063354	6a879032	c88daa91	e84abb78
25	c3fd31c2	15ce1286	d1b4f1e6	dd8835dd	4db58f43	62063354	8193543c	c88daa91
26	6243be5e	c3fd31c2	9c250c2b	d1b4f1e6	131152fe	4db58f43	9aa31031	8193543c
27	a549beaa	6243be5e	fa638587	9c250c2b	cf65e309	131152fe	7a1a6dac	9aa31031
28	e11eb847	a549beaa	877cbcc4	fa638587	e5b64e96	cf65e309	97f0988a	7a1a6dac
29	ff9bac9d	e11eb847	937d554a	877cbcc4	9811b46d	e5b64e96	184e7b2f	97f0988a
30	a5a4a2b3	ff9bac9d	3d708fc2	937d554a	e92df4ea	9811b46d	74b72db2	184e7b2f
31	89a13e59	a5a4a2b3	37593bff	3d708fc2	0a1ff572	e92df4ea	a36cc08d	74b72db2
32	3720bd4e	89a13e59	4945674b	37593bff	cf7d1683	0a1ff572	a757496f	a36cc08d
33	9ccd089c	3720bd4e	427cb313	4945674b	da8c835f	cf7d1683	ab9050ff	a757496f
34	c7a0744d	9ccd089c	417a9c6e	427cb313	0958ff1b	da8c835f	b41e7be8	ab9050ff
35	d955c3ed	c7a0744d	9a113939	417a9c6e	c533f0ff	0958ff1b	1afed464	b41e7be8
36	e142d72b	d955c3ed	40e89b8f	9a113939	d4509586	c533f0ff	f8d84ac7	1afed464
37	e7250598	e142d72b	ab87dbb2	40e89b8f	c7f93fd3	d4509586	87fe299f	f8d84ac7

```
38 2f13c4ad e7250598 85ae57c2 ab87dbb2 1a6cabc9 c7f93fd3 ac36a284 87fe299f
39 19f363f9 2f13c4ad 4a0b31ce 85ae57c2 c302badb 1a6cabc9 fe9e3fc9 ac36a284
40 55e1dde2 19f363f9 27895a5e 4a0b31ce 459daccf c302badb 5e48d365 fe9e3fc9
41 d4f4efe3 55e1dde2 e6c7f233 27895a5e 5cfba85a 459daccf d6de1815 5e48d365
42 48dcbc62 d4f4efe3 c3bbc4ab e6c7f233 6f49c7bb 5cfba85a 667a2ced d6de1815
43 8237b8a0 48dcbc62 e9dfc7a9 c3bbc4ab d89d2711 6f49c7bb 42d2e7dd 667a2ced
44 d8685939 8237b8a0 b978c491 e9dfc7a9 8ee87df5 d89d2711 3ddb7a4e 42d2e7dd
45 d2090a86 d8685939 6f714104 b978c491 2e533625 8ee87df5 388ec4e9 3ddb7a4e
46 e51076b3 d2090a86 d0b273b0 6f714104 d9f89e61 2e533625 efac7743 388ec4e9
47 47c5be50 e51076b3 12150da4 d0b273b0 3567734e d9f89e61 b1297299 efac7743
48 abddbdc8 47c5be50 20ed67ca 12150da4 3dfcdd11 3567734e f30ecfc4 b1297299
49 bd708003 abddbdc8 8b7ca08f 20ed67ca 93494bc0 3dfcdd11 9a71ab3b f30ecfc4
50 15e2f5d3 bd708003 bb7b9157 8b7ca08f c3956c3f 93494bc0 e889efe6 9a71ab3b
51 13826486 15e2f5d3 e100077a bb7b9157 cd09a51c c3956c3f 5e049a4a e889efe6
52 4a00ed2f 13826486 c5eba62b e100077a 0741f675 cd09a51c 61fe1cab 5e049a4a
53 f4412e82 4a00ed2f 04c90c27 c5eba62b 7429807c 0741f675 28e6684d 61fe1cab
54 549db4b7 f4412e82 01da5e94 04c90c27 f6bc15ed 7429807c b3a83a0f 28e6684d
55 22a79585 549db4b7 825d05e8 01da5e94 9d4db19a f6bc15ed 03e3a14c b3a83a0f
56 30245b78 22a79585 3b696ea9 825d05e8 f6804c82 9d4db19a af6fb5e0 03e3a14c
57 6598314f 30245b78 4f2b0a45 3b696ea9 f522adb2 f6804c82 8cd4ea6d af6fb5e0
58 c3d629a9 6598314f 48b6f060 4f2b0a45 14fb0764 f522adb2 6417b402 8cd4ea6d
59 ddb0a26a c3d629a9 30629ecb 48b6f060 589f7d5c 14fb0764 6d97a915 6417b402
60 71034d71 ddb0a26a ac535387 30629ecb 14d5c7f6 589f7d5c 3b20a7d8 6d97a915
61 5e636b4b 71034d71 6144d5bb ac535387 09ccd95e 14d5c7f6 eae2c4fb 3b20a7d8
62 2bfa5f60 5e636b4b 069ae2e2 6144d5bb 4ac3cf08 09ccd95e 3fb0a6ae eae2c4fb
63 1547e69b 2bfa5f60 c6d696bc 069ae2e2 e808f43b 4ac3cf08 caf04e66 3fb0a6ae
```
哈希值为：
```
66c7f0f4 62eeedd9 d1f2d46b dc10e4e2 4167c487 5cf2f7a2 297da02b 8f4ba8e0
```

2.2 非对称加密算法与数字签名

在密码学中，加密算法主要可以分为对称加密算法和非对称加密算法两大类。

对称加密算法又称为单钥加密算法，即加解密过程中所使用的密钥是相同的，具有加解密速度快、效率高、占用空间小的特点。

非对称加密算法中有公钥和私钥两种密钥。公钥是公开的，不需要保密且他人可以获取，私钥一般通过随机数算法生成，由个人持有，必须妥善保管和注意保密。公钥和私钥是成对出现的，即每个公钥对应一个私钥。若用其中一个密钥加密数据，则只有对应的密钥才可以解密，反之亦然。

在区块链系统中，使用非对称加密算法用于用户标识、操作权限校验、数字资产地址的生成、资产所有权的标识和数字资产的流转等诸多功能。

本节介绍区块链中常用的非对称加密算法和数字签名算法。

2.2.1 RSA 密码体制

RSA 密码体制由美国麻省理工学院（MIT）的研究小组提出的，由 3 位作者姓氏（Rivest、Shamir、Adleman）的第一个字母命名。RSA 密码是目前使用最广泛的公钥密码，其理论基础是数论中的下述论断：要求得到两个大素数（如大 100 位）的乘积在计算机上很容易实现，但要分解两个大素数的乘积在计算机上几乎不可能实现，即单向函数。

RSA 算法由三部分构成：密钥生成算法、加密算法、解密算法。

1. 密钥生成算法

随机生成两个素数 p 和 q；计算 $n = pq$；计算欧拉函数 $\varphi(n) = (p-1)(q-1)$；选取较小的与 $\varphi(n)$ 互素的正整数 e，那么 (n,e) 为密钥对中的公钥；计算 e 在模 $\varphi(n)$ 下的数论倒数 d，$d \equiv e^{-1} \bmod \varphi(n)$，那么 d 为密钥对中的私钥。

2. 加密算法

计算 $C \equiv M^e \bmod n$，其中 M 为明文，(n,e) 公钥，C 为密文。

3. 解密算法

计算 $M \equiv C^d \bmod n$，其中 C 为密文，d 为私钥，M 为明文。

根据加密、解密过程中 n、e、d 三数扮演的角色，n 被称为公共模数，e 被称为公共指数，d 被称为私有指数。

4. RSA 算法实例

在公钥加密通信中，小明要给小红发信息，小红首先需要生成两个素数 p 和 q。为了计算简单，假设 $p = 17$ 和 $q = 23$，实际应用中 p 和 q 往往长达数百上千位。

计算 $n = 17 \times 23 = 391$，则 $\varphi(n) = (17-1)(23-1) = 352$；选取与 352 互质的 7 作为公钥中的 e，则公钥为 $(391,7)$；计算 7 在模 352 下的数论倒数 d，用扩展欧几里得算法求得 $d = 151$。

验证，$d \times e = 151 \times 7 = 1057$，而 $1057 \bmod 352 = 1$，所以 151 是 7 在模 352 下的数论倒数，私钥为 151。

小红通过公共信道，把公钥 $(391,7)$ 发给小明；假设小明要发给小红的信息是 79，对它进行加密，也就是计算 $79^7 \bmod 391 = 37$，得到密文 $C = 37$；小明将密文 37 发送给小红。

小红收到密文后，进行解密运算 $37^{151} \bmod 391 = 79$，得到原文 79。

2.2.2 椭圆曲线密码体制

由于 Internet 在全球范围内的迅速流行和普及，通过网络传输各种信息和数据的交换量迅猛增加，因此针对网络信息的安全问题日益突显，这也使得对于各类信息的加密研究显得尤为重要。为了保证网络传输中各类信息的安全，目前通常使用的信息加密技术根据密钥类型不同，可以分为对称加密系统和非对称加密系统两大类。当前，普遍认为比较安全、有效的公钥密码系统主要包括 RSA、ElGamal 和椭圆曲线密码等。椭圆曲线密码机制（Elliptic Curve Cryptosystem，ECC）是 1985 年由 Koblitz N 和 Miller V 提出的，其安全性建立在求解椭圆曲线离散对数问题困难性的基础上，在同等密钥长度的情况下，安全强度要高于 RSA 等其他密码体制，因而在网络信息安全领域有着非常重要的理论研究价值和广阔的实际应用前景。另一方面，在安全性相当的情况下，ECC 使用的密钥长度更短，就意味着对于带宽和存储空间的需求相对较小，并且到目前为止，还没有出现针对椭圆曲线的亚指数时间算法。

椭圆曲线密码机制的安全性依赖于椭圆曲线上离散对数问题（Elliptic Curve Discrete Logarithm Problem，ECDLP）的难解性。而对椭圆曲线密码机制的攻击也可以归结到对 ECDLP 的攻击。对 ECDLP 的攻击类似对有限域的乘法群上离散对数问题的攻击，但是攻击方法并不能有效地移植到 ECDLP。对 ECDLP 的攻击主要分为两类：一类是对所有曲线的离散对数问题的攻击，另一类是对特殊曲线的离散对数问题的攻击。

目前，椭圆曲线公钥密码机制开始从学术理论研究阶段走向实际应用阶段，受到学术界、开发商、政府部门、密码标准研究组织等有关各界的重视，IEEE、ANSI、ISO、IETF 等组织已在椭圆曲线密码算法的标准化方面做了大量工作。本节简单介绍椭圆曲线的定义、相关理论及公私钥的产生方法。

1. 椭圆曲线的定义

椭圆曲线是由一个具有两个变量 x 和 y 的威尔斯特拉斯方程：

$$y^2 + axy + by = x^3 + cx^2 + dx + e$$

确定的所有点 (x,y) 组成的集合，外加一个无穷远点 O（认为其 y 坐标无穷大）。

常用于密码系统的基于有限域 $\mathrm{GF}(p)$ 上的椭圆曲线是由方程

$$y^2 = x^3 + ax + b \pmod{y}$$

确定的所有点 (x,y) 组成的集合，外加一个无穷远点 O。其中，a、b、x、y 均在 $\mathrm{GF}(p)$ 上取值，且有 $4a^3 + 27b^2 \neq 0$，p 是大于 3 的素数，通常用 $E_p(a,b)$ 表示这类曲线。

2. 椭圆曲线在模 P 下的 Abel 群

定义 $E_p(a,b)$ 为在模 P 下椭圆曲线 E 上所有的整数点构成的集合（包括 O）。椭圆曲线上的点集合 $E_p(a,b)$ 可根据如下定义的加法规则构成一个 Abel 群：如果椭圆曲线上的 3 个点位于同一条直线上，那么它们的和为 O。

进一步可按如下形式定义椭圆曲线上的加法法则。

① $O + O = O$。

② O 为加法单位元，即对椭圆曲线上的任意一个点 P，有 $P + O = P$。因为 P 与 $-P$ 在曲线上的第三个交点是 O。

③ 设 $P_1 = (x,y)$ 是椭圆曲线上的一个点，其加法逆元定义为 $P_2 = -P_1 = (x,-y)$。因为椭圆曲线上的三个点共线，则 $P_1 + P_2 + O = O$，$P_1 + P_2 = O$，即 $P_2 = -P_1$。由 $O + O = O$，还可得 $O = -O$。

④ 设 Q 和 R 是椭圆曲线上 x 坐标不同的两个点，则 $Q + R$ 可以定义为：画一条通过 Q 和 R 的直线，与椭圆曲线交于 P_1，由 $Q + R + P_1 = O$ 可得，$Q + R = -P_1$。

⑤ 对于所有的点 Q 和 R，满足加法交换律，即 $P+Q=Q+P$。

⑥ 对于所有的点 P、Q 和 R，满足加法结合律，即 $P+(Q+R)=(P+Q)+R$。

⑦ 点 Q 的倍数定义为：在 Q 点做椭圆曲线的一条切线，设切线与椭圆曲线交于点 S，那么定义 $2Q=Q+Q=-S$。类似地，可以定义 $3Q=Q+Q+Q$。

⑧ 设 $P=(x_1,y_1)$，$Q=(x_2,y_2)$，$P \neq -Q$，则由以下规则可确定。

$$x_3 = \lambda^2 - x_1 - x_2 \pmod p$$
$$y_3 = \lambda(x_1 - x_3) - y_1 \pmod p$$

$$\lambda = \begin{cases} \dfrac{y_2 - y_1}{x_2 - x_1}, & P \neq Q \\[2mm] \dfrac{3x_1^2 + a}{2y_1}, & P = Q \end{cases}$$

以上规则的几何意义如下。

① O 是加法单位元。

② 一条与 X 轴垂直的线与椭圆曲线相交于两个点，这两个点的 x 坐标相同，即 $P_1 = (x,y)$，$P_2 = (x,-y)$，同时与椭圆曲线相交于无穷远点 O，因此 $P_2 = -P_1$，故椭圆曲线的性质决定了 P 与其逆元成对出现在椭圆曲线上。

③ 横坐标不同的两个点 P 和 Q 相加时，先在它们之间画一条直线，并求直线与椭圆曲线的第三个交点 R，则 $P+Q=-R$。

④ 两个相同的点 P 相加时，通过该点画一条切线，切线与曲线交于另一个点 R，则 $P+P=2P=-P$。

椭圆曲线的点乘规则如下：① 如果 k 为整数，那么对所有的点 $P \in E_p(a,b)$，有
$$kP = P+P+\cdots+P \quad （k 个 P 相加）$$

② 如果 s 和 t 为整数，那么对所有的点 $P \in E_p(a,b)$，有
$$(s+t)P = sP + tP$$
$$s(tP) = (st)P$$

若存在最小正整数 n，使得 $nP=O$（$P \in E_p(a,b)$），则 n 为椭圆曲线 E 上点 P 的阶（n 是椭圆曲线的阶 N 的因子）。除了无限远的点 O，椭圆曲线 E 上任何可以生成所有点的点都可以被视为 E 的生成元，但不是所有在 E 上的点都可以被视为生成元。

3．公钥和私钥的产生算法

椭圆曲线 E 上离散对数的定义如下：给定素数 P 和椭圆曲线 E，对 $Q=kP$，在已知 P、Q 的情况下求出小于 P 的正整数 k。

可以证明，已知 k 和 P，计算 Q 比较容易，而由 Q 和 P 计算 k 则比较困难，至今还没有有效的方法来解决这个问题，这就是椭圆曲线加密算法原理之所在。例如，有限域 GF(23) 上的椭圆曲线 $y^2 = x^3 + ax + b$，求 $Q=(x_1,y_1)$ 对于 $P=(x,y)$ 的离散对数。最直接的方法是计算 P 的倍数，$P=(x,y)$，$2P=(x_2,y_2)$，$3P=(x_3,y_3)$，…，直到找到 k，使得 $kP=(x_1,y_1)=Q$。因此，Q 关于 P 的离散对数是 k。然而，对于大素数构成的群 E，这样计算离散对数是不现实的。事实上，目前还不存在多项式时间算法求解椭圆曲线上的离散对数问题，所以通常假设此类问题是困难问题。

基于上述椭圆曲线的离散对数难题，下面考虑如何生成用户的公私钥对，步骤如下。

① 选择一个椭圆曲线 E : $y^2 = x^3 + ax + b \pmod{p}$，构造一个椭圆曲线 Abel 群 $E_p(a,b)$。

② 在 $E_p(a,b)$ 中挑选生成元点 $G = (x_0, y_0)$，G 应满足 $nG = O$ 的最小 n 是非常大的素数。

③ 选择一个小于 n 的整数 n_B 作为其私钥，然后产生其公钥 $P_B = n_B G$，则用户的公钥为 (E, n, G, P_B)，私钥为 n_B。

以 $E_{23}(1,1)$ 为例，设 $G = (3,10)$，若选择私钥 $d = 2$，计算公钥 $Q = 2G$，那么

$$\lambda = (3 \times 3^2 + 1)/(2 \times 10) = 5/20 = 1 \times 4^{-1} \equiv 1 \times 6 = 6 \bmod 23$$

$$x_3 = 6^2 - 3 - 3 = 30 \equiv 7 \bmod 23$$

$$y_3 = 6 \times (3 - 7) - 10 = -34 \equiv 12 \bmod 23$$

所以，公钥 $Q = 2G = (7,12)$ 仍为 $E_{23}(1,1)$ 上的点。

椭圆曲线密码机制是现有公钥密码机制中位强度最高的密码体制，其发展前景相当广泛，且能够适应当代社会的需求。但目前面临着很多理论及技术问题，如如何选取合适的有限域上的椭圆曲线 E 和基点 P 对速度、效率、密钥长度及安全性等的影响，都是至关重要的。

4．ECDSA

与离散对数问题（Discrete Logarithm Problem，DLP）和大数分解问题（Integer Factorization Problem，IFP）不同，椭圆曲线的离散对数问题 ECDLP 没有亚指数时间的解决方法。因此，椭圆曲线密码的单位比特强度要高于其他公钥体制。

椭圆曲线数字签名算法（Elliptic Curve Digital Signature Algorithm，ECDSA）基于 ECDLP，是使用椭圆曲线对数字签名算法（Digital Signature Algorithm，DSA）的模拟。ECDSA 首先由 Scott 和 Vanstone 在 1992 年响应 NIST 对数字签名标准（Data Signature Standard，DSS）的要求而提出的。ECDSA 于 1998 年作为 ISO 标准被采纳，于 1999 年作为 ANSI 标准被采纳，并于 2000 年成为 IEEE 和 FIPS 标准。

ECDSA 的步骤如下。

① 生成密钥。选取一条椭圆曲线 $E_p(a,b)$，取其一个生成元 G，二者为公开参数。用户 A 随机选取 d 作为私钥，并计算 $Q = dG$，作为公钥。

② 生成签名。用户 A 用私钥 d 对消息 m 进行签名的步骤为：随机选择一个整数 k，计算 $kG = (x_1, y_1)$，$r = x_1 \bmod n$；计算 $e = H(m)$，$s = k^{-1}(e + dr) \bmod n$。那么，用户 A 对消息 m 的签名为 (r,s)。

③ 签名验证。用户 B 对签名 (r,s) 的验证步骤为：验证 r 和 s 都是 $[1, n-1]$ 中的整数；计算 $e = H(m)$，$w = s^{-1} \bmod n$，$u_1 = ew \bmod n$，$u_2 = rw \bmod n$；计算 $X = u_1 G + u_2 Q = (x_1, y_1)$；当且仅当 $x_1 \bmod n = r$ 时，才接受这个签名。

ECDSA 在安全性方面的目标是能抵抗选择明文（密文）攻击。攻击者目标是在截获 A 的签名后，可以生成对任何消息的合法签名。尽管 ECDSA 的理论模型很坚固，但人们仍然研究出了很多措施，以提高 ECDSA 的安全性。在 ECDLP 不可破解和哈希函数足够强大的前提下，DSA 和 ECDSA 的一些变形已被证明可以抵抗现有的任何选择明文（密文）攻击。在椭圆曲线所在群是一般群且哈希函数能够抗碰撞攻击的前提下，ECDSA 本身的安全性已经得到了证明。

2.2.3　SM2算法

SM2算法是一种椭圆曲线密码机制，但在签名、密钥交换等方面不同于 ECDSA、ECDH 等国际标准，而是采取了更安全的机制，并推荐了一条256位的曲线作为标准曲线。

SM2算法标准包括总则、数字签名算法、密钥交换协议、公钥加密算法四部分，并在每部分的附录中详细说明了实现的相关细节和示例。

SM2算法主要考虑素域 F_p 和 F_2^m 上的椭圆曲线：介绍这两个域的表示、运算，以及域上的椭圆曲线的点的表示、运算和多倍点计算算法；然后介绍编程语言中的数据转换，包括整数和字节串、字节串和位串、域元素和位串、域元素和整数、点和字节串之间的数据转换规则；详细说明有限域上椭圆曲线的参数生成及验证、椭圆曲线的参数，包括有限域的选取、椭圆曲线方程参数、椭圆曲线群基点的选取等，并给出选取的标准，以便于验证；最后给出椭圆曲线上钥对的生成和公钥的验证。用户的密钥对为 (s,sP)，其中 s 为用户的私钥，sP 为用户的公钥。由于离散对数问题，从 sP 难以得到 s，并针对素域和二元扩域给出了密钥对生成细节和验证方式。总则中的知识也适用于 SM9 算法。

SM2算法给出了数字签名算法（包括数字签名生成算法和验证算法）、密钥交换协议和公钥加密算法（包括加密算法和解密算法），并分别给出了算法描述，算法流程和相关示例。

数字签名算法适用于商业应用中的数字签名和验证，可满足多种密码应用中的身份认证和数据完整性、真实性的安全需求。密钥交换协议适用于商用密码中的密钥交换，可满足通信双方经过两次或可选三次信息传递过程，计算获取一个由双方共同决定的共享秘密密钥（会话秘钥）。公钥加密算法适用于国家商用密码中的消息加解密，消息发送者可以利用接收者的公钥对消息进行加密，接收者用对应的私钥进行解，获取消息。

数字签名算法、密钥交换协议和公钥加密算法都使用了国家密管理局批准的 SM3 密码哈希算法和随机数发生器。数字签名算法、密钥交换协议和公钥加密算法根据总则来选取有限域和椭圆曲线，并生成密钥对。

具体算法、流程和示例见 SM2 标准（国家密码管理局官网 https://www.oscca.gov.cn/sca/xxgk/2010-12/17/content_1002386.shtml）。

2.3　Merkle 树

1. Merkle 树的定义和性质

Merkle（默克尔）树是一种典型的二叉树结构，1979 年由 Ralph Merkle 发明。Merkle 树由一个根节点、一组中间节点和一组叶节点组成。叶节点包含存储数据或其哈希值，中间节点是它的两个孩子节点内容的哈希值，根节点也由它的两个子节点内容的哈希值组成。所以，Merkle 树也被称为哈希树，是一种用作快速归纳和校验大规模数据完整性的数据结构，生成整个交易集合的数字指纹，并提供了一种校验区块是否存在某交易的高效途径。

在一个完整的 Merkle 树中，底层（叶子节点）数据的任何变动都会逐级向上传递到其父节点，一直到根节点，使得根节点的哈希值发生变化。

2．Merkle 树根节点计算

Merkle 树通过生成整个交易集的数字指纹来存储块中的所有交易，允许用户验证交易是否包含在块中。通过重复计算节点的散列对来创建 Merkle 树，直到只剩下一个散列，该值被称为 Merkle Root 或 Root Hash。Merkle 树采用自下而上的方式构建。每个叶节点都是事务数据的散列，非叶节点是其先前散列的散列。Merkle 树是二进制的，因此它需要偶数个事务。如果存在奇数个事务，则最后一个哈希被复制一次，以创建偶数个叶节点。

以图 2-6 为例，叶节点 H_0、H_1、H_2 和 H_3 分别存储了交易 Tr_{00}、Tr_{01}、Tr_{02}、Tr_{03} 进行哈希运算后得到的哈希值；中间节点 H_{01}、H_{23} 存储了其左右两个子节点经过哈希运算后的哈希值；同理，最上层的根节点（Merkel 树根）存储了其左右子节点 H_{01} 和 H_{23} 经过哈希运算后得到的哈希值，该值就是这棵 Merkel 树的根哈希。

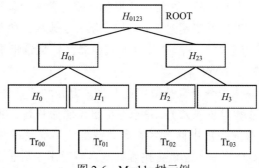

图 2-6　Merkle 树示例

3．Merkle 树在区块链中的作用

如图 2-7 所示，判断 H_K（深色填充）代表的交易是否存在，只需生成一个仅有 4 个哈希值的 Merkle 路径。该路径有 4 个哈希值（浅色填充）H_L、H_{IJ}、H_{MNOP} 和 $H_{ABCDEFGH}$。

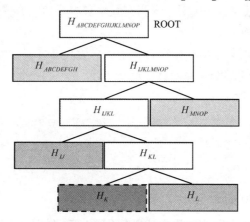

图 2-7　Merkle 树交易验证路径

由这 4 个哈希值产生的认证路径再通过计算另 4 对哈希值 H_{KL}、H_{IJKL}、$H_{IJKLMNOP}$ 和 Merkle 树根（无填充的），任何节点都能证明 H_K 包含在 Merkle 根中。

有了 Merkle 树，一个节点能够只下载区块头（80 字节/区块），然后通过从一个满节点回溯一条小的 Merkle 路径就能认证一笔交易的存在，而不需要存储或者传输大量区块链中大多数内容。这种不需要维护一条完整的区块链的节点又被称为简单支付验证（Simplified Payment

Verification，SPV）节点。SPV 节点广泛使用 Merkle 树，不保存所有交易也不会下载整个区块，仅仅保存区块头，使用认证路径或者 Merkle 路径验证交易存在于区块中。

本章小结

区块链中使用了大量的密码学技术来保证系统的安全性，这些密码学技术主要包括：哈希算法、非对称加密、数字签名和零知识证明等。本章介绍了哈希函数和非对称加密算法这两类密码学算法，还介绍了 Merkle 树数据结构及其在区块链中的应用。

通过本章学习，读者可以了解哈希函数、非对称加密算法的基本概念，以及区块链中常用的这两类算法。密码学技术的应用是区块链安全性的根本保证，对其算法的设计与基本原理的理解需要具备较深的近现代数学科学基础，特别是数论、抽象代数等相关内容。区块链技术的科研人员仅需掌握密码学算法的基本概念和使用即可，不需对其进行深入研究。

思考与练习

1. 简述哈希算法的两种抗碰撞性的定义及两者之间的关系。
2. 哈希函数是一种多对一的映射，理论上，同一哈希值可以有无穷多个原象。基于这一事实，为什么我们仍然可以将数据的哈希值作为它的数据指纹？
3. 用 C 语言编写常用的哈希算法。
4. 在区块链中，哪些环节使用了非对称算法？
5. 在非对称加密算法中，公钥和私钥都需要保密吗？为什么？
6. 简述用 Merkle 树进行区块链交易验证的过程及由此带来的好处。

参考文献

[1] [加] Douglas，Stinson. 密码学原理与实践（第三版）[M]. 冯登国等译. 北京：电子工业出版社，2016.
[2] [美] William Stallings. 密码编码学与网络安全——原理与实践（第八版）[M]. 北京：电子工业出版社，2020.
[3] https://www.oscca.gov.cn/sca/xxgk/2010-12/17/content_1002386.shtml.
[4] https://sca.gov.cn/sca/xwdt/2010-12/17/content_1002389.shtml.

第3章 网络层

区块链网络层是区块链实现信息交互的基础，承担着节点发现、共识形成、数据传输等基本功能。网络层由网络拓扑结构、网络协议、安全机制等组成。网络拓扑结构描述了节点之间通信链路的物理和逻辑拓扑结构；网络协议规定了网络节点数据通信的方法、约定和规则；网络安全考虑可能存在的网络攻击，建立主动、被动的防御技术架构和策略。

3.1 P2P 网络

区块链具有去中心化的特点，系统的运行不再依赖于中心控制节点，因此无法使用传统的 C/S 模型，以对等网络（Peer-to-Peer，P2P）作为底层网络的技术基础。"Peer"即"对等者"，P2P 网络由一系列彼此连接的计算机组成，它们具有相同的功能和平等的地位，无主从之分。比如，每台计算机都可以承担服务器的功能，向其他计算机共享资源、提供网络服务，也可以作为客户机访问其他计算机的资源和服务。P2P 网络具有一些优良的特性，能够较好地满足区块链的特殊应用需求。

1．去中心化

P2P 网络不依赖特定的中心节点，网络资源和服务由对等节点以分布式、自组织的方式提供，任意节点的加入和退出不影响网络整体的功能，这与区块链的去中心化特点不谋而合。

2．动态性

P2P 网络的服务是由数量众多的对等节点分散地提供的，具有先天性高容错的优点，能够较好地适应节点和网络链路动态变化造成的影响。在节点数、网络带宽、网络负载等参数动态变化时，网络自适应机制会进行自动化的配置和调整，如改变拓扑结构、更新路由、负载均衡等，不仅能够保证网络连通性和数据传输的稳定性，还能够保证上层服务的持续性，因此 P2P 网络具有良好的动态性、健壮性和扩展性，能够适应区块链用户自由加入和离开的特点。

3．高性价比

P2P 网络利用分散在对等节点上的计算和存储能力提供网络服务，达到海量存储和高性能计算的目的，不需要价格昂贵的专用服务器和网络带宽费用，可以实现更低的成本。

4．隐私保护

传统的 C/S 模型中，占据主控地位的服务器掌握绝大部分网络资源和信息，一旦发生数据泄露将对用户的敏感信息带来严重威胁。P2P 的分布式网络架构和广播传输机制具有较好的隐私保护特性，能够有效地抵御窃听攻击，保护用户隐私。

3.2 区块链网络拓扑结构

区块链中的 P2P 网络拓扑结构可以分为 3 种：中心化、去中心化和半中心化。

1. 中心化

中心化 P2P 网络，又称为集中式 P2P 网络，是一种具有中心化服务器的 P2P 网络，如图 3-1 所示。除了对等节点，这种网络中还有一个或多个服务器，处于网络虚拟的中心位置（网络拓扑的中心而非物理位置的中心）构成类似星状的拓扑，为对等节点提供中心化的索引目录服务。使用这种拓扑结构的理由是：在无中心的 P2P 网络中，一个新加入的节点如果想获取分散在各对等节点上的网络资源和服务信息，需要发起一次广播式查询，查询请求使用泛洪的方式转发到网络中所有节点，造成大量网络资源消耗，在网络规模变大时，将对网络性能造成严重影响。因此，引入目录服务器（Directory Server）对网络节点进行管理，可以有效解决这个问题。每个节点将自己的信息（名称、地址、资源和元数据）提交给目录服务器进行注册，目录服务器保存这些信息并提供查询服务。当一个节点需要访问某些网络资源时，首先向目录服务器查询资源所在的位置和持有该资源的节点，然后根据这些信息连接到特定的 Peer 节点。在图 3-1 中，节点 A 加入网络时注册到目录服务器声明自己拥有的资源，当节点 D 需要获取某个资源时，向目录服务器发起查询，通过目录服务器的应答可以获知拥有该资源的节点为 A，然后与 A 直接通信进行资源的请求和获取。

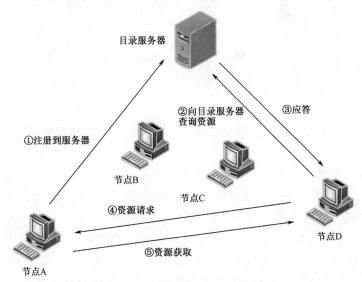

图 3-1 中心化 P2P 网络的资源获取过程

中心化 P2P 网络的优点是增强了网络的可管理性，对资源的发现和查询过程比较简单、效率较高，也存在明显的缺陷：与传统的 C/S 模型相似，中心化 P2P 网络架构没有实现完全的去中心化，仍然存在单点故障问题；如果目录服务器崩溃，将造成整个网络的瘫痪；同时，当网络规模扩大，查询并发数接近或者超过目录服务器的容量时，网络性能难以保证。

2．去中心化

（1）去中心化无结构网络拓扑

去中心化无结构的网络拓扑采用完全随机图的组织方式，没有中心化的目录服务器，Peer 节点也没有结构化的统一地址，一般采用泛洪（Flooding）或者随机转发（Random Walker）的方式，对节点位置和网络资源进行查询，适合节点随时加入、退出的情况。

下面以 Gnutella 协议为例（如图 3-2 所示）说明 P2P 网络中基于泛洪的资源搜索过程。Gnutella 是一种分布式无结构的 P2P 网络通信协议，当 Peer 节点需要在网络中下载一个特定的文件时，需要查询拥有该文件的 Peer 节点的位置。

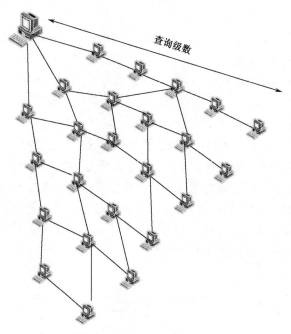

图 3-2　泛洪式资源搜索过程

查询步骤如下：

① 生成一个查询请求，包含查询的文件名或者关键字，查询者将该请求发送给每个与自己直接相连的节点。

② 收到请求的节点检查自己的存储空间是否有请求的文件，如发现文件则响应请求与查询节点建立连接，否则将该查询转发给自己的邻居节点。

③ 每个收到查询的节点重复这个过程，直到找到文件为止。

实际应用中需要防止查询消息无休止地在网络中循环转发，一般方法是给查询消息附加一个字段 TTL（Time To Live）并赋以初值。查询消息每转发一次，该值减 1，当减为 0 时，查询消息被丢弃，不再转发。泛洪式资源搜索存在较为严重的问题，太大的 TTL 值会造成网络带宽消耗以指数速度递增，太小的值又难以保证资源发现的概率，无法实现带宽低消耗和网络高性能有效兼顾。

由于没有确定性的拓扑结构，也不存在承担索引和目录服务的节点，去中心化无结构的网络拓扑难以保证较高的节点和资源管理效率。查询请求被转发的次数取决于网络中的节点数。

特别是在网络规模较大时，泛洪操作将造成网络流量的急剧增加，容易造成网络拥塞和延迟，也限制了网络的扩展性。

比特币使用了去中心化无结构网络拓扑，使得每个用户可以方便、自由地加入系统，不需中心化服务器加入，新用户也不需执行特定的注册步骤，有利于用户的匿名化和敏感信息的隐私保护。节点之间通过对等方式进行数据通信，进行区块数据的传播和同步，较好地实现了区块链去中心化的概念。

（2）去中心化结构化网络拓扑

为了解决去中心化无结构网络拓扑在效率、可管理性、扩展性等方面存在的问题，可以在去中心化的网络中使用结构化的拓扑，如分布式散列表（Distributed Hash Table，DHT）。DHT技术是将关键值（key）集合分散存储到分布式系统中众多节点上的方法，在收到针对一个特定键值的查询请求后，可以有效、准确地定位键值的拥有者的节点，非常适合在大规模P2P网络中进行节点及网络资源的管理，能够高效地处理节点动态加入或者离开。

以太坊使用基于DHT技术的Kad协议实现准确、快速的资源和节点定位机制，将网络节点使用固定长度的标识符进行编址，构造一个散列表并分布式地保存在各网络节点上，任何P2P网络节点都分配了散列表中的ID，DHT可以发现通往特定目的节点的路由，每个新加入的节点也可以被其他节点根据ID值精确查找。

3. 半中心化

中心化和去中心化P2P网络有其各自的优缺点，二者的优势综合起来，便形成了半中心化P2P的网络拓扑。在这种网络拓扑中，按照功能定位的不同，节点可以分为：超级节点（索引节点）和普通节点。超级节点通常在计算能力、存储能力、网络带宽、在线时间上具有一定的优势，能够承载较多的网络资源和服务。超级节点之间采用去中心化网络架构，每个超级节点与其相邻近的普通节点之间构成一个小型的、自治的、中心化的小型网络。

如图3-3所示，中间的4个节点为超级节点，通过去中心化的拓扑连接。超级节点承担索引和目录服务器的功能，通过中心化拓扑与一部分普通节点相连，为它们提供节点定位和资源检索服务。每个普通节点加入网络时，可以自主选择网络距离近、链路带宽高、系统性能优的超级节点进行接入。

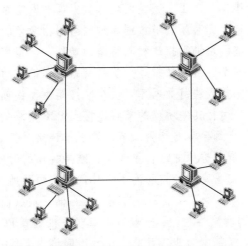

图3-3 半中心化网络拓扑

在半中心化 P2P 网络中, 超级节点和与其连接的普通节点构成 "簇"。网络被簇分割为多个域, 每个簇中的超级节点负责进行网络维护, 存储普通节点的信息, 大量数据交互被限制在簇内, 不会泛洪到全网。在必须进行簇间通信时, 数据传输集中在各超级节点之间, 因此能够有效降低网络带宽的消耗。所以, 半中心化 P2P 网络兼具了中心化拓扑的可管理性和去中心化拓扑的扩展性, 是一种较为理想的拓扑结构选择。

超级账本 (Hyperledger Fabric) 是使用半中心化拓扑的典型代表。网络节点分为两种类型: 超级节点和普通客户端节点。超级节点承担排序、背书、认证、区块生成等功能, 为其他节点提供服务。普通客户端节点作为系统用户, 使用超级节点提供的功能。

3.3 区块链网络技术

3.3.1 比特币网络技术

1. 网络节点

比特币网络中使用了 P2P 网络技术, 各节点的地位是平等的。节点在网络中有 4 项基本功能: 钱包、挖矿、区块链数据库和网络路由。

① 钱包: 对比特币账户进行管理。

② 挖矿: 利用 PoW 算法, 以相互竞争的方式进行交易确认, 创建新的区块, 获得比特币奖励。

③ 区块链数据库: 保存完整的、最新的区块链账本副本。存储全部信息的被称为全节点; 为节省存储空间, 只存储部分信息的被称为轻节点。

④ 网络路由: 负责比特币网络节点发现、链路维持、数据转发、交易信息的验证和传播等网络功能。

这 4 项基本功能中, 网络路由功能是所有比特币网络节点必须具备的, 其他功能则不一定完全具备。按照承担功能的不同, 比特币网络节点可以分为如下角色。

① 核心客户端: 包含钱包、矿工、完整区块链数据库和网络路由角色的节点。

② 完整区块链节点: 包含完整区块链数据库和网络路由角色的节点。

③ 独立矿工: 具有完整区块链数据库和网络路由功能, 承担挖矿功能。

④ 挖矿节点: 不具备完整区块链数据库, 仅具有路由和挖矿功能。

⑤ 轻量钱包: 不具备完整区块链数据库, 仅有网络路由和钱包功能。

⑥ 矿池协议服务器: 将运行其他协议的节点连接至 P2P 网络的网关路由器。

比特币网络中, 所有节点都会参与路由、节点发现、连接维护等基本功能。

全节点保存完整的区块链数据库并进行更新操作维持数据的时效性, 能够自主完成查询、转账等交易, 并能够独立对交易真实性校验而不需外部节点的帮助。

轻量钱包 (或称为轻节点) 为了降低资源占用, 只存储区块头而不是完整的数据库, 通过 "简易支付验证" 来完成交易真实性校验, 一般基于智能手机或者 PC, 面向普通用户提供账户查询、地址管理和交易提交等基本功能。目前, 比特币网络中大部分节点均为轻节点。

按照是否存储完整区块链数据库，矿工可以分为两类：独立矿工，是一种全节点，拥有完整的区块链数据库；而有些挖矿节点不拥有该数据库，不能独立挖矿，是多个节点组成一个小型的挖矿网络，进行集体挖矿，挖矿网络中拥有一个具备全节点功能的矿池服务器，与矿工之间采用矿池挖矿协议进行通信。

除了 P2P 网络，比特币网络还运行着具有一些其他类型的网络及协议，如 Stratum 协议和矿池挖矿协议等。

2．节点发现

在比特币网络中，一个新的节点进入网络时，必须与现有的网络节点建立连接，以便进行寻址、消息转发和其他协同操作。但由于 P2P 网络的特性，没有专用的服务器进行节点管理和路由维护，为了解决这个问题，网络中设置了一些能够提供相对稳定、长期服务的节点，称为种子节点。为了使新用户加入网络后能够找到种子节点，比特币客户端软件内置了种子节点列表，在软件启动时载入列表中的种子节点，作为连接网络的入口，获取其他网络节点的地址。

① 节点推送：节点将自身信息主动发送给每个邻居节点，邻居节点接收后保存在自己的列表中。节点通过接收推送消息，可以获知距离自己一跳范围内邻居节点的信息。

② 节点拉取：经过节点推送，每个节点可以生成自己的一跳邻居节点列表。为了获取更远范围的节点信息，节点可以向其邻居节点发起查询，请求对方的邻居节点列表，从而获得两跳邻居节点的信息，这种方法称为节点拉取。

3．连接维护

比特币网络中节点随时可以退出网络，所以对已经建立连接的节点需要周期性地检测其存活性，比特币网络中使用的方法是定时发送 ping 消息（8 位随机数），对方收到后回复 ping 响应消息，则说明连接正常。如果对方持续 20 分钟没有回应，那么认为节点已经退出。

3.3.2　以太坊网络

与比特币类似，以太坊网络也使用 P2P 网络架构。但不同的是，以太坊使用了去中心结构化的 P2P 网络拓扑，使用基于分布式哈希表（Distributed Hash Table，DHT）技术的 Kademlia（简称 Kad）协议实现网络的结构化，实现节点和资源的精确查找。

1．DHT 技术

DHT 技术可以将一系列数据分布式地存储在大规模分布式系统的节点（如 P2P 网络）中，并且提供数据查询和获取功能，对特定的查询数据，准确地定位数据拥有者的位置，并进行数据获取，如图 3-4 所示。DHT 能够较好地适应节点频繁加入或离开的 P2P 网络，即节点频繁地加入或者离开网络，从而可以构建复杂的服务和应用，如分布式文件系统、文件共享系统、域名系统或者即时通信系统等。

DHT 的主要结构如下：需要存储的数据 data，数据的索引 key（如长度为 160 位的 data 哈希值）。将 data 分散地存储在 P2P 网络节点上，用关键值空间分割（Keyspace Partitioning）将关键值的空间分割成数个，并分配给每个节点。底层的 P2P 网络负责连接这些节点，提供数据查询和获取服务。为了在分布式散列表中存储一个文件，我们将关键值取为文件的哈希值，该文件及其 key 由网络中某个指定的节点负责存储。网络中的节点只需要给出文件的 key，并发送一条查询消息，就能够找到文件的拥有者，并获取文件 data。

DHT 有两个关键的概念：关键值分割和延展网络。

（1）关键值分割

分布式哈希表通常采用稳定散列（Consistent Hashing）计算与一个关键值相关的文件应该由哪个节点负责存储。函数 $f(i,j)$ 表示两个节点 i、j 之间的距离。

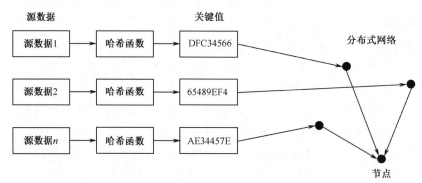

图 3-4　分布式哈希表

假设有一个稳定散列函数 f 把一个 key 值映射到 160 位的地址空间（$[0,2^{160}-1]$）。用圆环表示这个地址空间，圆环上的每个点表示一个地址。假设有 n 个节点组成的 P2P 网络，那么哈希函数会把这 n 个节点映射到这个环的 n 个位置。$f(i,j)$ 表示沿着这个圆环从位置 i 走到位置 j 的距离。然后把圆环上的地址空间进行划分，使每个节点对应一个地址范围。当查询某 key 时，只需要确定圆环上 key 的位置，然后找出这个 key 落在哪个节点对应的范围内，就能找到存储 key 和 data 的节点了，如图 3-5 所示。

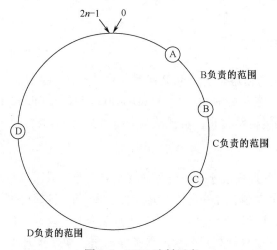

图 3-5　DHT 映射示意

（2）延展网络

在 P2P 网络中，每个节点选择性地保存一些特定的其他节点（邻居节点）的信息，这些节点构成延展网络。延展网络在无结构、无中心的 P2P 网络上实现了一定程度上的结构化拓扑，从而方便进行资源的查找和共享。

假设一个 P2P 网络使用 160 位的 key，需要进行分布式的文件存储 data，文件名称记为 filename。

① 计算 filename 的 SHA-1 哈希值并指定为关键值 k，形成散列信息 <k, data>，执行 put 操作，通过关键值分割找出应负责存储此信息的节点，然后将信息送入该节点。

② 此信息在延展网络中传输，直至抵达目的节点，目的节点接收后并存储 <k, data>。

③ 当需要查询并获取文件时，计算 filename 的 SHA-1 散列值，获取 key，执行 get 操作，通过关键值分布，找到负责存储该信息的节点和抵达此节点的路径。

④ 请求信息通过延展网络转发到目的节点，目的节点将请求的资源传回。

DHT 主要用来在无结构的 P2P 网络上提供文件分析等资源共享服务，在带宽、硬盘存储空间使用上具有一定的优越性。在早期的中央化索引中，使用中央服务器实现资源索引的集中式存储：每个节点加入网络时将拥有文件的列表上传到索引服务器，当有节点需要查询资源时，就可以方便地利用中心化索引服务器提供的服务。但中央索引服务器容易造成单点失效问题。另一种方法是完全分布式方法，资源分布在各 Peer 节点上，没有中心化的索引服务，查询请求需要使用泛洪协议分发到全网所有节点上，会极大地降低效率。DHT 兼顾了分布式与集中式的特点，使用了较为结构化的基于键的路由方法，实现了以下特性。

❖ 离散性：构成系统的节点并没有任何中央式的协调机制。

❖ 伸缩性：即使有成千上万个节点，系统仍然应该十分有效率。

❖ 容错性：即使节点不断地加入、离开或是停止工作，系统仍然能达到一定的可靠度。

2. Kad 协议

Kad 协议中，每个节点分配一个 ID，同时构建一个由键值对 <key, value> 组成的散列表，其中 key 的长度与 ID 相同。按照 key 的值，Kad 将散列表分散地存储在网络的节点上，如键为 key 的数据 value 存放在 ID 与 key 相同的节点上，或者距离 key 的值最近的若干节点上。因此，可以使用节点 ID 实现 value 的定位，指示网络资源存储在哪个节点上。

（1）节点距离

有了节点 ID，还需要确定节点的路由，即如何找到节点。为了实现对节点的寻址，Kad 协议使用异或算法定义节点之间的距离，构建路由表。

令 a 和 b 为任意两个节点的 ID，$a \oplus b$ 为两节点之间的距离，则该距离具有如下特点。

❖ $a \oplus b = b \oplus a$：对称性，a 到 b 的距离与 b 到 a 的距离相等。

❖ $a \oplus a = 0$：节点自身与自身的距离是 0。

❖ $a \oplus b > 0$：任意两个节点之间的距离一定大于 0。

❖ $(a \oplus b) + (b \oplus c) \geqslant a \oplus c$：三角不等，$a$ 经过 b 到 c 的距离总是大于等于 a 直接到 c 的距离。

如节点 01010000 与 01010010 的距离（其 ID 的异或值）为 00000010（即十进制数 2），节点 01000000 与 00000001 的距离为 01000001（即十进制数 65）。此处定义的距离是虚拟的、逻辑上的距离，与网络节点的地理位置和网络拓扑的距离没有关联，可能两个地理位置毗邻的节点距离却非常远。

（2）路由表

Kad 使用二叉树对节点距离进行映射，步骤如下。

① 将节点 ID 使用二进制表示，$i=0$，从节点 ID 的第 0 位（最高位）开始，对每个二进制位按照②～③构建二叉树。

② 用节点 ID 的第 i 位构建二叉树的第 i 层。若第 i 位为 1，则进入右子树，否则进入左子树。

③$i \leftarrow i+1$，重复步骤②。二叉树的结构如图 3-6 所示。

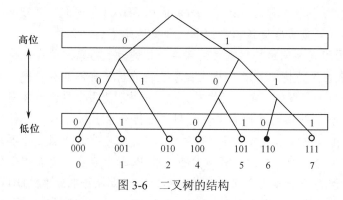

图 3-6   二叉树的结构

接下来，每个节点按照自己的视角对二叉树进行拆分。节点 101 的拆分过程如图 3-7 所示，拆分从二叉树的根节点开始，从左、右子树中将不包含节点自身的子树拆出，即根节点的左子树；然后，在剩下的右子树的左右子树中再拆出不含自身的子树，重复此步骤，直到二叉树中只剩节点自身。

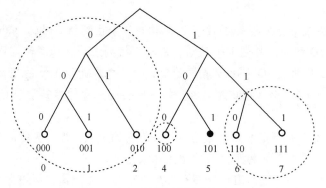

图 3-7   二叉树的拆分过程示例

对于 n 位的节点 ID，拆分后的子树不超过 n 个。同时，当实际网络节点数小于 n 位提供的地址空间 $2n$ 时，拆分后的子树将会小于 n 个。对于拆分后的每个子树，如果当前节点知道其中任意一个节点的位置，就可以利用该节点为中介，用递归路由的方法连通该子树中的所有节点。实际应用中考虑 P2P 网络节点随时退出的特点，通常保存每个子树中大于 1 个节点作为冗余，以提高路由的健壮性。

Kad 使用 K-桶存储这些节点的状态，构建路由表。K 是常量，表示节点记录每个子树的 K 个节点。对于 n 位的节点 ID，设置 n 个 K-桶，当前 K-桶记为 i，存储与自己距离在 $[2^i, 2^{i+1})$ 区间内的节点信息，与自己距离越近的子树存储的节点越多，越远的子树存储得越少，如表 3-1 所示。

表 3-1　*K*-桶存储

K-桶	距离区间	距离范围	*K*-桶	距离区间	距离范围
0	$[2^0, 2^1)$	1	4	$[2^4, 2^5)$	16～31
1	$[2^1, 2^2)$	2～3	5	$[2^5, 2^6)$	32～63
2	$[2^2, 2^3)$	4～7	10	$[2^{10}, 2^{11})$	1024～2047
3	$[2^3, 2^4)$	8～15	*i*	$[2^i, 2^{i+1})$	—

　　由于 P2P 网络的动态性，*K*-桶中的信息需要及时进行更新，主要采取三种方法：一是主动发起 find_node 查询请求，获得该节点的状态信息；二是被动收集其他节点发送的 find_node 或者 find_value 请求消息，把对方的节点状态放入 *K*-桶；三是使用 ping 请求检测 *K*-桶中节点的存活性，清理退出网络的节点。

　　有了 *K*-桶后，Kad 协议可以实现节点的精确查询，具体步骤如下：

　　① 根据目的节点 ID，查询 *K*-桶，确定节点 ID 在哪个 *K*-桶中。然后在该 *K*-桶中选择 *K* 个与目的节点距离最近的节点，向这些节点发送 FIND_NODE 消息。

　　② 这些节点收到 FIND_NODE 消息后，从自己的 *K*-桶中找出与目的节点距离最近的 *K* 个节点，并返回给查询者。

　　③ 查询者收到节点信息后，更新自己的结果列表，并再次从其中 *K* 个距离目标节点 ID 最近的节点中挑选未发送请求的节点；重复步骤①。

　　④ 上述步骤不断重复，直到无法获取比发起者当前已知的 *K* 个节点更接近目标节点 ID 的活动节点为止。

　　除了查询目的节点的位置，也可以查询指定键值对<key, value>的数据，主要方法是根据 key 确定拥有该 value 的节点 ID，找到该节点的步骤与查询节点相同。

3.3.3　Fabric 网络

　　与比特币和以太坊不同，超级账本没有实现完全的去中心化，为了提高区块链运行的效率，在网络中设置了一些特殊功能的节点，负责认证、交易提交、背书、排序等功能。

1．网络节点

　　在超级账本 Fabric 网络中，节点分为多种类型，分别具有不同的功能和角色。

　　（1）客户节点

　　客户节点是指系统最终用户进行操作的节点，无法独立完成交易，主要作用是实现用户交互，将用户的操作提交给其他类型节点并接收反馈信息。例如，与 CA 节点进行交互，获取用户的签名证书，与背书节点交互提交交易提案，并接收背书节点经过背书操作的结果，提交给排序节点。

　　（2）Peer 节点

　　Peer 节点参与存储区块链数据、交易处理、共识生成和智能合约执行等一系列操作。按照具体功能不同，可以分为两种类型：记账（Committer）节点和背书（Endorser）节点。客户节点的交易提案先提交给背书节点，背书节点验证格式的正确性和签名的合法性，然后进行交易的模拟执行，对于正确的交易进行背书并反馈给客户节点。记账节点负责账本和其他状态数据的存储和维护，经过背书、排序后的交易发送到记账节点，记账节点对交易验证后写入账本，并更新相应状态数据。Peer 节点的两种身份是动态配置的，一个物理节点可以承担单独的记账节点功能，也可以承担记账节点和背书节点的功能。

（3）排序节点（Orderer）

对于多个客户节点提交的交易，位于网络不同位置的 Peer 节点可能收到的顺序不一样，如果按照先到先处理的规则，就会出现交易排序不一致的问题，因此需要在网络中设置排序节点（Orderer）负责对交易进行排序。客户端的交易经过背书节点背书后，发送给排序节点，排序节点将收到的多个交易排序、打包并生成区块，然后广播给记账节点。在这个过程中，使用原子广播技术确保所有记账节点收到的区块内容和顺序都是一致的。

（4）认证节点

认证节点负责对网络中所有节点的身份认证和证书分发。每个加入区块链的节点需要持有认证节点分发的证书，在交易各步骤的通信过程中，向通信的对方出示证书证明自身身份的合法性。

2．Gossip 协议

超级账本 Fabric 中存在多个承担背书和记账功能的 Peer 节点和排序节点，需要一个安全、可靠、可扩展的数据传输协议来保证数据在各节点上的完整性和一致性，这个任务由 Gossip 协议来实现。

Gossip 协议，也叫做传染病协议（Epidemic Protocol），通过模拟疾病在人群中散播流行的过程实现网络节点之间消息的分发过程。Gossip 协议最早于 1987 年被提出，用于分布式数据库获得一致性的过程，后来被用于 P2P 网络和无线自组织网络，其特点是在大规模、无结构、无中心、自组织的网络架构下实现有效的数据分发。

Gossip 协议的执行过程为：消息的分发由源节点发起，在自己的邻居节点中选择部分节点，将消息散播给选中的节点，接收节点缓存收到的消息，然后按照这个过程，在各自的邻居中选择下一跳节点进行分发，直到网络中所有节点都收到消息为止。

虽然理论上所有节点最终都会收到消息，但可能存在小部分节点经历很大的时延。下面通过一个实例说明该协议的详细过程。假设数据格式为<key, value, version>，其中 key、value 表示数据的键和值，version 表示值的版本号，值更新时，version 改变为新的版本号。当节点 A 与其邻居节点 B 进行信息交互时，如果都存储了同一个 key 值，则可以通过检查 version 字段确定哪一个值为最新的。双方可以选择单向或者双向交换彼此拥有的新数据，分为 3 种模式。

❖ 推送模式（Push）：节点 A 将数据<key, value, version>发送给节点 B，B 检查 version 字段，更新自己存储的数据。

❖ 拉取模式（Pull）：节点 A 将自己存储的数据的<key, version>字段发送给节点 B，B 检查本地存储，将比 A 新的数据的<key, value, version>发送给 A，A 更新本地数据。

❖ 推送/拉取模式（Push/Pull）：结合上述两种模式，在拉取模式的基础上增加了一步操作，即 A 更新本地数据后，将自己存储的比 B 新的数据发送给 B。

Gossip 协议执行的过程如下。

① 在每一步，收到消息的节点在自己的邻居节点中选择 m 个节点作为下一跳，如 $m=2$。

② 消息散播过程是周期性的，如设置该周期为 1 秒钟。

③ 每次消息散播前，节点都会与自己的邻居节点交换已缓存消息的列表，只会向尚未缓存该消息的节点进行散播。

④ 每次散播后，消息接收方不会再将发送方选为下一跳进行散播。

图 3-8 中共 16 个节点，其中节点 1 为消息发送的源节点，选择它的邻居节点 2 和 7 作为下一跳开始散播过程，这些节点又在自己邻居节中选择下一跳，如节点 2 选择节点 4，节点 7 选择节点 3 和 15。经过若干步后，最终将消息散播到所有节点。

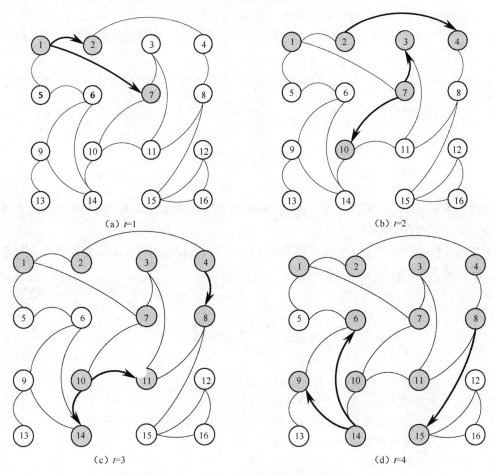

图 3-8　Gossip 协议的消息传播过程

相对于 Kab 协议，Gossip 不需要对网络进行结构化管理，也不需要计算节点距离、建立和维护路由表，优点如下。

① 对网络的结构没有要求，适合无中心的网络，不要求节点掌握网络全局状态，不需要维护网络拓扑和链路的信息。

② 具有较强的动态适应性，节点随时加入和退出网络对协议性能没有明显影响。

③ 具有较好的容错性，少部分节点和链路失效不会显著影响数据的传播过程。

④ 具有较好的一致性和收敛性，系统可以在合理的时间内达到所有节点一致。

⑤ 协议简单，易于实现。

Gossip 协议也有明显的局限性，可以归纳如下：

① 消息的延迟。节点只会随机向少数几个节点发送消息，消息最终是通过多轮次的散播

而到达全网，因此 Gossip 协议会造成较高的消息延迟，不适合实时性要求较高的场景。

② 消息冗余。Gossip 协议中节点定期随机选择周围节点发送消息，而收到消息的节点也会重复该步骤，一个节点可能收到来自多个邻居的内容相同的消息，造成消息冗余，增加节点的消息处理压力。由于是定期发送，即使收到了消息的节点还会反复收到重复消息。

超级账本 Fabric 中，Gossip 的数据传播协议有三个主要功能：

① 向通道中的所有节点传播账本数据，使没有实现完全同步的节点及时识别丢失的区块，并将正确地复制数据复制，保持网络中数据的一致性。

② 通过点对点的数据传输方式分发数据，使新节点以最快速度连接到网络中并同步账本数据。

③ 在持续的运行过程中，进行不间断的节点发现、存活节点检测、进行节点管理，检测离线节点。

本章小结

本章介绍了区块链网络层技术，包括：P2P 的原理和特点，区块链网络拓扑结构，节点编址方法，资源获取方法等。

本章还详细介绍了泛洪、分布式哈希表（DHT）、Kad 协议和 Gossip 协议等在比特币、以太坊、超级账本三种区块链系统的应用。

思考与练习

1. P2P 网络有哪几种结构？各自具有什么优点和缺点？
2. 简述 P2P 网络中基于泛洪的资源搜索过程。
3. 比特币中的节点有哪些类型？节点发现和连接维护包括哪些主要步骤？
4. 简述分布式哈希表中距离计算的过程。
5. Kad 协议是如何根据节点距离进行映射的？
6. 分析 Gossip 协议，说明消息在网络中的散播过程。

参考文献

[1] 管磊. P2P 技术揭秘——P2P 网络技术原理与典型系统开发[M]. 北京：清华大学出版社，2011.

[2] 武岳，李军祥. 区块链 P2P 网络协议演进过程. 计算机应用研究，36(10)，2019(10).

[3] Demers A, Greene D, Houser C, et al.. Epidemic algorithms for replicated database maintenance[J]. Acm Sigops Operating Systems Review, 1988, 22(1):8-32.

[4] Maymounkov P, Eres D M. Kademlia : A Peer-to-Peer Information System Based on the XOR Metric [J]. 2002.

第 4 章 共 识 层

从系统架构来看，区块链系统是一个典型的分布式系统，因此亦面临着分布式系统中最基础也是最重要的一个问题，即一致性问题。在区块链系统中，这个问题表现为如何保证区块链系统中各节点保存的账本的一致性。共识层就是为了解决该问题。

4.1 分布式一致性问题

在分布式系统中，多个节点可能通过异步网络进行连接并通过网络同时进行协作，同时每个节点又是独立的个体，拥有自己的计算和存储单元。相比于单机系统，分布式系统存在以下特性。

① 资源受限：节点间的通信需要通过网络，而网络存在带宽限制和时延问题，节点也无法做到瞬间响应和高吞吐。

② 故障的独立性：系统的任何一个模块都可能发生故障，如节点之间的网络通信是不可靠的，随时可能发生网络故障或任意延迟；节点的处理可能是错误的，甚至节点自身随时可能宕机。

③ 不透明性：构成分布式系统中任意节点在任意时刻的位置、性能、状态、是否故障等信息对于其他分布式系统节点来说都是不可见的，也是无法预知的。

④ 并发：分布式系统的目的是更好地共享资源，允许并发的访问资源才能体现分布式系统的意义。

⑤ 缺乏全局时钟：当多个程序协作时，需要通过交换消息来协同彼此的动作，而紧密的协调经常要求这些程序对一系列动作发生时间的共识。由于网络状况的复杂性，分布式系统中的节点对网络中同步时钟的准确性是很难达成共识的，即没有一个一致的全局时间的概念。

所以，分布式系统要正常工作就必须保证一致性。所谓一致性，是指对于系统中的多个节点，给定一系列操作，在协议结束后，对系统出入的处理结果达成某种程度的一致。比如，在分布式存储系统中，通常以多副本冗余的方式对数据进行存储，此时虽然数据的多个副本可以存储在不同的节点中，但要求这些副本必须保证完全一致。这里的一致性问题就是存储在不同节点中的数据副本（或称为变量）的值必须一致。除此之外，因为变量会有多次取值，且这些取值会构成一个序列，分布式一致性还要求系统中所有节点对某变量的取值序列必须一致。

可以看出，如果一个分布式系统无法保证处理结果一致，那么任何建立于其上的业务系统都无法正常工作。而系统的一致性需要依赖于共识算法。讨论共识算法之前，我们需要先学习分布系统的一些基础理论。

1．FLP 不可能定理

目前已经证明，同步通信中各节点保证一致性是可以达到的，但利用算法解决异步环境的一致性问题依然十分困难。Fischer、Lynch 和 Patterson 三位计算机专家提出并证明了 FLP 不可能定理，即在网络可靠、存在节点失效（即便只有一个）的最小化异步模型系统中，不存在一个可以解决一致性问题的确定性算法。FLP 不可能定理论证了最坏的情况是没有下限，要实现一个完美的、容错的、异步的、一致性系统是不可能的。

2．CAP 定理

FLP 不可能定理只是说明了 100%保证一致性是不可能的，但并不说明拥有额外限制条件的分布一致性是无法实现的。比如，将部分通信改成同步的，牺牲一定的可用性和吞吐量，就能得到一个一致性较强的协议。

CAP 定理则描述了分布式系统中一致性和可用性的关系：一个分布式系统最多只能同时满足（强）一致性（Consistency）、可用性（Availability）和分区容错性（Partition tolerance）三项中的两项。

实际的分布式系统可以根据系统的特征明确应该具备的两个分布式性质。例如，对于分布式的数据库系统而言，由于系统故障的存在是必然的，就必须在一致性和可用性之间取一个平衡。目前，CA、CP、AP 都有对应的实际需求和应用实践。

① CA：常用于一些传统的分布式关系型数据库系统，如 Oracle、MySQL 的非集群版本。为了保证完全一致性，常常牺牲分区容错特性。

② CP：为了保证分区容错和强一致性，几乎所有的"多节点参与选举算法"（如 Paxos、Raft 等）都会允许少数节点不可用。在这些系统中，$2N+1$ 个节点的集群可以允许 N 个节点同时无法提供服务。

③ AP：Gossip 共识协议可以通过节点错误检测来实现高可用的节点管理和集群广播，也会提供弱一致性保障。当然，该共识协议是保障最终一致性的。

3．BASE 理论

如果系统满足 CAP 理论，其对应的假设条件是非常苛刻的，因此现实中大部分分布式系统（如 HBase、Cassandra、Redis）等为了得到更好的性能和扩展性，都遵从 BASE 理论。

BASE 理论的含义如下。

① Basically Available：基本可用性，如存储系统需要保证存取服务在大多数情况下是可用的。

② Soft State：柔性状态，指为了得到更好的扩展性，是允许中间状态可见的，如 NoSQL、MySQL 集群的异步模型的数据复制过程。

③ Eventual Consistency：最终一致性，也是分布式一致性模型中的弱一致性模型，即要求停止往系统中写入数据后，过一段时间，所有节点拥有同一份数据副本。

4．拜占庭将军问题

拜占庭将军问题（Byzantine Generals Problem）是一个著名的分布式对等网络通信容错问题，要求对网络中存在的作恶节点的情况进行建模。由于作恶节点的存在，拜占庭将军问题被认为是容错性问题中最难的问题类型之一。

拜占庭将军问题可以描述如下：一些将军分别率领一支军队共同围困一座城市，为了简化问题，将各支军队的行动策略限定为进攻或撤离两种；因为部分军队进攻、部分军队撤离可能造成灾难性后果，因此各位将军必须通过投票来达成一致策略，即所有军队一起进攻或一起撤离。因为各位将军分处城市不同方向，他们只能通过信使互相联系。在投票过程中，每位将军都将自己投票给进攻还是撤退的信息通过信使分别通知其他所有将军，这样每位将军根据自己的投票和其他所有将军送来的信息可以知道共同的投票结果而决定行动策略。

但问题在于，将军中可能出现叛徒，不仅可能向较为糟糕的策略投票，还可能选择性地发送投票信息。假设忠诚的将军仍然能通过多数决定来决定他们的战略，便称达到了拜占庭容错。在此，投票会有一个默认值，若消息（票）没有被收到，则使用此默认值来投票。

上述故事映射到计算机系统，将军便成了计算机，信使就是通信系统。虽然上述问题涉及电子化的决策支持和信息安全，却没办法单纯地用密码学和数字签名来解决。因为不正常的电压仍可能影响整个加密过程，这不是密码学和数字签名算法可以解决的问题。因此，计算机有可能将错误的结果提交，亦可能导致错误的决策。

在分布式对等网络中，需要遵从一致的策略来协作的成员计算机即问题中的将军，而各成员计算机赖以进行通信的网络链路即信使。拜占庭将军问题描述的就是某些成员计算机或网络链路出现错误甚至被蓄意破坏者控制的情况下，成员之间的一致性保证问题。

5. 区块链的 DSS 猜想

不同于中心化的分布式系统，去中心化的系统为了保证数据可信，需要所有节点参与共识、避免被攻击，任何节点都要有能力验证交易的合法性，所有交易要按顺序执行和验证，所有节点都保存所有的交易数据等。

在分布式系统中，可扩展性是指系统的总体性能随着节点的增多而提升。在中心化的分布式系统设计中，可扩展性是必须保证的、最基本要求之一。

中心化的系统要保证可扩展性相对简单，而去中心化的全量共识和存储的要求是难以扩展的。因为若要可扩展性，就不能要求节点执行全量计算、全量存储，而是分散计算和存储，每个节点只保存部分数据，即每个交易数据只存储在少数节点中，但这样安全性就无法保证，因为攻击者只要攻击少数节点，即能控制区块数据。例如，数据被分割成 100 份，被保存在不同节点中，攻击者只要实施 1%攻击，即控制其中 1 份区块数据，这样攻击难度大大降低。

由于去中心化的要求，区块链的分布式系统也有特有的理论，其中一个就是去中心化与可扩展性之间的矛盾，尚未被严格证明，只能被称为猜想，但实际系统设计过程中却能感觉到时时受其挑战。

DSS 猜想是指，去中心化（Decentralization）、安全性（Security）和可扩展性（Scalability），在区块链系统中最多只能三选其二，如图 4-1 所示。

例如，若满足安全性和去中心化，则需要所有节点参与共识、计算、全量存储，由此带来的问题是失去可扩展性，也就是系统的总体性能无法随着节点的增多而提升；若满足可扩展性和安全性，则需要中心化管理，需要保证参与共识的节点是可信的；若满足可扩展性和去中心化，则采用分散存储、计算的策略，不做全量共识，则攻击网络的难度降低，安全性难以保证。

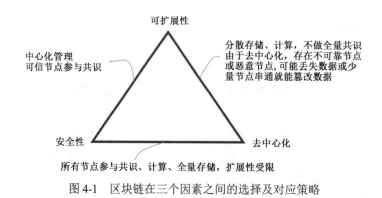

图 4-1　区块链在三个因素之间的选择及对应策略

4.2　共识算法概述

1．共识算法性质

共识算法是能使网络中的各非错误节点对于交易的顺序达成共识，总能在规定时间内对外提供输出的算法；并且要求共识算法能保持在系统在不存在全球统一的时钟、各节点可能独立出错以及网络中传送的消息并不总是可靠这三个条件下，依然正常、可靠地工作。

尽管算法多种多样，可以根据需要采用各种策略，但理想的共识算法应满足的条件包括：

❖ 可终止性（Termination）：一致的结果在有限时间内能完成。

❖ 共识性（Consensus）：不同节点最终完成决策的结果应该相同。

❖ 合法性（Validity）：决策的结果必然是其他进程提出的提案。

在实际的分布式系统应用环境中，通过共识算法达到一致性，往往需要面对服务器节点保障及服务器节点之间的网络通信故障等问题。上述问题可以分为两类情况：一类情况是仅发生服务器宕机、通信协议不可靠、消息延迟或丢失等；另一种情况则更加严重，网络中不仅可能存在上述问题，还可能存在某些恶意节点，它们向其他节点发送虚假或者错误消息，如拜占庭问题。

拜占庭问题是现实的分布式系统的模型化，军队对应分布式网络中的节点，是否能达成行动协议并消灭敌人对应分布式网络中是否能达成一致性，而将军中的叛徒行为对应当计算机出现故障节点表现出前后不一致的情况，如信道不稳定、导致节点发送给其他节点的消息发生了错误或者消息损坏等。上述分布式系统故障也被称为拜占庭错误。当分布式系统中仅出现消息丢失或者重复但是不会出现内容损坏的情况时，则被称为非拜占庭错误。容错性是指处理这些异常或故障的协议。能够处理拜占庭错误的算法被称为拜占庭容错，能够处理非拜占庭错误的则被称为非拜占庭容错。

2．共识算法分类

共识算法根据容错能力不同，即在考虑节点故障不响应的情况下，再考虑节点是否会伪造信息进行恶意响应，也就是说，考虑是否允许拜占庭错误，可以分为 BFT（Byzantine Fault Tolerance）类共识算法和 CFT（Crash Fault Tolerance）类共识算法。

CFT 共识算法只保证分布式系统中节点发生宕机时整个分布式系统的可靠性，而当系统中节点违反共识协议时，将无法保障分布式系统的可靠性，如发生被黑客攻占、数据被恶意篡改等情况时。因此，CFT 共识算法目前主要应用在企业内部的封闭式分布式系统中，主要有 Paxos 算法及其衍生的 Raft 共识算法。

采用 BFT 共识算法的分布式系统，即使系统中的节点发生了任意类型的错误，只要发生错误的节点少于一定比例，整个系统的可靠性就可以保证。因此，在开放式分布式系统中，如公有区块链网络，必须采用 BFT 共识算法。

在区块链网络发展前，BFT 共识算法主要为 PBFT 共识算法，目前部分联盟链采用 PBFT 共识算法。由于公有链的开放性，任意节点都可以随时参与和退出网络并都有作恶的可能，近年公有链的快速发展也带动了 BFT 共识算法的巨大进步。

处理拜占庭错误的算法有两种思路：一种是通过提高作恶节点的成本以降低作恶节点出现的概率，如工作量证明、权益证明等，其中工作量证明是通过算力，而权益证明是通过持有权益；另一种是在允许一定的作恶节点出现的前提下，依然使得各节点之间达成一致性，如实用拜占庭容错算法等。

大部分共识算法都是通过对网络条件进行妥协，通过假设不同的网络条件来绕过 FLP 定理。这些网络假设大致可以分成三类。

① 异步模型（Asynchronous Model）：即网络中的消息延迟可以无限大。

② 同步模型（Synchronous Model）：即网络中的消息延迟小于某个确定的范围。

③ 部分异步模型（Partial Asynchronous Model）：即网络在某些时刻是同步的但在另一些时刻是异步的。

所以，从网络同步模型的角度来看，共识算法可以分为三种，即基于同步模型的共识算法、基于半同步模型的共识算法、基于异步模型的共识算法。

(1) 基于异步模型的共识算法（简称异步共识算法）

异步共识算法意味着需要对可终止性做出妥协，即它将无法在确定的时间内终止，而是有一个概率性的终止时间，也就是说，随着时间推移，它会逐渐收敛，趋向于终止。这个算法理论上是可行的，但它的终止时间是指数型的，而且消息复杂度是 $O(n^3)$，即每轮共识过程需要发送节点数量的三次方次的交易。这就意味着它将占用大量的带宽资源，而且终止时间可能非常长。所以，异步模型本身更偏于理论，有着学术贡献，但在实战中基本很难应用。异步共识算法对于消息在网络中的传播延迟没有任何限制，消息可以在无限长时间后才能发送到其他共识节点。由于 FLP 不可能定理，异步共识算法无法确定性保证共识终局，因此几乎没有高效的全异步共识算法。比特币的 PoW（工作量证明）算法也是基于同步网络保证一致性，基于异步网络保证可用性。

(2) 基于同步模型的共识算法（简称同步共识算法）

同步模型的网络中存在着一个最大消息时延上限 t，充分运用 t，可以在实现拜占庭容错的同时获得共识的可终止性。比特币使用的共识本质上也是同步网络模型，通过 PoW 限制了每次共识的时间，并且可以容忍至少一半的拜占庭节点。

同步模型也有限制。每轮同步都需要等待固定的时延，所以响应度（Responsiveness）会比较低，即共识的速度不会随着网络状态变好或变坏而调整，而是有着固定的共识时间。同步共识算法要求网络中任一消息能够在已知的限定时间内到达所有的共识节点，因此主要应用在限定规模的网络环境中，大多数联盟链采用同步共识算法。

（3）基于半同步模型的共识算法（简称半同步共识算法）

半同步模型是最实用的网络假设模型。大部分共识算法都是基于这个模型的，包括 PBFT、Tendermint、Hotstuf 等。半同步模型的特点是通常会有个提议者，由提议者在每轮共识开始时提出一个值，接着由其他节点针对这个值进行共识。半同步共识算法比较复杂，需要经过严格的数学证明才能证明共识算法的特性（一致性和可终止性）。也正是因为这个原因，目前很多共识算法都存在着缺陷和不足：要么没有严谨的数学证明，要么压根就没有解决共识算法该解决的问题。半同步共识算法在前两者之间做了权衡，要求网络中消息某限定时间后到达所有共识节点的概率与时间的关系是已知的，目前主流的区块链共识算法都是半同步共识算法。

3. 共识算法评价标准

区块链共识算法的优劣评价可以从容错性能、终局性性能、扩展性（消息复杂度）、网络模型性能四方面来考虑。

① 共识算法的容错性能：如 Raft 只能支持节点故障错误。而在区块链特别是公有链中，节点间存在利益博弈，又是一个非中心化的网络状态，其共识算法必须支持节点作恶的容错，所以公有链的共识算法必然是 BFT 算法。

② 共识算法终局性性能：指区块链网络对一个候选区块完成终局一致性所需的时间，这决定了区块链系统的响应时间，对于面向用户的去中心化应用是非常重要的参数。

③ 共识算法扩展性：指随着区块链网络节点数目与共识算法性能的相关关系，如 PBFT 算法随着节点数目增加，完成一轮共识需要在网络中传播的消息数目呈平方比例增加，因此 PBFT 算法的天然特性无法支持大规模网络。

④ 网络模型性能：对其容错性能和终局性能都有很大影响。在区块链大规模网络条件下，同步共识算法要求所有节点在规定时间内响应对其他节点的消息，否则被认为是故障节点，因此受网络波动影响较大，从而导致算法容错性能的降低；而由于 FLP 不可能定理，异步共识算法无法给出确定的终局性性能，所以当前主流区块链共识算法都是基于半同步模型的。

4.3　CFT 类算法

CFT 已有经典的解决算法，包括 Paxos、Raft 及其变种等。在传统的分布式网络中，各节点也不会因为贪图利益故意伪造信息，很多情况是由于网络故障而掉线或发送错误消息。因此，传统分布式系统中均使用 CFT 类共识算法，故这类算法也可以用在联盟链或私有链中。本节主要介绍 Paxos、Raft 算法。

4.3.1　Paxos 算法

1. Paxos 概述

Paxos 算法是基于消息传递且具有高度容错特性的一致性算法。图灵奖获得者 Lamport 在 1990 年的论文 *The PartTime Parliament* 中，通过故事的方式提出了 Paxos 问题。岛屿 Paxon 上的执法者（Legislators，后面称为牧师 Priest）在议会大厅（Chamber）中表决法律，并通过服务员传递纸条的方式交流信息，每个执法者会将通过的法律记录在自己的账本（Ledger）上。问题在于，执法者和服务员都不可靠，他们随时会因为各种事情离开议会大厅，并随时可能有新的执法者进入议会大厅进行表决。那么，使用何种方式能够使得这个表决过程正常进行，且通过的法律不发生矛盾？

在常见的分布式系统中总会发生诸如机器宕机或网络异常（包括消息的延迟、丢失、重复、乱序，还有网络分区）等情况，Paxos 算法需要解决的问题是如何在一个可能发生上述异常的分布式系统中，快速且正确地在集群内部对某个数据的值达成一致，并且保证不论发生以上任何异常，都不会破坏整个系统的一致性。Paxos 算法运行在允许宕机故障的异步系统中，不要求可靠的消息传递，可容忍消息丢失、延迟、乱序和重复。Paxos 算法利用大多数（Majority）机制保证了 $2F+1$ 的容错能力，即 $2F+1$ 个节点的系统最多允许 F 个节点同时出现故障。

Paxos 算法的前提是不存在拜占庭将军问题，即发出的信号不会被篡改，因为 Paxos 算法是基于消息传递的。理论上，在分布式计算领域，试图在异步系统和不可靠信道上达到一致性状态是不可能的，因此在对一致性的研究过程中往往假设信道是可靠的。而事实上，大多数系统都是部署在一个局域网中，因此消息被篡改的情况很罕见；另一方面，由于硬件和网络原因而造成的消息不完整问题，只需要一套简单的校验算法即可。因此，实际中可以假设所有消息都是完整的，也就是没有被篡改。

探讨一致性算法通常需要先明确分布式环境的网络模型和失效模型，Paxos 算法适用于异步网络和非拜占庭的崩溃重启（Crash-Recover）失效模型，具有如下特点：

① 进程能够按照程序逻辑执行，并返回正确结果（不会是拜占庭式的任意错误）。

② 进程处理事件的速度不可预测，甚至会崩溃（Crash）。

③ 进程崩溃之后能够重启，并接着之前的状态继续提供服务。

④ 进程可以访问一个不受崩溃影响的持久化存储（即日志可以保存）。

⑤ 消息传送速度同样不可预测，消息可能被丢失，也可能被重发，但内容不会被损坏或篡改。

也就是说，Paxos 算法要解决的问题就是在以上分布式环境下实现"多个进程对某个变量的取值达成一致"。

2．Paxos 算法流程

Paxos 将系统中的角色分为提议者（Proposer）、决策者（Acceptor）和学习者（Learner）。

提议者（Proposer）：提出提案（Proposal）。提案信息包括提案编号（ProposalID）和提议的值（Value）。

决策者（Acceptor）：参与决策，回应提议者的提案；收到提案后，可以接受提案，若提案获得多数决策者的接受，则称该提案被批准。

学习者（Learner）：不参与决策，从提议者、决策者中学习最新达成一致的提议（Value）。

在多副本状态机中，每个副本同时具有提议者、决策者、学习者三种角色。Paxos 有两种：一种是 Single-Decree-Paxos，负责决策单个提议；另一种是 Multi-Paxos，负责连续决策多个提议并保证每个节点的顺序完全一致。Multi-Paxos 往往同时运行多个 Single-Decree-Paxos 协议共同执行的结果。

这里仅介绍简单的只决策一个提议的 Paxos 算法，类似两阶段提交，其算法执行过程分为两个阶段（如图 4-2 所示）。

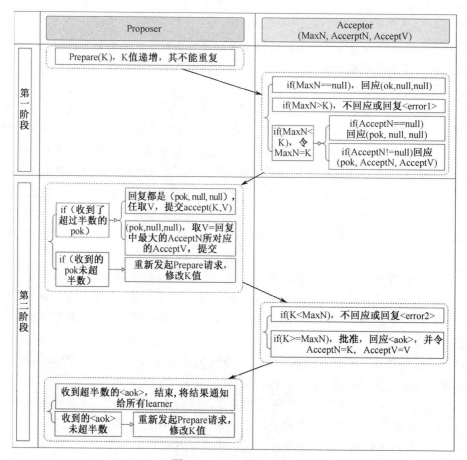

图 4-2　Paxos 算法流程

（1）第一阶段（准备阶段）

提议者选择编号为 N 的提案，向半数以上的决策者发送准备（Prepare）请求 Pareper(N)。决策者收到一个编号为 N 的 Prepare 请求，若 N 小于他已经响应过的所有准备请求的编号（maxN），则拒绝，不回应或回复 error，否则他会将已经响应过（已经经过接受阶段的提案）的编号最大的提案作为响应，反馈给提议者，同时该决策者承诺不再接受任何编号小于 N 的提案。

（2）第二阶段（接受阶段）

① 如果提议者收到半数以上决策者对其发出的编号为 N 的 Prepare 请求的响应，他会发送一个针对 $[N,V]$ 提案的接受请求给半数以上的决策者。注意：V 是收到的响应中编号最大的提案的提议（某决策者响应的他已经通过的 $[\text{accept}N, \text{accept}V]$），如果响应中不包含任何提案，那么 V 由提议者自己决定。

② 如果决策者收到一个针对编号为 N 的提案的接受（Accept）请求，只要他没有对编号大于 N 的准备请求做出过响应，就接受该提案。如果 N 小于他之前响应的准备请求，就拒绝，不回应或回复 error。当提议者没有收到过半的回应时，就会重新进入第一阶段，递增提案号，重新提出准备请求。

在上面的过程中，每个提议者都有可能产生多个提案，但只要每个提议者都遵循上述算法运行，就一定能保证算法执行的正确性。

为保证 Paxos 在每次提案产生唯一的编号，*Paxos Made Simple* 中提到，让所有提议者从不相交的数据集合中进行选择。例如，系统有 5 个提议者，则可为每个提议者分配一个标识 j（0～4），每个提议者每次提出决议的编号可以为 $j+5i$，其中 i 可以用来表示提出议案的次数。

前面介绍了 Paxos 的算法逻辑，但在算法运行过程中可能存在一种极端情况：当有两个提议者依次提出一系列编号递增的议案时会陷入死循环，无法完成接受阶段，也就是无法选定一个提案。通过选取主提议者，就可以保证 Paxos 算法的活性。选择一个主提议者，并规定只有主提议者才能提出议案。这样，只要主提议者和过半的决策者能够正常进行网络通信，那么肯定会有一个提案被批准（接受阶段），则可以解决死循环导致的活锁问题。

Paxos 算法中采用了"过半"理念，即少数服从多数，这使 Paxos 算法具有很好的容错性。Paxos 的过半数学原理可描述如下：大多数（过半）进程组成的集合被称为法定集合，两个法定（过半）集合必然存在非空交集，即至少有一个公共进程，称为法定集合性质。例如，A、B、C、D、F 进程组成的全集，法定集合 Q_1 包括进程 A、B、C，Q_2 包括进程 B、C、D，那么 Q_1 和 Q_2 的交集必然不在空，C 就是 Q_1 和 Q_2 的公共进程。这就是 Paxos 的最根本的原理，也就是说，两个过半的集合必然存在交集，即肯定可以达成一致。

Paxos 算法还支持分布式节点角色之间的轮换，极大避免了分布式单点的出现，因此 Paxos 算法既解决了无限等待问题，也解决了脑裂问题，是目前最优秀的分布式一致性算法。

4.3.2　Raft 算法

1. Raft 算法概述

Raft 算法是一个用于日志复制、同步的一致性算法，提供了与 Paxos 一样的功能和性能，但是算法结构不同。这使得 Raft 相比 Paxos 更好理解，并且更容易构建实际的系统。为了强调可理解性，Raft 算法将一致性算法分解为领导者选举、日志复制和安全三个大模块，即：

① 领导者选举：当前领导者失效的情况下，新领导者被选举出。

② 日志复制：领导者必须能够从客户端接收日志记录，然后将它们复制给其他决策者，强制它们与自己一致。

③ 安全性：如果任何节点将偏移 x 的日志记录应用于自己的状态机，那么其他节点改变状态机时使用的偏移 x 的指令必须与之相同。

Raft 算法将分布式一致性复杂的问题转化为一系列的小问题，进而各个击破，同时通过实施一个更强的一致性来减少不必要的状态，进一步降低了复杂性。Raft 算法还包括了一个新机制，允许线上进行动态的集群扩容，同时利用有交集的大多数机制来保证安全性。

Raft 算法使用了一些特别的技巧使得它易于理解，包括算法分解，同时在不影响功能的情况下，减少复制状态机的状态，降低复杂性。Raft 算法或多或少地与已经存在的一些一致性算法有着相似之处，同时具有如下特征。

① 强领导者语义：相比其他一致性算法，Raft 使算法用增强形式的领导者语义。举个例子，日志只能由领导者复制给其他节点。这简化了日志复制需要的管理工作，易于理解。

② 领导者选择：Raft 算法使用随机计时器来选择领导者，它的实现只是在任何一致性算法中都必须实现的心跳机制上多做了一点工作，不会增加延迟和复杂性。

③ 动态扩容：Raft 算法使用了一个称为联合共识（Joint Consensus）的新机制允许集群动

态在线扩容，保障 Raft 算法的可持续服务能力。

Raft 算法已经被证明是安全正确的，同时效率不比其他一致性算法差。最关键的是，Raft 算法易于理解，在实际系统应用中易于实现，使得它成为了解决分布式系统一致性问题最流行的解决方案。

2. Raft 状态转换

在 Raft 算法中，任何一个节点任一时刻处于以下三个状态之一：领导者（Leader）、追随者（Follower）、候选者（Candidate）。所有节点启动时都是追随者状态；一个节点在一段时间内如果没有收到来自领导者的"心跳"，就从追随者切换为候选者，同时发起选举；如果收到大多数其他节点的赞成票（含自己的一票），就切换为领导者；如果发现其他节点比自己更早转换为领导者，就主动切换为追随者。总之，系统中最多只有一个领导者，如果在一段时间里发现没有领导者，那么通过选举投票选出领导者。领导者会不停地给追随者发"心跳"消息，表明自己的存活状态。如果领导者故障，那么追随者会转换为候选者，重新选出领导者。

Raft 集群包含单数个机器，称为服务器（Server），通常 5 个服务器是一个典型配置，允许系统最多容忍 2 个服务器失效。在任何时刻，每个服务器也有三种状态：领导者、追随者、候选者。正常运行时，只有一个领导者，其余全是追随者。追随者是被动的，不主动提出请求，只是响应领导者和候选者的请求。领导者负责处理所有客户端请求，如果客户端先连接某个追随者，那么该追随者要负责把它重定向到领导者。候选者用于选举领导者。图 4-3 展示了这些状态及其转化。

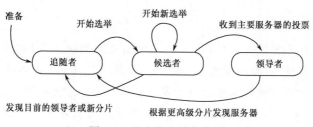

图 4-3　节点状态转化流程

Raft 算法将时间分解成任意长度的时间段，即分片（Term），如图 4-4 所示。

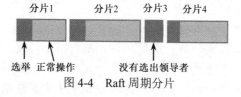

图 4-4　Raft 周期分片

分片有连续单调递增的编号，每个分片开始于选举，期间每个候选者都试图成为领导者。如果一个候选者选举成功，那么它在该分片剩余周期内履行领导者职责。在某种情形下，可能出现选票分散，没有选出领导者的情况，这时新的分片立即开始。Raft 算法确保在任何分片都只可能存在一个领导者。

分片在 Raft 中用作逻辑时钟，服务器可以利用分片判断一些过时的信息，如旧领导者。每台服务器都存储当前分片号，随时间单调递增。分片号可以在任何服务器通信时改变：如果某服务器的当前分片号小于其他服务器，那么该服务器必须更新它的分片号，与其他保持一致；如果候选者或者领导者发现自己的分片过期，他就必须再次切换为追随者；如果某服务器收到一个过时的请求（拥有过时的分片号），就会拒绝该请求。

服务器使用 RPC（Remote Procedure Call，远程过程调用）交互，基本的一致性算法只需要两种 RPC：请求投票（Request Vote）RPC 由候选者在选举阶段发起；附加项（Append Entry）RPC 在领导者复制数据时发起，领导者在与其他人"心跳"交互时也用该 RPC。服务器发起一个 RPC，如果没得到响应，那么需要不断重试。另外，发起 RPC 是并行的。

3．Raft 算法详解

Raft 算法的三个主要模块的具体工作流程如下。

（1）选举流程

Raft 使用心跳机制来触发选举。当服务器启动时，初始状态都是追随者。每台服务器都有一个定时器，超时时间为选举超时（Election Timeout），如果某服务器在没有超时的情况下收到来自领导者或者候选者的任何 RPC，那么定时器重启；如果超时，它就开始一次新选举。领导者给其他人发 RPC 的主要目的是复制日志或者告诉他人，领导者依然存活不用开始新的选举。如果某候选者获得了大多数人的选票，它就赢得了选举，成为新领导者。每个服务器在某分片周期内最多给一个人投票，按照先来先给的原则。新领导者要给其他人发送"心跳"，阻止新选举。

在等待选票过程中，候选者 A 可能收到他人的声称自己是领导者的附加项 RPC，如果对方的分片号大于等于 A 的，那么 A 承认对方是领导者，自己重新变成追随者，否则 A 拒绝该 RPC，继续保持候选者状态。

领导者选举过程中还有第三种可能性，就是候选者既没选举成功也没选举失败。如果多个追随者同时成为候选者，导致选票分散，任何一个候选者都没拿到大多数选票，那么在这种情况下，Raft 使用超时机制来解决。Raft 给每个服务器分配一个随机长度的选举超时，一般是 150～300 ms，所以同时出现多个候选者的概率不大，即使同时出现了多个候选者导致选票分散，那么它们等待自己的选举超时后，就会重新开始新选举。实验证明，这个机制在选举过程中收敛速度很快。

（2）日志复制流程

领导者一旦被选举出，就开始负责服务客户端的请求。每个客户端的请求包含被复制状态机执行的指令。领导者先把这个指令追加到日志中，形成一个新记录，再通过附加项 RPC 并行地把该记录发给其他服务器。如果没问题，那么复制成功后，会给领导者一个表示成功的确认 ACK。领导者收到大多数 ACK 后应用该日志，返回客户端执行结果。如果追随者崩溃或者丢包，领导者会不断重试附加项 RPC。

日志（Log）结构如图 4-5 所示。每个日志项（Entry）都存储着一条用于状态机的指令，同时保存从领导者收到该日志项时的分片号。该分片号可以用来判断不一致状态。每个日志项还有一个索引（Index），指明自己在日志中的位置。

领导者需要决定什么时候将日志应用给状态机是安全的。Raft 保证被提交日志项的持久化并最终被其他状态机应用。日志项一旦被复制给大多数节点，就称为被提交了（Committed）。同时要注意一种情况，如果当前待提交日志项之前有未提交的日志项，即使是以前过时的领导者创建的，只要满足已存储在大多数节点上就一次性按顺序都提交。领导者要追踪最新的被提交的索引，并在每次附加项 RPC 和心跳时都要携带，以使其他服务器知道一个日志项是已提交的，从而在它们本地的状态机上也应用。

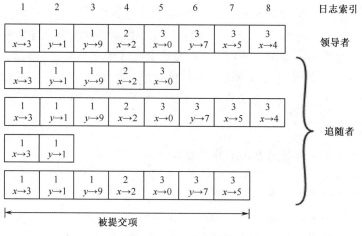

图 4-5　Raft 日志结构

在 Raft 中，如果不同机器的日志中如果有两个日志项有相同的偏移和分片号，那么它们存储相同的指令；如果不同机器上的日志中有两个相同偏移和分片号的日志，那么日志中该日志项之前的所有日志项保持一致。

Raft 的日志机制提供两个保证，统称为日志匹配属性（Log Matching Property）：第一个保证是由于一个领导者在指定的偏移和指定的分片，只能创建一个日志项，日志项不能改变位置；第二个保证通过附加项 RPC 简单的一致性检查机制完成。当发起附加项 RPC 时，领导者会包含正好排在新日志项之前的那个日志项的偏移和分片号，如果追随者发现在相同偏移处没有相同分片号的一个日志项，那么它拒绝接受新的日志项。一致性检查以一种类似归纳法的方式进行：初始状态大家都没有日志，不需要进行日志匹配属性检查，但是无论何时，追随者的日志要追加都要进行此项检查。因此，只要附加项返回成功，领导者就知道这个追随者的日志一定与自己的完全一样。

在正常情形下，领导者与追随者的日志肯定是一致的，所以附加项一致性检查从不失败。然而，如果领导者崩溃，那么它们的日志很可能出现不一致，如图 4-6 所示。这种不一致会随着领导者或者追随者的崩溃变得非常复杂。

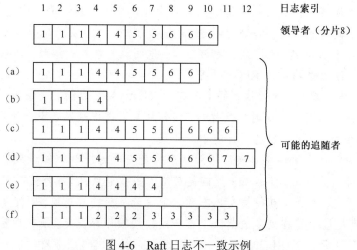

图 4-6　Raft 日志不一致示例

图 4-6 中，图(a)和(b)中追随者可能丢失日志，图(c)和(d)中有多余的日志，图(e)和(f)中跨越多个分片的又丢失又多余。在 Raft 中，领导者强制追随者与自己的日志严格一致，这意味着追随者的日志很可能被领导者的新推送日志所覆盖。

领导者为了强制他人与自己一致，势必要找出自己与追随者之间存在分歧的点，也就是领导者与追随者日志开始出现不一致的地方。然后令追随者删掉那个分歧点之后的日志，再将自己在那个点之后日志同步给追随者。这个实现也是通过附加项 RPC 的一致性检查来做的。领导者会把发给每个追随者的新日志的偏移 nextIndex 也告诉追随者。当新领导者刚开始服务时，它把所有追随者的 nextIndex 都初始化为最新日志项的偏移+1。如果追随者的日志与领导者的不一致，那么附加项 RPC 会失败，领导者就会减小 nextIndex，然后重试，直到找到分歧点。剩下的就好办了，移除冲突日志的日志项，同步自己的。

(3) 安全性

选举领导者和日志复制的操作还不足以保证不同节点能执行严格一致的指令序列，需要额外的安全机制。比如，追随者可能在当前领导者确认日志时不可用，然而一段时间后它又被选举成了新领导者，这样新领导者可能会用新的日志项覆盖刚才那些已经被确认的日志项。结果不同的复制状态机可能会执行不同的指令序列，产生不一致的状况。Raft 增加了一个可以确保新领导者一定包含任何之前已确认日志项的选举机制。

Raft 的其他一些安全机制包括以下三种。

① 选举限制

Raft 使用了投票规则来阻止一个不包含所有被提交的日志项的候选者选举成功。一个候选者为了选举成功必须联系大多数节点，假设它们的集合为 A，而日志项如果能提交，必然存储在大多数节点上，这意味着对于每个已经被提交的日志项，A 集合中必然有一个节点持有它。如果这个候选者的日志不比 A 中任何一个节点旧才有机会被选举为领导者，所以这个候选者如果要成为领导者，就一定已经持有了所有被提交的日志项。注意，这里的"持有"是指只是存储，不一定被应用到了复制状态机中。比如，一个旧领导者将一个日志项发往大多数节点，它们都被成功接收，旧领导者随即提交该日志项，然后挂掉，此时这个日志项被称为被提交的日志项，但是它不一定应用在了集群中所有的复制状态机上。这个实现在请求投票 RPC中：该 RPC 包含了候选者日志的信息，选民如果发现被选举人的日志没有自己新，就拒绝投票。Raft 通过比较最近的日志的偏移和分片号来决定谁的日志更新。如果两者最近的日志分片号不同，那么越大的越新；如果分片号一样，那么越长的日志（拥有更多的日志项）越新。

② 提交早期分片的日志项

如前所述，领导者如果知道一个当前分片的日志项存储在大多数节点，就认为它可以被提交。但是，领导者不能认为，一个早于当前分片的日志项如果存储在大多数节点上也是可以提交的。一个旧日志存储在大多数节点上，但是仍有可能被新领导者覆盖。要消除其中的问题，Raft 会采取针对旧分片的日志项绝不能仅仅通过它在集群中副本的数量满足大多数，就认为是可以提交的。完整的提交语义也演变成，日志项被认为是可以提交的必须同时满足两个条件：存储在大多数节点上，且当前分片至少有一个日志项存储在大多数节点上。

如图 4-7 所示，这两个条件确保一旦当前领导者将 term4 的日志项复制给大多数节点，那么 S5 不可能被选举为新领导者（日志分片号过时）。综合考虑，通过上述选举和提交机制，领导者永远不会覆盖已提交日志项，并且领导者的日志永远绝对是 "the truth"。

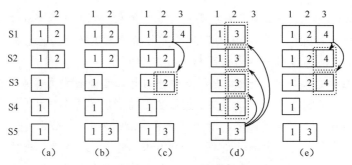

图 4-7　Raft 旧日志覆盖

③ 调解过期领导者

在 Raft 中有可能同一时刻不止一个服务器是领导者。当一个领导者突然与集群中其他服务器失去连接，导致新领导者被选出时，如果旧领导者又恢复连接，此时集群中就有了两个领导者。旧领导者很可能继续为客户端服务，试图复制日志项给集群中的其他服务器。但是 Raft 的分片机制粉碎了旧领导者试图造成任何不一致的行为。每个 RPC 服务器都要交换它们的当前分片号，新领导者一旦被选举出，肯定有一个大多数群体包含了最新的分片号，旧领导者的 RPC 要联系一个大多数群体，必然会发现自己的分片号过期，从而主动让贤，变为追随者。

然而有可能是旧领导者提交一个日志项后失去了连接，这时新领导者必然有那个提交的日志项，只是新领导者可能还没提交它，这时新领导者会在初次服务客户端前，把这个日志项再提交一次，追随者如果已经提交过，就会直接返回成功，否则提交后返回成功，不会造成不一致。为了在任何异常情况下保证系统不出错，即满足安全属性，对领导者选举（Leader Election）和日志复制（Log Replication）两个子问题有一些约束。

领导者选举的约束包括：

❖ 同一任期内最多只能投一票，先来先得。

❖ 选举人必须比自己知道得更多（比较分片、日志索引）。

日志复制的约束包括：

❖ 一个日志被复制到大多数节点后即被确认，保证不会回滚。

❖ 领导者一定包含最新的被提交的日志项，因此只会追加日志，不会删除覆盖日志。

❖ 不同节点，某个位置上的日志相同，那么这个位置之前的所有日志一定是相同的。

4.4　BFT 类算法

BFT 类算法是可以允许拜占庭错误的一致性算法，也是在区块链系统中常用的共识算法。根据算法采取的策略，BFT 类算法可以分为两大类，即概率一致性算法和绝对一致性算法。回顾 CAP 原理，两类算法的区别在于对可用性和一致性之间的平衡：概率一致性算法保证了系统的可用性而牺牲了系统的一致性，绝对一致性算法则保证了系统的一致性而牺牲了系统的可用性。

概率一致性算法指在不同分布式节点之间，有较大概率保证节点间数据达到一致，但仍存在一定概率使得某些节点间数据不一致。对于某个数据点而言，数据在节点间不一致的概率会随时间的推移逐渐降低至趋近于零，从而最终达到一致性。例如，工作量证明（Proof of Work，PoW）、权益证明（Proof of Stake，PoS）和委托权益证明（Delegated Proof of Stake，DPoS）都属于概率一致性算法。而绝对一致性算法是指在任意时间点，一旦达成对某个结果的共识就不可逆转，即共识是最终结果，节点之间的数据会保持绝对一致。以 PBFT 算法为代表的确定性系列算法即绝对一致性算法。

4.4.1 PoW 算法

1. PoW 概述

PoW 算法起源于哈希现金（Hashcash），最初被用于抵抗电子邮件中的拒绝服务攻击和垃圾邮件网关滥用。哈希现金也以可复用的工作量证明（Reusable PoW，RPoW）的形式用于比特币之前的加密货币实验。另外，在比特币之前出现的一些加密货币系统都是在哈希现金的框架下进行挖矿的。

PoW 机制要求发起者进行一定量的运算，也就意味着需要消耗计算机一定的时间。具体来说，工作量证明系统主要特征是客户端需要做一定难度的工作得出一个结果，验证方却容易通过结果来检查出客户端是不是做了相应的工作。比特币网络中任何一个节点，如果想生成一个新的区块并写入区块链，那么必须解出比特币网络的工作量证明的谜题。谜题关键的三个要素是 PoW 函数、区块和难度值。

PoW 函数是谜题的计算方法，区块决定了谜题的输入数据，难度值决定了所需的计算量。比特币系统中使用的 PoW 函数是 SHA-256。

PoW 机制是一种简单粗暴的共识算法，不要求高质量的 P2P 网络资源，可以为公链提供稳定有效的记账者筛选机制，同时面临挖矿中心化严重的问题，这也促使人们研究出了新的共识机制。

2. PoW 工作流程

比特币共识（又称为中本聪共识）由四部分组成：工作量证明、选择出块人、时间戳服务器和激励机制。通过这些机制，只要网络上 50% 以上的算力没有协同起来攻击网络，共识就可以达成。中本聪共识的核心是工作量证明。工作量证明本身可以认为是一串数字，是经过很多运算工作量之后获得的一个数学问题的答案，因为可以用来证明答案提供者的确付出了一定的工作量，所以被称为工作量证明。但是通常在比特币中，PoW 指的是基于工作量证明的一系列为了达成共识而采用的策略的总和，也就是中本聪共识或 PoW 共识。

难度值（Difficulty）是矿工们在挖矿时候的重要参考指标，决定了矿工大约需要经过多少次哈希运算才能产生一个合法的区块。比特币的区块大约每 10 分钟生成一个，如果在不同的全网算力条件下，新区块的产生保持基本这个速率，难度值必须根据全网算力的变化进行调整。简单地说，难度值被设定为无论挖矿能力如何新区块产生速率都保持在 10 分钟一个。

难度的调整是在每个完整节点中独立自动发生的。每 2016 个区块，所有节点都会按统一的公式自动调整难度，这个公式是由最新 2016 个区块的花费时长与期望时长（期望时长为 20160 分钟，即两周，是按每 10 分钟一个区块的产生速率计算出的总时长）比较得出的，根据实际时长与期望时长的比值进行调整（或变难或变易）。也就是说，如果区块产生的速率比

10 分钟快，那么增加难度，否则降低难度。这个公式可以总结为如下形式：

新难度值 = 旧难度值×(过去 2016 个区块花费时长 / 20160 分钟)

工作量证明需要有一个目标值（Target），其计算公式为：目标值 = 最大目标值 / 难度值。其中，最大目标值为恒定值：

0x00000000FFFFFFFFFFFFFFFFFFFFFFFFFFFFFFFFFFFFFFFFFFFFFFFFFFFFFFFF

目标值的大小与难度值成反比。工作量证明的达成就是矿工计算出的区块哈希值必须小于目标值。也可以简单理解为，工作量证明的过程就是通过不停变换区块头（即尝试不同的 Nonce 值）作为输入进行 SHA-256 哈希运算，找出一个特定格式哈希值的过程，即要求有一定数量的前导 0。而要求的前导 0 的个数越多，代表难度越大。

我们可以把比特币矿工解这道工作量证明谜题的步骤（如图 4-8 所示）大致如下：

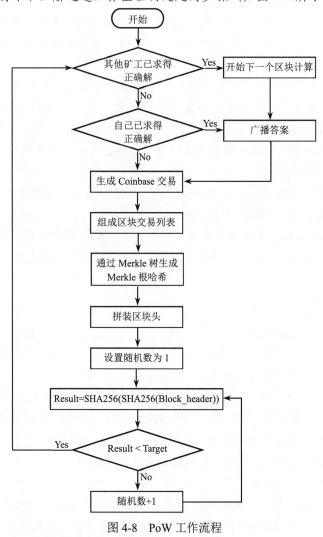

图 4-8　PoW 工作流程

① 生成 Coinbase 交易，并与其他所有准备打包进区块的交易组成交易列表，通过 Merkle Tree 算法生成 Merkle Root Hash。

② 把 Merkle Root Hash 及其他相关字段组装成区块头，将区块头的 80 字节数据（Block Header）作为工作量证明的输入。

③ 不停变更区块头中的随机数即 Nonce 的值，并对每次变更后的区块头做双重 SHA-256 运算（即 SHA256(SHA256(Block_header))），将结果值与当前网络的目标值比较，如果小于目标值，那么解题成功，工作量证明完成。

3．PoW 优缺点

PoW 优点很明显，如完全去中心化、节点自由进出、算法容易实现、破坏系统花费的成本巨大。关于破坏系统成本巨大可以分两层意思理解：首先，在指定时间内，给定一个难度，找到答案的概率唯一地由所有参与者能够迭代哈希的速度决定，与之前的历史无关，与节点数据无关，只与算力有关；其次，掌握 51% 的算力对系统进行攻击所付出的代价远远大于作为一个系统的维护者和诚实参与者所得到的收益。

当然，PoW 的缺点也相当明显：

① 对节点的性能和网络环境要求高。
② 资源浪费，效率低下。
③ 矿场的出现违背了去中心化的初衷。
④ 不能确保最终一致性。
⑤ 大量矿工因收益降低离开网络可能导致网络瘫痪。

PoW 最大的缺点是非常消耗计算资源，这一点也一直为人们诟病。因为每次产生新的区块都会让相当一部分工作量证明白白浪费，也就是将计算资源浪费了。不过人们也想了一些改进方案，早期有素数币、近期有比原币，它们都号称计算资源友好型的工作量证明方法。

此外，理论上，PoW 会一直有 51% 算力攻击的问题，即攻击者只需要购买超过全网 51% 算力设备，即可发起"双花攻击"甚至"重放攻击"等高收益攻击，目前没有解决方案。除了 51% 攻击，PoW 还有自私挖矿的问题。自私挖矿是一种特殊的攻击类型，不会影响区块链正常运转，但是会形成矿霸，间接造成 51% 攻击。

4．PoW 发展趋势

早期分散挖矿是中本聪的愿景，期望是一 CPU 一票，所以如果 CPU 挖矿，这是非常理想化的情况，而现实情况是 SHA-256 只需非常简单的重复计算逻辑，并不需要复杂的逻辑控制，导致出现了更多轻控制逻辑、重重复计算的计算单元来挖矿，如 GPU、FPGA 和 ASIC 芯片。这也导致 PoW 慢慢进入中心化挖矿阶段。

中心化挖矿很好理解，算力越分散，就意味着竞争越激烈，如果某个节点计算出答案，那么意味着其他矿工这段时间的工作量几乎白费了，投入了物理资源结果零收益，可以说是负收益。解决方案是把分散的算力汇聚到一个池子，这个池子称为矿池。矿工参与到某个矿池，相当于矿工把算力租给了矿池，与其他矿工联合挖矿，最后看起来这个矿池的算力就会很大，获得记账权的概率就越大。如果这个矿池计算出了答案，将获得奖励，矿池就会按既定的分配比例打给每位参与的矿工。

当前，PoW 挖矿算法大致分为两个大类，即计算困难型和内存困难型。其区别在于对提供工作量证明的组件要求不同，因为专业矿机的出现加速了 PoW 挖矿的中心化过程。新的数字货币开发者们为了防止情况重演，不断发明新的挖矿算法，如 Scrypt、X11、SHA-3。不过这些依然是计算困难型的挖矿算法，依然没有逃脱出现专业矿机的命运。

直到以太坊的 PoW 挖矿算法 Ethash 的出现，它是典型的内存困难型挖矿算法。直到如今，也没有芯片厂商设计出挖矿芯片。因为工作量证明要求的组件从计算资源转变为内存资源，而对内存的高要求使得矿工必须加内存。在专业矿机上加一块内存的收益与在GPU上加一块内存获得的收益是差不多的，所以厂商并没有研发内存困难型专业矿机的动力，没有专业矿机的出现，这从某种程度上也缓解了算力中心化的问题。

4.4.2　PoS算法

1．PoS简介

权益证明机制（Proof of Stake，PoS）于2012年被首次提出，是针对工作量证明机制存在的不足而设计的一种改进型共识机制。与工作量证明机制要求节点不断进行哈希计算来验证交易有效性的机制不同，权益证明机制的原理是：要求用户证明自己拥有一定数量的数字货币的所有权，即"权益"。

权益证明机制最重要的概念是"币龄"，在比特币中就出现过，用于比特币中区分交易的优先级，但在比特币的安全模型中不担负关键作用。币龄定义为交易的货币数量乘以该货币在钱包中存储的时间。例如，你有100个代币，在某个地址上9天没有动，那么产生的币龄就是900，如果你把这个地址的100个代币转移到任意地址，包括自己的地址，那么900个币龄就在转移过程中被花费了，你的币数量虽然还是100个，但是币龄变为0。币龄在数据链上可以取到，任何人都可以验证。区块链共识机制的第一步就是随机筛选一个记账者，PoW是通过计算能力来获得记账权，计算能力越强，获得记账权的概率越大，PoS则将此处的计算能力更换为财产证明，就是节点拥有的币龄越多，获得的记账的概率就越大。这有点像公司的股权结构，股权占比大的合伙人话语权越重。

总体上，PoS的流程如图4-9所示。例如，存在一个持币人的集合，他们把手中的代币放入PoS机制中质押，这样他们就变成了验证者。假设需要产生区块链中最新的块，PoS算法在这些验证者中随机选取一个，给其权力产生下一个区块。选择验证者的依据因不同的应用而不同，但都以币龄或代币量为首要考虑因素。如果在一定时间内，这个验证者没有产生一个区块，则选择第二个验证者来产生新区块。与PoW一样，PoS以最长的链为准。

驱动PoS的创建有两个主要目标。首先是关于能源效率，如果新的区块链继续涌现，将没有足够的计算能力来保护它们。哈希能力低的链条容易受到51%攻击，而代币日益增长的能源消耗已经开始成为严峻问题。第二个考虑是提高区块链的安全性。PoS机制非常强大，但也有缺点，包括利于自私挖矿和算力集中，具有足够的能力来潜在控制链条。虽然权益证明有其自己的局限，但可以解决或至少减轻PoW固有的一些问题。

2．PoS存在的问题

PoS的安全性从逻辑上来看有点循环自证的味道，就是用自己的币来维护系统的安全，而币的安全性是由系统保证的，所以现阶段PoS往往不是独立运行的，而是混合了PoW一起运行，这就可以弥补PoS的缺陷。一开始，只有创始区块上有币，只有这一个节点可以挖矿，单纯使用PoS机制的加密货币仅能通过ICO形式发行，这就可能导致少数人获得大量成本极低的代币，从而导致去中心化程度不如PoW。

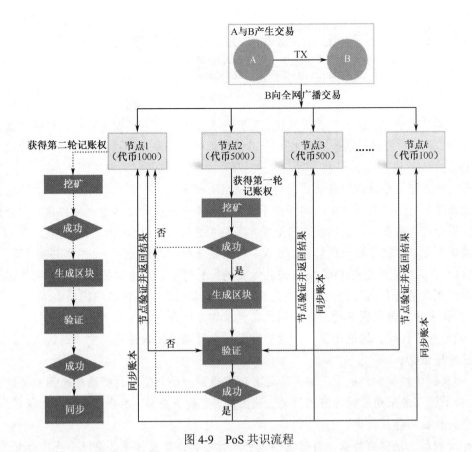

图 4-9　PoS 共识流程

其次，PoS 依赖币龄计算的抽签机制也存在一些问题：在币龄的计算公式中，假如一开始挖矿，只有创始区块中有币，即其他矿机没法参与挖矿，因为收益对他们来说永远是零。这也是 PoS 机制的缺陷之一：代币无法发行。

币龄其实就是时间，一旦挖矿者囤积一定的币，很久之后发起攻击，这样他将容易拿到记账权，所以需要给每个代币设计一个时间上限。设计时间上限后，虽然解决了部分挖矿者囤积币的缺陷，从公式中仍然看到还会面临一个问题，也就是代币的数量还是会影响我们拿到记账权，很多挖矿者还会囤积代币，给代币造成流通上的缺陷。目前，有些平台引入币龄按时间衰弱的方案来解决这一缺陷。

矿工挖一段时间后离线，这段时间将不纳入币龄减弱计算，这样挖矿者通过离线时间长来囤积挖矿同样面临灾难。

3. PoS 的实例 Csaper 协议

由于在 PoS 共识机制中的矿工可以几乎不花费成本地挖矿，即产生一个新区块，因此无法避免地引发无成本利益挖矿问题，从而容易导致分叉。以太坊引入 Csaper 协议就是为了解决这个问题。

如图 4-10 所示，一条主链和一条子链（虚线箭头），如何禁止一个恶意的矿工在子链上挖矿然后推动一次硬分叉（Hard Fork）呢？在工作量证明系统上，这个风险是可以被减轻的。假设恶意矿工想在子链上挖矿，即便投入了所有的哈希算力，也不会有任何矿工加入新链。其他人继续在主链上挖矿，在最长的链上挖矿收益更可观，而且没有风险。这是因为工作量证明在

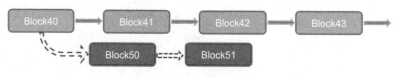

图 4-10　区块链分叉

资源方面是非常昂贵的。对一个矿工来说，花费许多资源在一个将被网络拒绝的区块上是没有任何意义的。因此，区块链的硬分叉在一个工作量证明系统中是可以被避免的，因为攻击者将不得不付出大量金钱。

但是，把这种情形放到权益证明的时候，事情看起来就有些不一样了。验证者可以简单地把钱投到两条链上，完全不需担心间接的不良后果。不管发生什么事总是可以赢，不会失去任何东西，不管行为有多恶意。这就是"无成本利益关系（Nothing at Stake）"问题，也是以太坊必须解决的问题。这就需要一种协议，可以实行权益证明，同时减少"无成本利益关系"问题。

Csaper 是以太坊对通用 PoS 协议的具体实现，针对恶意产生新区块导致分叉的问题，提出了对恶意制造者惩罚的机制，以解决无成本利益关系问题，具体实现机制如下。

① 验证者押下他们拥有的一定比例的以太币作为保证金。

② 开始验证区块。也就是说，当他们发现一个可以他们认为可以被加到链上的区块时，通过押注来验证它。

③ 如果该区块被加到链上，那么验证者们将得到一个与他们的押注成比例的奖励。

④ 如果验证者采用恶意的方式行动、试图做"无利害关系"的事，他们将立即遭到惩罚，他们所有的权益都会被砍掉。

Csaper 利用上述对赌协议，对恶意制造者进行惩罚，尽量保障区块链不会产生分叉。

4.4.3　DPoS 算法

PoW 机制纯粹依赖算力，导致专业从事挖矿的矿工群体似乎已与比特币社区完全分隔，某些矿池的巨大算力俨然成为另一个中心，这与比特币的去中心化思想冲突。PoS 机制虽然考虑并解决了 PoW 的一些不足，但依据权益结余来选择，会导致最富有的若干账户拥有者的投票权重过大，最终可能支配记账权。

股份授权证明（Delegated Proof of Stake，DPoS）则用于解决 PoW 机制和 PoS 机制的这类不足。股份授权证明是一个强大而灵活且具备高健壮性的共识协议，是目前所有共识协议中最快、最有效、最分散、最灵活的共识模式。股份授权证明利用利益相关方批准投票的权力以公平和民主的方式解决共识问题。在股份授权证明中，从费用估算到块间隔和交易规模等所有网络参数都可以通过选定的代表进行调整。块生产者的确定性选择允许平均仅需要 1 秒就能确认交易。DPoS 是 PoS 的一种，与 PoS 原理相同，继承了 PoS 的部分优缺点，主要区别在于节点选举若干代理人，由代理人验证和记账，其合规监管、性能、资源消耗和容错性与 PoS 相似。类似董事会投票，持币者投出一定数量的节点，代理他们进行验证和记账。但其设计采用了类似"代议制"而非民主的选举方式。

在股份授权证明中，区块链的正常运转依赖于受托人（Delegate），他们是完全等价的。受托人的职责主要包括：① 保证节点的正常运行；② 收集网络的交易；③ 节点验证交易，把交易打包到区块；④ 节点广播区块，其他节点验证后把区块添加到自己的数据库；⑤ 带领并促进区块链的发展。

受托人的节点服务器相当于比特币的矿机，在完成本职工作的同时可以领取区块奖励和交易的手续费。一个区块链项目的受托人个数由项目发起方决定，一般是 101 个受托人。任何一个持币用户都可以参与到投票和竞选受托人这两个过程中。用户可以随时投票、撤票，每个用户投票的权重与自己的持币量成正比。投票和撤票可以随时进行，在每轮选举结束后，得票率最高的 101 个用户成为该项目的受托人，负责打包区块、维持系统运转并获得相应的奖励。

选举的根本目的是通过每个人的投票选举出社区里对项目发展和运行最有利的 101 个用户。这 101 个用户的服务器节点既可以高效维护系统的运转，也会贡献自己的能力，促进区块链项目的发展。这种方式既达到了去中心化的选举共识，又保证了整个系统的运行效率和减少能源浪费。

在股份授权证明下，算法要求系统做三件事：① 保证随机指定生产者的出场顺序；② 系统判定不按之前确定的顺序生产的区块无效；③ 每过一个周期，打乱原有生产者的顺序，并重新生成新的顺序。具体来说，股份授权证明允许所有矿池每 3 秒钟轮换一次，并且其他人已被安排在后续进程中，于是没有人可以在预设位置外生产区块。如果一个块生产者这么做了，就可能被投票出局。这意味着生产者之间没有争夺，也不会遗漏区块，每 3 秒钟就会有一个区块，从而解决了一致性问题。

股份授权证明遵从如下基本原则：

① 持股人依据所持股份行使表决权，而不是依赖挖矿竞争记账权。

② 最大化持股人的盈利。

③ 最少化维护网络安全的费用。

④ 最大化网络的效能。

⑤ 最小化运行网络的成本，如带宽、CPU 等。

假设一个 DPoS 系统拥有 100 亿元的市场总量，平均每年的交易费为 0.25%，代表们合计获得所有交易费的 10%，那么每名代表每年能获得 2.5 万元，以使其节点保持在线。

这是一个利润可观的角色，许多人将为获取它持续竞争。这意味着每个想要获得这份工作的人都会想方设法从拥有这份工作的人那里把它"偷走"。所以，他们将对代表行为进行统计学分析，以找到对于标准算法的任何偏离行为。一旦找到这种偏离，他们就有希望赢得选票。

那些拥有这份工作的人可能全力以赴地证明他们正在按标准软件运行。他们越有效地证明其对区块生产的正直性，越有可能保住他们的工作。所以，开发者会很快制作出系统，代表们可以通过这些系统快速证明哪些交易得到了广泛的散播。事实上，市场竞争将产生用以证明代表们的正直性和可靠性的最具创造性的解决方案。让网络变得更安全的工作可以获得很多收益，而尝试绕轮网络则得不到什么好处。

所以，概括来看：

① 相比于 PoS，DPoS 大幅缩小了参与验证和记账节点的数量，可达秒级的共识验证。

② 在一定程度上解决了拒绝服务攻击和潜在作恶节点联合作恶问题。

③ DPoS 机制还是依赖于代币，然而很多商业应用是不需要代币存在的。

④ DPoS 并没有解决首富作恶的问题。

作为 PoS 的优化变形，DPoS 通过缩小选举节点的数量以减少网络压力，是一种典型的分治策略。将所有节点分为领导者与跟随者，只有领导者之间达成共识后才会通知追随者。DPoS

能够在不增加计算资源的前提下有效减少网络压力，因此具有较强的应用价值。

4.4.4 实用拜占庭容错

1. 实用拜占庭容错简介

对于拜占庭将军问题，系统中如果存在 f 个不可信节点，那么只有总节点数不少于 $3f+1$ 才存在一个算法解决该问题。后来陆续提出了解决该问题的拜占庭容错算法 BFT，不是只能用于同步系统，就是性能太差，难以在生产环境中广泛运用。为了解决 BFT 的实际运用问题，能够在异步网络环境中工作的实用拜占庭容错（Practical Byzantine Fault Tolerance，PFBT）算法被提出，借鉴分布式系统的状态机复制和分布式一致算法 Quorum 的基础上设计了三阶段协议来解决一致性问题，同时引入了优化项，算法的复杂度由原来的指数级降低为多项式级。

PBFT 算法本质上是一个状态机复制算法，能够用于实现带有状态和特定操作的任意确定性状态复制服务，目的是让所有可信节点执行相同的序列。此外，PBFT 算法使用安全的哈希函数对消息做摘要、使用公私钥对消息进行签名和验签，同时增加了消息验证码，保证了消息的完整性和不可篡改性。在作恶节点总数不超过系统节点总数的 1/3 的情况下，PBFT 算法能够保证系统的安全性和活性。PBFT 算法主要包含 3 类基本协议。

① 三阶段协议：解决如何达成共识。

② 检查点协议：类似于操作系统的还原点，主要用于垃圾回收。

③ 视图变更协议：用于解决主节点失效下不工作的情况。

PBFT 算法的基本概念如下。

❖ 主节点 primary：负责对请求进行排序，发起新的请求。

❖ 副节点 backup：或者称为备份节点，负责验证请求是否有效。

❖ 客户端 client：负责提出请求，要求节点执行某个操作，通常与主节点合二为一。

❖ 序列号 sequence number：请求的编号。

❖ 视图 view：一个主节点和多个备份节点形成一个视图。

❖ 检查点 checkpoint：如果某个序列号对应的请求收到了超过 2/3 的节点的确认，就是检查点。

PBFT 算法用于解决拜占庭将军问题，所以系统能够容忍 f 个作恶节点，则系统的总节点数不少于 $3f+1$ 个。假定系统中包含 1 个主节点和 $2f+1$ 个副节点，PBFT 的步骤（如图 4-11 所示）如下：

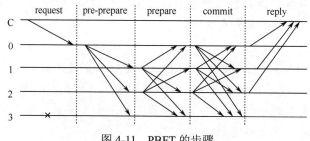

图 4-11　PBFT 的步骤

① 取一个副本作为主节点（图中的 0），其他副本作为备份。

② 用户（图中的 C）向主节点发送消息请求。

③ 主节点通过广播将请求发送给其他节点（图中的 1、2、3）。

④ 所有节点执行请求并将结果发回用户端。

⑤ 用户端需等待 $f+1$ 个不同副本节点发回相同的结果，即可作为整个操作的最终结果。

超级账本 Fabric 推荐并实现的是 PBFT。PBFT 不仅具备强一致性，还提供了较高的共识效率，比较适合对一致性和性能要求较高的区块链项目，但是 PBFT 需要两两节点进行通信，虽然可以通过优化减少通信量，在最恶劣情况下的通信量是 $O(n^2)$，在公有链下，节点数量和网络环境不可控，无法支撑这种巨大的通信量。但对于联盟链和私有链，节点数量并不是很多，采用 PBFT 效率更高，因此 PBFT 在联盟链和私有链的区块链项目中使用较为广泛。

2．PBFT 流程

三阶段协议是 PBFT 算法的核心流程，用于解决系统的一致性问题，保证所有可信节点在给定状态和参数组的条件下，按照相同的顺序执行完请求后能够取得相同的状态。三个阶段分别为预备（Pre-prepare）、准备（Prepare）和提交（Commit）阶段。

（1）预备（Pre-prepare）阶段

主节点在收到客户端的请求后，会基于当前的视图 v 对请求分配编号 n，将视图号 v、请求序列号 n、请求摘要 d 和签名 σ_p 封装成 pre-prepare 消息 $<$pre-prepare, $v, n, d>_{\sigma_p}$，记录到本地的消息日志，再将 pre-prepare 消息连同客户端原始请求 m 发送给其他副节点，同时追加到自己的消息日志中，如图 4-12 所示。注意，pre-prepare 消息中不包含客户端原本的请求消息 m，只是包含了该请求的摘要。

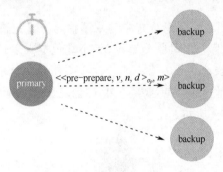

图 4-12　预备阶段

预备阶段主要对请求进行绝对排序，将请求传输和请求排序进行解耦，还可以证明在视图变更协议中，主节点在视点为 v 时的请求编号为 n。

当副节点收到主节点的 pre-prepare 消息时，在满足如下条件的情况下会接受该消息。

❖ 当前的视图号也是 v，即表明 pre-prepare 消息的发起者确实是主节点。

❖ 客户端请求 m 的摘要确实是 pre-prepare 消息中带的摘要 d，pre-prepare 消息的签名是有效的。

❖ 在当前视图 v 中，序列号 n 还没有被用过，即该节点没有接受过编号同样为 n 但请求不是 m 的 pre-prepare 消息。

❖ 序列号 n 不能过小，也不能过大，即 $n \in [h, H]$，为了防止主节点作恶，选择一个过大的序列号来恶意消耗完序列号空间。

（2）准备（Prepare）阶段

每个副节点在上一个阶段验证主节点的 pre-prepare 消息有效后，会进入准备阶段，生成 prepare 消息 <prepare, v, n, d, i> σ_i 记录到本地，表明已经接受了主节点的提议，同意在视图 v 中把序列号 n 分配给客户端请求 m，保证自己在这个视图中不会再将序列号分配给其他客户端请求，然后把 prepare 消息发送给其他节点，如图 4-13 所示。

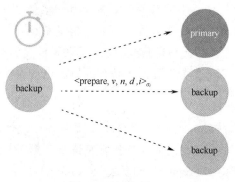

图 4-13　准备阶段

对于各节点发来的 prepare 消息，包括主节点在内的所有节点接受该消息的条件如下：
❖ prepare 消息的签名 σ_i 正确。
❖ 当前节点的视图号是 v。
❖ 在视图号 v 中，客户端请求的编号不能过大过小，即 $n \in [h, H]$。
预备和准备阶段保证了系统中可信节点在视图 v 中对于请求 m 的绝对排序取得了共识。

（3）提交（Commit）阶段

当各节点做好准备后，即本地消息日志中记录了摘要为 d 的请求 m、记录了主节点对请求 m 进行排序的 pre-prepare 消息，同时收到超过 $2f$ 个其他节点发过来的有效 prepare 消息，各节点会进入下一个阶段，即提交阶段。各节点会生成视图为 v、请求序列号为 n、请求摘要为 $D(m)$、签名为 σ_i 的提交消息 <commit, v, n, D(m), i> σ_i 追加到本地消息日志文件，同时广播给系统内的其他节点，如图 4-14 所示。

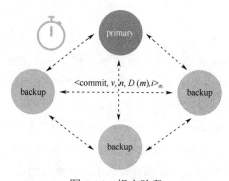

图 4-14　提交阶段

对于各节点发送过来的提交消息，接受该消息的条件如下：
❖ 提交消息的签名是正确的。
❖ 当前节点的视图号是 v。
❖ 对于客户端请求 m 的编号 $n \in [h, H]$。

❖ 上一个阶段请求的摘要也是 $D(m)$，对这个请求的编号也是 n。

提交阶段保证了可信节点就本地提交的客户端请求的序列号取得了共识，即便这些客户端请求在每个节点是在不同的视图号中提交的，保证了所有可信节点按照给定的顺序执行了所有的客户端请求，从而实现了安全性。当节点收到超过 $f+1$ 个不同节点发送的提交消息后，会执行客户端请求 m 中要求的服务操作，同时将执行结果发送给客户端，这保证了在可信节点中提交的任意一个客户端请求最终会在另外 $f+1$ 个节点中被提交到本地。

3. 算法优化

(1) 检查点协议

PBFT 通过三阶段协议来对请求达成共识，但是各阶段产生的消息如果不进行垃圾回收，系统的存储资源会不堪重负。为此，PBFT 设计了检查点协议，来丢弃本地消息日志文件中的旧消息。垃圾回收的设计需要考虑何时该删除消息，同时保证某消息在可信节点中都被删除后，某节点在缺失这些消息的情况下，在同步到最新的状态后能够证明这个状态是正确的。

根据前面的三阶段协议，客户端收到某个请求的执行结果的时候，表明该请求已经被至少 $f+1$ 个节点提交过了，这时可以删除该消息。对于第二个问题，检查点协议是通过提供额外的证据即检查点（Checkpoint）消息来证明这个状态是正确的。但是如果每次执行完一个客户端请求后都生成上述要求的证据，那么这个操作将是非常昂贵的。实际上，PBFT 的检查点协议是周期性地生成这些证明，如当请求的序列号整除周期 T 的时候。

检查点协议的工作流程如下（如图 4-15 所示）：

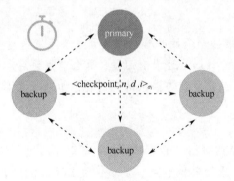

图 4-15　检查点协议

① 当周期 T 到达时，各节点会生成一个内容为最近一次执行的请求的摘要 d、请求编号为 n、签名为 σ_i 的检查点消息 $<\text{checkpoint}, n, d, i>_{\sigma_i}$，追加到本地日志记录，然后广播给系统的其他节点。

② 各节点收到 checkpoint 消息后，验证有效后会追加到本地的日志消息中。

③ 当各节点在其消息日志中收集到 $2f+1$ 个不同节点发送过来的有效的且状态相同的检查点消息的时候，那么表明这是一个稳定的检查点（Stable Checkpoint），即 $2f+1$ 个节点最后一次执行的请求都是一样的，而且都分配了序号 n。

④ 当一个检查点被证明是有效的、稳定的时，那么节点会把本地消息日志中的消息中客户端请求序列号小于或者等于 n 的消息（包括 pre-prepare、prepare、commit 消息）都删除。同时，它会删掉旧的检查点和检查点消息。

检查点协议除了用于垃圾回收，还用于更新请求序列号的有效范围，序列号的最低值 h 设为最近一次检查点的请求序列号，序列号的最高值设为 $H = h + k$，其中 k 需要设置得大一点，比检查点的周期大，否则节点收到序列号较大的请求后，需要阻塞到下一个检查点才能处理。如果检查周期是 100 个请求，那么 k 可以设置成 200。

(2) 视图变更协议

PBFT 可以通过视图变更协议来允许系统在主节点出故障的情况下仍能够正常运转，从而保证系统的活性。视图变更协议实际上是通过超时机制触发的，可以避免主节点不工作时，副节点无限期等待客户端请求被执行的情况。

假设初始视图如图 4-16 所示，视图号为 v，视图变更协议的具体工作流程如下。

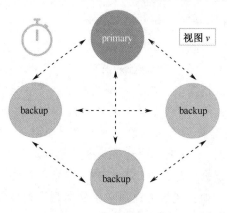

图 4-16　初始视图

① 维持计时器

副节点会针对视图 v 维持一个计时器。当收到主节点发送过来的一个有效的请求且没有执行时，如果针对当前视图的计时器还没有启动，那么节点会启动一个新的计时器。如果节点还在执行其他请求，那么节点会重置该请求的计时器。如果节点不再等待执行该请求，那么会停止视图 v 的计时器。

② 请求视图变更

如图 4-17 所示，副节点的视图 v 的计时器如果超时了，就会生成 view-change 消息，记录到本地日志文件中，同时广播给其他节点，要求替换主节点，变更到下一个视图 $v+1$。

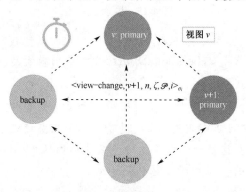

图 4-17　视图变更发起

注意，在视图变更期间，除了 checkpoint、view-change 和 newview 消息，备份节点 i 不会接受其他消息。

view-change 消息的具体内容为 $<\text{view-change}, v+1, n, \xi, \mathcal{P}, i>_{\sigma_i}$，其中最近一次的稳定检查点对应的请求的序列号 n，ξ 是证明该检查点稳定性的 $2f+1$ 个 checkpoint 消息的集合，P 是 P_m 的集合，其中 m 是副节点 i 中的序列号大于 n 的等待提交和执行的客户端请求。

每个 P_m 包含如下信息：

❖ 不包含原始请求 m 的 pre-prepare 消息，也不包含原始的客户端请求 m。

❖ $2f$ 个由其他副节点签名的与 pre-prepare 消息匹配的、有效的 prepare 消息（匹配有效指的是 prepare 消息中的签名有效，在视图 v 中分配给请求的序列号一致，客户端请求摘要 $D(m)$ 相同）。

各节点收到 view-change 消息后，会检验该消息是否有效，如果有效，就会追加到本地的日志文件中。

③ 切换到新视图

如图 4-18 所示，当新视图 $v+1$ 对应的新的主节点接收到 $2f$ 个节点的发送过来的有效的 view-change 消息后，会向其他节点发送一个带上自己签名 $\sigma_{p'}$ 的 new-view 消息，提议系统内所有节点切换到下一个视图 $v+1$，同时接受自己成为新的主节点。new-view 消息的另一个作用是找到所有节点的共同的稳定检查点，同时针对那些携带了尚未提交执行的请求的 prepare 消息，重新生成相应的 pre-prepare 消息。在切换到新视图后，新的主节点需要重新对这些未处理的请求分配序列号，对这些请求再次执行一遍三阶段协议。

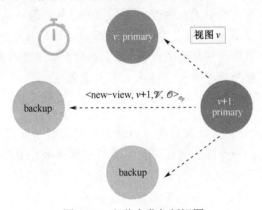

图 4-18　主节点发起新视图

new-view 消息的具体格式为 $<\text{new-view}, v+1, V, \vartheta>_{\sigma_p}$。$V$ 是主节点 p 的本地日志中保留的所有要求由视图 v 变更为视图 $v+1$ 的有效 view-change 消息的集合。ϑ 是一个没有携带客户端原始请求 m 的 pre-prepare 消息的集合，pre-prepare 消息中对应的请求都是在上一个视图 v 中有效但是没有处理完的。

副节点在收到要求将视点变更为 $v+1$ 的 new-view 消息后，若确认消息有效后，则接受该 new-view 消息，记录到本地消息文件中，同时将视点更换到新的视点 $v+1$。副节点还会将 new-view 中携带的由新的主节点重新生成的 pre-prepare 消息都追加记录到本地的消息日志中，并按照检查点协议进行垃圾回收，删除旧消息。然后，对于 new-view 消息的集合 ϑ 中携带的所有由新主节点生成的新的 pre-prepare 消息，备份节点都会生成相应的 prepare 消息，记录到本地日志文件中，转发给其他节点，即对这些未处理的请求在新的视图中重新执行一遍三阶段协议，保证视图切换过程中未处理的请求能够重新被处理。

4．PBFT 总结

PBFT 通过三阶段协议保证了系统能够在包含作恶节点的情况下达成共识，将算法复杂度由指数级别降低到了多项式级别，大大降低了网络通信的开销，为拜占庭算法的在生产环境中的实际运用提供了可能。

PBFT 通过检查点协议进行垃圾回收的同时保证了系统能够感知全局状态的一致性，而视图变更协议解决了主节点失效的问题，保证了系统的活性。实际上，相比于比特币等使用的 PoW，PBFT 的确定性保证了系统具有应付作恶节点的能力同时不会分叉，非常适合联盟链和私链的搭建，如 Fabric。但 PBFT 的通信量是 $O(n^2)$，不适合节点数量和网络环境不可控的公有链项目。

此外，PBFT 是强一致性算法，在可用性上进行了让步，当有 1/3 或以上记账人停止工作时，系统将无法提供服务。

虽然 PBFT 算法性能比原有的拜占庭算法提高了很多，但是其性能会随着节点个数的增加而急剧下降，所以通常会结合 DPoS 等来对节点的权限进行控制。

4.5　区块链创新共识算法

共识机制目前已经成为区块链系统性能的关键瓶颈。单一的共识算法均存在各种问题，如 PoW 存在消耗大量计算资源及性能低下的问题，PoS 或 DPoS 存在囤币、"富豪统治"问题，而 PBFT 面临广播带来的网络开销过大的问题。融合多种共识算法优势的想法正受到越来越广泛的关注。本节将主要介绍融合了多种算法的创新共识算法。

1．Algorand 算法

PoW 是一个概率一致性算法，如比特币的共识算法，同一时间多个矿工可以打包交易提出新块，只要该新块中包含一个值是的区块的哈希的前缀为 n 个 0，就是合法的。这种开放式的规则不可避免地会导致区块分叉，共识规定只有出现在最长的链上的区块才会最终被认可。为此，用户在交易被矿工打包入块后，需要延迟至少 6 个块约 1 小时的时间才能确定交易不会出现在分叉中。BFT 应用于区块链作为共识算法，是一个确定性的算法，不会出现分叉，交易的确认时间短。但是，将 BFT 直接作为公链的共识算法时会存在一些问题：

❖ BFT 的正确性建立在系统中超过 2/3 的节点是可信节点的基础上，用户节点不能随意加入系统，这违背了区块链的去中心化精神。

❖ BFT 的性能会随着节点数的增加而下降，系统的节点不能无限制地增加。

针对 BFT 在区块链的去中心化、可扩展性和安全存在的问题，Algorand 算法被提出。

① 为了避免委员会暴露后被攻击者攻击，Algorand 要求所有委员会节点在本轮投票完便失效，下一轮的委员会成员会重新选择。此外，Algorand 为每个节点引入了权重的概念，节点的权重由其账户的余额来决定，权重代表了节点当选为委员会成员会后的投票算力。只要委员会中可信节点的拥有的账户余额的总和超过 2/3，那么 Algorand 就能避免分叉和双花，从而避免女巫攻击（Sybil Attack），即一个节点模拟多个节点的投票来攻击系统。

② 权重还决定了节点当选为委员会成员的概率，权重越大的节点被选中的概率越大。当

然，这可能导致权重小的节点一直当选不了委员会，为此 Algorand 在 VRF 函数中引入了计数器，节点连续当选的次数越多，其下一次被选中的概率会越低。这保证了系统的公平性。

Algorand 节点负责接收交易，节点间使用 P2P 协议进行通信，包括交易和区块的转发，流程（如图 4-19 所示）如下。

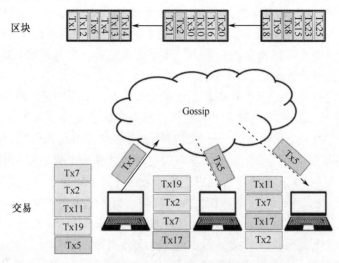

图 4-19　Algorand 流程

① 所有节点使用 VRF 函数来决定自己是否是提议者，提议者负责打包本地的交生成区块，并附加上相关的证明信息广播给系统内其他节点。

② 其他节点收到该区块后，验证区块是否有效，若有效，则进入 BFT 算法的准备阶段。各节点使用 VRF 函数决定自己是否是投票者，若是，则生成投票信息 prepare，广播给系统其他节点。

③ 当投票的权重超过 2/3 后，进入提交阶段。各节点会在本地使用 VRF 函数决定自己是否是这一轮的投票者，若是，则生成投票信息 commit 广播给系统内其他节点。注意，每轮的投票的委员会都是重新生成的，每轮的种子也是由上一轮的种子通过 VRF 函数生成的，而且其正确性是可以被验证的。

④ 其他节点收到该消息后会，会验证消息的正确性和执行结果的正确性，若合法，则将这个区块的交易应用到本地状态，将区块追加到本地账本。

Algorand 算法通过巧妙设计 VRF 函数，解决了 BFT 算法应用于公有链的去中心化和可扩展性问题。Algorand 算法让所有的节点都有机会参与到共识中，同时不会随着节点的增加而导致性能的急剧下降，在 1000 个虚拟机上运行总计 50 万个节点的情况下，系统吞吐量大概是比特币的 125 倍。

2．DAG 共识

比特币共识机制中，交易的顺序由区块来决定，每个区块包含多笔有序的交易，同时指向上一个区块。为了避免女巫攻击，中本聪共识要求矿工通过消耗算力来解决 PoW 问题，即算出一个变量来满足部分哈希碰撞，使得哈希值的 n 位前缀为 0，系统可以通过调整碰撞的位数来调整问题的计算复杂度，从而决定出块的时间。为了防止攻击者制造分叉来使已经发生过的交易无效，比特币共识机制规定，系统中最长链上的交易才是有效的，新产生的块会指向该链上的最后一个块，从而使得这条链越来越长，攻击者制造分叉撤销交易的难度就会越大。虽然这解决了交易的排序问题，但是带来了其他问题，共识成为系统的性能瓶颈。

① 只有最长的链的区块才会被认可，其他分叉的交易都是无效的，这些矿工做的都是无用功，白白浪费了系统的计算和存储资源。

② 算法要足够慢才能抵御攻击。比如，比特币每 10 分钟产生一个 1 MB 的区块，每秒只能处理 7 笔交易，而且交易入块后，需要至少等 6 个新块的时间才能确定交易确实在最长的链上，否则这笔交易很有可能出现在分叉上，属于无效交易。交易的确认时间长达小时级别，这对于实时性强的应用是致命的。

如何改善系统的性能呢？一个思路是通过减少系统的共识参与者，如 BFT 算法和 Bitcoin-NG，只选取部分的可信节点来决定交易的顺序，但是其缺点是将节点划分为不同权限的参与者，有悖于区块链的去中心化精神。另一个思路是改变区块链的组织情况，使用树或者有向无环图（DAG）替换区块链的底层存储结构单向链，同时提供一个排序算法来处理冲突的交易、对交易进行排序。在 DAG 表示的区块链中，各节点都可以贡献自己的算力来增加系统的吞吐量。在这种情况下，共识本身不再是系统的性能瓶颈，节点的数量和节点自身的计算资源将决定系统的性能上限。其实，中本聪共识可以看作将区块组织成 DAG 的一个特例，只不过对交易进行排序时，分叉上的区块中的交易都会被视为无效交易。

DAG 可以分为两类：一是将区块组织成 DAG，如 Conflux 共识；二是不保留区块的概念，而是直接将交易组织成 DAG，如物联网区块链平台 IOTA 的 Tangle 算法。

DAG 共识的一个难点是如何对区块或者交易进行排序，下面分别介绍基于交易和区块的 DAG 共识机制是如何解决交易排序的问题的。

（1）Conflux 共识

Conflux 共识是 DAG 共识的一种，是将区块组织成有向无环图 DAG，基于中本聪共识来解决 PoW 问题而产生区块。不同的是，PoW 中只有一种边，指向父节点，交易的排序也是部分有序；Conflux 有两种边，即指向父节点的父边（parent edge）和引用没有叶子节点的引用边（reference edge），并且对区块的绝对排序取得共识，交易的排序也是基于区块的顺序的。

如图 4-20 所示，Conflux 共识算法借鉴了中本聪共识算法，Genesis 是创世块，各节点交易都是打包进区块的，区块的产生由 PoW 问题的难度决定。

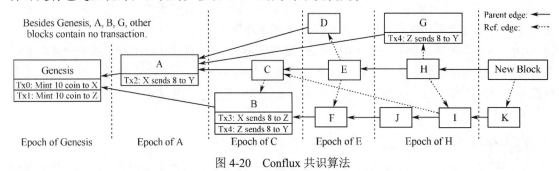

图 4-20　Conflux 共识算法

父边（parent edge）：除了创世块，每个区块都只有一条指向父节点的边（实线箭头）。

引用边（reference edge）：每个区块可以包含多条引用边（虚线箭头），表明区块间的先后关系，被引用的区块先于引用者产生，如区块 D 是先于 E 产生的。

如果按照 DAG 中父边的指向把所有的区块中连接起来，就会有多条链，不同于中本聪共识将最长的链视为合法链，Conflux 共识基于 GHOST 规则，将具有最大子树的节点视为中心链的节点。GHOST 规则产生中心链的好处是，即使由于网络延迟可信节点产生的区块出现在了分叉上，中心链上已存在的区块顺序不会受影响。在图 4-20 中，Conflux 算法会选择 Genesis←A←C←E←H 作为中心链，而 Genesis←B←F←J←I←K 虽然是最长的链，但是它没有被选中为中心链，因为区块 A 的子树中包含的区块要多于区块 B 的子树包含的区块。

当节点打包本地交易池的交易生成一个区块时，节点先会在本地计算找出中心链，新的区块的父边会指向中心链的最后一个区块，同时找到本地区块中没有子区块或者被引用的区块，新的区块会创建引用边来指向这些区块。比如，创建一个新的区块，包含一条父边指向父区块 H 和引用区块 K 的边。

在将区块组织成 DAG 后，Conflux 算法对区块和交易进行如下排序流程：首先，Conflux 共识基于中心链将区块划分成不同的时期（Epoch），中心链的一个区块对应一个时期，当中心链的特定时期的区块可以通过父边和访问到某个区块时，这个区块就属于这个时期。当然，这个区块不能属于上一个时期。属于同一个时期的区块的先后顺序由引用边来确定，被引用的区块的产生顺序是先于引用块的。如果在同一个时期的区块没有直接的边，那么按照区块 ID 来进行排序，图 4-20 中的区块的排序是 Genesis、A、B、C、D、F、E、G、J、I、H、K。Conflux 对交易的排序是建立在对区块的排序的基础上的，如果两个交易属于同一个区块，那么交易按照区块的顺序进行排序，如果两个交易出现冲突，那么出现在后面的交易会被丢弃。

例如，图 4-20 中的交易的排序是 Tx0、Tx1、Tx2、Tx3、Tx4 in B、Tx5 in C。

相比于比特币 Nakamoto 共识，Conflux 这类将区块组织成 DAG 的共识算法可以极大地提高系统的交易吞吐量。例如，系统总计 2 万个节点，单机带宽为 20 Mbps，那么系统的吞吐量为 2.88 GBps；当带宽提高到 40 Mbps 时，系统的吞吐量会提升至 5.76 GB/h，交易的确认时间由 1 小时缩短为 4.5～7.4 分钟，系统的交易吞吐量是 6400 txs/s。

（2）Tangle 共识

Tangle 是应用于物联网的共识算法，目的是解决传统的区块链中需要交易手续费问题。因为物联网发生的大多数是小额支付，如果直接采用以比特币为代表的区块链解决方案，那么每笔小额支付交易的手续费明显高于交易的转账金额，明显不合理。但是去掉手续费，区块的产生就会出现问题，因为没有手续费，矿工创建区块就没有利益所得。基于此，Serguei Popov 提出了基于 Tangle 的加密货币。Tangle 是一个由交易组成的有向无环图 DAG 分布式账本，交易的产生除了解决类似比特币的部分哈希碰撞的 PoW 问题外，还需要验证两笔未被验证的交易。下面介绍 Tangle 共识机制。

如图 4-21 所示，Tangle 中的交易组成了 DAG 图，其中创始交易 Genesis 比较特殊，被系统中所有的交易直接或者间接地验证了交易。当节点接收到新交易时，需要耗费算力来解决密码学问题，耗费的算力表示为交易本身的权重，权重越大，表明交易的可信度越高，如交易 G 和交易 F 的自身权重分别是 1 和 3。当一个交易没有被任何其他交易直接或者间接地确认时，被称为 tip。Tangle 共识中要求每笔新的交易在校验自身的可信度之外，还需要为系统的安全做贡献，即需要验证两笔未被确认的交易 tip。

交易除了自身的权重，还有累加权重，即某个交易自身的权重加上所有直接或者间接地确认了该交易的自身权重的累加和。比如，交易 D 被交易 A、B、C 直接或者间接地确认了，那么交易 D 的累加权重就是 $cw(D) = w(D) + w(A) + w(B) + w(C) = 1 + 1 + 3 + 1 = 6$，累加权重越高的交易的可信度越高。

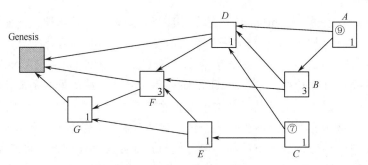

图 4-21　Tangle 的节点存储

在 Tangle 共识中，除了权重、累加权重，交易还有一个比较重要的属性，即分值 (score)。分值是由该交易直接或者间接地确认的交易的自身权重的和，包含交易本身的权重。比如，交易 A 直接或者间接地确认了交易 B、D、F、G，那么交易 A 的分值是 $score(A) = w(A) + w(B) + w(D) + w(F) + w(G) = 1 + 3 + 1 + 3 + 1 = 9$，分值越高的 tip 被选中的概率越高，因为分值表明了它对系统安全的贡献。

新交易的加入需要确认两笔交易，但是如何选择这两笔交易呢？

Tangle 共识是通过 TSA 算法，即 tip 选择算法来完成这两笔需要确认的交易的选择的。具体来说，Tangle 共识使用了马尔可夫链随机游走算法 MCMC 实现的。MCMC 是一个概率性地随机游走算法，节点的累加权重越高，那么出现在随机游走的路径上的概率越高。MCMC 会在本地的主 DAG 图中按照交易的累加权重来概率性地选择两个不跟主 DAG 相冲突的未被确认的交易。分值越高的 tip 被选中作为被确认交易的概率越高。这就保证了随着时间的推演，系统会选择可信度更高的交易，系统的安全性会越高。

运行 Tangle 算法的本地节点中存储的交易可能是冲突的。对于出现冲突的交易，Tangle 通过运行 TSA 算法足够多的次数来统计哪笔交易被选择的概率更高，从而选择这笔交易，被选中概率低的冲突交易之后就会成为孤儿交易，不会出现在本地的主 DAG 图中。比如，当交易 A 和交易 C 出现冲突的时候，Tangle 共识运行 TSA 算法 100 次后，有 97 次选中了交易 A，那么交易 A 有 97% 的置信度会被确认。

3. 基于可信硬件的共识算法

事实上，不论是 PoW、PoS 还是 PBFT，本质上都是要解决区块链系统中存在作恶节点的系统安全问题。这些算法都是企图从软件的思路来解决共识问题，但是如果硬件能够保证安全性，那么不需要浪费计算资源来保证系统的正确运行。

这种类型的共识算法包括逝去时间证明 (Proof of Elapsed Time, PoET) 机制。PoET 是早期为解决"随机领导者选举"的计算问题而提出的。PoET 依赖于特定的硬件 SGX，确保受信代码 (随机等待时间的生成逻辑) 的确运行在安全环境中，并不可被其他外部参与者更改。PoET 也确保了结果可被外部参与者和实体验证，进而提高了网络共识的透明度。

PoET 共识机制的设计原理是基于可信硬件来实现全网共识。PoET 的工作机制如下：网络中的每个参与节点都必须等待一个随机选取的时期，首个完成设定等待时间的节点将获得一个新区块。区块链网络中的每个节点会生成一个随机的等待时间，并休眠一个设定的时间。最先醒来的节点即具有最短等待时间的节点，唤醒并向区块链提交一个新区块，然后广播必要的信息到整个对等网络。同一过程会重复，以发现下一个区块。

PoET 需要确保两个重要因素。第一，参与节点在本质上会自然地选取一个随机的时间，而非某一个参与者为胜出而刻意选取了较短的时间。第二，胜出者的确完成了等待时间。

这种内在机制允许应用在受保护的环境中执行受信任的代码，确保了上面提出的两个要求得到满足，即随机选择所有参与节点的等待时间，以及胜出者真正完成了等待时间。

这种在安全环境中运行可信代码的机制同时考虑了其他网络的需求，确保了受信代码的确运行在安全环境中，并不可被其他外部参与者更改。PoET 也确保了结果可被外部参与者和实体验证，进而提高了网络共识的透明度。

可信硬件本质上是 CPU 设计的一种机制，如 Intel 提出的 Intel Software Guard Extensions (SGX)、ARM 架构的 TrustZone 环境，或者选择一种专用硬件的加密芯片等。ARM 芯片的 TrustZone 硬件架构旨在提供安全框架,从而使设备能够抵御将遇到的众多特定威胁.TrustZone 在概念上将 SoC 的硬件和软件资源划分为安全（Secure World）和非安全（Normal World）两个世界，所有需要保密的操作在安全世界执行（如指纹识别、密码处理、数据加解密、安全认证等），其余操作在非安全世界执行（如用户操作系统、各种应用程序等）。安全世界和非安全世界通过名为 Monitor Mode 的模式进行转换，如图 4-22 所示。

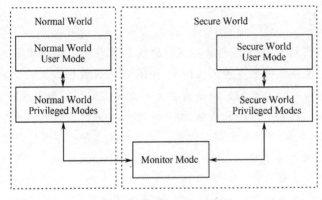

图 4-22　TrustZone 原理

PoET 共识算法就是实现一种基于可信硬件一票的共识机制解决方案，这个共识方案在设计之初就以硬件为基础展开，同时不用耗费巨大算力。本质上，PoET 算法是为每个区块链网络硬件节点设置一个可信的数字身份，作为区块链网络锁定底层硬件的依据，而不再通过算力来锁定硬件。

4.6　目前共识机制存在的问题

良好的共识机制有助于提高区块链的性能，提供强有力的安全性保障，支持功能复杂的应用场景，促进区块链技术的拓展与延伸。区块链的共识机制发展尚不完善，普遍存在安全性证明不完备、安全性假设不可靠、一致性不稳定、扩展性差、初始化难和重构困难等问题。

1. 安全性证明不完备

共识机制在安全性建模时需要考虑网络时序性、节点数量拓展、在线离线切换、算力或权益的动态分布、共识难度变更、区块链增长速率等因素。由于共识机制下层的网络环境复杂，新的共识机制不断涌现，传统的可证明安全框架无法完全适用于区块链。共识机制的安全性面临建模困难、安全性证明不完备的问题。现阶段对共识机制的可证明安全研究大多集中在 PoW 和 PoS 中，缺乏一般性。研究中往往仅考虑单一变量，对多变量模型下的共识机制的安全性分析还不成熟。复杂的网络环境也为共识机制的安全性分析带来挑战。

2．安全性假设不可靠

现代密码体制的安全性评估依赖计算复杂性理论，常用可证明安全理论将密码机制的安全性归约到某个公开的数学困难问题上，如椭圆曲线的离散对数问题。然而，采用 PoW 和 PoS 共识机制的安全性假设并不依赖计算困难问题，而是依赖所有的可信节点拥有的算力或者权益占多数这类看似合理的假设。这些安全性假设在实际应用中很容易被打破。以采用 PoW 的比特币为例，根据 BTC.com 在 2018 年 10 月发布的矿池算力分布，如果排名前四的矿池合谋，形成具有绝对算力优势的超级节点，那么总算力约占全网算力的 56.5%，直接打破 PoW 的安全性假设。矿池合谋可实施 51%攻击，甚至有针对性地实施 DoS 攻击，阻止交易的验证和记录，破坏共识机制的活性。

3．一致性不稳定

如何保证共识机制可以持续稳定地实现一致性是目前区块链共识层的研究重点。一致性是衡量共识机制安全性强弱的重要性质。PoW 和部分 PoS 共识方案在达成共识的过程中需要等待后续区块生成才能判断之前的区块是否被大多数节点认可，会出现短暂的分叉，仅实现了弱一致性。类似 PoA、2-Hop 等采用 PoW 和 PoS 相结合的共识机制也存在短暂分叉的情况。

为了解决 PoW 和 PoS 共识方案存在的弱一致性问题，有些方案已经被提出。如 Ouroboros 区块链共识方案将 PoS 与安全多方计算（Multi-Party Computation，MPC）结合，增强了 PoS 的一致性，但要求节点持续在线，无法保证新节点的安全加入。而 Algorand 方案利用 PoS 实现密码抽签算法并结合拜占庭容错协议，但仅能在理想情况下以极高的概率保持一致性。

然而，在实际应用中，节点通过共识机制完成一致性的效果受网络影响严重。如果网络同步性较差，即使网络中没有恶意节点进行主动攻击，共识机制也无法稳定保持强一致性。如果网络中存在攻击者利用网络层节点拓扑结构隔离网络，形成网络分区，那么很容易产生短暂的区块链分叉，破坏一致性。

针对共识机制一致性的攻击有双重支付攻击（Double Spend Attack，即双花）和长程攻击（Long-Range Attack）。

双重支付攻击是破坏共识机制一致性的典型攻击方式，是数字货币方案设计中需要解决的首要安全性问题。在比特币中，双重支付攻击的目的是重复花费自己已经使用过的费用。在一般区块链中，双重支付攻击是指攻击者企图在区块链上记录一笔与现有区块链上的交易相违背的无效交易。常用的方法是产生一条更长的区块链分叉，使包含原交易的区块链被大多数矿工丢弃。

长程攻击是 PoS 潜在的攻击行为，如矿工挖矿需要付出的代价极低，具有权益优势的节点有可能从创世块开始产生一条完全不同的区块链分叉。

目前，区块链共识机制的安全性需要依赖良好的网络环境、严格受限的敌手能力和强安全性假设，在实际应用中很难确保稳定的一致性。即使 PoET 和运气证明（Proof of Luck，PoL）

利用可信硬件提供随机性，保证共识机制的一致性不受网络状况影响。但是如果硬件中被设置了后门，那么整个区块链将被完全控制。

4．扩展性差

可扩展性是区块链共识机制研究关注的重要属性，是区块链可用性必不可少的一部分。比特币的 PoW 平均每 10 分钟产生一个区块，且区块内包含的交易数量有限，交易吞吐量低，扩展性差。一些研究通过引入分片技术来提高 PoW 的可扩展性。分片技术的思想是将网络中的节点进行有效分组，从而实现多组数据验证和记录的并行操作。分片技术的关键在于设计合理的分片方式，支持周期性轮换和新旧节点更替，还要兼顾跨分片交易的原子性问题。Elastico 协议是区块链上首个基于分片思想的共识机制，利用 PoW 对网络中的节点进行分组，不同分组并行处理不同的数据，再由特定一组进行打包记录。Omniledger 利用随机数生成算法 RandHound 协议和基于可验证随机函数的抽签算法实现定期分组，并提出利用锁定交易的方式处理跨分片交易。此外，英国央行提出的法定数字货币框架 RSCoin 方案也在许可区块链中采用分片技术提高区块链的扩展性。

目前，如何提高区块链共识机制的可扩展性仍然是一个主流研究方向。分片技术虽然从理论上解决了 PoW 扩展性差的问题，却引入了跨链交易原子性问题，需要强安全假设，降低了区块链的安全性。另外，区块链的共识机制还面临粉尘攻击、交易的 DoS 攻击和空块攻击等。粉尘攻击是指攻击者发布大量小额交易，增加区块链网络负载，占据矿工交易池硬盘空间，造成大量交易排队等待验证的情况，进而对网络中其他有意义的交易进行 DoS 攻击，影响共识效率和系统吞吐量。空块攻击则是矿工为了尽快解决 PoW 问题，仅填充区块头部，而不验证打包任何交易，从而在竞争挖矿过程中能够更快地发布区块并获得区块奖励。虽然空块攻击不影响区块链的有效性，却拖慢了交易验证和记录的效率，加剧了 PoW 等共识机制扩展性差的问题。

5．初始化难

大量研究关注共识机制实现一致性的过程，往往忽略了区块链的初始化问题，即如何在 P2P 网络中保证创世块的安全生成。区块链的初始化直接关系到后续共识机制的执行过程是否安全可靠，是保证共识机制稳定可靠的前提。区块链一直面临初始化困难的问题。

目前，区块链的初始化有两种方式，一种是依赖第三方产生创世块，另一种由现有的、成熟的区块链自然过渡，得到新区块链的创世块。依赖第三方初始化违背了区块链去中心化的设计初衷，无法适用于 P2P 网络中的无许可区块链方案，也无法确保第三方生成的创世块的随机性和安全性，可能左右后续区块的生成。依赖成熟的基于 PoW 区块链过渡产生创世块的方式增加了初始化的复杂性。用于初始化的 PoW 的潜在的不安全因素将直接影响创世块的安全性和后续区块的生成。例如，将 PoW 作为以账户余额为权益的 PoS 区块链的初始化，根据已有的 PoW 区块链中的账户余额分布来产生 PoS 区块链的创世块。攻击者可以预先通过存款、转账等方式产生权益优势节点，以很高的概率获得产生创世块的记账权。另外，初始化过程需要 PoW 提供随机性。在 PoW 区块链中具有较高算力的节点也可以产生一个有利于自己的 PoW 区块，从而提升自己获得 PoS 创世块记账权的概率。

6．重构困难

共识机制赋予了区块链不可篡改性，提升了系统可信度，但是增加了区块链重构的难度。一旦出现共识机制的安全性假设被打破、数据层密码组件被攻破、代码漏洞被利用等严重威胁区块链安全性的攻击，在缺少可信第三方或者外界干预的情况下，区块链无法有效实现灾难恢复，无法自动恢复到被攻击之前的安全状态。无效数据或违法操作被写入区块链并执行，将对用户造成不可弥补的损失，甚至影响整个区块链的后续运行。

硬分叉是目前区块链唯一可行的重构方式。2016 年，The DAO 事件发生后，有 89% 以太坊成员投票支持采用硬分叉的方式进行重构，自受攻击位置前的区块后创建一条区块链分叉，强制退回被窃取的以太币。但是，硬分叉重构存在很多局限性。首先，硬分叉直接破坏了共识机制的一致性和不可篡改性的本质特点，区块链可信度会受到影响。其次，判断是否需要进行硬分叉重构的投票方式不一定公平，投票成员可能支持更有利于自己的决定。最后，硬分叉后网络中存在新旧两条区块链分叉，旧区块链分叉无法被彻底消除。由于包含恶意交易的区块中还包含一些合法交易，硬分叉的过程必然会对这些合法交易的交易双方造成利益损失。

4.7　共识算法演进

共识算法性能是影响区块链系统整体性能的重要因素之一。根据区块链的现实情况中的节点数量、信任度分级、容错性、性能效率等指标，自由选择共识机制，才能实现共识算法最优化。如对于私有链，由于是企业内部部署的区块链应用，所有节点都是可以视为信任的且不需代币激励机制，因此通常选择容错性低、性能效率高、不需代币的算法，如 Paxos、Raft 等。联盟链通常是由不同的机构节点组成，网络节点规模可控，内部存在不对等信任的节点且不需激励机制，所以通常选择容算性与性能效率适中、不需代币的算法，如实用拜占庭容错算法等。公有链则是任意节点都可以随便加入或者退出，各种故障通常要考虑，希望所有节点尽量拥有同等的权力并且需要引入代币激励机制，所以通常选择容错性较高、时间效率较低且具有激励机制的算法，如工作量证明、权益证明与股份授权证明等，而公有链中目前使用的共识算法 PoW、PoS、DPoS，本身共识算法效率也是逐渐提升的。

几乎所有的共识机制都有其独特的优势，也有弊端，没有一种共识机制可以完美解决区块链"不可能三角"问题。因此，人们开始思考是否可以将两种共识混合，从而做到融合两种共识的优势，又能规避某些弊端呢？于是就有了"混合共识"。在"混合共识"中，PoW+PoS 混合机制是其中最热门也应用得较为成功的一种共识算法。下面是几种近期提出的 PoW+PoS 混合共识机制。

① 权益－速度证明（Proof of Stake Velocity，PoSV）共识机制。PoSV 前期使用 PoW 实现代币分配，后期使用 PoSV 维护网络长期安全。PoSV 将 PoS 中币龄和时间的线性函数修改为指数式衰减函数，即币龄的增长率随时间减少最后趋于 0。因此，新币的币龄比旧币增长得更快，直到达到上限阈值，这在一定程度上缓和了持币者的屯币现象。

② 基于 PoW 和 PoS 的燃烧证明（Proof of Burn，PoB）共识机制。其中，PoW 被用来产生初始的代币供应，随着时间增长，区块链网络累积了足够的代币时，系统将依赖 PoB 和 PoS 共识来共同维护。PoB 共识的特色是矿工通过将其持有的 Slimcoin 发送至特定的无法找回的

地址（燃烧）来竞争新区块的记账权。燃烧的币越多，则挖到新区块的概率越高。

③ 行动证明（Proof of Activity，PoA）共识也是基于 PoW+PoS，先利用 PoW 完成代币的发行，随后将部分代币以抽奖的方式分发给所有活跃节点，而节点拥有的权益与抽奖券的数量即抽中概率成正比。

④ 以太坊共识其中的一个版本 Casper FFG 是混合 PoW+PoS 的共识机制，被设计来缓冲权益证明的转变过程的。其思想是，一个权益证明协议被叠加在正常的以太坊版工作量证明协议上，虽然区块仍将通过工作量证明来挖出，每 50 个区块就将有一个权益证明检查点（PoS 块），也就是网络中验证者评估确定性（Finality）的地方。Casper CBC 协议中有一个预估安全预言机，在设定提出一个合理估计的错误的例外情况下，列出所有在未来可能发生的错误，在给定区间内，其正确性是由其建构过程来保证的。Ouroboros 同样是一种基于 PoS 且已被证明有严格安全性保障的公有链共识算法，利用一种新的奖励机制来驱动 PoS 共识过程并有效抵御区块截留和自私挖矿等由于矿工的策略性行为而导致的安全攻击。

在一个公链项目的早期阶段，PoS 会带来很多问题，而这些问题在 PoW 下是可以避免的。使用 PoW 启动主网的区块链可以实现分散的共识，从而避免这些问题。当 PoW 公链经过一段时间的发展，股权分布相对分散后，可以选择"PoS+"共识机制。

本章小结

本章从分布式系统的角度阐述了分布式一致性问题及其他分布式理论；简单介绍了共识算法的基础理论、基本概念和评价标准；然后分析了区块链系统中典型的几种共识算法及其技术原理，还介绍了一些新型的区块链共识算法；最后总结了当前区块链共识算法的优缺点，并探讨了共识算法未来发展方向。

思考与练习

1．简述分布式系统中拜占庭错误和其他类型故障的区别，进一步分析为何公有链系统中必须使用可以容忍拜占庭错误的共识算法，而联盟链和私有链中却可以使用拜占庭容错的算法。

2．为何 PoW 中可以保证出块时间间隔相对稳定？有哪些方式可以提升 PoW 出块效率？

3．概述 PBFT 的主要工作流程，并简要分析为何 PBFT 的扩展性不佳。

4．Algorand 共识主要解决了传统 PoW 和 PoS 可能出现的什么问题？是利用什么解决的？

5．试分析为何 PoW+PoS 类型混合共识会成为未来公有链系统中的主流共识机制。

参考文献

[1]　付瑶瑶．基于拜占庭容错的区块链共识机制研究[D]．山东建筑大学，2020．

[2]　张世明．区块链关键技术及其应用研究[D]．中北大学，2020．

[3] 郑敏，王虹，刘洪，谭冲. 区块链共识算法研究综述[J]. 信息网络安全，2019(7):8-24.

[4] 刘懿中,刘建伟,张宗洋,徐同阁,喻辉.区块链共识机制研究综述[J].密码学报,2019,6(4):395-432.

[5] 于戈，聂铁铮，李晓华，张岩峰，申德荣，鲍玉斌.区块链系统中的分布式数据管理技术——挑战与展望[J]. 计算机学报，2019,1(27).

第5章 激励层

激励层为维持公链系统正常运转发挥了巨大的作用。通过引入经济激励措施，激励层吸引了更多节点积极加入公有链网络并参与共同治理公有链系统，最终实现公有链系统在网络层的健壮性和共识层的可用性。本章主要内容为区块链激励层概念、区块链激励层中的发行机制和分配机制。为了便于读者深入理解激励层的内涵，本章分别详细介绍比特币、以太坊和IPFS的激励层的工作原理。

5.1 激励层概述

公有链在共识过程中需要通过集合大量节点的算力资源来实现对区块链账本的数据验证和记账工作，因而其本质上是一种共识节点间的任务众包过程。去中心化系统中的共识节点本身是自私的，最大化自身收益是其参与数据验证和记账的根本目标。因此，必须设计一种包含激励方法的合理众包机制，使得共识节点最大化自身收益的个体理性行为与保障去中心化系统安全性、有效性的整体目标相吻合。所以，区块链系统需要设计适度的经济激励机制并与共识过程相集成，从而汇聚大规模的节点参与并形成对区块链历史的稳定共识。

在公有链中，激励层存在的目的是提供激励措施，鼓励节点参与区块链的安全验证工作。区块链网络的安全性依赖于区块链节点的协作，如比特币网络的安全性是基于众多节点参与工作量证明带来的巨大的计算量，使得攻击者在无法提供更高的计算量的情况下无法对系统发起有效攻击。为了鼓励节点参与，区块链通常会采用加密货币的形式奖励参与人员，比特币、莱特币、以太币都是这种机制的产物。

例如，比特币的中本聪共识中的经济激励由新发行比特币奖励和交易流通过程中的手续费两部分组成，奖励给中本聪共识过程中成功搜索到新区块的随机数并记录该区块的节点。因此，只有当各节点通过合作共同形成共享和可信的区块链历史记录并维护比特币系统的有效性、可用性，共同构建拥有价值属性的比特币生态，其获得的比特币奖励和交易手续费才会有价值。

公有链必须激励遵守规则参与记账的节点，并且惩罚不遵守规则的节点，才能让整个系统朝着良性循环的方向发展。而在私有链中不一定需要进行激励，因为参与记账的节点往往是在私有链外完成了博弈，通过强制力或自愿来要求参与记账。因此，激励层主要在公有链中出现，其功能主要包括发行机制和分配机制。

5.2 激励层发行机制

5.2.1 比特币的发行机制

比特币通过 PoW 算法实现共识机制，并通过不断地调节算法计算难度，保证整个系统基本上每 10 分钟会产生一个新的区块，同时要求网络中每出现 21 万个区块，挖矿者的收益相比前 21 万块就会减半。产生 21 万个区块大约需要 4 年左右的时间，也就是说，每过大约 4 年，挖矿的收益减半。在最初的 21 万个区块期间，每新挖出一个区块，系统奖励 50 个比特币，然后是 25 个比特币，在 2020 年某个时间，挖矿奖励会下降到 6.25 个比特币。

大约在 2137 年，比特币网络将共产生 672 万个区块，而挖矿奖励已经减少到比特币系统的最小单位 1 聪 (Satoshi)。再往后，挖矿就没有奖励了，整个比特币网络停止产生新的比特币。比特币交易过程中会产生手续费，默认手续费是 0.0001 比特币，这部分费用也会记入区块并奖励给挖矿者。这两部分费用将会封装在每个区块的第一个被称为 Coinbase 的交易中。虽然每个区块中包含的交易总手续费相对于新发行比特币来说规模很小，但随着未来比特币发行数量的逐步减少甚至停止发行，手续费将逐渐成为驱动节点共识和记账的主要动力。同时，手续费还可以防止大量微额交易对比特币网络发起的"粉尘"攻击，起到保障安全的作用。

比特币拥有特殊的记账方式，也拥有特别的手续费计算方法。下面用一个例子来说明比特币的手续费计费方式。① 情况一，A 地址转给 B 地址 1 个比特币；② 情况二，A 地址转给 B/C/D 地址各 0.0001 比特币。

如果按照传统机构按交易金额百分比的形式收取，情况一的手续费肯定是要高于情况二的。但是在比特币网络中，情况二转出的地址多，而每笔交易，无论金额大小，交易的字节数都是差不多的，所以情况二交易数据的字节数要比情况一的多，情况二的手续费要远高于情况一。情况二恰恰是造成"粉尘"攻击的原因。总之，比特币是按照交易字节数收取手续费的。

此外，在比特币交易手续费的设计中，每笔交易都会分配一个优先级，这个优先级是由币龄、交易的字节数和交易的数量来决定的。其中，币龄指的是比特币在区块中存在的时间。一般来说，一笔交易中的交易数量越大、币龄越高，优先级就越高，就越有机会免交易手续费完成这笔交易。

比特币的每笔交易手续费默认最少是 0.0001 比特币，如果转账的金额太小或者是刚刚挖出来不久的新币，那么必须支付手续费。如果转出的金额少于 0.01 比特币，也必须支付 0.0001 比特币手续费。如果需要大量的小额比特币转账又想免费转出，这时可以加一个数额大的、币龄高的比特币金额，就会将平均优先级提高，从而可以免费转出比特币。

5.2.2 以太坊中的发行机制

以太坊定义了自身的内置加密货币以太币，以太币在以太坊中扮演双重角色，首先为各种数字资产交易提供主要的流动性，其次提供了支付交易费用的一种机制。为交易便利及避免将来的争议期间，像现实货币中的是"元"和"分"或者比特币中的"比特币"和"聪"的概念一样，以太坊也设置了不同额度的货币单位及其兑换关系。其中，以太坊中最小的货币单位是伟（wei），如 1 Shannon（香农）=10^9 wei，1 Szabo（萨博）=10^{12} wei，1 Finney（芬尼）=10^{15} wei，1 Either（以太）=10^{18} wei。

作为推动以太坊平台上分布式应用的加密燃料，以太币（Eth）将通过挖矿的形式，每年以不变的数量发行，以太币理论上是没有总量限制的。

假设以太币预售总量为 x，其首次发行总量可以表示为 $X = x + 0.099x + 0.099x$。其中，$0.099x$ 将被分配给确定性融资成功之前参与开发的早期贡献者，另一个 $0.099x$ 将分配给长期研究项目。以后每年发行的数量是预售以太币总量的 0.26 倍。

以太币于 2014 年 7 月 22 日至 2014 年 9 月 26 日预售，为期 42 天。以太坊 IPO 收到的比特币约为 31529 比特币，时值 18 338 053 美元，换算后，总预售以太币数量约为 60 108 506.26 以太币。这样，每年大概有 1563 万左右的以太币被矿工挖出来。

尽管以太坊每年都会发行固定数量的以太币，但是货币总量增长的速率并不是固定的。以太币通胀率每年递减，使得以太币成为抗通胀的货币。抗通胀是通胀的一个特例，通胀率每年递减。

每年都会因为有以太币被发送到私钥已丢失的地址中，这会造成大约 1%的以太币丢失。以太币可能因为私钥丢失，拥有者在去世前没有把私钥告诉他人或者故意将以太币发送到没有产生私钥的地址中，造成数量下降。

永久线性增长模型降低了财富过于集中的风险（如比特币），并且给予了活在当下和将来的人公平的机会去获取以太币，同时保持了对获取和持有以太币的激励，因为长期来看，"货币供应增长率"是趋于零的。随着时间流逝总会发生因为粗心和死亡等原因带来的币的遗失，假设遗失的以太币与每年供应量的比例是固定的，则最终总的流通中的货币供应量是稳定的。

大约在比特币停止发行时期，每年以太币丢失的速度会与发行速度相平衡。这种动态情况实现了准稳态，现存的以太币数量不会再增加。如果因为经济扩张，对以太币的需求持续增长，价格会进入通缩机制。对以太坊系统来说，这并不是大问题，因为理论上以太币可以无限细分。

5.2.3　IPFS 激励层 Filecoin 中的发行机制

IPFS（InterPlanetary File System，星际文件系统）是一个面向全球的、点对点的分布式版本文件系统，目标是补充甚至取代目前统治互联网的超文本传输协议（HTTP）。在 IPFS 中，所有具有相同文件系统的计算设备都会被连接在一起，然后用基于内容的地址替代基于域名的地址，即用户寻找的不是某个地址而是储存在某个地方的内容，不需要验证发送者的身份，而只需验证内容的哈希值，这样可以让网页的速度更快、更安全、更健壮、更持久。

IPFS 为每个文件分配一个独一无二的根据文件的内容创建的哈希值，保证即使是两个文件内容只有 1 位的不相同，其哈希值也是不相同的。所以，IPFS 是基于文件内容进行寻址，而不像传统的 HTTP 基于域名寻址。IPFS 在整个网络范围内去掉重复的文件，并且为文件建立版本管理，也就是说，每个文件的变更历史都将被记录，保证可以容易地找到文件的历史版本。当查询文件时，IPFS 根据文件的哈希值进行查找。每个文件的哈希值全网唯一，所以查询将容易进行。如果仅仅使用哈希值来区分文件，就会给传播造成困难，因为哈希值不容易记忆，就像 IP 地址一样不容易记忆，于是人类发明了域名。IPNS（IPF Naming Service）将哈希值映射为容易记的名字，每个节点除了存储自己需要的数据，还存储了一张哈希表，用来记录文件存储所在的位置，方便文件的查询和下载。

IPFS希望通过利用用户闲置资源来构造一个更加友好的P2P网络，让资源利用更充分，但是P2P网络最终难免会陷入"公地悲剧"。为了让更多的用户参与到IPFS网络，IPFS创始团队又开发了Filecoin这个激励层。其Token分配比例如下。

① 矿工70%：与大部分项目的代币一样，根据挖矿的进度逐步分发。

② 协议实验室15%：作为研发费用，6年逐步解禁。

③ ICO投资者10%（公募+私募）：根据挖矿进度，逐步解禁。

④ Filecoin基金会5%：作为长期社区建设、管理等费用，逐步解禁。

根据Filecoin的发行机制，Filecoin总量将维持在恒定的20亿枚，其中5%即1亿枚分配给基金会，按6年线性释放；10%即2亿枚分配给投资人，按6～36个月不等进行线性释放；15%即3亿枚分配给协议实验室团队，按6年线性释放；剩下70%即14亿枚分配给矿工，以区块奖励的方式线性释放。也就是说，所有矿工都可以根据自己的技术能力公平争取这14亿枚Filecoin。

Filecoin的线性释放与比特币不一样，是每个区块都在递减。同时，Filecoin挖矿奖励也会出现每隔若干年减半的情况，即前6年区块奖励的Filecoin是7亿枚，第二个6年是3.5亿枚，预计42年将挖完。其中，第一年挖矿奖励的Filecoin约为1.52亿枚，第一年挖矿平均释放量约为41万枚。

Filecoin的分发是经过精密的思考和设计的，并不是随意行为，确保代币的发放过程平滑，不会出现突然间的大量代币解禁的情况对币价造成的波动。

总的分发规划为大约4年分发总量一半的代币约10亿枚，其中包括：矿工挖矿、投资者解禁（ICO）、协议实验室和Filecoin基金会的解禁额度。Filecoin的分发采用的是线性释放，即随着每个区块被矿工开采，逐步分发Token。例如，分发期2年的Token，网络启动后的6个月分发20%，第12个月分发50%，第24个月分发100%。IPFS（Filecoin）在2017年8月份创纪录地募集到了2.5亿美元，而这次Token销售仅仅出售了10%的代币，意味着IPFS还没正式上线，市值已达25亿美元。

5.3 激励层分配机制

5.3.1 比特币的分配机制

比特币系统中，大量的小算力节点通常会选择加入矿池，通过相互合作汇集算力来提高"挖"到新区块的概率，并共享该区块的比特币和手续费奖励。据Bitcoinmining.com统计，已经存在13种分配机制。主流矿池通常采用PPLNS（Pay Per Last N Shares）、PPS（Pay Per Share）和PROP（PROPortionately）等机制。矿池将各节点贡献的算力按比例划分成不同股份（Share），其中，PPLNS机制是指发现区块后，各合作节点根据其在最后N个股份内贡献的实际股份比例来分配区块中的比特币；PPS则直接根据股份比例为各节点估算和支付一个固定的理论收益，矿池将适度收取手续费，来弥补其为各节点承担的收益不确定性风险；PROP机制则根据节点贡献的股份按比例地分配比特币。矿池的出现是对比特币和区块链去中心化趋势的潜在威胁，亟待解决的是如何设计合理的分配机制引导各节点合理地合作，避免出现因算力过度集中而导致的安全性问题。

5.3.2　以太坊的分配机制

在以太坊的初始设想中，以太币不是数字货币，而是定位于平台运行的燃料，运行智能合约和发送交易都需要向矿工支付一定的以太币。以太币可以通过挖矿获得，矿工每挖到一个区块可以获得的奖励包括：① 静态奖励，5 个以太币；② 区块内所花费的燃料成本，也就是 Gas；③ 作为区块组成部分，包含孤块的额外奖励，每个孤块可以得到挖矿报酬的 1/32 作为奖励，即 0.15625 个以太币。

在比特币中，最长的链被认为是绝对的正确。如果一个块不是最长链的一部分，那么它被称为"孤块"。一个孤立的块是一个块，也是合法的，但是可能被发现得稍晚，或者网络传输稍慢，而没有成为最长的链的一部分。在比特币中，孤块没有意义，随后将被抛弃掉，发现这个孤块的矿工也拿不到采矿相关的奖励。

但是，以太坊不认为孤块是没有价值的，也会给予发现孤块的矿工回报。孤块被称为"叔块"（Uncle Block），它们可以为主链的安全做出贡献。以太坊十几秒的出块间隔太快了，会降低安全性，通过鼓励引用叔块，使引用主链获得更多的安全保证（因为孤块本身也是合法的），而且支付报酬给叔块能激发矿工积极挖矿，积极引用叔块。所以，以太坊认为叔块依然是有价值的。

"幽灵"（Greedy Heaviest Observed Subtree，GHOST）协议是由以太坊引入的奖励机制创新，提出的动机是当前快速确认的块链因为区块的高作废率而受到低安全性困扰。区块需要花费一定时间（设为 t）扩散至全网，如果矿工 A 挖出了一个区块，然后矿工 B 碰巧在 A 的区块扩散至 B 之前挖出了另一个区块，矿工 B 的区块就会作废并且没有对网络安全做出贡献，如图 5-1 所示。此外，这里还有中心化问题：如果 A 是一个拥有全网 30%算力的矿池，而 B 拥有 10% 的算力，A 将面临 70% 的时间都在产生作废区块的风险，而 B 在 90% 的时间里都在产生作废区块。因此，如果作废率高，A 将简单地因为更高的算力份额而更有效率。综合这两个因素，区块产生速度快的块链很可能导致一个矿池拥有实际上能够控制挖矿过程的算力份额。

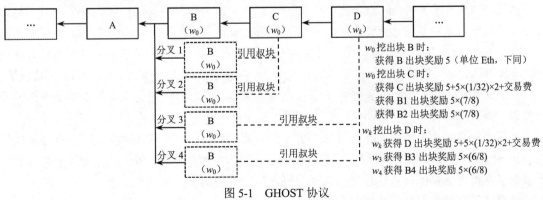

图 5-1　GHOST 协议

通过在计算哪条链最长的时候把废区块也包含进来，幽灵协议解决了降低网络安全性的第一个问题；也就是说，不仅一个区块的父区块和更早的祖先块，祖先块的作废的后代区块（即叔块）也被加进来，以计算哪一个区块拥有支持其的最大工作量证明。以太坊付给以叔块身份为新块确认做出贡献的废区块 87.5% 的奖励，把它们纳入计算的"侄块"将获得奖励的 12.5%。不过，交易费用不奖励给叔块。

以太坊实施了一个只下探到第五层的简化版本的 GHOST 协议。其特点是，废区块只能以叔块的身份被其父块的第二代至第五代后辈区块而不是更远关系的后辈区块（如父块的第六代后辈区块或祖父区块的第三代后辈区块）纳入计算。这样做有几个原因。首先，无条件的 GHOST 协议将给计算给定区块的哪一个叔块合法带来过多的复杂性。其次，带有以太坊使用的补偿的无条件的 GHOST 协议剥夺了矿工在主链而不是一个公开攻击者的链上挖矿的激励。最后，计算表明带有激励的五层幽灵协议即使在出块时间为 15 s 的情况下也实现了 95% 以上的效率，而拥有 25% 算力的矿工从中心化得到的益处小于 3%。

因为每个发布到区块链的交易都占用了下载和验证的成本，所以需要有一个包括交易费的规范机制来防范滥发交易。比特币使用的默认方法是纯自愿的交易费用，依靠矿工担当守门人并设定动态的最低费用。因为这种方法是"基于市场的"，使得矿工和交易发送者能够按供需决定价格，所以这种方法在比特币社区被顺利地接受了。然而，这个逻辑的问题在于，交易处理并非一个市场，虽然根据直觉，把交易处理解释成矿工给发送者提供的服务很有吸引力，但事实上一个矿工收录的交易需要网络中每个节点处理，所以交易处理中最大部分的成本是由第三方而不是决定是否收录交易的矿工承担的。于是，非常有可能发生公地悲剧。

然而，当给出一个特殊的不够精确的简化假设时，这个基于市场机制的漏洞很神奇地消除了自己的影响。论证如下。

假设一个交易带来 k 步操作，提供奖励 kR 给任何收录该交易的矿工。R 由交易发布者设定，k 和 R 对于矿工都是事先（大致上）可见的；每个节点处理每步操作的成本都是 C（即所有节点的效率一致）；有 N 个挖矿节点，每个算力一致（即全网算力的 $1/N$）；没有不挖矿的全节点。

当预期奖励大于成本时，矿工愿意挖矿。这样，因为矿工有 $1/N$ 的机会处理下一个区块，所以预期的收益是 kR/N，矿工的处理成本简单为 kC，这样当 $kR/N > kC$ 即 $R > NC$ 时，矿工愿意收录交易。注意，R 是由交易发送者提供的每步费用，是矿工从处理交易中获益的下限。NC 是全网处理一个操作的成本。所以，矿工仅有动机去收录那些收益大于成本的交易。

然而，对比实际情况，这些假设存在以下问题：① 因为额外的验证时间延迟了块的广播而增加了其成为废块的机会，处理交易的矿工比其他验证节点付出了更高的成本；② 不挖矿的全节点是存在的；③ 实践中，算力分布可能最后是极端不平均的；④ 以破坏网络为己任的投机者、政敌和疯子确实存在，他们能够聪明地设置合同，使得他们的成本比其他验证节点低得多。

上面问题①驱使矿工收录更少的交易，问题②增加了 NC，因此这两点的影响至少部分互相抵消了。

后两个问题是主要问题，作为解决方案，我们简单建立了一个浮动的上限：没有区块能够包含比 BLK_LIMIT_FACTOR 倍长期指数移动平均值更多的操作数。为了避免网络中存在过多无效的交易而严重影响网络的性能，以太坊引入了交易手续费。

关于交易手续费，有几点需要明确：

① 手续费通过 Gas 支付。Gas 是有价格的，它的价格单位就是以太币。所以，支付 Gas 其实就是支付以太币。

② 手续费是由交易的发起方承担的，即谁发起交易谁付交易手续费。也就是说，你给我转账你付手续费，你调用合约你付手续费，你部署合约也是你付手续费。这比某些市场的双边手续费要好。

③ 手续费没有固定标准。也就是说，一个发起者愿意支付多少手续费，完全凭他自愿，但如果发起者支付的 Gas 不够多，矿工可能选择不打包这笔交易，所以如果发起者选择支付过低的手续费，就需要承担这种风险。交易发起者在支付手续费的时候，只需在执行交易的时候填写上愿意支付多少 Gas。最终支付了多少以太币的手续费就是支付的 Gas 数乘以其价格。其中，Gas 价格由系统自动调节，受整个市场的供求关系，也就是根据矿工和交易发起者的博弈来动态调控。

④ Gas 消耗是多退少不补的，需要合理填写 Gas 的数量。假设用户发起一笔转账交易，该用户填的 Gas 数量是 10 万，而实际执行的时候花完了 10 万 Gas，仍然未执行完这笔交易，此时这笔交易依然是无效的，而且之前花的 10 万 Gas 也会消失。如果实际执行中只花费了 9 万 Gas，那么剩下的 Gas 会还给用户。

5.3.3　IPFS 激励层 Filecoin 的分配制度

Filecoin 的矿工分为两种：存储矿工和检索矿工。检索矿工对于带宽和性能要求较高，而存储矿工对设备并无特殊要求，任何用户都可以参与，因此在 IPFS 中，挖矿通常指的是 Filecoin 的存储矿工。

存储矿工的挖矿行为可以理解为是共享出自己的硬盘资源并获得酬劳。当有用户提出存储需求时，用户需要支付代币作为存储的酬劳。然后，系统会把一个订单拆分成很多小订单，矿工们自动进行抢单，谁的存储空间符合且距离更近、传输速度更快，谁就更有可能抢到一部分存储订单。抢到后，矿工需要用代币进行抵押，以确保自己能够完成存储任务，如果最终顺利完成，那么抵押的代币会被退回，同时获得这个订单的相应酬劳。如果执行过程中出现错误，系统将扣除矿工的抵押代币作为处罚。

本章小结

激励层是公有区块链系统中必不可少且重要的一层，可以吸引更多节点加入并共同维护公有链系统，从而保证系统平稳发展和运行。本章首先介绍了区块链激励层的作用，分别介绍了发行机制和分配机制这两个激励层的组成部分；然后，选择比特币、以太坊、IPFS 作为代表，分别详细介绍了这些系统中的激励层发行机制和分配机制。

思考与练习

1. 在 2012 年时，挖矿奖励为一个区块 50 比特币，网络每 10 分钟产生一个区块，每 4 年产生一个区块链的奖励减半。比特币网络包含比特币奖励的区块有多少个？最后一个包含比特币奖励的区块链会在哪一年挖出？

　　2．简述以太坊中的"幽灵"协议，并分析该协议可以解决比特币发行机制中的问题。

　　3．以太坊中智能合约的执行也需要支付手续费，简述智能合约执行设定手续费的好处。

　　4．Filecoin 代币分配过程中，IPFS 的存储矿工需要根据自己抢到的订单首先质押一定的代币。这种机制可以解决什么问题？

参考文献

[1]　邵奇峰，金澈清，张召，钱卫宁，周傲英．区块链技术：架构及进展[J]．计算机学报，2018(5)．

[2]　毛德操．区块链技术[M]．杭州：浙江大学出版社，2019．

[3]　Filecoin 开发者工具与文档[EB/OL]．https://filecoin.io/zh-cn/build，2019-05-06/2020-10-10．

第6章 智能合约层

本章介绍区块链智能合约的概念和原理，读者可以了解智能合约的作用、开发方法，以及广阔的应用场景。

6.1 智能合约概述

生活中我们经常用到合约：双方或者多方为了保障一个交易的正常进行，签署合约，以文字的形式约定交易流程，明确各自的权力和义务，如商品的交付方式、付款方式和时间等。当交易出现纠纷时，可以将合约作为证据，诉诸法院等第三方机构进行调解或者仲裁，保护相关方的利益。

虽然合约在交易中能够起到一定的保障作用，但也存在一些不足。首先，合约不具备内在的强制执行力，如果一方违约，如商品不符合约定或者买家拒绝付款，只能将合约提交至第三方机构申请强制执行，所需时间难以预期。此外，合约语言文字上的模糊、歧义等也使其约束力大大降低。因此，传统合约在自动化执行程度、违约惩罚能力、执行时间约束等方面存在先天性缺陷。我们需要一个理想化的交易代理，存储所有交易规则并确保可信、公正、安全地执行，同时保护买家和卖家的利益，如代理保存卖家的商品、向买家收款并向其发货。若买家未按约定付款，则拒绝发货；若卖家未提供商品，则向买家退款。

智能合约是以区块链技术为基础，实现可信、公正交易代理的系统。智能合约可以视为区块链上的一个特殊账户，具有两个基本元素：合约存储与合约代码，如图6-1所示。合约保存了合约的所有状态信息，如商品库存数量、交易记录、用户账户余额等，而合约代码以计算机程序的形式表示交易的流程和规则。

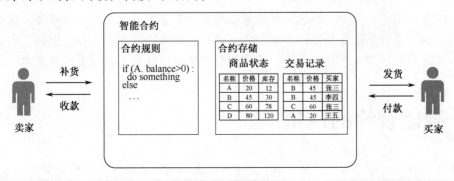

图6-1 智能合约

该系统的交易过程如下。

① 补货：买家将商品保存在智能合约的存储空间中，这里的商品既可以是数字商品，也可以是实物商品的电子化记录。

② 代理交易：智能合约作为卖家的代理与买家交易。买家调用智能合约并发送约定数量的电子货币，智能合约将商品交付买家并保存交易凭证。

③ 收款：买家调用智能合约，将买家支付的电子货币转给自己。

智能合约将所有功能以代码的方式实现，与合约一起保存在区块链上，并分配一个独一无二的地址，任何获得该地址的用户均可以调用智能合约参与交易。

6.2　智能合约的特点

与传统合约不同，智能合约中代理的行为是由代码控制的，并且能够使用区块链提供的优良特性，具有传统合约不具备的优点。

① 交易行为的原子性。在智能合约的交易过程中，发货和付款两个行为被视为一个具有原子性的"事务"，要么全部执行完成，要么一个也不执行，不会出现付款收不到商品或者发货收不到货款的情况。

② 合约内容的明确性。合约由计算机编程语言编写，运行结果具有确定性、唯一性，能够避免传统合约中使用自然语言可能存在的歧义。

③ 交易过程的不可篡改性。智能合约部署在区块链上，每个全节点均保存一份内容同样的副本。合约被调用时，网络中所有全节点都会运行被调用的合约代码，产生相同的运行结果、保存相同的永久交易凭证。因此，合约执行是所有全节点的"共识"，其安全性可以规约到区块链系统的安全性，不超过半数的敌手发起的合谋攻击无法对智能合约进行篡改。

④ 合约执行的强制性。智能合约的交易条款由合约代码规定，合约调用时由区块链节点自动执行，因此具备强制性，交易参与方（卖家或者买家）无法阻止交易执行过程。

智能合约部署时，向区块链上的每个全节点分发一份副本。合约被调用时，每个全节点执行被调用的代码，更新合约存储，并在区块打包时将合约包含其中。随之而来的问题是，需要确保这些节点在运行相同的代码时，必须产生严格确定性的、一致的运行结果。一些特殊的操作，如生产随机数、调用系统 API 等，在不同计算机上可能返回不同的结果，会破坏智能合约交易的一致性。因此，区块链系统一般使用虚拟机技术来消除底层软件和硬件不同造成的运行环境差异。此外，智能合约部署在所有全节点上，每个全节点都需要保存合约代码与合约存储，合约调用发生时，所有全节点平行化地执行相应的代码，造成了大量的算力与存储空间冗余。这是为了获得共识、不可篡改性等安全性要求必须做出的折中。

6.3　智能合约的应用

智能合约具有去中心化、公开透明、不可篡改等特性，能够广泛应用到多种行业和场景。

（1）金融

在传统金融服务中，所有操作流程高度依赖人工参与，整个过程需要耗费较高的人力成本，区块链智能合约能够实现数字身份权益保护、财务数据文件数字化记录、股权支付分割及债务自动化管理、场外衍生品交易处理过程优化、财务所有权转移等应用，让整个流程减少人工操作成本和错误，同时提高效率及透明度。区块链和智能合约不仅可以精确记录财务数据，还可进行管理抵押、资产管理、付款、结算等多种业务。例如，在贷款业务中，可以利用智能合约进行抵押、自动化放款、还款后自动解押等流程的自动化实现，有助于实现整个流程的公开、透明，强化跟踪管理。

（2）政务

区块链去中心化、不可篡改、可信任、可追溯的特性，能够优化政府的工作流程，如通过建立去中心化、自治的系统应用，在智能合约完成基础建设后，通过系统自动化管理，在触发设定的条件时，自动完成自治行为，如移除成员、添加成员、分配资金，审批流程等。

（3）供应链

供应链涉及几个基本流程，如从供应商处购买产品，将其存储在仓库中，下订单，包装所需产品，并将其运输到零售商或客户手中。供应链管理是许多智能链用例之一，可以使供应链更加透明和高效。供应链程序中的每个动作都可以编码为智能合约，可以实时跟踪从工厂到零售商店货架的每个阶段的产品，可以认证已交付产品的来源，减少对供应链流程进行人工干预的需求。

（4）产权

智能合约可以用于财产所有权的交易和转移。首先，财产所有权可以使用去中心化的方式记录在区块链上，并利用智能合约实现自动化交易。设置一定的触发条件，通过智能合约判断条件是否满足，并实现自动化的财产所有权转移。例如，跨境采购可以避免耗时的谈判、烦琐的文档编制和复杂的交易程序。同样，智能合约可用于知识产权交易，财产所有人可以保留作品的电子化所有权证明，使用智能合约声明所有权使用的条件和应当支付的报酬，当有人使用他们的作品时，触发智能合约对使用行为进行记录，并进行自动化付款。

（5）保险

传统的保险理赔需要复杂的流程，从证据采集，文书流转，到审核、赔付，整个过程主要由人工完成，通常需要数周甚至数月的时间，不但耗费大量资源，而且存在人为疏漏造成错误的可能。基于物联网、区块链和智能合约等技术可以实现多种场景下的保险理赔自动化处理。例如，在车辆保险中，车联网通过安装在车辆上的传感器感知交通事故的发生，采集事故时间、位置及其他数据，作为证据通过网络上传至区块链，车主、保险公司、交通管理部门等各方通过区块链实现安全、公开、不可篡改的数据分享，将理赔条件、流程写入智能合约，进行多方、无中心的自动化事故处理和保险理赔。

6.4　比特币智能合约

比特币系统具有编程脚本的功能，实现了基于计算机程序验证数字货币所有权的转移机制。一笔交易的完成是通过比特币节点运行内置的脚本程序来实现的。通过编写适当的脚本可以构造成一些特定的支付条件，实现多种智能合约的功能，如多重签名支付、交易锁定期、保证合同、担保与争端调解等。因此，比特币具有在一定程度上支持智能合约的能力，并被称为"可编程的货币"。但是，比特币脚本只能在堆栈上运行，支持的虚拟机指令非常有限，也没有循环、条件跳转等指令，不是图灵完备的语言，难以支撑复杂的智能合约应用。

在比特币系统中，每笔交易都拥有一个或多个输入和一个或多个输出，基于未花费的交易输出 UTXO（Unspent Transaction Output）实现，即：每笔交易的输入都是基于上一笔交易未被花费的输出。通过这种方式，比特币从一个地址转移到另一个地址，形成了一条所有权链。但是比特币系统没有账户的概念，需要确保交易支付的比特币不被合法接收方之外的攻击者冒名获取。例如，在上一笔交易中，Alice 支付给 Bob 0.1 btc，Bob 花费这 0.1 btc 时应该能够证明自己拥有该 UTXO，并且其他人无法通过假冒 Bob 花费该 UTXO。比特币系统使用内置的脚本程序解决这个问题。每个交易中都包含输入记录和输出记录。输入记录不但包括对前一个交易输出部分的引用，指明该交易花费的数字货币的来源，而且包含一段脚本代码，称为解锁脚本，只有合法接收者才能按照脚本约定出示相应信息（锁的"钥匙"），获得 UTXO。每条输出记录中也包含一段锁定脚本，由交易发起者给出，用于指定接收者，能够提供相匹配信息的用户才能够解锁。

收到一个交易后，比特币网络上的矿工节点会验证交易的发起者是否合法地拥有需要支付的比特币。假设 Bob 已经从 Alice 那里获得了 0.1 btc，相应的交易记为 Tx1，其输出记录为 Tx1_OUT1。在交易中，Alice 指定了一个只能由接收者 Bob 打开的"锁"，除 Bob 外的所有人无法使用这 0.1 btc（如图 6-2 所示）。Bob 想将这 0.1 btc 支付给 Joe，他构建一个新的交易记录 Tx2，在 Tx2 输入记录中包含对之前交易输出 Tx1_OUT1 的引用，以及一段用 Bob 的私钥签名过的"钥匙"（解锁脚本）；交易 Tx2 的输出记录 Tx2_OUT1 中不但包含本次支付的 0.1 btc，Bob 还需要设置一个只有接收人 Joe 才能开启的"锁"（另一个锁定脚本）。这个新的交易 Tx2 被 Bob 发送给矿工，只有通过了矿工对解锁脚本有效性的验证后，这笔交易才会被记录到区块链的账本中。此时也意味着 Bob 完成了一个接收+花费比特币的典型场景。此时，输出 Tx1_OUT1 由于被 Tx2 中的输入成功使用，会被系统标记为已花出。如果尝试利用它再次构建交易，会被矿工认定为"双花"而拒绝。与之相对，输出 Tx2_OUT1 由于尚未被任何输入使用，故被称为未花费输出（即 UTXO）。

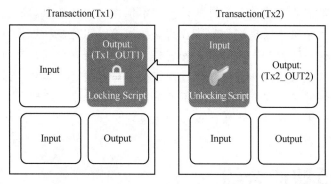

图 6-2　锁定脚本和解锁脚本

比特币底层使用脚本编程语言来实现"锁"和"钥匙"的功能。比特币的脚本语言是一种基于栈的且定义了由操作码（opcode）组成的指令集合，如 OP_2 表示将数值 2 推至栈顶，

OP_ADD 表示将栈顶的两个元素相加，OP_EQUAL 表示若栈顶上两个元素相等，则返回 TRUE，否则返回 false。比特币虚拟机（BVM）被引入比特币节点。BVM 将锁定脚本连接在解锁脚本的后面，从而形成完整的执行脚本。这个完整的脚本会被 BVM 执行。执行完毕，如果栈顶元素的布尔值为 true，那么认为脚本执行成功，否则认为脚本执行失败。在 Alice 给 Bob 支付 0.1 btc 的交易 Tx1 中，Alice 创建的输出脚本类似如下格式：

OP_DUP OP_HASH160 abcd1234…9876 OP_EQALVERIFY OP_CHECKSIG

其中，OP_DUP、OP_HASH160、OP_EQALVERIFY、OP_CHECKSIG 分别表示复制、哈希、检查是否相等和签名校验操作，abcd1234…9876 是 Bob 的公钥哈希值。这个脚本的作用是：如果一个用户能够出示一个哈希值为 abcd1234…9876 的公钥，同时出示一个与此公钥对应的私钥生成的签名，就能证明自己是这 0.1 btc 的合法拥有者。

在 Alice 生成交易输出时，嵌入的 abcd1234…9876 是 Bob 的公钥的哈希值，Bob 拥有该公钥/私钥对，可以用私钥生成合法签名。Bob 之外的攻击者虽然也可能获得 Bob 的公钥，但没有相应的私钥，无法生成合法签名，因此无法假冒 Bob 获得这笔输出。同时，任意矿工可以验证签名与公钥是否匹配，从而验证交易是否有效。

矿工收到 Bob 的交易 Tx2 时，为验证交易的合法性，即确认 Bob 是否真正拥有他想要支付的 0.1 btc，按如下步骤执行。

① 找到 Bob 获得这 0.1 btc 的交易 Tx1，将 Tx2 的解锁脚本和 Tx1 的锁定脚本按照如图 6-3 所示的方式连接。

图 6-3　解锁脚本和锁定脚本的连接

② 在比特币虚拟机中建立堆栈，从左至右地运行组合后的脚本。

③ 将 sig（Bob 在 Tx2 中用自己的私钥生成的签名）入栈，如图 6-4 所示。

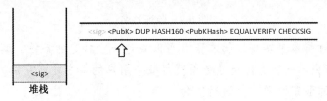

图 6-4　将 sig 入栈

④ 将 PubK（Bob 在 Tx2 中出示的自己的公钥）入栈。

⑤ OP_DUP 复制栈顶元素，即复制 PubK，如图 6-5 所示。

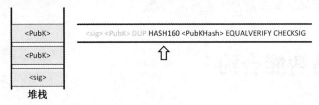

图 6-5　复制栈顶元素

⑥ OP_HASH160 执行哈希操作，即计算 PubK 的哈希值，如图 6-6 所示。

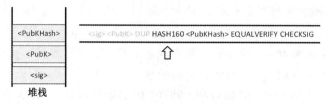

图 6-6　执行哈希操作

⑦ 将 Alice 在 Tx1 中指定的接收人公钥的哈希值 abcd1234…9876 放入栈顶。

⑧ 执行 OP_EQALVERIFY 操作，验证栈顶两个元素是否相等（如图 6-7 所示），即：Bob 出示的公钥的哈希值与 Alice 给出的公钥哈希值是否一致，若一致，则从堆栈中移除这两个元素，继续执行下面的脚本。

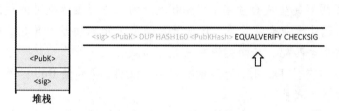

图 6-7　验证栈顶元素是否相等

⑨ 执行 OP_CHECKSIG，验证 Bob 给出的签名 sig 是否是由公钥 PubK 对应的私钥产生的，如图 6-8 所示。若验证通过，则在栈顶放入 TRUE。

图 6-8　验证签名

由于交易是通过脚本来实现，脚本语言可以表达一些特定的条件，实现如下场景。

① 多重签名应用：一个支付交易必须获得多个用户的签名才能完成。例如，在合伙企业中，限制超过半数的股东同意才能进行支付。

② 担保和争端调解：两个互不信任的用户进行交易，当交易出现问题时，可由指定的第三方进行裁决，使用裁决者的签名和裁定认可的一方共同签名来兑现这笔交易。

③ 保证合同/集资：一个项目需要多个共同出资才能实施，筹集的资金达不到要求的项目取消，达到要求时每个集资用户才真正地付款。

6.5　以太坊智能合约

与比特币的脚本相比，以太坊提供了图灵完备的智能合约，是一种比较大的进步。比特币是数字资产作为价值的载体，而以太坊超越了数字资产属性，赋能去中心化应用，使得去中心化的全球分布式计算机变为可能。

6.5.1 以太坊账户模型

智能合约是以太坊网络上的一种特殊账户。以太坊账户分为两类，用户账户和智能合约账户。用户账户包括两部分：账户地址和账户余额。而智能合约账户包括如下项目。

① 账户地址：与普通账户相同，是账户在以太坊上的唯一识别符。

② 账户余额：意味着智能合约可以拥有数字资产，可以用账户代码对这些资产进行处理。

③ 合约代码：智能合约的代码是编译好的字节代码，在以太坊节点上运行。合约代码在智能合约创建时生成，包含可以调用的函数。

④ 状态代码：在智能合约中声明的字段和变量，表示智能合约的当前状态。它的工作方式与编程语言中类的字段变量相同，唯一的区别是这个对象是在以太坊节点中永久存在的。

以太坊允许一个智能合约调用另一个智能合约，从而实现智能合约之间的转账等操作。下面的代码给出了一个简单的智能合约的例子。

```
1        contract Counter {
2            uint counter;
3            function Counter() public {
4                counter = 0;
5            }
6            function count() public {
7                counter = counter + 1;
8            }
9        }
```

第 1 行定义了一个名为 Counter 的智能合约，第 2 行定义了一个无符号整数变量，该变量的值就是合约当前的状态。第 3～5 行是智能合约的构造函数，对变量 counter 进行了初始化，然后在第 6～8 行定义了函数 count()，其功能是将变量进行自增操作，当该函数被调用时，所有人都能看到该智能合约在区块链上的状态会加 1。

如图 6-9 所示，智能合约部署到区块链网络上需要完成如下任务：① 分配一个账户地址，如 0x16E0022b17B；② 初始化账户余额；③ 上传合约代码；④ 初始化合约状态变量。

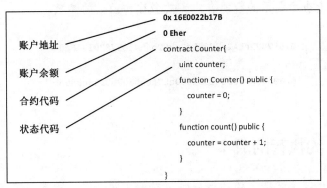

图 6-9　以太坊智能合约

6.5.2　以太坊智能合约的调用

在比特币中，用户只能做一种类型的交易：转账。比特币包括 to、from 和 amount 三个字段，即付给谁，谁来付钱，付多少钱。这使比特币成为一种数字现金的存储和流通工具，在用户之间实现价值的转移。

以太坊智能合约中增加了 data 字段，支持如表 6-1 所示的交易。

表 6-1　以太坊智能合约支持的交易

字段内容	交易类型		
	转账（与比特币相同）	创建智能合约	调用智能合约
to	接收账户地址	空（作为创建智能合约的触发条件）	智能合约账户地址
data	空，或者自定义的附加消息	编译后的字节码（智能合约代码）	调用的智能合约函数名称及其参数
from	转账发起者	智能合约创建者	合约调用者账户
amount	转账金额	0，或者合约创建者放在智能合约账户的金额	0 或者任意数量的金额，支付给智能合约，用于购买商品或者服务

具体操作过程如下。

① 转账：向一个以太坊地址发送一定数目的以太坊代币，如向账户 0x687422…85 进行转账，金额为 0.0005。

```
{
    to:        '0x687422eEA2cB73B5d3e242bA5456b782919AFc85'
    amount:    0.0005
    data:      '0x'
}
```

② 创建智能合约。创建智能合约是一种特殊的转账交易，其 to 字段为空，表示创建一份智能合约，data 字段包含编译过的智能合约字节码。

```
{
    to:        ''
    amount:    0.0
    data:      '0x6060604052341561000c57fe5b60405160c0806…'
}
```

③ 调用合约。智能合约的调用也以转账交易的方式进行，其中 to 字段表示智能合约账户的地址，data 字段表示调用的智能合约函数名称和函数的参数。

```
{
    to:        '0x687422eEA2cB73B5d3e242bA5456b782919AFc85'
    amount:    0.0
    data:      '0x6060604052341561000c57fe5b60405160c0806…'
}
```

6.5.3　智能合约执行的成本

当一个用户发起某个智能合约的调用时，以太坊网络中的所有全节点都会在自己的以太坊虚拟机（Ethereum Virtual Machine，EVM）中运行被调用的智能合约，造成了大量重复的存储空间浪费和算力消耗。为了防止恶意用户发起蓄意攻击造成资源滥用，以太坊规定在智能合约的调用过程中，要对每个运算步骤收取一定的费用，Gas 就是以太坊使用的收费单位，用来衡量一个指令或者动作需要耗费的计算机资源的数量，即俗称的汽油费。例如，乘法运算的价格是 5 Gas，加法是 3 Gas。

同时，需要对 Gas 本身指定以太币 Eth 为单位的价格。针对每次的智能合约调用，需要给出每单位 Gas 愿意支付的价格水平，即 gasPrice。将愿意支付的 Gas 总量乘以指定的 gasPrice 才是运行智能合约支付的全部费用。如果设定的 gasPrice 太低，那么没有节点会在第一时间去运行该合约，造成调用不会被矿工优先执行并包括在区块链中。gasPrice 可以使用建议的数值，目前约为 5~21 Gwei（1 Gwei 为 10^9 wei 或 10^{-9} Eth）。智能合约部署或者被调用时，Gas 将从发起者的账户余额中扣除。

发起智能合约调用必须提供足够的 Gas，足以支付合约代码执行完毕所需的计算和存储费用。代码执行完毕时剩余的 Gas 将退还，但是如果调用者给出的 Gas 太少，造成智能合约代码执行结束之前 Gas 已经消耗完，那么矿工将立即停止智能合约的运行，不再执行剩余代码，也不会退回已经扣除的 Gas。

6.5.4　以太坊虚拟机

以太坊网络上的主机可能运行在不同的硬件平台上，使用的操作系统也会有不同，但同一个智能合约在不同的节点上运行需要有确定的、相同的结果，不能因为系统架构的差异破坏区块链系统的一致性，因此需要使用一定的技术手段为智能合约创造一致的运行环境。现有主流的区块链架构对智能合约执行环境的设计主要分为两种：虚拟机和容器。它们的作用都是在一个沙盒中执行合约代码，并对合约所使用的资源进行隔离和限制。

虚拟机技术是指能够像真实机器一样执行程序的计算机的软件实现，可以分为两种：有些虚拟机会模拟出一个完整的物理计算机，如 VMware、Hyper-V 等，可以在其上安装操作系统和应用程序；另一些虚拟机只提供了硬件的抽象层，而与具体的底层硬件无关，如 Java 虚拟机（JVM）。区块链智能合约的设计很难采用模拟完整物理计算机的模式，因为这种方式会消耗大量的资源并严重影响性能，且很难兼容不同的硬件架构。绝大多数区块链会采用更轻量级的虚拟机架构，如以太坊开发了 EVM，R3 Corda 则直接采用了 JVM，一些区块链采用了 V8 引擎——Google 公司的 Java 引擎（虚拟机）。EVM 是一种沙盒封装、与物理机完全隔离的虚拟机，是智能合约的运行环境，运行在其中的代码不仅无法直接访问物理机文件系统、其他进程和网络，同一个 EVM 中运行的多个智能合约之间的访问也是受限的。

EVM 有三种存储的方式：账户存储、内存和栈。首先，每个账户都具有一块持久化的存储区域，称为账户存储。这部分数据是以持久化的方式存储在区块链上，而不是在 EVM 的内存中，因此是非易失的，存储内容不会随着合约调用的结束而丢失。该存储是一个键-值对结构的稀疏散列表，其中键和值的长度都是 256 位。账户存储被持久性地保存在区块链上。账户存储需要在每个全节点上保留副本，存储成本很高，修改一个非 0 值、将 0 值赋值为非 0 分别需要消耗 5000 Gas 和 20000 Gas。

内存是线性的，可按字节级寻址。每次合约调用时虚拟机分配一块空白内存区域，内存耗尽时将按字进行扩展（每个字是 256 位）。EVM 不限制最大内存容量，但是扩容将消耗一定数量的 Gas，随着内存使用量的增长，其费用会以平方级别增高。与账户存储不同，内存是易失性的，智能合约运行结束后所占的内存空间将被释放，下一次调用又从新的空白内存开始。因此，内存一般只用来保存中间结果。

与常见的个人计算机不同，以太坊虚拟机执行运算不是基于寄存器的，而是基于栈的。栈以字为单位，每个字的长度为 256 位，栈最大有 1024 个元素。对栈的访问只限于其顶端：将一个元素放入栈的顶部，或者从栈的顶部取出一个元素。栈是以太坊虚拟机的底层实现机制，在使用高级语言进行智能合约开发时一般不会直接使用栈操作。

6.5.5　智能合约在以太坊中的生命周期

1. 智能合约的创建

以太坊支持使用多种智能语言编写智能合约，如 Solidity、Serpent、LLL 等。其中，Solidity 是使用最广泛的语言。使用高级语言编写的源代码无法直接在 EVM 中运行，需要编译为字节码。

① 创建者编写智能合约，编译，打包为一个交易，并将其发送到以太坊网络中。

② 以太坊网络的节点收到该交易，检查交易的格式是否正确，验证交易签名是否有效，计算该交易可能消耗的 Gas 数量，并在区块链上查询创建者的账户余额是否有足够的金额进行支付，如余额不足，则返回一条错误信息。

③ 接收节点将创建智能合约的交易保存在存储池中，通过以太坊网络向其他节点广播该交易，其他收到交易的节点重复②中的检查和验证过程。

④ 节点竞争记账权并生成新的区块。获得记账权的节点对存储池中所有收到的合约创建相应的合约账户、部署合约，生成合约账户的地址（基于发送者地址与随机数生成），并将该地址发送给合约创建者。

⑤ 获得记账权的节点将新生成的区块在区块链网络中广播，其他节点接收到区块后，检查并验证智能合约的正确性和合法性，并部署智能合约。

2. 智能合约的调用

① 调用者生成一个交易，其中 to 字段填入智能合约的账户地址。该交易被发送到以太坊网络。

② 网络上的全节点 B 收到该交易，检查交易的格式是否正确，验证签名是否合法，并检查交易中的 gasLimit、gasPrice 字段，从发送方账户中扣除相应的金额，若余额不足，则返回一条错误信息，丢弃交易。

③ 接收节点将交易通过以太坊网络转发到其他节点，其他节点重复①中的操作。

④ 全节点竞争记账权，获得记账权的节点在本地 EVM 上运行被调用的智能合约代码。若在代码运行完毕前，指定的 Gas 已经消耗完，则停止运行，并将状态恢复到运行之前，但不退回已经消耗的 Gas。

⑤ 接收节点将交易请求和生成的区块在以太坊网络上广播。收到区块的节点检查并验证区块，在自己的 EVM 上运行其中的智能合约，并将运行结果进行交叉比对，若结果相同，则同步自己的区块链。

6.5.6 以太坊智能合约实例

本节给出一个使用 Solidity 语言编写的简单智能合约例子，读者可以学习智能合约的开发环境和创建、调用方法。本合约实现一个简单的加密货币系统，利用该合约，任何人都可以发行自己的加密货币，并且允许用户进行转账操作。合约代码如下：

```solidity
1        pragma solidity >0.5.99 <0.8.0;
2
3        contract Coin {
4            address public minter;
5            mapping (address => uint) public balances;
6
7            event Sent(address from, address to, uint amount);
8
9            function Coin() public {
10               minter = msg.sender;
11           }
12
13           function mint(address receiver, uint amount) public {
14               require(msg.sender == minter);
15               require(amount < 1e60);
16               balances[receiver] += amount;
17           }
18
19           function send(address receiver, uint amount) public {
20               require(amount <= balances[msg.sender], "Insufficient balance.");
21               balances[msg.sender] -= amount;
22               balances[receiver] += amount;
23               emit Sent(msg.sender, receiver, amount);
24           }
25       }
```

第 1 行，pragma 告知编译器如何处理源代码，含义是源代码的运行环境是 Solidity 的 0.5.99 版至 0.8.0 版。

第 3 行声明了一个名为 Coin 的智能合约。Solidity 中，合约的含义就是一组代码（函数）和数据（状态），它们位于以太坊网络的一个特定地址上。

第 4 行使用 address public minter 声明了一个可以被公开访问的 address 类型的状态变量。address 类型是一个 160 位的值，不允许任何算术操作，适合存储合约地址或外部人员的密钥对。关键字 public 自动生成一个函数，允许用户在该合约之外访问这个状态变量的当前值。

第 5 行的 mapping 函数建立一个键-值的对应关系，可以通过键来查找值，类似 Python 中的字典。这个映射的名字是 balances，权限类型为 public，键的类型是地址 address，值的类型是 uint 型。

第 7 行定义了一个事件（event）。在本例中，事件会在第 23 行，send()函数的最后一行被发出。智能合约中，用户可以监听区块链上发送的事件，而不会耗费太多系统资源。一旦某个智能合约发出了一个事件，监听该事件的合约都将收到通知。

第 9 行的 Coin 函数是智能合约的构造函数，在创建合约时被自动运行，无法在事后调用。在构造函数中，永久存储创建合约的用户的地址 msg。该函数中的 msg.sender 是函数调用者的来源地址。

最后，真正被用户或其他合约所调用的，以完成本合约功能的方法是 mint 和 send 函数。mint 函数中，require 是判断一个条件是否满足的函数，若该函数给定的条件不满足，则不再执行后面的语句，即：mint 要求调用者是合约创建者，否则不会执行后面的转账操作。而 send 函数可被任何人用于向他人转账，该函数先检查发送者账户中是否有充足的燃料，再进行转账操作。

可以在以太坊的在线编译环境 Remix 中调试和运行该合约。Remix 是以太坊官方开源的 Solidity 在线集成开发环境，可以使用 Solidity 语言在网页内完成以太坊智能合约的在线开发、在线编译、在线测试、在线部署、在线调试与在线交互，访问地址为 https://remix.ethereum.org/。用 Remix 界面的左上角的添加功能新建一个文件，文件名命名为 coin.sol，并输入代码，如图 6-10 所示。

图 6-10　Remix 在线编译器

在左窗格中可以选择不同的 Solidity 版本。单击编译按钮，即可自动编译合约。单击创建按钮，会在内存中将该智能合约创建为一个实例。

6.6　Hyperledger Fabric 智能合约

在 Hyperledger Fabric 中，智能合约被称为链码（Chaincode），是用户根据业务逻辑编写的智能合约代码，被部署在 Fabric 网络节点的 Docker 容器中，是客户端程序与 Fabric 之间的桥梁，可以被用户在外部发起调用，负责与账本之间的交互（如图 6-11 所示）。链码支持 Go（支持最完善）、Java 等语言的开发。

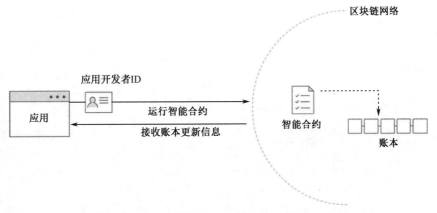

图 6-11　Fabric 中的链码

链码可以分为系统链码和普通链码。智能合约通常指的是普通链码，用于在区块链应用程序中实现业务逻辑，系统链码则用于系统管理。与普通链码需要独立沙盒环境运行不同，系统链码在 Peer 服务启动时随 Peer 节点注册，同 Peer 节点一起运行。

1. 链码的生存周期

① 安装：链码在编写完成后，需要部署在 Fabric 网络中的 Peer 节点上，同时注明版本号，完成安装过程。

② 实例化：在 Peer 节点上安装的链码需要经过实例化才能真正被激活可用，实例化的过程包括链码编译、打包、封装 Docker 容器镜像等步骤。

③ 调用：实例化后的链码可以被用户在 Peer 外部进行远程调用，充当用户与账本之间的桥梁，进行查询、写入等操作。调用包括 Invoke 和 Query 查询。

④ 升级：Peer 节点上的链码具有可升级的特点，可以把更新版本的链码通过 install 操作，安装到当前运行链码的 Peer 节点上。

2. 链码的调用和编写

下面以 Hyperledger Fabric 系统自带的一个示例网络（github.com/chaincode/chaincode_example02/go/）和链码介绍链码的常用操作。

（1）查询账本

查询账本是利用链码在账本上执行读取操作。数据以键值对的方式进行存储，用户可以查询单个或者多个键，并在键上执行复杂的检索操作，如图 6-12 所示，应用程序通过网络将查询请求提交给链码，链码作为应用程序的代理在账本上执行操作并返回结果。

查询所有车辆的函数 queryAllCars( ) 已经编写好，并放在 query.js 中，我们可以使用下面的命令，返回账本中所有车辆的列表：

```
node query.js
```

返回的信息如下

```
Successfully loaded user1 from persistence
Query has completed, checking results
Response is
[{"Key":"CAR0", "Record":{"colour":"blue","make":"Toyota","model":"Prius","owner":"Tomoko"}},
 {"Key":"CAR1", "Record":{"colour":"red","make":"Ford","model":"Mustang","owner": "Brad"}},
```

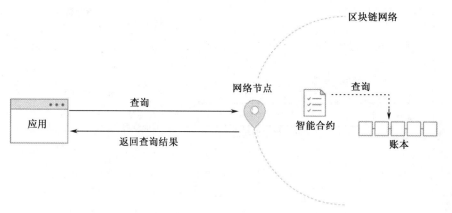

图 6-12　账本查询

```
{"Key":"CAR2", Record":{"colour":"green","make":"Hyundai","model":"Tucson","owner": "Jin Soo"}},
{"Key":"CAR3", Record":{"colour":"yellow","make":"Volkswagen","model":"Passat","owner ":"Max"}},
{"Key":"CAR4", "Record":{"colour":"black","make":"Tesla","model":"S","owner":"Adriana "}},
{"Key":"CAR5", "Record":{"colour":"purple","make":"Peugeot","model":"205","owner": "Michel"}},
{"Key":"CAR6", Record":{"colour":"white","make":"Chery","model":"S22L","owner":"Aarav "}},
{"Key":"CAR7", "Record":{"colour":"violet","make":"Fiat","model":"Punto","owner":"Pari "}},
{"Key":"CAR8", "Record":{"colour":"indigo","make":"Tata","model":"Nano","owner": "Valeria"}},
{"Key":"CAR9", "Record":{"colour":"brown","make":"Holden","model":"Barina","owner":"Shotaro"}}]
```

返回了账本中记录的 10 辆汽车，每辆汽车存储了颜色、生产厂商、型号、车主四项信息。其中，CAR0～CAR9 是键，车辆的属性是值。

下面使用代码编辑软件（如 VS Code、Atom 等）打开 query.js 文件，查看其源代码：

```
var channel = fabric_client.newChannel('mychannel');
var peer = fabric_client.newPeer('grpc://localhost:7051'); channel.addPeer(peer);
var member_user = null;
var store_path = path.join(__dirname, 'hfc-key-store'); console.log('Store path:'+store_path);
var tx_id = null;
```

代码中定义了一些变量，如通道的名字。具体查询的语句如下：

```
// queryCar chaincode function - requires 1 argument, ex: args: ['CAR4'],
// queryAllCars chaincode function - requires no arguments , ex: args: [''],
const request = {
    // targets : --- letting this default to the peers assigned to the channel
    chaincodeId:    'fabcar',
    fcn:            'queryAllCars',
    args:           ['']
};
```

运行该应用，调用 Peer 节点的 fabcar 链码，运行其中的 queryAllCars()函数，该函数不需传递参数。查看 rabric-samples 下的 chaincode/fabca/go，打开 fabcar.go 源文件，其中还有其他可用函数：initLegger()、queryCar()、qureyAllCars()、createCar()、changeCarOwner()。

在源代码中定位到 queAllCars()函数，分析它与账本的交互过程。

```
func (s *SmartContract) queryAllCars(APIstub shim.ChaincodeStubInterface) sc.Response {
    startKey := "CAR0"
    endKey := "CAR999"
```

```
resultsIterator, err := APIstub.GetStateByRange(startKey, endKey)
```

其中定义了 key 的范围：CAR0～CAR999。图 6-13 给出了应用调用链码中函数的过程。每个函数定义了一个交互的功能和方法，从而使得智能合约能够调用该函数对账本进行相应的操作，实现应用程序的功能。

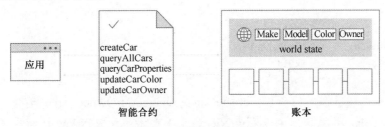

图 6-13　调用链码中的函数

除了 queryAllCars 函数，还有 createCar 函数，允许应用程序更新账本，追加一个新的数据块。

下面对 query.js 文件进行修改，将 queryAllCars 函数改为 queryCar 函数，并允许向该函数传递参数。代码如下：

```
const request = {
    // targets : – letting this default to the peers assigned to the channel chaincodeId: 'fabcar',
    fcn:        'queryCar',
    args:       ['CAR4']
};
```

保存文件，并返回 fabcar 目录，再次使用命令 node query.js 运行程序，将看到如下信息：

```
{"colour":"black","make":"Tesla","model":"S","owner":"Adriana"}
```

queryCar 函数能够查询任意指定的键，得到账本中相应的信息。

（2）更新账本

先向账本中添加一些数据，账本更新先进行提案、背书，再返回应用程序，应用程序将更新发送到排序节点，最后更新，被写入每个 Peer 节点的账本，如图 6-14 所示。

图 6-14　账本更新

对账本做的第一个更新是创建一项新的数据。我们使用 invoke.js 脚本进行更新，打开源代码编辑器，找到下面的代码块：

```
// createCar chaincode function – requires 5 args, ex: args: ['CAR12', 'Honda',
// →'Accord', 'Black', 'Tom'],
```

```
// changeCarOwner chaincode function - requires 2 args , ex: args: ['CAR10', 'Barry'],
// must send the proposal to endorsing peers
var request = {
    // targets: let default to the peer assigned to the client
    chaincodeId:    'fabcar',
    fcn:            '',
    args:           [''],
    chainId:        'mychannel',
    txId:           tx_id
};
```

可以看到我们能够调用的函数：createCar 或 changeCarOwner。首先创建一个新的记录，名为 red Chevy Volt，并将其车主设置为 Nick。由于账本中的车辆 key 已经有了 CAR9，可以使用 CAR10 作为新记录的 key，改写如下：

```
var request = {
    // targets: let default to the peer assigned to the client chaincodeId: 'fabcar',
    fcn:        'createCar',
    args:       ['CAR10', 'Chevy', 'Volt', 'Red', 'Nick'],
    chainId:    'mychannel',
    txId:       tx_id
};
```

将其存储为 invoke.js，并且运行 node invoke.js，将出现如下输出：

```
The transaction has been committed on peer localhost:7053
```

如果查看已经写入的交易，那么在 query.js 中将查询参数从 CAR4 改为 CAR10，重新运行查询即可。代码

```
const request = {
    // targets : - letting this default to the peers assigned to the channel chaincodeId: 'fabcar',
    fcn: 'queryCar',
    args: ['CAR4']
};
```

修改为

```
const request = {
    // targets : - letting this default to the peers assigned to the channel chaincodeId: 'fabcar',
    fcn: 'queryCar',
    args: ['CAR10']
};
```

保存，并再次运行 node query.js，返回的信息如下：

```
Response is {"colour":"Red","make":"Chevy","model":"Volt","owner":"Nick"}
```

下面的操作是改变车辆的主人，返回 invoke.js，修改如下：

```
var request = {
    // targets: let default to the peer assigned to the client chaincodeId: 'fabcar',
    fcn: 'changeCarOwner', args: ['CAR10', 'Dave'], chainId: 'mychannel', txId: tx_id
};
```

参数值 CAR10 为要修改的车辆，参数值 Dave 为修改后的车辆主人。

保存并运行代码，再次运行查询，得到的信息如下：

```
Response is {"colour":"Red","make":"Chevy","model":"Volt","owner":"Dave"}
```

车辆主人已经被修改成了 Dave。

本章小结

本章介绍了智能合约的概念、原理、特点和应用，详细阐述了常见的区块链应用，如比特币、以太坊和超级账本的智能合约，介绍了智能合约的开发、部署和调用方法。

思考与练习

1．基于 Remix 在线编译环境编写一个简单的以太坊智能合约，实现账户余额查询、转账的基本功能。

2．简述智能合约的典型应用场景。

3．简述比特币脚本的执行过程。

4．简述以太坊智能合约的创建、部署和调用的过程。

5．简述超级账本中应用程序通过链码与区块链账本进行交互的过程。

参考文献

[1] Satoshi Nakamoto．Bitcoin：A Peer-to-Peer Electronic Cash System, 2009.

[2] 闫莺，郑凯，郭众鑫．以太坊技术详解与实战[M]．北京：机械工业出版社，2018.

[3] Ethereum Whitepaper. https://ethereum.org/en/whitepaper/.

[4] Hyperledger-fabricdocs Documentation, https://hyperledger-fabric.readthedocs.io/en/release-1.1/index.html.

第7章 应用层

区块链技术去中心化、不可篡改、可追溯、多方共识等特点使其技术应用覆盖到数字金融、政务、溯源、教育、智能制造等众多领域（如图7-1所示）。

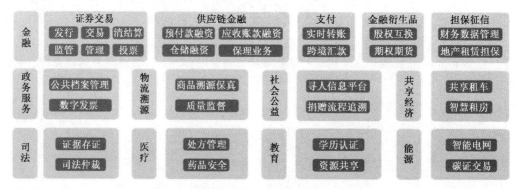

图7-1 区块链产业图景（来自腾讯白皮书）

7.1 区块链的金融应用

金融与区块链技术有天然的联系，也是区块链应用的最适合场景。

1. 供应链金融

供应链金融现有痛点问题主要为：① 中小企业融资难、融资贵、成本高、周转效率低；② 供应链金融平台、核心企业系统交易真实性难以验证，导致资金端风控成本高；③ 供应链生态中的信息流、商流、物流和资金流等"四流"信息互通不畅，导致信息无法及时共享、信任难以建立、企业信用无法传递、流程手续复杂等问题。

解决方案：① 利用区块链的公开透明，以及通过信息共享、不可篡改、可追溯等特性，重塑供应链金融信用体系；② 通过智能合约实现上下游企业资金的及时拆分、流转，解决中小企业融资难、融资贵的问题。

2. 贸易融资

贸易金融现有主要痛点问题为：① 由于银行需要核验交易双方大量信息、数据与款项等，存在核验流程复杂烦琐、时效性差和信息不透明等问题；② 交易各方信息不透明、不一致、不完整，使交易面临风险高和融资成本高的风险。

解决方案：① 利用区块链技术使贸易融资各方拥有一致的账本，省去对账环节，打通贸易数据流，提升效率；② 通过将数据上链，降低人为操作风险，由于链上数据的不可篡改性，使银行能够更便捷地核实数据真伪，进行身份和信息的验证和对比，有效降低造假风险，避免重复融资及融资诈骗。

3. 征信

征信系统存在的痛点为：现有各征信机构之间信息共享难，存在严重的"数据孤岛"，导致信用信息不全面。

解决方案：利用区块链，可以在公正透明的环境中收集和共享数据，最大限度集中数据，促进征信体系数据共享和多方联通。

4. 交易清算

交易清算存在的痛点问题为：清算业务环节多，清算链条长，导致对账成本高、耗时长、容易出错等问题。

解决方案：利用区块链分布式存储的特点，保证每个公司或者部门共享同一份账本，大大节省对账时间，同时提高各方共同协作能力，减少清算环节，提高工作效率及准确率。

5. 积分共享

积分共享存在的痛点问题为：① 传统积分模式中积分发行不透明，消费者无法及时准确地查询自己的消费积分，导致用户对商家不信任；② 各商家之间的积分清算复杂，安全性低，平台运营难度较大；③ 积分主要在商家之间流通，用户之间一般不能共享，积分的流通性差；④ 传统积分模式采用中心化业务模式，缺乏公信力。

解决方案：① 利用区块链的公开性、开放性使得基于区块链的积分系统实现用户相互导流，互补消费，提升积分流通性；② 利用区块链的去中心化以及公开透明的特点提升积分系统的公信力；③ 利用加密算法以及数据共享特点，使积分清算更便捷安全。

此外，区块链在保险、证券等金融领域也有诸多应用场景。

7.2 区块链的实体经济应用

区块链技术的核心价值在于，通过多方共治建立多方互信，对降低经济社会整体信用成本、提升实体经济产业协作效率、促进产业资源进一步优化配置、促进实体经济高质量发展具有十分重大的意义。

1. 商品溯源

商品溯源存在的主要痛点为：现有的溯源场景中，商品在整个生命周期中涉及多个不同机构和不同流程，溯源信息的可靠性和真实性是主要困扰问题。

解决方案：利用区块链不可篡改、可追溯的特性，有效解决商品的全流程数据真实性问题，减少信息的恶意篡改。但是需要注意的是，如何保证上链信息的真实性是目前区块链的一大难点，有效的解决方案是与物联网技术结合，传感器采集的数据直接上链，保证源头的真实性。

2．版权保护与交易

版权保护与交易存在的痛点为：传统版权保护与交易流程不透明，由于需要相关中介参与，存在版权内容访问、分发和获利环节多等问题，且传统版权保护存在维权成本高、取证困难、侵权者难以追溯等问题。

解决方案：① 利用区块链去中心化网络、密码学等技术，进行版权注册、登记、支付、交易、证明等，能有效保护版权，减少侵权行为，降低取证难度；② 结合基于区块链的发币方法，利用智能合约、智能钱包和微支付等手段，降低版权支付与交易的成本，提高交易效率。

3．数字身份

数字身份存在的痛点为：① 虽然目前网络身份基本实现了实名化，但用户仅仅获得了某个系统的身份认证，同一个人在不同中心化系统中的信息处于隔离状态，系统之间的相互认证非常复杂，难以进行一致性协同管理；② 在不同应用场景所需的身份信息不尽相同，存在严重的身份隐私安全问题，同时个人对自己身份信息的使用没有掌控权。

解决方案：① 利用区块链的分布式账本技术，实现多方对数字身份信息的加密共享，实现不同系统对同一身份的认证；② 采用非对称加密算法对用户的身份属性信息进行加密，并将哈希摘要值存储在区块链账本中，供其他节点验证用户的身份，不直接将用户的隐私数据存在区块链上，这样既能保证用户信息不泄露，也能验证用户的真实性。密码机制使得用户可以根据实际需要有选择性地公开身份信息，使用户对自己的身份拥有绝对的使用权和控制权。

4．电子证据存证

电子证据存证存在的痛点为：① 司法机构、仲裁机构、审计机构的取证成本、仲裁成本高；② 多方协作效率低下，对于电子证据来源的真实性、可靠性、内容完整性、证据间的关联性无法判定。

解决方案：① 利用区块链的哈希技术、电子签名、时间戳技术，保证电子证据的真实性和可追溯；② 利用区块链的分布式存储和公开透明的特性，使各机构之间实现数据共享，提高协作效率。

5．物联网

物联网存在的痛点为：目前的物联网数据流都汇总到单一的中心控制系统，随着低功耗广域技术的持续演进，可以预见的是，未来物联网设备将呈几何级数增长，中心化服务成本难以负担。

解决方案：利用区块链去中心化的特性，改善数据存储中心化、物联网结构中心化的现有状态，减少物联网对中心结构的依赖，防止由于中心结构的损坏导致的整个系统瘫痪。

6．公益

公益的最大痛点是信任，实现信息公开透明、提高运行效率、降低运营成本的良好机制。

解决方案：区块链技术本身可以很好地解决信任问题，同时保证链上记录的数据都是安全可靠、公开透明。

7．工业互联网

工业互联网的特点为：① 工业领域涉及各种生产设备的高度协同，这些设备的身份辨识可信、身份管理可信、设备的访问控制可信是协同基础和安全基础；② 工业生产产业链上下游企业对信息共享的需求日益强烈。

解决方案：利用区块链的共享账本、智能合约、隐私保护三大技术，为工业互联网提供企业间协同的数据互信、互连、共享和安全保障。

8．大数据交易

大数据交易存在的痛点为：① 当前互联网环境中，大量用户数据掌握在少数巨头企业中，不但容易形成数据孤岛，而且用户数据的使用缺乏透明度，存在数据滥用、隐私泄露等问题，用户对自身数据没有控制权；② 缺少数据确权、数据价值评估及数据维权方法，数据交易缺乏依据；③ 数据交易市场缺乏信任机制，数据交易不规范且存在较大风险，监管难。

解决方案：区块链技术为数据确权、定价、维权提供了解决思路，可构建经政府许可的多方可信网络，技术服务商、数据提供商、数据交易中介、监管部门都可作为节点参与到网络中，任何一笔交易都将经多方验证后成立，保障了数据交易的公平性，同时交易具有不可篡改且可追溯的特性。

9．电子政务

电子政务存在的痛点为：传统电子政务系统具有数据类型多样、业务流程复杂、数据孤岛严重等问题，使得跨级别、跨部门之间的数据互联互通困难，导致政务服务效率低下。

解决方案：① 区块链提供了链上数据不可篡改、共享可查的链上记录等能力，提供了多方信任和数据共享机制，为解决数据孤岛提供了有效方法；② 利用共享记录账本及密码学方法实现数据共享授权的精细化的管控，有利于实现"最多跑一次"工程。

10．医疗健康

医疗健康存在的痛点问题：① 患者的病例历史数据由各家医院分散掌管，患者治疗及病历信息共享困难，导致重复检查、病历信息不完整，严重影响治疗效果，增加病人经济负担；② 医疗隐私数据泄露滥用等风险大；③ 假药等难以管控。

解决方案：① 利用区块链技术，把每个人的医疗健康数据都保存在一个专属于自己的电子病历上，可以实现病人历史完整病历的有效共享；② 利用密码学方法保证患者隐私，提高就医效率；③ 实现药品真实性溯源。

7.3 区块链的行业服务应用

1．数字新媒体

数字新媒体存在的痛点为：① 传统媒体的内容质量有待提升；② 盈利变现模式单一；③ 信息量庞大，虚假信息泛滥，信息安全问题严重；④ 版权保护困难。

解决方案：区块链技术有助于文创行业确权、流通、追溯交易实现，对于内容生产、传播、内容变现、收益分享、内容监管等提供相应解决方案。

2．教育培训

教育培训存在的痛点为：① 传统教育在学生学籍、证书等管理中存在伪造、篡改、丢失、不完善等问题；② 优秀教学资源共享难、学历学分互认难等。

解决方案：利用区块链的分布式存储特性，可以实现教育资源合理分配，学籍信息的有效管理共享，实现学籍证书等重要信息的真实、可信、高效互认等。

本节从区块链技术应用的角度，简要介绍了区块链可能的各种应用。实际上，区块链的发展和使用还依赖于底层平台和基础设施的建设，目前区块链基础设施与平台建设包括区块链硬件、底层平台、解决方案、安全服务、监管治理等方面。

7.4 典型区块链应用开发环境及流程

区块链应用程序开发可以基于较成熟的开放区块链底层开发平台，这些成熟的底层平台为开发区块链应用提供了强大的开发框架，并封装了大量的接口。本节简单介绍比特币、以太坊、超级账本三种区块链应用的常用开发平台。

区块链应用程序开发过程一般包括区块链环境搭建、智能合约开发、客户端应用程序开发三部分。根据采用的底层开发平台，其区块链网络搭建过程不同，以太坊环境的搭建比较方便，超级账本的搭建相对复杂。搭建好区块链环境后，需要根据不同应用场景的业务逻辑开发相应的智能合约和用户方的客户端应用程序，并将智能合约发布到区块链节点上，同时做好客户端应用程序与区块链网络的通信连接，通过客户端应用程序触发区块链上的智能合约运行，结果存储于区块链上。

7.4.1 比特币应用开发

比特币是区块链技术的第一个也是迄今为止最成功的应用，很多代币都是在比特币基础上进行开发的。比特币基于非图灵完备的脚本语言，只能执行有限类型指令，主要用于数字资产交易，行业应用如小额支付、外汇兑换、博彩等，应用范围有限，基于比特币网络开发的系统对用户主要提供完成记账、转账等功能的客户端。

基于第三方提供的 API 可以开发比特币应用，实现交易支付、账户查询等功能。

1．blockchain.com（https://www.blockchain.com/api）

blockchain.com 提供了针对 Python、Java、.NET（C#）、Ruby、PHP 和 Node 等语言的封装开发包，其 API 能够提供支付处理、钱包服务、市场行情数据分析等功能，如图 7-2 所示。

2．chain.so（https://sochain.com/api）

chain.so 提供的 API 可以实现获取地址、区块、市场行情等功能，支持比特币、Litecoin（莱特币）、Dogecoin（达世币）、Zcash 和 Dash 等虚拟货币编程，如图 7-3 所示。

3．block.io（https://www.block.io/docs）

block.io 的 API 包括基本的钱包服务、实时通知与即时支付转发等功能，支持 Web Hook 和 WebSocket，如图 7-4 所示。

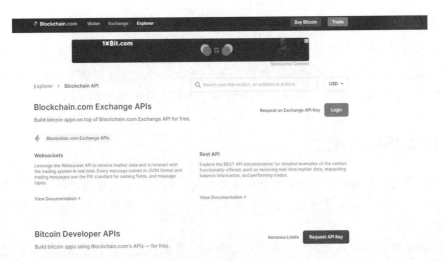

图 7-2　blockchain.com 页面

图 7-3　chain.so 页面

图 7-4　block.io 页面

4．blockchain.info（https://blockchain.info/q）

blockchain.info 是一个专业比特币区块链浏览服务提供商，可以提供比特币区块数据查询 API，方便实现查询某个地址相关的历史交易信息。blockchain.info 提供了多种主流语言的 API 库，包括比特币的钱包、支付、区块、交易数据、市场数据等方面的 API。

7.4.2　以太坊应用开发

2013 年 12 月，Vitalik Buterin 发布的以太坊白皮书中第一次提出了区块链环境下图灵完备的智能合约思想和具体技术方案。2014 年 4 月，以太坊黄皮书发表，给出了以太坊虚拟机（EVM）的实现规则。

依托有图灵完备的智能合约，以太坊成为第一个可编程的区块链平台。智能合约是部署在以太坊网络上代码和数据的集合，以太坊的智能合约推荐采用的是 Solidity 编程语言。智能合约编译成功后，部署到 EVM 上运行，EVM 将智能合约解释成字节码后执行。

以太坊架构主要包括以太坊网络和去中心化应用。

以太坊网络是包括挖矿节点和背书节点等组成的对等网络，是以太坊工作的基础。目前，以太坊网络的部署方法和工具较为成熟。以太坊社区把基于智能合约的应用称为去中心化应用（Decentralized App，DApp），基于以太坊的应用开发主要是开发相应的 DApp。DApp 运行在能与以太坊节点交互的服务器或者以太坊节点上。实际上，DApp 是为智能合约添加了一个与用户交互的友好界面，用户可以提交交易到以太坊网络，触发相应智能合约运行，其数据从区块链账本中读取。

以太坊是由很多支持以太坊协议的客户端节点组成的 P2P 网络，以太坊应用目前主要集中在浏览器、钱包和金融等行业应用的 DApp 等。通过区块链浏览器，DApp 可以展示和查询区块链信息和用户信息；钱包用于管理用户私钥及签名转账等，智能合约主要利用以太坊提供的开发框架，在以太坊开发环境上根据实际的业务逻辑进行设计开发。

目前，以太坊开发常用客户端软件是 Geth。Geth 是 Go Ethereum 开源项目的简称，使用 Go 语言编写且实现了 Ethereum 协议，也是目前用户最多、使用最广泛的客户端开发软件。以太坊客户端的所有功能都以服务的形式运行在 Node 容器中，主要包括 Ethereum 区块链核心服务组建、RPC 服务、P2P 管理所有节点连接和消息分发的 P2P.Server、账户管理 account.Manager 以及事件发布订阅 eventMux。在此基础上，通过 Geth 客户端与以太坊网络进行连接和交互可以实现账户管理、合约部署、挖矿等功能。

为了便于开发者开发，以太坊社区将客户端的 RPC 封装成标准的 Web3 接口（如图 7-5 所示），常见的是支持 JavaScript 的 Web3.js、支持 Python 的 Web3.py、支持 Java 的 Web3.3j。Web3.js 是一个用来与以太坊区块链节点交互的 JavaScript 库，可以构建基于 Web 的 DApp。应用二进制接口（Application Binary Interface，ABI）是智能合约编译后的接口，Address 是智能合约地址。

Truffle 是目前以太坊智能合约开发最常用的框架，可以快速构建项目并部署智能合约到区块链，几个步骤就可以创建、编译和部署项目。

Remix 是一个以太坊集成开发环境，可以进行智能合约的可视化编译、部署和调试，可以在浏览器中快速部署测试智能合约（如图 7-6 所示），适合初学者使用。

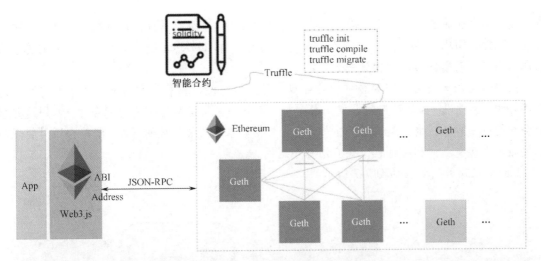

图 7-5 以太坊应用开发结构（来自网络）

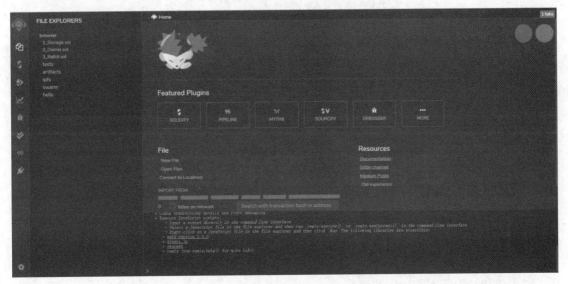

图 7-6 Remix

7.4.3 超级账本 Fabric

联盟链应用开发的常用平台有 Hyperledger Fabric、微众银行开发的 FISCO BCOS。本书主要介绍 Hyperledger Fabric。相对于比特币和以太坊，Fabric 网络的架构和安装相对复杂。具体的安装及区块链应用开发在后续章节中进行详细介绍。

Fabric 为一般节点 peer 和排序节点 orderer 提供了 gRPC API，实现客户端与区块链网络、区块链网络节点间的通信和数据交互。为了简化开发，Fabric 为应用开发提供相应的 SDK，目前支持多种语言，如 Fabric Nodejs SDK、Fabric Java SDK、Fabric Go SDK。Fabric 的应用开发主要包括基于 SDK 的客户端应用程序开发和链码（Chaincode）开发。Fabric 客户端应用可以通过 SDK 访问 Fabric 网络中的各种资源，通过 SDK API 与 Fabric 网络的核心组件（如一般节点、排序节点、身份管理、通道、区块账本）等进行交互，实现通道创建、节点加入通道、节点安装链码、在通道上实例化链码、通过链码调用交易、查询交易或区块的账本、监听事件等功能。此外，SDK 封装了提供成员管理服务的可选组件 fabric-ca 进行交互的 API，主要包括注册新用户、获取证书、撤销证书等功能。

区块链应用开发者仅需要根据业务逻辑来开发客户端应用程序和与分布式账本打交道的智能合约。也就说，区块链应用开发一般由若干部署在区块链网络中的智能合约、调用这些智能合约的应用程序组成。客户端应用程序编写与业务本身相关的应用程序，智能合约封装了与区块账本直接交互的相关过程，被应用程序调用。

Fabric 应用开发过程如图 7-7 所示。

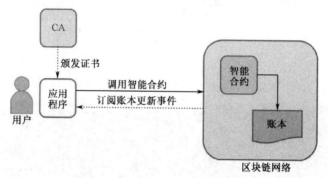

图 7-7　Fabric 应用开发过程（来自 http://blog.csdn.net/mist99）

本章小结

国内区块链应用目前集中在联盟链技术与产业结合应用上，本章从区块链在金融、实体经济、行业服务等三方面简要介绍区块链技术的典型应用场景。区块链在实际应用时，还需要详细分析具体应用场景的实际需求，并选择合适的开发平台进行开发。因此，本章还对基于比特币、以太坊、超级账本 Fabric 的应用开发环境和流程做了简单介绍，具体内容可以参看比特币、以太坊和超级账本 Fabric 的章节。

思考与练习

1. 目前，我国区块链的三大应用领域是哪些？
2. 联盟链在解决实体经济发展中有哪些优势？
3. 区块链应用开发的一般流程是什么？

参考文献

[1]　童元松."区块链+征信"助推健康保险发展的策略研究[J/OL]. 征信，2020(10):56-60[2020-1024]. http://kns.cnki.net/kcms/detail/41.1407.F.20201019.0910.018.html.

[2]　李筱纯．区块链技术与保险行业的契合分析[J]．现代商业，2020(26):154-156.

[3]　李梦博．以区块链在证券市场的应用分析金融科技的融合发展[J]．科技经济导刊，2020,28(18):17-18.

[4]　章洪波,冯惠新.基于联盟区块链的商品全流程溯源方法研究[J].现代信息科技,2020,4(1):165-167.

[5]　王亮．区块链在版权保护中的应用与实践[J]．中国报业，2020(18):10-12.

[6]　崔久强，吕尧，王虎．基于区块链的数字身份发展现状[J]．网络空间安全，2020,11(6):25-29.

[7]　张胜志，魏泽慧，商智勇．区块链技术在财务管理中的应用[J]．商展经济，2020(4):84-86.

[8]　刘学在，阮崇翔．区块链电子证据的研究与思考[J]．西北民族大学学报（哲学社会科学版），2020(1):52-59.

[9]　韩璇，袁勇，王飞跃．区块链安全问题：研究现状与展望[J]．自动化学报，2019,45(1):206-225.

[10]　李奕，胡丹青．区块链在社会公益领域的应用实践[J]．信息技术与标准化，2017(3):25-27+30.

[11]　谷宁静．基于区块链的电子政务数据共享设计研究[J]．信息安全与通信保密，2020(4):91-97.

第8章　区块链安全

区块链是以比特币为代表的众多数字货币方案的底层核心技术。在区块链中，哈希函数、Merkle 树、工作量证明（Proof of Work，PoW）、公钥加密、数字签名和零知识证明等成熟的技术被创新性地重组，从而构成了一种全新的分布式基础架构和计算范式，其应用已从最初的数字货币延伸至金融、物联网、大数据等领域，引起了产业界和政府的广泛关注。随着理论研究的深入，区块链展现出蓬勃生命力的同时，自身的安全性问题逐渐凸显：针对基于区块链的金融资产应用的安全攻击也呈现高发态势，各大数字货币交易平台被盗事件频发、智能合约漏洞凸显，各国犯罪分子开始利用区块链匿名性实施洗钱、非法买卖等犯罪活动。这些安全事件引发了公众对区块链安全性的质疑和对其发展前景的忧虑。

综上，区块链应用的蓬勃有序发展需要通过区块链的安全问题的系统研究来保驾护航。

8.1　区块链安全概述

8.1.1　区块链面临的安全威胁

区块链技术因分布式、抗伪造、防篡改、可追溯等特性而面临安全和隐私方面的技术挑战。

首先，区块链面临理论模型与实际网络状况相差甚远的安全性分析的挑战。本质上，无中心化节点的区块链的安全性依赖于大量的数据冗余，即虽然攻击者有能力控制某节点进而伪造、篡改、删除该节点的有效数据，但对网络中众多节点实施攻击是十分困难的。然而，在实际区块链网络中，由于各节点具备的安全防护等级参差不齐，攻击者可以利用网络拓扑结构，仅凭少量资源即可成功实施小范围攻击，破坏系统的安全性和稳定性。

其次，区块链结构复杂，缺乏系统级安全评估手段。区块链技术发展尚未成熟，共识算法、激励机制、智能合约等关键环节的安全性尚待评估，也缺乏权威的代码评估机制，以检测系统漏洞。区块链建立在对等网络中，与 C/S 网络系统结构不同，传统的防火墙、入侵检测等网络安全技术并不完全适用。

再次，计算技术的发展为区块链安全性带来威胁。随着量子计算的发展，区块链底层依赖的哈希函数、公钥加密算法、数字签名、零知识证明等技术的安全性也将受到影响。

最后，完全去中心化的匿名区块链系统缺乏有效的监管手段，当攻击者对系统安全性造成威胁、非法用户利用区块链实施违法行为时，系统无法对攻击者和非法用户进行追责。一旦攻击成功，由于区块链的不可篡改性，非法交易无法撤回，将给用户造成不可逆转的经济损失。匿名的区块链平台也将成为犯罪行为滋生、不良内容传播的温床。

8.1.2　区块链的安全目标

根据网络系统的安全需求并结合区块链自身技术特点，区块链系统的基本安全目标可分为数据安全、共识安全、隐私保护、智能合约安全和内容安全，如图 8-1 所示。这些安全目标大多需要通过使用密码学和网络安全技术等手段来实现。其中，数据安全是区块链的首要安全目标。共识安全、智能合约安全、隐私保护和内容安全等安全目标与数据安全联系紧密，是数据安全目标在区块链各层级中的具体化，也是区块链系统设计时需要特别考虑的安全要素。

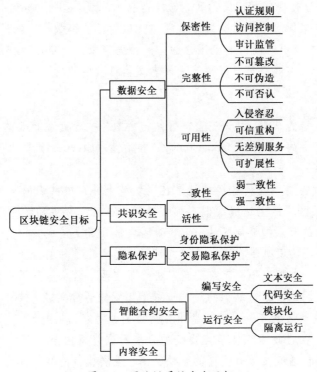

图 8-1　区块链系统安全目标

1. 数据安全

区块链作为一种去中心化的存储系统，需要存储包括交易、用户信息、智能合约代码和执行中间状态等海量数据，这些数据至关重要，是区块链安全防护的首要实体，因此数据安全是区块链的基本安全目标。这里使用 CIA 信息安全三元组——保密性（Confidentiality）、完整性（Integrity）和可用性（Availability）来定义区块链的数据安全。

保密性规定了是否允许用户获取数据，保证信息不能被未授权用户知晓和使用，进而引申出隐私保护性质。为满足保密性要求，区块链系统需要设置相应的认证规则、访问控制和审计机制。认证规则规定了每个节点加入区块链的方式和有效的身份识别方式，是实现访问控制的基础；访问控制规定了访问控制的技术方法和每个用户的访问权限。在公有区块链中，如何通过去中心化方式实现有效的访问控制尤为重要。审计监管是指区块链能够提供有效的安全事件监测、追踪、分析、追责等一整套监管方案。

完整性是指区块链中的任何数据都不能被实施伪造、修改、删除等非法操作。具体来说，用户发布的交易信息不可篡改和伪造；矿工挖矿成功生成区块获得全网共识后不可篡改和伪造；智能合约的状态变量、中间结果和最终输出不可篡改和伪造；区块链系统中一切行为不可抵赖，如攻击者无法抵赖自己的双重支付（Double Spending）攻击行为。完整性在交易等底层数据层面上往往需要数字签名、哈希函数等密码组件支持。在共识层，数据完整性的实现则更加依赖共识安全。

可用性是指数据可以在任何时间被有权限的用户访问和使用。区块链中的可用性包括四方面。① 区块链在遭受攻击时仍然能够继续提供可靠服务，这需要依赖支持容错的共识机制和分布式入侵容忍等技术实现；② 当区块链受到攻击导致部分功能受损时，其具备短时间内修复和重构的能力，这需要依赖网络的可信重构等技术实现；③ 区块链可以提供无差别服务，即新加入网络的节点依旧可以通过有效方式获取正确的区块链数据，保证新节点的数据安全；④ 区块链网络可以在有限时间内响应用户的访问数据请求，引申出可扩展性的含义。可扩展性要求区块链系统即使在网络节点规模庞大或者通信量激增的情况下，仍能提供稳定的服务。

2. 共识安全

共识机制是区块链的核心，共识安全对区块链的数据安全起到重要的支撑作用，一般采用比特币骨干协议中定义的一致性（Consistency）和活性（Liveness）两个安全属性来衡量和评估区块链的共识安全。

共识机制的一致性要求任何已经被记录在区块链上并达成共识的交易都无法更改，即一旦网络中节点在一条区块链上达成共识，那么任意攻击者都很难通过有效手段产生一条区块链分叉，使得网络中的节点抛弃原区块链，在新区块链分叉上达成共识。一致性是共识机制最重要的安全目标。根据共识机制在达成共识的过程中是否出现短暂分叉，一致性又可分为弱一致性和强一致性。在一些情况下，节点可能无法立即在两个区块链分叉中做出选择，从而形成了左右摇摆的情况，因此在达成共识的过程中可能出现短暂分叉。这被称为弱一致性。强一致性是指网络中新区块一旦生成，网络节点即可判断是否对它达成共识，不会出现阶段性分叉。

在共识机制中，活性要求诚实节点提交的合法数据终将由全网节点达成共识并被记录在区块链上。合法数据包括诚实节点提交的合法交易、正确执行的智能合约中间状态变量、结果等。活性保证了诚实节点能够抵抗拒绝服务攻击，维护区块链持续可靠运行。

3. 隐私保护

隐私保护是对用户身份信息等用户不愿公开的敏感信息的保护。在区块链中，隐私保护主要针对用户身份信息和交易信息两部分内容。因此，区块链的隐私保护可划分为身份隐私保护和交易隐私保护。

区块链中的身份隐私保护要求用户的真实身份、物理地址、IP 地址等唯一标识该用户的信息与区块链上的用户公钥、地址等公开信息之间是不关联的，同时任何未授权节点仅依靠区块链上公开的数据无法获取有关用户身份的任何信息，也不能通过网络监听、流量分析等网络技术手段对用户交易和身份进行追踪。

交易隐私保护要求交易本身的数据信息对非授权节点匿名。任何未授权节点无法通过有效的技术手段获取交易相关的知识。一些需要高隐私保护强度的区块链还要求割裂交易与交易之间的关联性，即非授权节点无法有效推断两个交易是否具有前后连续性、是否属于同一用户等关联关系。其中，交易信息通常是指交易金额、交易的发送方公钥、接收方地址、交易的购买内容等信息。

4. 智能合约安全

从智能合约全生命周期流程看，智能合约安全可以分为编写安全和运行安全两部分。

智能合约编写安全侧重智能合约的文本安全和代码安全两方面。文本安全是实现智能合约稳定运行的第一步，智能合约开发人员在编写智能合约之前，需要根据实际功能设计完善的合约文本，避免由合约文本错误导致智能合约执行异常甚至出现死锁等情况。代码安全要求智能合约开发人员使用安全成熟的语言，严格按照合约文本进行编写，确保合约代码与合约文本的一致性，且代码编译后没有漏洞。

智能合约运行安全涉及智能合约在实际运行过程中的安全保护机制，是智能合约在不可信的区块链环境中安全运行的重要目标。运行安全要求智能合约在执行过程中一旦出现漏洞甚至被攻击，不会对节点本地系统设备造成影响，也不会使调用该合约的其他合约或程序执行异常，通常可以从模块化和隔离运行两方面考虑智能合约的运行安全。模块化要求智能合约标准化管理，具有高内聚、低耦合、可移植的特点，可通过接口实现智能合约的安全调用，从而保证遭受攻击后的异常结果并不会通过合约调用的方式继续蔓延，保证智能合约的可用性；隔离运行要求智能合约在虚拟机等隔离环境中运行，不能直接运行在参与区块链的节点本地系统上，防止运行智能合约的本地操作系统遭受攻击。

5. 内容安全

内容安全是在数据安全的基础上衍生出来的应用层安全属性，要求区块链上传播和存储的数据内容符合道德规范和法律要求，限制不良或非法内容在区块链网络中传播，保证区块链网络中信息的纯净度。内容安全的保障重点是加强区块链中信息在传播和存储过程中的监控和管理。由于区块链具有不可篡改的特点，一旦非法内容被记录在区块链上，将很难被修改或撤销，也将影响公众和政府对区块链应用的态度，这需要在区块链应用生态中引入网络监测、信息过滤等技术，保证区块链的内容安全。例如，基于区块链的银行系统需要设置特定的信息内容分析和智能化处理机制来实现了解你的客户（Know Your Customer，KYC）和反洗钱（AntiMoney Laundering，AML）等内容监管机制。此外，内容安全需要设置有效的监管机制，对已经记录在区块链中的非法内容进行撤销、删除等操作，维护区块链网络健康发展。

8.2 区块链安全威胁

作为一种多技术融合的集成创新，区块链技术因其提供的独特的安全特性而被广泛应用在金融、物联网等领域。然而，区块链技术本身仍然存在着许多安全缺憾，区块链系统运行依然面临着诸多安全威胁。为了能更加清晰地阐述区块链系统常见的安全威胁，本节依旧采用分层表述的形式，即区块链系统架构分为 6 层，分别详细讲解每层的常见安全威胁。

8.2.1 数据层的安全威胁

区块链数据层不仅封装了底层数据区块的链式结构，这是整个区块链技术底层的数据机构，还引入了哈希函数、相关的非对称公私钥数据加密技术和时间戳等技术。这也导致了针对该层的攻击方式繁多，现将这些攻击分类如下。

1. 针对密码算法的攻击

区块链技术本身采用了密码学的很多机制，如非对称加密、哈希算法等，比特币采用 SHA-256、RIPEMD160 哈希算法和椭圆曲线密码学算法，以太坊采用 Keccak256 哈希算法和椭圆曲线密码学算法，目前来看是相对安全的。然而，随着数学、密码学和计算技术的发展，这些算法面临着被破解的可能性。针对密码算法的攻击主要有以下方式。

（1）穷举攻击

所有哈希函数都会受到穷举攻击的影响，影响程度与哈希函数的输出长度有关。穷举攻击中最典型的方式是基于生日悖论的"生日攻击"，利用了概率论中生日问题的数学原理，常被用于设计密码学攻击方法。

（2）碰撞攻击

碰撞攻击指通过寻找哈希函数构造或工程实现的弱点，抵消其强抗碰撞性的特性，使哈希函数原本要在相当长一段时间才能寻找到两个内容不同但哈希值相同的数据的特性被弱化，攻击者能在较短的时间能寻找到内容不同但哈希值相同的两个数据，以此来破解加密算法。目前，MD5 和 SHA-1 摘要算法都已经被攻破。

（3）长度扩展攻击

基于 Merkle-Damgard 构造的哈希算法会遭受长度扩展攻击，如 MD4、MD5、RIPEMD160、SHA-0、SHA-1、SHA-256、SHA-512 等。其原理是通过算法弱点，在获取输入消息后，利用其转换函数的内部状态，当所有输入均处理完毕，由函数内部状态生成用于输出的散列摘要。因而，存在着从散列摘要重新构建内部状态并进一步用于处理新数据（攻击者伪造数据）的可能性，攻击者可能得以扩充消息的长度，并为新的伪造消息计算出合法的散列摘要。

（4）后门攻击

后门攻击主要针对开源加密算法存在的后门漏洞。在实际应用中，开发者可能选择开源的代码实现加密算法，如果这些开源算法代码中被植入后门，那么攻击者可以轻易进行攻击。如在 RSA 算法中安插后门，攻击者能直接通过公钥算出私钥。

（5）量子攻击

目前，几乎所有的加密算法的安全强度都取决于算法中密钥被穷举的时间复杂度，因此现在密码学算法依然安全的主要原因是没有任何方式能短时间计算出复杂的数学难题。量子计算机拥有传统计算机无可比拟的算力，可以将密钥穷举的时间复杂度大大降低。随着量子计算技术的飞速发展，大量子比特数的量子计算机、量子芯片、量子计算服务系统等相继问世，可在秒级时间内破解非对称密码算法中的大数因子分解问题（其破解拥有 1024 位密钥的 RSA 算法只需数秒），这正在成为威胁区块链数据验证机制的典型攻击手段之一。

（6）算法实现漏洞攻击

区块链系统的密码算法需要编程实现，在代码实现方面也可能存在缺陷和漏洞。ECC、

RSA、哈希等复杂加密算法本身以及在算法的工程实现过程中都可能存在安全漏洞，进而危及整个区块链验证机制的安全性。2017 年 7 月，MIT 研究者发现 IOTA 发明的加密哈希功能函数 Curl 中存在严重的漏洞（哈希碰撞），因此 IOTA 的数字签名及 PoW 安全性均无法保障，之后 IOTA 团队不得不采用 SHA-3 替代备受质疑的 Curl 哈希算法。

2. 针对区块数据的攻击

区块数据是指分布在区块链多个节点上的链式结构化数据；节点之间相互配合将数据记录在区块中，各节点之间同步完整的区块数据且每个节点都有自己的一份区块数据；单一或少部分的节点的区块数据自行或被篡改，都无法影响整个区块链的运行。针对区块数据的攻击方式如下。

（1）恶意信息攻击

攻击者在区块链中写入恶意信息，如恶意代码、反动言论、色情信息等，借助区块链数据不可删除的特性，信息被写入区块链后很难被删除。

（2）资源滥用攻击

当攻击者向区块链系统注入大量无用信息时，区块数据可能发生爆炸式增长，此时可能导致节点无法容纳，或者使区块链运转缓慢，从而使稳定运行的节点越来越少，节点越少越趋于中心化，引发区块链危机。目前，已有研究发现了该类型攻击，并且开源了 PoC 验证代码，也被称为粉尘攻击。

（3）交易聚类分析攻击

尽管区块链系统具备一定的隐私保护能力，但实际上仍然可以通过交易聚类分析攻击的方式来发现交易用户，即利用聚类算法分析大量的交易数据，发现交易特征来将不同的交易和地址联系起来，从而找到其中的对应关系。例如，当用户发出多个地址作为输入的交易时，攻击者可能发现这些地址与用户的对应关系。

3. 针对用户数字钱包的威胁

在基于区块链的数字货币系统中，用户通常会使用移动数字钱包等客户端软件来管理数字资产及用户私钥，而用户的资金安全完全依赖于私钥的安全。在通常情况下，用户需要使用容易记忆的助记词利用数字钱包来生成公钥和私钥。因此，如果在不安全的环境中运行私钥，会增加私钥的泄露风险，给用户带来不可预知的损失。针对用户数字钱包的攻击如下。

（1）字典攻击

数字货币系统中的用户私钥一旦创建就不能修改，没法重置，只要私钥不丢失，资产就不会丢失。由于私钥是一长串毫无意义的字符，比较难以记忆，因此才出现了助记词。助记词是利用固定算法，将 64 位的私钥转换成十多个常见的英文单词，单词由私钥和固定的算法在固定的词库里选出。助记词与私钥是互通的，可以相互转换，助记词只是私钥的一种容易记录的表现形式。另一种私钥的存储形式是 Keystore，主要在以太坊钱包 App 中比较常见，是把私钥通过钱包密码再加密得来的。与助记词不同，Keystore 一般可保存为文本或 JSON 格式存储。Keystore 需要用钱包密码解密后才等同于私钥，因此需要配合钱包密码来使用导入钱包。由于助记词是从固定词库选出的，钱包密码本身会被用户设置成常见密码，因此都易遭受字典攻击的威胁。

（2）侧信道攻击

侧信道攻击（Side Channel Attack），又称为侧信道密码分析，由美国密码学家 P. C. Kocher 于 20 世纪 90 年代末期提出，是一种针对密码实现（包括密码芯片、密码模块、密码系统等）的物理攻击方法。侧信道攻击的本质是利用密码实现在执行密码相关操作的过程中产生的侧信息来恢复出密码实现中所用的密钥。侧信道信息（Side Channel Information）是指攻击者通过主通信信道以外的其他途径获取到的关于密码实现运行状态相关的信息，包括密码实现运行过程中的能量消耗、电磁辐射、运行时间等信息。实际上，密码系统的安全性不仅取决于密码算法本身的数学安全性，更严重依赖于密码实现的物理安全性。侧信道攻击主要面向密码实现的物理安全性，采用能量分析攻击、电磁分析攻击、计时攻击等一系列方法对其实现安全性进行分析。从实际攻击效果上看，侧信道攻击的攻击能力远远强于传统密码分析方法，因而对密码实现的实际安全性构成了巨大的威胁。以穷举攻击为例，如果以 10^{13} 次/秒的速度进行解密运算，那么破解 AES-128 需要 5.3×10^{17} 年，而针对无保护 AES-128 的智能卡实现典型的差分能量攻击方法能够在 30 秒之内完全恢复其主密钥。由于用户数字钱包是安装于特定设备中，攻击目标容易确定，数字钱包启动、运行过程中执行的各种操作都可以被监听，因此极易遭受侧信道攻击的威胁。

（3）后门攻击

后门攻击是互联网上比较多的一种攻击手法，可以非法地取得用户设备的权限并对其进行完全控制，除了可以进行文件操作，还可以进行取得密码等操作。后门软件分为服务器端和用户端，黑客进行攻击时会使用用户端程序登录到已安装好服务器端程序的计算机，后门服务器端程序体积较小，一般会被植入某些软件。当用户数字钱包被植入后门后，用户的数字资产就不再安全了。

（4）单点问题

在基于区块链的数字货币系统中，数字货币钱包的登录需要使用比用户私钥更易记忆的助记词，然而由于助记词一般由 10 个以上单词构成，且各单词之间并无明显联系，单词顺序不能颠倒，因此并不是特别容易记忆。如果用户忘记了助记词，就相当于忘记了自己的私钥，目前的区块链技术私钥不可找回。因此，密钥单点问题也是对数字钱包安全的威胁。

8.2.2　网络层的安全威胁

区块链采用点到点的形式传播信息，其底层架构采用 P2P 网络。P2P 网络依赖附近的节点来进行信息传输，必须互相暴露对方的 IP，若网络中存在一个攻击者，就容易给其他节点带来安全威胁。

1. 针对网络拓扑的攻击

（1）日蚀攻击

日蚀攻击是特别针对点对点网络的一种网络层攻击类型。在对等式网络中，攻击者可通过确保受害者节点不再从网络的其余部分接收正确的信息，而只接收由攻击者操纵的信息，从而让受害者节点与网络上的其他节点隔离。

在日蚀攻击中，攻击者不像在女巫攻击中那样攻击整个网络，而是通过控制受害者节点周围的大多数节点和控制受害者节点的连接来专注于隔离和瞄准受害者节点，阻止最新的区块链信息进入受害者节点，通常会导致受害者节点收到被操纵的、伪造的区块链视图。比特币和以太坊网络均受日蚀攻击影响。日蚀攻击具有重大危害性，可能是构建其他类型攻击的基础。例如，一旦日蚀攻击发动成功，攻击者可以做的坏事是通过远低于全网 51%的算力发动 51%攻击。

（2）窃听攻击

攻击者可以使用这种攻击来让区块链中的用户标识与 IP 关联，甚至可以追溯到用户的物理地址。以比特币为例，当用户在比特币网络上执行交易时，其比特币客户端通常通过连接到一组八台服务器来加入网络，这个初始连接集合就是客户端的入口节点，每个用户都会获得一组唯一的入口节点。当用户的钱包发送比特币完成购买时，入口节点将交易转交给比特币网络中的其余节点，研究发现，识别一组入口节点意味着识别一个特定的比特币客户端，以此来推导出某个用户。此时，攻击者要做的就是与比特币服务器建立多个连接，连接后监听客户端与服务器端的初始连接，从而获得客户端的 IP 地址。随着交易流经网络，交易数据中包含的地址信息会与某客户端的一组入口节点相关联，如果匹配，那么攻击者知道这是来自一个特定客户端的交易。

（3）BGP 路由劫持攻击

BGP（Border Gateway Protocol，边界网关协议）是因特网的关键组成部分，用于确定路由路径。BGP 路由劫持，即利用 BGP 操纵网络路由，可以重定向或拦截流量，区块链网络中节点的流量一旦被接管，就会对整个网络造成巨大的影响，如破坏共识机制和合法交易上链等。BGP 路由劫持攻击包括以下 2 种。

① 分割攻击。攻击者可以利用 BGP 劫持来将区块链网络划分成两个或多个不相交的网络，此时的区块链会分叉为两条或多条并行链。攻击停止后，区块链会重新统一为一条链，以最长的链为主链，其他链将被废弃，导致其他非主链上的交易、奖励等全部无效。

首先，攻击者发动 BGP 劫持，将网络分割为两部分，一个大网络、一个小网络；然后，在小网络中，攻击者发布交易，卖出自己全部的代币，并兑换为法币；接着，经过小网络的"全网确认"，这笔交易生效，攻击者获得等值的法币；攻击者释放 BGP 劫持，大网络与小网络互通，小网络上的一切交易被大网络否定，攻击者的代币全部回归到账户，而交易得来的法币依然还在攻击者手中，完成获利。

② 更新延迟攻击。攻击者可以利用 BGP 劫持来延迟目标的区块更新。由于该攻击是基于中间人修改目标请求区块数据的，因此攻击节点通常很难被发现。在目标请求获取最新区块时，攻击者可以通过 BGP 劫持，将目标的这一请求修改为获取旧区块的请求，使得目标获得较旧的块。

2．针对 P2P 节点的攻击

（1）漏洞、蠕虫、木马、病毒

攻击者在内网或者外网利用各种手段譬如漏洞扫描、0day 漏洞利用等技术，对节点客户端进行攻击，攻击包括对客户端植入蠕虫、木马、病毒等，主要利用客户端自身软件可能存在的安全漏洞，进而获取节点的控制权限或者直接瘫痪节点。

（2）拒绝服务攻击

通过大流量或者漏洞的方式攻击 P2P 网络中的节点，使网络中部分节点网络瘫痪，节点瘫痪意味着链中总算力受损，使得其更容易遭受 51%攻击，而目前进行拒绝服务攻击的成本也较低，大量的攻击工具平台可能容易获取。

（3）路由攻击

路由攻击是指通过发送伪造路由信息，产生错误的路由干扰正常的路由过程。路由攻击有两种攻击手段：一是通过伪造合法的但包含错误路由信息的路由控制包在合法节点上产生错误的路由表项，从而增大网络传输开销、破坏合法路由数据，或将大量的流量导向其他节点，以快速消耗节点资源；二是伪造包含非法包头字段的包，通常与其他攻击合并使用。

（4）超级节点问题

P2P 网络一般存在四种拓扑结构，即中心化拓扑、全分布式非结构化拓扑、全分布式结构化拓扑、半分布式拓扑。其中，中心化拓扑和全分布式拓扑都各有优劣。为吸取中心化拓扑和全分布式非结构化拓扑的优点，EOS 和比特币使用了半分布式拓扑结构，选择性能较高（处理、存储、带宽等方面性能）的节点作为超级节点（SuperNode），各超级节点上存储了系统中其他部分节点的信息，发现算法仅在超级节点之间转发，超级节点再将查询请求转发给适当的叶子节点。通俗地说，一个新的普通节点加入，先选择一个超级节点进行通信，该超级节点再推送其他超级节点列表给新加入节点，加入节点再根据列表中的超级节点状态决定选择哪个超级节点作为父节点。半分布式结构也是一个层次式结构，超级节点之间构成一个高速转发层，超级节点和所负责的普通节点构成若干层次。显然，对半分布式拓扑结构的 P2P 网络而言，针对超级节点的攻击会对网络造成一定威胁。

3．网络层的其他攻击

（1）双重支出攻击

双重支出攻击，又称双花问题，是指一个代币花费在多笔交易中的攻击，实现方法主要有以下几种。

① 种族攻击：接受面对无确认的交易也能进行付款的商家可能会遭遇此攻击。欺诈者直接向商家发送支付给商家的交易，并发送与该交易冲突的交易，将代币投入网络的其余节点的交易中。第二个冲突的交易很可能被开采，并被区块链节点认为是真的，于是付款交易作废。

② 芬尼攻击：接受无确认的付款的商家可能会遭遇此攻击。假设攻击者可以偶尔产生数据块，在攻击者生成的每个区块中都包括从攻击者控制的地址 A 到地址 B 的转移交易，为了欺骗商家，攻击者生成一个块时并不会广播它。相反，攻击者打开商家的商店网页，并使用地址 A 向商家的地址 C 付款，商家可能会花费几秒钟的时间寻找双重花费，然后转让商品。然而，接着攻击者会广播其之前产生的区块，此时攻击者的交易将优先于对商家的交易上链，于是付款交易作废。

③ Vector76 攻击：也被称为"一次确认攻击"，是种族攻击和芬尼攻击的组合。这种攻击要求攻击者控制两个全节点，其中 A 仅连接到电子钱包节点，而 B 与一个或多个良好的区块链节点连接。攻击者将同一个 Token 进行两笔交易，一笔是发给攻击者的另一个钱包地址，命名为交易 1，且给交易 1 较高的矿工费，一笔是发给商家，命名为交易 2 并给交易 2 极低的交易费，攻击者暂时不广播交易。然后攻击者开始包含交易 1 后自行挖矿，这条分支命名为分支

1。攻击者挖到包含交易 1 的区块链后也不公布，而是同时在节点 A 上发送交易 1，在节点 B 上发送交易 2。由于 A 只连接电子钱包的节点，而 B 连接了更多节点，因此交易 2 是更容易广播到网络中大部分节点中去，于是从概率上，交易 2 更有可能被认定为有效，而交易 1 被认定为无效。此时，攻击者立即释放其正在分支 1 上挖到的区块链，这时这个接受了一次确认支付的钱包就会立刻将 Token 支付给攻击者的账户，攻击者立即将 Token 卖掉。由于分支 2 连接更多节点，所有矿工在这个分支上产生区块的速度要快于分支 1，于是若干时间后，分支 1 的交易肯定会被回滚，但钱包支付的 Token 已经被攻击者取款，因此双花攻击成功。

④ 替代历史攻击：即使商家等待一些确认，这种攻击也有机会成功，但风险较高。攻击者向商家提交支付的交易，同时私下挖掘其中包含欺诈性双重支出交易的分支。等待 n 次确认后，商家发送产品。如果攻击者此时碰巧找到 n 个以上的区块，他就会释放他的分支，并重新获得他的资产。

（2）交易延展性攻击

延展性攻击者侦听 P2P 网络中的交易，然后根据 ECDSA 数字签名的数学原理，更改交易中的签名，但不会使其失效。其原理在于，ECDSA 算法生成两个大整数 r 和 s 并组合起来作为签名，可以用来验证交易。而 r 和 BN-s 同样可以作为签名来验证交易（BN= 0xFFFFFFFF FFFFFFFF FFFFFFFF FFFFFFFE BAAEDCE6 AF48A03B BFD25E8C D0364141）。这样攻击者拿到一个交易，将其中 inputSig 的 r、s 提取出来，使用 r、BN-s 生成新的 inputSig 组成新的交易，拥有同样的 input 和 output，但是交易 ID 不同。然后广播到网络中形成双花，这样原来的交易就可能有一定的概率不能被确认，在虚拟货币交易的情况下，可以被用来进行二次存款或双重提现。

（3）验证绕过攻击

验证机制的代码是区块链应用的核心之一，一旦出现问题，将直接导致区块链的数据混乱，而且核心代码的修改和升级都涉及区块链分叉的问题，进而引起双花攻击。所以，验证机制的严谨性就显得尤为重要，必须结合验证机制代码的语言特性来进行大量的白盒审计或模糊测试，来保证验证机制的不可绕过。

4. 针对网络层隐私保护技术的攻击

（1）Tor 网络中的时间攻击

Tor 是目前互联网中最成功的公共匿名通信服务，属于重路由低延迟匿名通信网络。这意味着，在 Tor 中，发送者要传递的信息需要经由中间节点转发和处理，以隐蔽发送者与信息的关联，从而实现对个人身份和通信内容的保护。时间攻击是一种威胁极强的攻击技术，是匿名通信应用面临的主要挑战。时间攻击的原理是把流的时域特征作为甄别或者跟踪网络流的标准，然后通过流量分析或者修改流时域特征的方法来破坏匿名通信的安全。由于匿名通信中流的内容已经被加密，时间攻击并不试图发现网络流中消息的内容，而是针对流的时域元数据，如流速率、包到达时间、包间时延等来进行甄别推断，以此获得尽可能多的用户信息，从而达到破坏匿名性的目的。时间攻击可以用于对匿名系统的输入和输出流集合中的流进行关联，或者对流的传输路径进行跟踪、定位。除此之外，主动式攻击还可以用于在已有先验知识的条件下，对某条或某些流对应的用户甄别信息进行进一步确认。

（2）Tor 网络中的信息流攻击

作为一种低时延匿名通信系统，为了达到可接受的通信质量，Tor 网络不对数据做复杂的混合、缓存重新排序等技术操作，这保持了数据包的特征，如包之间的延时等。因此，Tor 网络中的信息流的时间特性能够被监测。具体来说，攻击者发送一个特殊的消息流，监测某中间节点的通信延迟，根据这些延迟判断是否通过被监测的节点。因此，对 Tor 网络进行大规模的流量分析并不一定需要国家级的计算资源，甚至单一的自主系统就能够监控大部分的进出 Tor 节点的流量。例如，NetFlow 是用来采集和监控网络流量的协议，81% 的 Tor 用户能够利用 Cisco 路由器的默认支持的 NetFlow 技术来分析识别身份，从而网络管理员能够了解网络流量的源头和目的地、服务类型、网络堵塞原因等信息。通过注入一个固定模式的 TCP 连接的流量进入 Tor 网络，观察这个数据流从 Tor 退出节点的情况，再把这个退出流量与 Tor 客户端进行关联，通过匹配路由器的 NetFlow 记录，就可以甄别出客户端。

（3）对中心化混币协议的攻击

网络层为数字货币领域中的匿名支付提供了混币技术支持。混币技术是指网络中的不同用户利用由中心节点组织或者自发地形成短暂的混币网络来发送交易，以混淆交易的方式保证攻击者难以根据混币后的交易推测出真实交易双方的对应关系，实现匿名支付。

混币技术包括中心化混币和去中心化混币两类。中心化混币由第三方服务器来执行交易混淆的过程。用户需要将交易代币发送到第三方账户上，经服务器多次交易最终发送给交易接收方。中心化混币破坏了区块链的去中心化特点，存在第三方设置后门、针对中心的拒绝服务等攻击方法。为了防止第三方恶意泄露混币过程，Mixcoin 混币协议引入审计机制监管第三方，进一步使用了盲签名技术进行优化，防止第三方泄露混币过程。然而，中心化混币提供的隐私保护强度与混币次数有关，普遍存在混币成本高、效率低等问题。

（4）对去中心化混币协议的攻击

为解决中心化混币协议中存在着的诸多问题，随后提出了去中心化混币协议。去中心化混币通过用户自发地将多个交易混合产生一笔新的交易的方式，对代币按原交易进行再分配，从而实现匿名支付。2013 年，最早的去中心化混币方案 Coinjoin 协议被提出，进而改进，形成了交易洗牌协议 CoinShuffle。2015 年，CoinParty 混币协议被正式提出，利用密码学的安全多方计算理论，允许部分节点失效甚至实施恶意操作。去中心化混币技术规避了中心化混币协议单点失效和成本高等问题，操作简单，在数字货币领域中有广泛应用。但是去中心化混币方案中存在恶意渗入攻击，导致混币成员恶意泄露混币过程的问题，也无法抵御拒绝服务攻击。

（5）粉尘攻击

粉尘攻击只针对分层确定性（Hierarchical Deterministic，HD）钱包用户和 UTXO 模型的币种，如 BTC、LTC、BCH 等，最早发生于比特币网络中。所谓粉尘，是指交易中的交易金额相对于正常交易而言十分小，可以视作微不足道的粉尘。通常，这些粉尘在余额中不会被注意到，许多持币者也很容易忽略这些余额。但是由于比特币或基于比特币模型的区块链系统的账本模型采用 UTXO 模型作为账户资金系统，即用户的每笔交易金额都通过消耗之前未消耗的资金来产生新的资金，别有用意的用户就能利用这种机制，给大量的账户发送这些粉尘金额，令交易粉尘化，再通过追踪这些粉尘交易，关联出该地址的其他关联地址，通过对这些关联地址进行行为分析，就可以分析一个地址背后的公司或个人，破坏比特币本身的匿名性。除此之外，由于比特币网络区块容量大小的限制，大量的粉尘交易会造成区块的拥堵，从而使得交易手续费提升，进而产生大量待打包交易，降低系统本身的运行效率。

避免粉尘攻击的方法为，在构造交易的过程中，根据交易的类计算出交易的最低金额，同时对每个输出进行判断，如果低于该金额，就不能继续构造该笔交易。特别地，如果这个输出刚好发生在找零上，且金额对用户来说不太大，那么可以通过舍弃该部分的粉尘输出，以充当交易手续费来避免构造出粉尘交易。其次，为了保护隐私性，建议在构造交易时把那些金额极小的 UTXO 舍弃，使用大额的 UTXO 组成交易。

8.2.3 激励层的安全威胁

激励层需要解决的主要问题是经济学上的激励不相容问题，具体是指参与维护区块链的矿工不会实施危害系统安全性的恶意攻击，但是会以自身利益最大化来指导自己的挖矿策略。这种策略与区块链整体利益形成冲突，破坏区块链系统效率和稳定性，包括自私挖矿攻击（Selfish Mining）、无利害攻击（Nothing at Stake）、扣块攻击（Withholding Attack）。当然，激励层未来由于激励机制的演进等问题可能也会面临一些攻击。

1. 自私挖矿攻击（Selfish Mining）

在理想情况下，基于 PoW 的区块链中节点能够获得的区块奖励期望与他拥有的计算资源成正比。而在实际比特币区块生成中，一些节点可能在成功完成 PoW 产生区块后，有策略地广播自己的区块，以获得高于自己拥有的计算资源比例的奖励收益，即实施自私挖矿攻击。

自私挖矿攻击是一种针对 PoW 的攻击行为，不易检测和预防。理论上，基于 PoW 和 PoS 的无许可区块链系统都可能遭到自私挖矿攻击，从而对共识机制的安全性和激励机制的公平性造成严重威胁。

自私挖矿包含多种挖矿策略，典型的是当某 PoW 区块链矿工成功生成一个区块后不立即广播，而是在这个新区块后继续挖矿。当监测到网络中产生一个新区块时，自私挖矿节点才公开自己的区块，形成区块链分叉竞赛。如果自私挖矿节点可以抢先产生两个连续的区块，不仅可以成功获得区块奖励，还能消耗掉另一个分叉区块包含的工作量。即使自私挖矿节点没能成功产生连续的两个区块，仍然可能形成长度为 1 的分叉，将网络算力进行分离，降低网络中的有效算力。当网络中的节点随机选择区块链分叉进行拓展时，拥有全网 1/3 算力的自私挖矿节点即可获得 1/2 全网区块奖励期望，直接破坏激励机制的公平性，对 PoW 的安全性假设造成威胁，也影响区块链的扩展性，降低了区块链的效率。

2. 无利害攻击（Nothing at Stake）

与自私挖矿类似，无利害攻击是针对 PoS 机制的一种攻击。由于 PoS 中节点生成区块的成本较低，当出现区块链分叉时，为了利益最大化，矿工的最佳策略是在两个区块链分叉后均进行挖矿。此时，聪明的出块节点会有动力产生新的分叉并支持或发起不合法交易，其他逐利的出块节点会同时在多条链（窗口）上排队出块，支持新的分叉。随着时间的推移，分叉越来越多，非法交易作恶猖狂。区块链将不再是唯一链，所有出块节点没有办法达成共识。另外，无利害关系问题还让双花攻击更容易成功。不像 51%攻击那样，PoS 的攻击节点只需要多一定的算力（有时候仅仅 1%）就可以进行攻击。这使得发起区块链分叉的恶意攻击极容易成功，增加了区块链分叉和双重支付的概率。PoW 机制天生避免了这个问题。因为在出块时，矿工会付出机会成本——大量的算力资源。如果分叉出现，那么矿工需要慎重地选择在哪条链上出块，一旦选错，付出的算力成本则没有收益。矿工也不会选择在两条链上均分算力，这样只会将原链的出块概率缩小一半，可能得不偿失。

3. 扣块攻击（Withholding Attack）

矿池降低了个体参与挖矿的成本，允许人人都可参与维护区块链并获得奖励收益，同时将节点集结起来形成算力或权益优势节点，威胁共识机制的安全性假设。矿池间的博弈也对区块链安全性、效率产生巨大影响。一些矿池为了获得更高的奖励，利用目标矿池的奖励分配策略来实施扣块攻击，通过委派部分矿工加入目标矿池贡献无效的工作量，分得目标矿池的奖励，追求矿池整体获得更高的奖励。

扣块攻击主要有两种。一是芬妮攻击，是一种双花攻击的变种，目标是双花发生时获得的财富收益。攻击者的矿池生成一个有效的块，但是不会广播这个块，而会广播交易 A。交易 A 是指购买一个物件或者服务。商家会看到没有任何冲突的交易 A 并接受零确认交易。之后，攻击者矿池会立即广播已生成的有效块和与交易 A 有冲突的交易 B，这时区块链会接受有效块并使交易 A 无效。发动此类攻击的代价是非常大的，因为在攻击者生成块和完成交易 A 之间存在时间间隙，在此期间网络上的其他人也可以生成有效块并广播它，从而使攻击者生成的有效块变为无效。因此，只有在成功购买到商品后并且立即释放扣押的区块时，这个攻击才是有效的。

二是对矿池造成的财产损失。矿池中的间谍矿工在找到区块后，可以通过保留经过验证的哈希并且不进行广播的方式扣下这个区块。矿工的成本是微不足道的（拿不到本可分摊的区块奖励），但矿池的损失很大，因为整个矿池失去了获得 50 代币区块奖作为对矿工劳动补偿的机会。扣块攻击对采用 PPS（Pay-Per-Share）模式、PPLNS（Pay Per Last N Shares）模式的目标矿池的攻击效果明显，且不易检测。为了获得更高的长远收益，矿池会实施扣块攻击。

扣块攻击与自私挖矿攻击类似，在一定程度上削减了网络中的有效算力，降低了系统吞吐量，造成交易验证延迟甚至网络拥塞的情况，影响区块链的可扩展性。

4. 激励层未来可能出现的攻击

代币的激励机制包含区块奖励和交易费两部分，其中占矿工节点主要收益的区块奖励普遍呈现逐渐减少直至降为零的趋势。随着区块奖励的降低，这些区块链必将完全依赖交易费驱动系统。然而，在仅依赖交易费来激励节点的极端情况下，系统难以避免形成公地悲剧，产生大量区块链分叉，影响区块链的安全性和效率。攻击者利用节点都想获得更高收益的心理产生区块链分叉，仅打包部分交易，给后续的区块预留了大量交易费奖励，其他节点为了利益最大化，必然会在剩余交易费较多的区块链分叉后面进行拓展，而丢弃预先到达的区块链，从而可以控制区块链主链的走向。

为此，一些研究人员建议持续发行代币来维护系统稳定。但是，持续代币发行会出现通货膨胀。长此以往，区块奖励将不再具有吸引力。此外，多数激励机制仅奖励成功生成区块的节点，对其他诚实参与共识协议的节点不予以奖励，激励机制无法客观评估各节点维护系统所贡献的工作量权重，对危害区块链安全性的攻击行为也不予以经济惩罚。

8.2.4 共识层的安全威胁

由于区块链去中心化的特点，每个处于区块链网络中的节点都拥有一份完整的账本数据，并且由网络中的共识机制执行相应的共识算法来共同记录整个网络中的交易等相关信息。目前，共识机制有 PoW、PoS、DPoS、PBFT 等，主要面临的攻击有 51%攻击、女巫攻击、短距离攻击、长距离攻击、币龄累计攻击、预计算攻击等。

1. 51%攻击

针对 PoW 共识机制最直接有效的攻击方式就是 51%算力攻击，即如果某一个节点或者由部分节点组成的组织掌握了全网超过 51%的算力，这些节点就有能力将目前正在工作的区块链转移到另一条包含有恶意行为的区块链上，并使得全网节点在这条恶意的区块链上继续工作。如果攻击者能够控制全网算力的一半以上，那么攻击者可以比网络的其他部分更快地生成块，随着攻击者坚持自己的私有分支，直到比诚实节点网络建立的分支更长，将使得全网节点在这条恶意的区块链上继续工作，近而代替主链。

由于 PoW 算法的安全性依赖于其所消耗的巨大算力，51%算力攻击曾一度被认为是难以达到的。然而随着矿池的出现，拥有全网 51%的算力也变得不是那么困难，因此 51%算力攻击的威胁始终存在，并且有可能发生。实际上，随着挖矿业务的发展，现在通过网络租赁算力的业务越来越成熟了，攻击者不再需要花费大量成本去购买矿机，只需在攻击的时候即时从网上租赁算力来发动 51%攻击，利用 51%算力攻击一个数字货币的成本在越来越低。

2. 女巫攻击

女巫攻击（Sybil Attack）是一种作用于 P2P 网络的攻击形式。攻击者利用单个节点来伪造多个存在于 P2P 网络的身份，从而达到削弱网络的冗余性、降低网络健壮性、监视或干扰网络正常活动等目的。在 P2P 网络中，为了解决节点作恶或失效带来的安全威胁，通常会引入冗余备份机制，将运算或存储任务备份到多个节点上，或者将一个完整的任务分割，存储在多个节点上。在正常情况下，一个实体代表一个节点，并由一个 ID 来标识身份。然而，在缺少可信赖的节点身份认证机构的 P2P 网络中，难以保证备份的多个节点是不同的实体。攻击者可以通过只部署一个实体，向网络中广播多个身份 ID，来充当多个不同的节点，这些伪造的身份一般被称为女巫节点。女巫节点为攻击者争取了更多的网络控制权，一旦用户查询资源的路径经过这些女巫节点，攻击者可以干扰查询、返回错误结果，甚至拒绝回复。

在区块链世界中，女巫攻击可以作为一种针对服务器节点的攻击方式。攻击发生时，通过某种方式，某个恶意节点可以伪装成多个节点，对被攻击节点发出链接请求，达到节点的最大链接请求，导致节点没办法接受其他节点的请求，造成节点拒绝服务攻击。以 EOS 为例，节点拒绝服务攻击实际上就是女巫攻击的一种，攻击者可以用非常小的攻击成本来达到瘫痪主节点的目的。女巫攻击还可以作为一种针对联盟链共识机制的攻击方式，主要攻击对共识节点数量敏感的共识机制，如 BFT 类共识算法等。

3. 短距离攻击

攻击者通过控制一定比例、保障系统安全性的计算资源、加密货币资源等，实现在执行花费代币或执行智能合约等操作时将某些交易回滚，从而进行双花攻击。当攻击者发起短距离攻击时，首先会向全网提交一个待回滚的交易，并在上一个区块的分叉上（不包含待回滚交易的分叉）继续进行挖矿，直到该交易得到 n 个区块确认信息。若分叉上的区块数多于 n，则攻击者公布包含有待回滚交易的区块。这样，由于分叉链的长度大于原本的主链，则全网节点将分叉链视为主链，此时交易得到回滚。

该攻击方式主要影响 PoS 机制。攻击示例如下：攻击者购买某个商品或服务，商户开始等待网络确认这笔交易，此时攻击者开始在网络中首次宣称，对目前相对最长的不包含这次交易的主链进行奖励；当主链足够长时，攻击者开始放出更大的奖励，奖励那些包含此次交易链条中挖矿的矿工；六次确认达成后，放弃奖励；货物到手，同时放弃攻击者选中的链条。只要此次贿赂攻击的成本小于货物或者服务费用，攻击成功。

相比之下，PoW 机制中的贿赂机制就需要贿赂大多数矿工，成本极高。

4. 长距离攻击

攻击者通过控制一定比例的系统资源，在历史区块甚至创世区块上对区块链主链进行分叉，旨在获取更多的区块奖励或者达到回滚交易的目的。长距离攻击更多的是针对基于权益证明共识机制的系统。在基于 PoS 机制的区块链系统中，攻击者可能在分叉出现时仅持有一小部分代币，但他可以在分叉上自由地进行代币交易，从而导致攻击者能够更加容易地进行造币并快速形成一条更长的区块链。

5. 币龄累积攻击

基于 PoS 共识机制的系统中，攻击者可以利用币龄计算节点权益，并通过总消耗的币龄控制区块链网络。UTXO（未花费交易输出）的币龄是根据币龄乘以该区块之前的历史区块的数量得出的。在币龄累计攻击中，攻击者将其持有的代币分散至不同的 UTXO 中，并等待这些资产所占权益远大于节点平均值。这样，攻击者有极大的可能性连续进行造币，从而达到对主链的分叉或交易回滚的目的。

6. 预计算攻击

在 PoS 机制中，确定当前区块取决于前一个区块的哈希值。拥有足够算力和权益的攻击者可以在第 n 个区块的虚拟挖矿过程中，通过随机试错法对该区块的哈希值进行干涉，直至攻击者有能力对第 $n+1$ 个区块进行挖矿，从而攻击者可以连续进行造币，并获取相应的区块奖励或者发起双花攻击。

7. 空块攻击

在代币交易中，转账发起的交易会存放在交易内存池，等待矿工打包。矿工在挖出新的区块后，会选择把交易信息打包进新的区块。一般，一个区块会包含发行新币的 Coinbase 交易以及其他交易者发起的交易。所谓空块攻击，就是频繁出现区块中只打包发行新币的 Coinbase 交易，而没有其他交易。其实偶尔出现空块问题并不大，但是如果空块频繁出现，就会导致交易请求不断累积，交易内存池不断变大，交易的平均确认时间延长。

事实上，打包空块在挖矿的竞争上并不会比打包满块更有优势，而且消灭空块在技术上没有难度，因此一般节点没有动力去频繁打包空块，参与空块攻击的主要参与方是矿池。矿工成功地把区块加到链上一般就能赚到相应的奖励，所以矿池被激励以最快的方式向网络中添加块。本着利润最大化的精神，矿工们不再下载之前的区块，也不再监听交易，当产生新的区块时，除了附加到 Coinbase 事务的数据，矿工也不会添加任何新的信息，因为他们不确定在前一个块中确认了哪些事务。

8.2.5　合约层的安全威胁

智能合约是区块链 2.0 的一个特性，也是合约层的核心。智能合约最早由 Nick Szabo 提出，后经以太坊重新定义，并建立完整的开发架构，是一种可自动执行的数字化协议，包含相关代码和数据集，部署在区块链上，也是可按照预设合约条款自动执行的计算机程序。除了智能合约，合约层还包括智能合约的运行机制、编写语言、沙盒环境和测试网络。其中，运行机制描述了智能合约的执行规则；编写语言包括以太坊平台提供的 Solidity、Serpent、LLL 等图灵完备语言和 Fabric 使用的 Go、Java 等高级编写语言；沙盒环境是一种新型的恶意代码检测和防治技术，为用户提供一种相对安全的虚拟运算环境，如以太坊虚拟机（EVM）为智能合约提供沙盒环境。合约层出现的安全威胁主要出现在智能合约编写和运行阶段中。

1．智能合约编写漏洞

智能合约在编写时，不严谨编码也极易产生智能合约安全威胁，主要包括：

① 整数溢出，智能合约中危险的数值操作可能导致合约失效、无限发币等风险。

② 越权访问，智能合约中对访问控制处理不当可能导致越权发币风险。

③ 信息泄露，硬编码地址等可能导致重要信息的泄露。

④ 逻辑错误，代理转账函数缺失必要校验可能导致基于重入漏洞的恶意转账等风险。

⑤ 拒绝服务，循环语句、递归函数、外部合约调用等处理不当可能导致无限循环、递归栈耗尽等拒绝服务风险。

⑥ 函数误用，伪随机函数调用和接口函数实现问题可能导致可预测随机数、接口函数返回异常等风险。

通常，为了消除此类在智能合约编写过程中产生的安全威胁并最终保证智能合约的安全性，用户编写智能合约后还需要在测试网络上进行测试。

2．智能合约运行漏洞

随着区块链 2.0 技术的不断推进，智能合约在以太坊、EOS、HyperLedge 等平台上得到广泛应用。区块链的智能合约一般用来控制资金流转，应用在贸易结算、数字资产交易、票据交易等场景中，其漏洞的严重性远高于普通的软件程序。由于智能合约会部署在公链暴露于开放网络中，容易被黑客获得，成为黑客的金矿和攻击目标，一旦出现漏洞，将直接导致经济损失。智能合约运行漏洞一般出现在智能合约运行过程中，导致的攻击如下。

① 交易依赖攻击。智能合约执行过程中的每次操作都需要以交易的形式发布状态变量的变更信息，不同的交易顺序可能触发不同的状态，导致不同的输出结果。这种智能合约问题被称为交易顺序依赖。恶意的矿工甚至故意改变交易执行顺序，操纵智能合约的执行。

② 时间戳依赖攻击。一些智能合约执行过程中需要时间戳来提供随机性，或者作为某些操作的触发条件，而网络中节点的本地时间戳略有偏差，攻击者可以通过设置区块的时间戳来左右智能合约的执行，使结果对自己更有利。

③ 调用栈深度攻击。EVM 设置调用栈深度为 1024，攻击者可以先迭代调用合约 1023 次

再发布交易触发该合约，故意突破调用栈深度限制，使得合约执行异常。

④ 可重入攻击。当一个合约调用另一个合约时，当前执行进程会停下来等待调用结束，就产生了一个中间状态。攻击者利用中间状态，在合约未执行结束时再次调用合约，实施可重入攻击。著名的 The DAO 事件就是攻击者实施可重入攻击，不断重复递归调用 withdrawblance( ) 函数，取出本该被清零的以太坊账户余额，窃取大量以太币。

⑤ 整数溢出攻击。智能合约中规定了整数的范围，难以避免变量、中间计算结果越界，导致整数溢出。程序中仅保存异常结果，影响智能合约的执行。

⑥ 操作异常攻击。智能合约的执行可能需要调用其他合约，缺少被调用合约的状态验证或返回值验证将会对智能合约的执行带来潜在威胁。部分被调用合约执行异常，异常结果可能会传递到调用合约上，影响调用合约的执行。

⑦ Gas 限制攻击。以太坊规定了交易消耗的 Gas 上限，若超过，则交易失效，若 Gas 消耗设计不合理，则会被攻击者利用实施 DoS 攻击。Extcodesize 和 Suicide 是拒绝服务攻击者反复执行降低 Gas 操作的攻击实例，最终导致以太坊交易处理速度缓慢，浪费了大量交易池存储资源。

3. 以太坊中智能合约漏洞

作为当前最知名也是最热门的开源公有链平台和智能合约运行平台，以太坊上已经部署了超过 100 万个智能合约应用。由于公有链数据公开透明存储的特点，以太坊平台上的智能合约对所有用户都是可见的，这就导致了智能合约中可能存在的包含代码漏洞等安全漏洞都直接曝光在用户面前，如果以太坊智能合约由于编写不规范或者测试不充分而存在安全风险，就非常容易被黑客利用并攻击。通常，功能越强大、逻辑越复杂的智能合约，也就越容易存在安全漏洞，特别是逻辑上的漏洞。以太坊智能合约自诞生以来已经经历了多次漏洞利用攻击，每次都造成了极大的损失。以太坊智能合约中的常见漏洞如表 8-1 所示。

表 8-1　以太坊中的常见漏洞

漏洞名称	漏洞描述
The DAO 漏洞	The DAO 智能合约中的 split 函数存在漏洞，攻击者可以在 The DAO Token 被销毁前多次转移以太币到 Child DAO 智能合约中，从而大规模盗取原 The DAO 智能合约中的以太币
Parity 多重签名钱包合约漏洞	攻击者通过公开调用函数 initWallet，能够重新初始化钱包，对之前合约钱包的所有者覆盖，导致将钱包所有者修改为攻击者
Parity 多重签名钱包提款漏洞	攻击者通过库函数调用获取权限，再调用库中自杀函数报废整个合约库，导致钱包无法提款
太阳风暴	当以太坊合约相互调用时，它们自身的程序控制和状态功能会丢失，从而切断合约间的沟通，从而影响整个以太坊，就像太阳风暴切断地球的通信设备
fallback 函数调用漏洞	当调用某个智能合约时，如果指定函数找不到，或者根本就没有知道调用哪个函数时，fallback 函数就会执行，此时攻击者可以利用 fallback 函数威胁系统安全
递归调用漏洞	当用户取款代码中存在严重的递归调用漏洞时，攻击者可轻松将用户账户中的资金取走
调用深度漏洞	EVM 中，智能合约可以通过 message call 调用其他智能合约，被调用的智能合约可以继续调用其他合约或回调，此时攻击者可以使用嵌套调用突破 1024 级的深度限制来发动攻击
浪子合约漏洞	将交易资金返还给所有者、交易者过去发过来的以太坊地址，甚至是特定地址
贪婪合约漏洞	某些永远停留在以太坊中的智能合约可以将合约涉及的商品和代币都锁定在合约内，导致交易双方均无法完成操作，也无法取消
函数可重入漏洞	当一个合约调用另一个时，当前执行进程就会停下等待调用结束，导致一个可以被利用的中间状态。在这种情形下，当一个合约还没调用完成时发起另一个调用交易，即可完成攻击

8.2.6 应用层的安全威胁

应用层的应用包括交易所、矿机、矿池、钱包等。在安全威胁方面，交易所往往面临比较传统的外部安全问题，如交易所安全管理策略不完善或不当导致的各种信息泄露、被钓鱼、账号被盗等；应用层业务方面也会面临一些安全问题，如矿机可遭受远程弱口令登录问题；同时，加密数字货币交易所、矿池、网站可能遭受 DDoS 攻击，可能面临钱包 DNS 劫持风险、用户使用区块链应用等问题，如私钥管理不善、遭遇病毒木马、账户窃取等。这些安全威胁非常常见，在区块链其他各层安全威胁内容中已有体现，这里不再赘述。

8.3 区块链安全技术

作为一种多技术融合创新的产物，区块链在诞生之初就引入了密码技术等安全技术，具有去中心化、防篡改、抗伪造、可追溯等安全功能。随着对区块链技术研究的深入，近年来区块链中越来越多的安全问题逐渐暴露，因此一些新的安全技术也被引入区块链系统设计，为区块链的未来发展提供了可靠而灵活的安全保障。本节主要介绍为保证区块链安全功能而使用的基本安全技术，以及为区块链提供更多安全保障而开发和引入的安全增强技术。

8.3.1 区块链数据安全技术

1. 混合加密

在实际系统应用中，极少仅使用对称加密或公钥加密算法来保护数据机密性，而通常会采用融合了对称和公钥加密算法两者优点的混合加密方式。由于区块链系统自身的特点，其计算和存储能力都是受限制的，因此不可能直接使用运算开销较大的公钥加密算法来保护链上的数据信息，区块链上存储的只能是一些非常重要的数据而非用户数据的全部。由此可见，混合加密方式尤其适用在区块链场景下保护用户数据机密性。

在混合加密算法中，如果数据发送方 A 想要安全地将数据 m 发送给数据接收方 B，A 和 B 需要执行如下操作（如图 8-2 所示）。

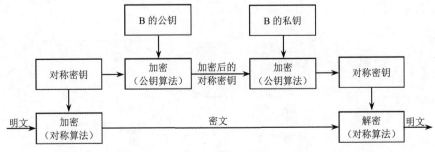

图 8-2　混合加密流程

A 选取一个对称密钥 key，然后利用 B 的公钥将 key 加密，生成密文 C1。

A 将 key 与 m 输入对称加密算法中，生成密文 C2。

A 将两段密文串联成 C1⊕C2，并将该串联密文通过公开信道发送给 B。

B 收到 C1⊕C2 后，利用自己的私钥解密 C1，得到 key，再将 key 和 C2 输入对称密钥，解密后得到 m。

一般，公钥加密算法由于效率和加密强度问题是不能被直接用来加密大块数据的，而对称加密算法虽然处理大块数据时速度快、安全级别高，但是如何让通信双方在公开信道环境下共享同一个对称密钥是一个很困难的问题，因此单单使用对称或者公钥算法在公开信道上处理并安全传输数据明显是无法实现的。

将混合加密应用于区块链系统中提升了利用区块链系统共享数据的能力。具体来说，当区块链用户需要安全地共享其拥有的大量数据时，该用户将待共享的数据利用其选取的一个对称密钥加密并存储在该用户端或云端，同时将该共享数据的地址和哈希值上链。

数据拥有者利用数据使用者的公钥加密已使用的对称密钥，然后将生成的密文上链。

当数据使用者监控到链上出现所需共享数据信息时，该用户可以从链上读取共享数据的地址、哈希值等相关信息，以及加密对称密钥的密文。

数据使用者利用私钥解密上述密文，得到对称密钥，通过访问共享数据地址得到加密的共享数据。

最终，数据使用者利用得到的对称密钥和数据密文恢复出共享数据明文。

2．可搜索加密

区块链是一种去中心化的、分布式的数据存储技术，其存储信息一般对区块链节点是公开的，在基于区块链的数字货币系统中，交易记录的数据通常也是公开的，没有额外的数据保护方法。为了保护用户的隐私数据，需要对隐私数据进行加密处理，以减少隐私泄露的风险，要求攻击者无法从被泄密的加密隐私数据中得出明文信息；同时，考虑数据的可用性，要求加密后的数据依然可以被其合法使用者所检索、获取和解密。为此，需要基于可搜索加密技术构造区块链数据隐私保护机制，利用可搜索加密技术实现对存储在区块链数据库中的关键数据的加密及密文搜索，提高区块链数据隐私保护能力，同时保证加密数据的可用性。

作为一种新型的密码原语，可搜索加密技术允许用户在密文域上进行关键词搜索。当数据以密文方式存储在云服务器上时，云服务器可以利用其强大计算能力对密文进行关键词的检索，且云服务器无法获取除密文是否包含搜索关键字以外的其他任何关于密文的信息。这种方式不但使用户的隐私得到了有效保护，而且检索效率在服务器的帮助下得到了大幅提升。

可搜索加密的一般过程如图 8-3 所示。

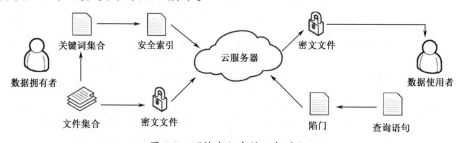

图 8-3　可搜索加密的一般过程

① 文件加密。数据拥有者在本地使用加密密钥对将要上传的文件进行加密，并将密文上传服务器。

② 陷门生成。经过数据拥有者授权的数据使用者使用密钥对待查询的关键词生成陷门，发送给云服务器。

③ 查询检索。云服务器对数据使用者提交的陷门和每个上传文件的索引表进行检索，返回包含陷门关键词的密文文件。

④文件解密。数据使用者使用解密密钥对云服务器返回的密文文件进行解密。

可搜索加密主要包含对称可搜索加密（Symmetric Searchable Encryption，SSE）和非对称可搜索加密（Asymmetric Searchable Encryption，ASE）。

对于可搜索加密技术的来源，要追溯到不可信赖的服务器存储问题，即假设用户 Alice 希望将文件上传至云服务器，但是同样面临着数据泄露和服务器作恶的风险。为了保护自己的个人数据，Alice 选择将文件加密后上传。如果 Alice 采用了传统的加密算法，当其他用户需要查询云服务器上的某文件时，由于仅 Alice 自己拥有解密的能力且传统加密算法中在密文上是无法进行检索的，其他用户需要将所有文件全部下载并解密后检索。可见，该过程采用传统加密方法会带来巨大的运算和传输开销，此时需要引入对称可搜索加密技术，保证加密后的文件可以执行检索功能，并在这个过程中不会泄露有关数据的任何明文信息。对称可搜索加密通常对关键词先进行处理，大多数采用伪随机函数或者哈希算法等方法，对关键词语义进行模糊和随机化的处理。当用户进行关键词检索时，将查询关键词进行相同处理，然后与文件的关键词进行相似度匹配，如果结果符合某种格式，那么说明匹配成功，同时返回相应的文件。

非对称可搜索加密或基于公钥的可搜索加密技术来源于不可信赖的服务器路由问题，即用户 Bob 希望向 Alice 发送邮件，但邮件需经由邮件服务器中转。为了保证邮件的隐私性，Bob 希望邮件服务器可以在不知道邮件内容的前提下按照 Alice 对邮件内容的检索需求将相应的邮件转发给 Alice。非对称可搜索加密技术经常会使用双线性映射来构造算法，但是涉及群元素的运算，这使得非对称可搜索加密技术的开销变大。也正是由于这个特性，非对称可搜索加密技术可以实现复杂的加密功能。而且，由于不需要提前协商密钥，非对称可搜索加密技术更适用于相对不安全的网络，数据拥有者可以使用公钥对文件进行加密，而数据使用者可以使用私钥进行搜索和解密。

3. 安全多方计算

区块链技术发展至今，特别是对于公有链而言，面临着两大困扰：一是公开数据带来的隐私问题，二是链上无法进行高效计算处理的性能问题。隐私问题不仅包括区块链上记录的交易信息的隐私，还包括区块链上记录和传递的其他数据的隐私。高性能计算一直是区块链发展的瓶颈，在公有网络中，大量节点需要对计算任务进行处理，以保证计算任务处理结果的准确性和不可修改性，但这样造成了严重的资源浪费和低效；同时，为了取得去中心化的效果，搭建节点的要求不能太高，这进一步影响了单个节点处理任务的能力。

安全多方计算的输入隐私性、计算正确性、去中心化等优点就可以很好地解决这些问题。区块链和安全多方计算在技术特点上具有一定程度的重合，又各有自己独特的一面。区块链的数字签名、不可篡改、可追溯、去中心化等优点，结合安全多方计算的输入隐私性、计算正确性、去中心化等特征，构成了下一代通用计算服务平台，实现了去中心化、数据保护、联合计算等综合特点，对上层业务形成新的技术支撑。

安全多方计算（Sccurc Muti-Party Computation，SMPC）问题首先由华裔计算机科学家、图领奖获得者姚期智教授提出，也就是为人熟知的百万富翁问题；即如何让两个争强好胜的富翁 Alice 和 Bob 在不暴露各自财富的前提下比较出谁更富有。作为密码学的子领域，安全多方计算允许多个数据所有者在互不信任的情况下进行协同计算，输出计算结果，并保证任何一方均无法得到除应得的计算结果之外的其他任何信息。换句话说，安全多方计算可以获取数据使用价值，却不泄露原始数据内容。

根据中国信息通信研究院发布的《数据流转关键技术白皮书》中的定义，一个安全多方计算模型可由图 8-4 描述。枢纽节点负责系统中的路由寻址和信令控制，每个数据持有方都可以自由发起多方计算（MPC）任务。但是该任务需经由枢纽节点处理，数据持有方通过枢纽节点进行路由寻址，选择拥有计算所需数据集的其余数据持有方进行安全的协同计算。此时，参与协同运算的多个数据持有方中的多方计算节点会根据计算逻辑，从本地数据库中查询所需数据，然后与其他数据持有方中的计算节点共同就安全多方计算任务在多数据流间进行协同计算。安全多方计算在保证输入隐私性的前提下，允许协作各方都能得到正确的数据反馈，并且整个计算过程中任何计算参与方都无法获得数据持有者存储在本地的数据。

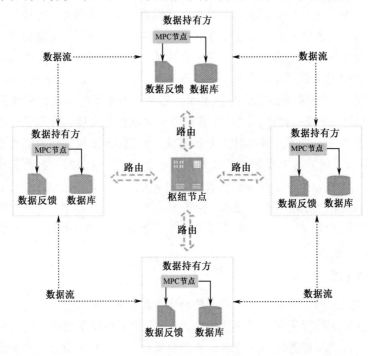

图 8-4　安全多方计算模型

安全多方计算理论主要研究参与者间协同计算及隐私信息保护问题，其特点包括输入隐私性、计算正确性、去中心化等。

（1）输入隐私性

安全多方计算研究的是各参与方在协作计算时如何对各方隐私数据进行保护，重点关注各参与方之间的隐私安全性问题，即在安全多方计算过程中必须保证各方私密输入独立，计算时不泄露任何本地数据。

（2）计算正确性

多方计算参与各方就某一约定计算任务，通过约定安全多方计算协议进行协同计算。计算结束后，各方得到正确的数据反馈。

（3）去中心化

传统的分布式计算由中心节点协调各用户的计算进程，收集各用户的输入信息，而安全多方计算中，各参与方地位平等，不存在任何有特权的参与方或第三方，提供一种去中心化的计算模式。安全多方计算技术在需要秘密共享和隐私保护的场景中具有重要意义，主要适用的场景包括联合数据分析、数据安全查询、数据可信交换等。

（4）数据可信交换

安全多方计算为不同机构提供了一套构建在协同计算网络中的信息索引、查询、交换和数据跟踪的统一标准，可实现机构间数据的可信互连互通，解决数据安全性、隐私性问题，大幅降低数据信息交易成本，为数据拥有方和需求方提供有效的对接渠道。

（5）数据安全查询

数据安全查询问题是安全多方计算的重要应用领域。安全多方计算能保证数据查询方仅得到查询结果，但对数据库其他记录信息不可知；同时，拥有数据库的一方不知道用户具体的查询请求。

（6）联合数据分析

随着大数据技术的发展，社会活动中产生和搜集的数据和信息量急剧增加，敏感信息数据的收集、跨机构的合作等给传统数据分析算法提出了新的挑战，已有的数据分析算法可能导致隐私暴露，数据分析中的隐私和安全性问题得到了极大的关注。将安全多方计算技术引入传统的数据分析领域，能够一定程度上解决该问题，目的是改进已有的数据分析算法，通过多方数据源协同分析计算，使得敏感数据不被泄露。

4．差分隐私

差分隐私是一种比较强的隐私保护技术，满足差分隐私的数据集能够抵抗任何对隐私数据的分析，因为它具有信息论意义上的安全性。差分隐私的基本思想是对原始数据、原始数据的转换或对原始数据的统计结果添加噪声来达到隐私保护效果。相比于传统的隐私保护模型，差分隐私具有独特的优点。首先，差分隐私不关心攻击者所具有的背景知识；其次，差分隐私具有严谨的统计学模型，能够提供可量化的隐私保证。

按照隐私保护技术所处数据流通环节的不同，差分隐私技术可分为以下两类。

（1）中心化差分隐私技术

面向公众公开发布数据或数据本身非常敏感时，如果直接向使用者输出数据，可能带来严重的隐私泄露问题，因此在输出数据前需要集中利用差分隐私技术对数据进行保护。如服务器在将数据提供给数据使用方之前，需用差分技术对数据集中进行扰动处理，添加拉普拉斯噪声或指数噪声，保证数据可用性的同时确保个体的隐私信息不被泄露。

（2）本地化差分隐私技术

每个用户先对数据进行隐私化处理，再将处理后的数据发送给数据收集者，数据收集者对采集到的数据进行统计，以得到有效的分析结果，在对数据进行统计分析的同时，保证个体的隐私信息不被泄露。

差分隐私的原理如图 8-5 所示。

除了可以限制分析者所能获取的信息量，差分隐私还具有以下特点。

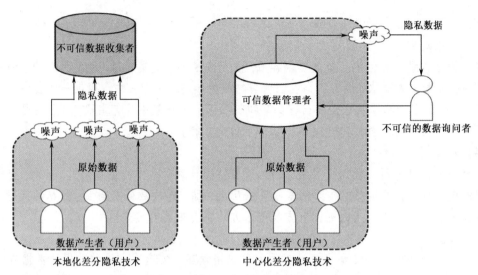

图 8-5　差分隐私的原理

（1）可组合性

若用保证程度分别为 ε_1 和 ε_2 的差分隐私回应两个查询，则查询的差分隐私性等同于保证程度 $\varepsilon_1 + \varepsilon_2$。其中，较高的值意味着较弱的保证。

（2）抵抗背景信息分析

差分隐私的安全性不依赖于攻击者获取的任何背景信息，是差分隐私强于早期的隐私保证方法的主要原因之一。

（3）已处理数据安全性

要求不对经过差分隐私处理后的数据的使用做任何限制。无论数据与什么结合或者怎么被转换，它仍然具备差分隐私安全属性。

在应用差分隐私进行隐私保护中，需要处理的数据主要分为两大类：一类是数值型的数据，如数据集中已婚人士的数量；另一类是非数值型的数据，如喜欢人数最多的颜色。两者主体分别是数量（连续数据）和颜色（离散数据）。数值型数据一般采用拉普拉斯（Laplace）或者高斯机制，对得到的数值结果加入随机噪声即可实现差分隐私；而非数值型数据一般采用指数机制并引入一个打分函数，对每种可能的输出得到一个分数，归一化后，作为查询返回的概率值。

5．同态加密

同态加密允许运行在区块链上的智能合约可以处理密文，而无法获知真实数据，极大地提高了隐私安全性。区块链用户希望提交到区块链网络中的数据安全性能得以保证，尤其是重要敏感数据的安全性，应避免恶意的信息泄露和篡改。同态加密能够使用用户的密文数据在区块链智能合约中进行密文运算，而非传统的明文运算。这样，用户将交易数据提交到区块链网络前，可使用相应的加密算法对交易数据进行加密，数据以密文的形式存在，即使被攻击者获取，也不会泄露用户的任何隐私信息，同时密文运算结果与明文运算结果一致。

同态加密是一种不需对加密数据进行提前解密就可以执行计算的技术。同态加密的思想起源于私密同态。代数同态和算术同态是私密同态的子集。

假设 R 和 S 是域，$E: R \rightarrow S$ 是一个加密函数，则 E 被称为：

❖ 加法同态，如果存在有效算法 E 和 D，满足 $E(x+y) = E(x) \oplus E(y)$ 或 $x+y = D(E(x) \oplus E(y))$，并且不泄漏 x 和 y。

❖ 乘法同态，如果存在有效算法 E 和 D，满足 $E(x \times y) = E(x) \times E(y)$ 或 $xy = D(E(x) \times E(y))$，并且不泄漏 x 和 y。

❖ 混合乘法同态，如果存在有效算法 E 和 D，满足 $E(x \times y) = E(x) \times y$ 或 $xy = D(E(x) \times y)$，并且不泄漏 x。

❖ 减法同态，如果存在有效算法 E 和 D，满足 $E(x-y) = E(x) - E(y)$ 或 $x-y = D(E(x) - E(y))$，并且不泄漏 x 和 y。

❖ 除法同态，如果存在有效算法 E 和 D，满足 $E(x/y) = E(x)/E(y)$ 或 $x/y = D(E(x)/E(y))$，并且不泄漏 x 和 y。

❖ 代数同态，如果 E 既是加法同态又是乘法同态。

❖ 算术同态，如果 E 同时为加法同态、减法同态、乘法同态和除法同态。

实际上，最经典的 RSA 加密对于乘法运算就具有同态性。Elgamal 加密方案同样对乘法具有同态性。2009 年前的 HE 方案要么只具有加法同态性，要么只具有乘法同态性，但是不能同时具有加法同态和乘法同态。这种同态性用处不大，只能作为一个性质，一般不会在实际中使用。

6. 访问控制

区块链中通常是不希望系统数据是可以被所有用户获取和使用的，否则可能引发数据滥用问题；其次，如果数据是面向区块链所有节点开放的，数据访问引发的广播洪泛会对系统自身的数据处理带来压力，影响区块链系统整体性能。而访问控制技术的引入恰好可以通过提前过滤不符合系统预设的访问控制策略的访问请求的方法解决上述问题。因此，无论是从数据安全性还是从系统效能的角度出发，访问控制都是必须使用的一种技术。

访问控制是对信息资源进行保护的一种重要手段，主要通过对访问行为的主体进行授权来控制主体对客体即资源的可操作属性。一般情况下，访问控制模型由主体、客体（资源）、权限构成。主体可以是用户或程序；权限就是对资源的操作；资源就是信息系统中的网络、数据。访问控制的主要目的是保护信息或网络资源不被非授权的访问，如图 8-6 所示。

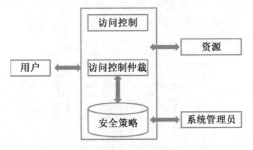

图 8-6　访问控制

传统上广泛使用的访问控制策略主要有自主访问控制（Discretionary Access Control，DAC）、强制访问控制（Mandatory Access Control，MAC）、基于角色的访问控制（Role-Based Access Control，RBAC）三种。

自主访问控制就是对资源具有读写权限的主体可以将自己的权限授权再给其他主体，由于权限的可传递性，自主访问控制安全性较差。强制访问控制即所有的权限集中管理，不存在授权给其他主体问题，权限集中管理实现复杂，管理难度大。近年，访问控制技术也通过吸收新的技术进行改进，提出了一些新的模型，如基于属性的访问控制模型、基于任务的访问控制模型、基于信用度的访问控制模型等。

在公有链中，由于需要链上所有节点都能参与共识与记账，链上交易数据存储是公开透明的，但当将公有链使用在具体业务场景中时，考虑业务数据仅能使用链上链下协同存储的方式，这时对业务数据的读取需要使用访问控制技术。目前，公有链的访问控制通常可以通过比特币网络上的复杂脚本和以太坊上的智能合约实现。

联盟链中存在一定的访问控制方法，如提供了节点的准入机制，很大程度限制了恶意节点，使区块链网络更加安全。但是联盟链中所有节点依然共享同一账本，在某些金融场景中，很多交易要求更加严格的隐私保护机制，现有的联盟链无法满足这些需求。通道（Channel）的概念是基于 HyperLedger Fabric 提出的，存在于联盟链中，是对联盟链进行有效划分的一种机制。在现实场景中，可以把对某一特定交易的关联方或者对交易隐私有更高需求的组织加入同一通道，同一通道内的成员节点共享一个账本，通道中的交易在通道之外不可见。在通道上，未获授权的用户无法加入该通道，也不能在该通道上进行交易。

私有链是属于一家企业或者机构在单位内部部署的区块链项目，因此更容易利用传统技术实现访问控制。如从身份管理与访问控制的角度来看，应该尽可能使用已经在企业内部使用的身份管理系统，如大部分系统使用微软的 Active Directory（AD），而私有链与 Active Directory 的连通可以提高区块链的安全性。

8.3.2 区块链身份保护技术

1. 混币技术

混币（Coinjoin）是一种早期区块链系统中常用的身份隐私保护技术，就是割裂输入地址和输出地址之间的关系。假如有多人参与到一个交易中，其中会包含大量的输入和输出，在这种情况下较难在输入与输出中找出每个人的对应对，如此一来，输入与输出之间的联系被事实上割裂。混币可以让交易者快速、高效地与其他交易者的资金进行混合，在现有的交易账户和混币后的新账户之间建立一种随机的映射关系，从而实现完全匿名，如图8-7所示。

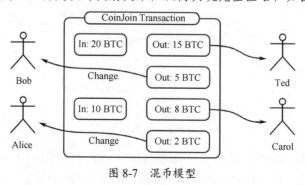

图 8-7 混币模型

混币可以分为中心化混币和去中心化混币两种技术方案。

（1）中心化混币方案

在此模式下，用户只需要向混币服务商提供资产的转出、转入钱包地址和金额，交易在混币服务提供商的数据库内进行处理。服务商会匹配不同的钱包地址和不同的金额，并往地址中发送随机数量的代币，直到指定地址上达到了发送方请求的总金额。这种混币的优点是用户不需担心交易的复杂性，只需输入代币地址，加入混币即可。虽然操作简单，但是由于所有交易都是中心化服务器处理的，这会给用户带来重大的风险。

（2）去中心化或点对点混币服务

在这种混合模式中，不同的用户组成一个交易所并使用协议进行有效混币。一旦用户间形成交易所，处理混合代币就不需要中间人了。这种混币的优点是不需要中间人，没有中间机构监管这些交易，缺点是有时很难找到愿意组成交易所的人。

混币的目的是切断加密货币交易中发送方与接受方的联系，发送方利用混币系统将自己的交易与其他人的交易进行混合，从而达到真正的匿名交易。

2．环签名

环签名（Ring Signature）通常被用于保护真实签名用户的身份隐私，如门罗币。环签名使得门罗币被公认为一个私密性强、不可追踪的加密货币。环签名帮助门罗币实现了交易的隐私性：通过区块链系统中无关节点无法追查交易的发送方，当其他节点验证交易时，只能确定签名是诸多公钥中的一个，却无从定位到哪个公钥才是具体的发送方。

环签名方案由群签名演化而来。群签名是利用公开的群公钥和群签名进行验证的方案，其中群公钥是公开的，群成员可以生成群签名，验证者能利用群公钥验证所得群签名的正确性，但不能确定群中的正式签名者，仅有群管理员可以撤销签名，揭示真正的群签名的签名者。这是群签名的关键问题所在。

环签名方案去掉了群组管理员，不需要环成员之间的合作，签名者 C_i 利用自己的私钥 pk_i 和集合中其他成员的公钥 s_i 就能独立地进行签名，集合中的其他成员可能不知道自己被包含在其中。这种方案的优势除了能够对签名者进行无条件的匿名，环中的其他成员也不能伪造真实签名者签名，外部攻击者即使获得某个有效环签名，也不能伪造一个签名，如图 8-8 所示。

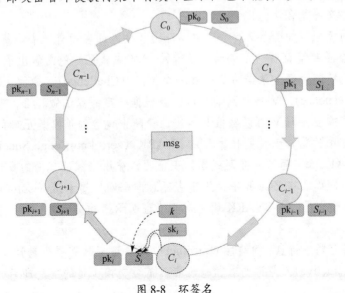

图 8-8　环签名

环签名虽然可以做到一定程度的匿名性，不过毕竟真实的签名者还会暴露在环中，且在目前的公有链市场上，与环签名相比，零知识证明依然是最佳的匿名方案之一。只是在某些场景下，如果对隐私的要求没有那么高，同时签名方的计算能力又很弱，那么环签名不失为一个不错的选择。环签名拥有以下安全属性。

① 无条件匿名性：攻击者无法确定签名是由环中哪个成员生成，即使在获得环成员私钥的情况下，概率也不超过 $1/n$。

② 正确性：签名必须能被所有其他人验证。

③ 不可伪造性：环中其他成员不能伪造真实签名者签名，外部攻击者即使获得某个有效环签名，也不能为消息 m 伪造一个签名。

在环签名中，实际签名者通过单方面联合多个签名者共同产生一个特定信息的有效签名，并允许该签名可以由已联合的签名者集合中的任何一位的公钥来验证，由此保证了由该签名者集合产生的任何一个有效数字签名的签名方都可以由该集合代表，而不用由签名的实际签名者代表，最终保护了实际签名者的身份隐私。然而，由于环签名产生过程中，实际签名者必须将自己的公钥与其他签名者公钥混淆在一起，并利用自己的私钥参与运算，因此环签名中肯定是包含实际签名者的信息的。所以，基于环签名的隐私保护只是一种身份混淆的保护方法，实际签名者的身份信息依然存在环签名数据中。这种特点也为构造一种可以追踪实际签名者的环签名方法提供了理论可行性基础。在可追踪环签名中，用户可以正常地产生环签名并在发送交易中利用该签名掩盖自己的真实身份，当该用户在区块链系统上发布了违规或违法内容时，区块链系统监管部门可以通过系统分配的主密钥快速追溯到该用户。

3．零知识证明

区块链的交易中除了使用地址来替换交易双方的真实身份，使得交易具有部分匿名性，发送、接收地址和金额都是已知的，攻击者有可能通过网络的各种信息和现实世界发生的交互记录等将交易地址和真实身份对应，因此也存在隐私暴露的隐患。为此引入零知识证明技术，解决如何以不透露一个论断（Statement）的任何信息为前提的情况下，向他人证明这个论断是对的。以货币交易为例，就是在不告诉他人付款人、收款人是谁，也不告诉他人金额多少的前提下，设法证明这笔交易是合法的。

在零知识证明模型（如图 8-9 所示）中，证明者和验证者拥有一个论断作为共同的输入，证明者 P 为了向验证者 V 证明这个论断的正确性，P 需先就已知论断做出承诺（Commitment），并将其发送给 V；V 随后根据承诺为 P 生成一个挑战（Challenge）；最后，P 根据挑战生成一个对应的响应（Response）。V 接收到响应后，会根据一定的算法做验证，若 P 针对每个挑战都能给出相对应的响应，则 V 可以确信 P 给出的论断中包含的信息是正确的。

作为区块链常用的零知识证明技术，zk-SNARK（zero knowledge Succinct Noninteractive ARgument of Knowledge，简洁非交互式零知识证明）被用来保证交易的发送者、接收者和交易金额的机密性。例如，在 ZCash 中，发送者通过向全网广播承诺（Commitment）和废弃值（Nullifier）进行转账交易，zk-SNARK 用于向网络证明承诺和废弃值的合法性，又不揭露发送者的身份。

zk-SNARK 具有两个特点：简洁性（Succinct），即验证者只需要少量计算就可以完成验证；非交互性（Noninteractive），即证明者和验证者只需要交换少量的信息即可。zk-SNARK 可以

图 8-9 零知识证明模型

证明所有的多项式验证问题,提供了系统化的方法,可把任何验证程序转化成 QSP(Quadratic Span Program,二次跨越问题)的多项式验证问题。

任意复杂的验证问题都可以由 zk-SNARK 证明,但 zk-SNARK 的缺点在于计算验证数据时需要一定的计算量。zk-SNARK 还有一个初始参数设置阶段,生成一个"绝对机密"的随机信息。这些初始化的随机信息可以欺骗验证者,因此需要保证该过程的绝对机密和安全。

可能的解决办法包括利用 Intel SGX 和 ARM TrustZone 这样的现代"可信执行环境"。对于 Intel SGX,即使应用程序、操作系统、BIOS 或 VMM 遭到破坏,私钥也是安全的。除此以外,最新提出的 zkSTARK 技术不需要进行信任设置。

zkSTARK(zero knowledge Succinct Transparent Argument of Knowledge,简洁化全透明零知识证明)是首次实现既可以不依赖任何信任设置来完成区块链验证,同时计算速度随着计算数据量的增加而指数级加速的系统。zkSTARK 不依赖公钥密码系统,更简单的假设使得它理论上更安全,因为它唯一的加密假设是散列函数(如 SHA2)是不可预测的,而这一假设也是比特币稳定性的基础,因此具有抗量子性。不过,zkSTARK 也需要经过时间的检验。

8.3.3　区块链共识安全技术

1. 可验证随机函数(VRF)

在区块链中,大部分共识算法,无论是 PoW、PoS 还是衍生的 DPoS,都需要选出一堆或者一个节点来参与共识或者打包区块,这个过程虽然会有持币情况、设备配置、信誉等因素影响,但必须是随机的、无法被预测的。这时可能用到随机算法。然而,如果单纯使用随机算法,攻击者可能使用一些方式来增加自己抽中的概率。为此,可验证随机函数(Verifiable Random Function,VRF)被引入,来保证主节点选取的随机性和公平性。

目前,许多新型的共识算法都用到了 VRF,如 Dfinity、Algorand 等,这些算法需要达到的目的与 PoW 的节点竞争过程有点像,都是为了随机又安全地找到一个出块节点。PoW 被诟病的问题是功耗大和性能低,但是安全边界明显,而且在比特币中运行已久,都没有大问题。以 PoS 共识算法为代表的共识算法本身不需要大量算力,但特别容易遭受攻击,导致无法随机选择出块节点,利用 VRF 改造这类共识算法可以达到很好的效果,如公平公正、功耗低、抗攻击、提效能等。VRF 验证零知识证明的速度已经非常快。

简单地说,VRF 就是结合了非对称密钥技术的哈希函数,能够由私钥 SK 和信息 x 产生一组可验证的伪随机（Pseudorandom）字符串 r 和证明 p，任何人都可以通过 Verify 函数来检验这个随机字串是否真的是该公钥对应私钥持有者依照规定使用 Evaluate 函数所产生的，而不是由私钥所有者伪造的。

VRF 包含 4 个函数，具体的操作流程如下。

① 证明者生成一对密钥，PK 和 SK。

② 证明者计算 result = VRF_Hash(SK, info)。

③ 证明者计算 proof = VRF_Proof(SK, info)。

④ 证明者把 result 和 proof 递交给验证者。

⑤ 验证者计算 result = VRF_P2H(proof) 是否成立，若成立，则继续后续步骤，否则中止。

⑥ 证明者把 PK、info 递交给验证者。

⑦ 验证者计算 True/False = VRF_Verify(PK, info, proof)，True 表示验证通过，False 表示验证未通过。

所谓验证通过，是指 proof 是否为通过 info 生成的，通过 proof 是否可以计算出 result，从而推导出 info 和 result 是否匹配、证明者给出的材料是否有问题。在整个操作流程中，证明者没有出示自己的私钥 SK，验证者却可以推导出 info 和 result 是否匹配，这就是 VRF 的妙用。

2. 签名聚合和批验证

在区块链节点共识应用场景中，当前大多数联盟链共识采用 ECDSA 签名算法。针对区块数据，每个节点用私钥生成独立的数字签名，并广播给其他节点。其他节点会验证该签名，并将其写入下一区块数据。当共识节点数较多时，这种方式会导致每轮共识区块存储的签名数据不断增加，占用存储空间。当新节点加入网络，需要同步历史区块时，大量签名数据会对网络带宽造成不小的挑战。

随着应用使用量的增加，签名相关存储数据也会不停增长。不同于传统应用，链上数据在理论上只增不减，而海量签名带来的海量数据对于数据存储、网络传输、签名验证都是巨大负担。为此，在保证海量签名数据可验证的前提下，对数字签名数据进行聚合压缩是一个可行的共识效率提升方案。

签名聚合的主要设计目标是将多个签名数据压缩，合并成单个签名。验证者通过所有签名相关的数据和公钥组成的列表对单个签名进行验证，若验证通过，其效果等同于对所有相关签名进行独立验证且全部通过。在一般情况下，聚合签名产生的签名数据在不包括消息原数据和公钥列表的情况下具有大小固定的特性，即无论有多少原始签名，聚合后签名数据的大小总是恒定的。聚合签名可以有效降低存储空间和验证过程中的网络流量成本，尤其对签名频次较低但验证频次较高的业务场景有显著效果。除了数据存储和传输效率提高，当被聚合的数字签名数量足够大时，理论上也能提高签名验证的计算效率。聚合签名方案的实际性能与其具体构造方式密不可分。

签名聚合的首要设计目标是压缩签名数据，节省数据存储和网络传输成本。对现有计算机系统，I/O 耗时通常是关键性能瓶颈，所以该优化通常可以提升验证海量签名数据的整体吞吐量。同时，聚合签名在设计过程中都提供了理论证明——即便聚合了海量签名，最终产生单个聚合签名的安全性，也与聚合前的经典数字签名安全性相当。

但是，相比原来只有单方计算的经典数字签名，聚合签名计算过程涉及多方交互，一旦参与聚合的任一方有意作恶，恰逢不安全的工程实现，难免引发额外的安全风险。因此，聚合签名的工程实现应严格按照论文或标准中的算法流程和推荐参数设置，切记不要为了优化性能而引入严重的安全风险。总之，聚合签名为多方协作场景提供了一种节省存储空间和验证过程中的网络流量、提升批量数字签名验证性能的解决方案。

8.3.4　区块链智能合约安全技术

1. 可信执行环境

可信执行环境（Trusted Execution Environment，TEE）是 CPU 的一块区域，给数据和代码的执行提供一个更安全的空间，并保证它们的机密性和完整性。在 TEE 上运行的应用称为可信应用（Trusted Application，TA）。可信应用之间通过密码学技术保证它们之间是隔离的，一个可信应用不会随意读取和操作其他可信应用的数据。另外，可信应用在执行前需要做完整性验证，保证应用没有被篡改。

TEE 可以更好地帮助区块链改进安全、性能和隐私。对于安全，大多数公链项目无法保证每个节点运行环境的安全，因此需要大量的节点一起达成共识来提高安全，而节点的数量显然与性能成反比，给公链带来严重的性能瓶颈。TEE 提供的可信环境保证了机器中运行的代码没有被篡改，可以按照区块链协议指定的方式运行，从而保证了整个网络的安全。对于性能，因为相信 TEE 中的代码不会被篡改并且按照期望的方式执行，区块链可以将一部分计算移到 TEE 环境中执行，这样减少了全局共识的成本，增加了区块链的性能。对于隐私性，TEE 可以提供端到端的隐私保护，从数据到计算结果都只能被用户自己看到。

2. 形式化验证和证明

随着区块链平台级应用的普遍化，智能合约涉及的金额呈指数级别增长，智能合约的安全问题也成为区块链用户普遍关注的焦点。近年，已有数个区块链项目因为智能合约代码出现漏洞而遭到黑客攻击，致用户巨额的损失。

智能合约的安全性验证问题迫在眉睫，智能合约可能存在的主要安全隐患如下：① 合约中某一方利用合约漏洞修改合约，使得合约执行结果偏向某一方；② 智能合约攻击者利用合约漏洞攻击合约，造成合约中财产的损失。这最终都会导致人们对于智能合约的不信任。

为了防止类似事件的发生，交易所、钱包、项目方等都在智能合约安全上加大投入，其中智能合约形式化验证（Formal Verification）技术是当前研究的热点。形式化验证技术已经在军工、航天等高系统安全要求领域取得了相当成功的应用，将形式化方法应用于智能合约，使得合约的生成和执行有了规范性约束，保证了合约的可信性，使人们可以信任智能合约的生产过程和执行效力。通过形式化语言，合约中的概念、判断、推理被转化成智能合约模型，可以消除自然语言的歧义性、不通用性，进而采用形式化工具对智能合约建模、分析和验证，进行一致性测试。合约的形式化验证保证了合约的正确属性，保证了合约代码与合约文本的一致性。

形式化验证方法可以检查智能合约的很多属性，如合约的公平性、可达性、有界性、活锁、死锁、不可达性、无状态二义性等。形式化方法重点可以解决智能合约产生与执行的可信性问题。模型检测的优点是完全自动化并且验证速度快，即便只给出了部分描述的合约，通过搜索也可以提供关于已知部分正确性的有用信息。尤其重要的是，在性质未被满足时，搜索终止可以给出反例，这种信息常常反映了合约设计的细微失误，因而对于合约排错有极大的帮助。

目前，区块链产业中与形式化验证相关的产品可以分为三类：包括提供区块链智能合约形式化验证服务 VaaS 平台、直接包含形式化验证引擎的公链产品，以及提供与智能合约形式化验证相关的开发者库和工具的形式化验证语言。目前，形式化验证技术应用尚在技术早期，自动化程度和实用性及用户工具还有待于极大的进步。

8.3.5 区块链内容安全技术

作为比特币底层的核心技术，区块链提供了一种全新的信任建立机制和一种全新的自组织模式下的节点协作机制。随着区块链技术的不断成熟和区块链平台的蓬勃发展，区块链也展现出服务于更广阔领域的巨大潜力。然后，随着区块链技术的广泛应用，区块链的数据滥用、隐私泄露等内容相关安全问题更加严峻。区块链内容安全技术主要用来解决区块链的恶意信息鉴别、治理、发布者追踪问题，本节主要介绍几种内容安全技术。

1. 匿名电子选举技术

基于区块链系统无中心、抗审查的特点且信息一经上链极难修改、删除，区块链系统完全会成为传播邪教、反动、色情等恶意信息的工具。在传统区块链系统中，节点只会验证信息形式上的正确与否来决定是否上链该信息，没有能力进一步判断信息在语义上的合法性，这使得对恶意信息的鉴别和治理只能发生在数据上链后。为此引入匿名电子选举技术来解决恶意信息难以及时发现的问题。匿名电子选举是一种使用电子辅助装置投票及计票的选举形式，与传统选举相比，它具有投票便利、计票准确、形式灵活、二次开发费用低廉、效率更高、更省时省力等优点，并在一定程度上保护了投票人的权益，保证了选举过程的公开公平公正。

安全的选举系统应具备以下安全性质。

① 合法性，只有合法选民才有权利进行投票选举。

② 匿名性，任何其他非投票人都无法根据选票追踪调查到相应的选民身份。

③ 唯一性，合法选民能且只能投一次票。

④ 高效性，系统中所有的计算能够在一个合理的时间内完成。

⑤ 可验证性，任何选民能容易地验证自己的选票是否被计算在内和最终结果是否被篡改或丢弃。

⑥ 无收据性，选民无法向任何人证明自己的选票，从而防止贿赂选民强制选举的行为。

采用基于区块链的匿名电子选举技术允许系统用户在检索链上信息时对发现的恶意信息进行匿名举报，举报信息包括恶意信息所在区块及其他相关证据，举报方法为该用户激活恶意信息举报智能合约，智能合约激活运行后会随机选择多个区块链系统用户，并要求这些用户对举报信息的真伪进行投票，当智能合约收集到多于三分之二比例的已选用户的投票时，智能合约根据投票统计情况裁定用户举报的是否为恶意信息；当智能合约无法收集上述比例用户的投票或者投票结果为五五开时，智能合约将举报信息转交至监管部门做最终裁定。当智能合约反馈给发起举报的用户的投票裁定结果为非恶意信息且该用户不满此结果并同意再次举报时，该举报信息会由智能合约转交至监管部门做最终裁定。

2. 变色龙哈希函数（Chameleon Hash）

区块链有着极其优秀的安全性就是因为其充分使用了哈希函数。而哈希函数拥有以下防篡改特性。

① 广义碰撞抵抗性。对于任意 m 作为输入，得到输出的结果，很难找到另一个不等于 m 的输入 m'，使得 $H(m') = H(m)$。

② 严格碰撞抵抗性。很难找到任意 m 和 m'，使得 $H(m') = H(m)$。这里没有固定的 m 和 m'，因此比要求①更严格。

③ 雪崩效应：对于一个数据块，哪怕只改动其 1 bit，其哈希值的改动也会非常大。

传统加密哈希函数很难找到碰撞，但变色龙哈希函数可以人为设下一个"弱点"或者"后门"，从而可以轻松找到不同的输入 m 和 m'，使得 ChamelelonHash(m) = ChamelelonHash(m')。这虽然破坏了哈希函数的两个碰撞抵抗性，但是对于大部分人而言，这些特性依然存在，哈希函数依然是安全的。

假设一个区块原内容为 m，有人知道这个哈希函数的"后门"或"私钥"为 x，"私钥"对应的公钥为 $h = g^x$，生成变色龙哈希函数对应的随机数为 r，则其哈希值为 $H(m) = g^m \times h^r$。现在将内容 m 改为 m'，希望找到一个随机数 r'，使得 $H(m') = H(m)$。r' 的求解过程如下：

$$H(m) = g^m \times h^r = g^m \times g^{xr} = g^{m+xr}$$
$$H(m') = g^{m'} \times h^{r'} = g^{m'} \times g^{xr'} = g^{m'+xr'}$$

所以，$r' = (m + xr - m')/x$。当然，现实中变色龙哈希函数的实现比以上举例复杂得多。

因此，利用变色龙哈希函数可以实现有条件的可编辑区块链系统，修改已经上链的恶意信息，将其应用于区块链中，便可塑造出一个可编辑区块的区块链。

虽说弱化了不可编辑性，但是一定程度上，持有后门 x 者也是有制约的。首先，区块链都是存在本地的，若有修改，可以有记录；其次，如果持有后门 x 者乱修改或者不承认修改，根据记录与被修改后的区块进行碰撞即可证明其被修改，因为对于没有后门 x 者来说，要在 2^{256} 数中找到碰撞几乎是不可能的。变色龙哈希函数虽然一定程度上破坏了区块链的去中心化和不可篡改性，但是扩大了区块链的应用场景，满足政府的可监管需求和金融银行等需求。

8.3.6 区块链使用安全技术

随着加密数字货币的普及应用，货币丢失、被盗等安全性问题越发突出。出于便利性和安全性考虑，加密数字货币通常通过钱包来进行使用。钱包中存储的最重要的数据是用户的私钥，这也是加密数字货币所有权的唯一标识，一旦丢失或者被盗，将带来无法挽回的损失。区块链钱包（Blockchain Wallet）是密钥的管理工具，只包含密钥而不是确切的某代币。根据私钥的存储和使用方式，钱包可以分为硬件钱包、软件钱包、托管钱包和门限钱包四种。钱包中包含成对的私钥和公钥。用户用私钥来签名交易，从而证明该用户拥有交易的输出权。而输出的交易信息存储在区块链中。用户在使用钱包时，可能用到 Keystore、助记词、明文私钥等，这些都是钱包中私钥的表现形式。Keystore 是加了"锁"的私钥，需要使用另外的密码打开才能获取真正的私钥，而助记词和明文私钥是完全暴露在外的私钥。然而，区块链钱包中更重要的密码是钱包自身的密码，这个密码一般是打开 Keystore 的密码和转账支付时的确认密码，如果丢失或被盗，相当于用户的区块链资产全部丢失。所以，基于多因子的用户身份认证技术被引入。

身份认证协议与我们的生活联系很紧密，从当初单因子认证，只有口令，到后面的双因子认证：口令+智能卡，再到现在的三因子认证：口令、硬件码、生物特征。只有口令的单因子协议安全性较低，所以盗号事件层出不穷，但是部署简单，安全性需求不是特别高的应用经常使用单因子的认证。单因子认证协议需要服务器存储口令表，口令表一旦泄露，会造成大规模泄密。如果涉及在线支付等金融功能的应用，那么单因子认证协议的安全性不容乐观。

随着技术的发展，生物特征如指纹、面相、虹膜的采集和利用越来越方便，安全性和实用性都很高。现实生活中，生物特征特别是指纹识别的应用已经非常广泛了，支持指纹识别的终端（如手机）越来越多。与传统的口令、智能卡相比，生物特征具有易于使用、因人而异等特性，结合生物特征、口令和硬件码的三因子认证协议的安全性更强。

本章小结

近年来，针对区块链系统的安全攻击层出不穷，区块链安全事件频频发生，安全问题不断得到关注和重视。本章首先简要叙述了区块链系统面临的主要安全挑战，定义了区块链系统各层应该达到的安全目标；然后，采用对区块链系统分层的形式，对系统各层详细分析了常见的安全威胁和攻击方式；最后，针对区块链系统各层的安全目标，分别介绍了为实现各层安全目标需要采用的安全技术，如密码学技术和网络技术。

思考与练习

1. 针对区块链数据的交易聚类分析攻击是一种威胁用户身份隐私的攻击方式，请列举几种本章提到的可以用于抵抗这种攻击的安全技术，并分别分析原因。

2. 女巫攻击通常可以对某些对共识节点数量敏感的共识机制的正常运行产生极大威胁，会对公链共识算法如 PoW、PoS 产生影响吗？试分析原因。

3. 同态加密是一种高强度的数据隐私保护技术，但对数字信息处理更加友好，其应用范围也十分受限，请举 2～3 个同态加密在区块链系统的具体应用场景的例子。

4. 零知识证明是一种功能强大的隐私保护技术，区块链中的零知识证明构造 zk-SNARK 甚至用来同时保护交易用户身份隐私和交易数据隐私，但并未在区块链场景中大规模使用。请简述零知识证明技术的主要缺点。

参考文献

[1] Bashir I. Mastering Blockchain : distributed ledgers, decentralization and smart contracts explained[M]. Birmingham : Packt Publishing, 2017.

[2] 中国信息通信研究院. 数据流转关键技术白皮书[EB/OL]. http://www.cbdio.com/BigData/2018-

05/04/content_5747433.htm. 2018-50-04/2020-09-15.

[3]　刘九良，付章杰，孙星明. 区块链安全综述[J]. 南京信息工程大学学报（自然科学版），2019，11(5):513-522.

[4]　斯雪明，徐蜜雪，苑超. 区块链安全研究综述[J]. 密码学报，2018,5(5):458-469.

[5]　康彦博. 基于区块链的数据安全关键技术研究[D]. 电子科技大学，2020.

[6]　符玥. 基于区块链的可靠存储及安全分享算法研究[D]. 北京大学，2019.

[7]　赵淦森，谢智健，王欣明，何嘉浩，刘学枫，王锡亮，周子衡，田志宏，谭庆丰，聂瑞华. 智能合约安全综述：漏洞分析[J]. 广州大学学报（自然科学版），2019,18(3):59-67.

[8]　王化群，张帆，李甜，高梦婕，杜心雨. 智能合约中的安全与隐私保护技术[J]. 南京邮电大学学报（自然科学版），2019,39(4):63-71.

第 9 章　比特币系统

比特币是区块链技术中最典型、最广泛使用的应用。区块链技术的概念基本上就是基于比特币系统广泛使用而被人熟知的，以致很多人认为比特币技术就是区块链技术。实际上，比特币只是区块链技术的典型应用之一。

9.1　比特币简介

比特币的概念最初由中本聪（Satoshi Nakamoto）首先提出。至今，中本聪仍是一个网络虚拟的人物，其真实身份还不为人知。2008 年 11 月 1 日，中本聪在 metzdowd.com 网站的密码学邮件列表中发表了一篇论文，题为《比特币：一种点对点式的电子现金系统》，首次基于区块链技术描述了一个去中心化的电子交易体系，并提出了一种 P2P 形式的虚拟加密数字货币——比特币的概念。2009 年 1 月 3 日，中本聪开发出首个实现了比特币算法的客户端程序，并将其运行于网络，首次"挖矿"（Mining）获得了第一区块（也被称为创世块）中第一个交易的 50 比特币。这标志着比特币系统的正式诞生。

不同于传统货币，比特币是完全虚拟的，甚至在比特币系统中也没有每个用户拥有比特币的数值。实际上，区块链系统中存储的是所有用户之间的每笔交易，每个用户拥有的比特币数量是根据用户之间的一笔笔交易计算出来的。比特币的产生是由创建区块的用户在创建区块时，作为每个区块的第一笔交易，奖励给创建者的。根据共识机制，通过大量的计算产生来竞争创建区块的权利，从而获得比特币，整个 P2P 网络通过众多节点构成的分布式数据库来确认并记录所有的交易行为，并使用密码学的设计来确保货币流通各环节的安全性。P2P 网络的去中心化特性和算法确保存储于系统的数据是不可修改的，从而保证上面记录的每笔交易是可信的，最终通过计算交易，获得每个用户拥有的比特币数量是可信的。基于密码学的设计可以使比特币只能被拥有者转移或支付。这同样确保了货币所有权与流通交易的匿名性以及可信性。

比特币的产生速度是有限制的，最开始是创建一个区块奖励 50 比特币，规定每产生 21 万个区块，奖励就会减半。比特币自诞生以来，到 2020 年 5 月，已经经历了三次减半。2012 年 11 月 28 日，比特币在区块高度 210000 完成历史首次减半，奖励由 50 比特币降至 25 比特币。2016 年 7 月 9 日，比特币在区块高度 420000 完成第二次减半，奖励降至 12.5 比特币。2020 年 5 月 12 日，在达到区块高度 630000 后，比特币的第三次减半，奖励进一步降至 6.25 比特币。在 2040 年后，比特币总数达到接近 2100 万，之后新的区块不再包含比特币奖励，矿工的收益全部来自交易费。

比特币系统的资源网站是 https://bitcoin.org，包含了比特币系统的各种开发文档、使用文档、比特币系统的各种客户端。

在比特币系统中有两个基本的交易单位分别是：比特币（Bitcoin，BTC）、聪（Satoshi）。其中，1 BTC=10^8 Satoshi，Satoshi 是比特币系统中不可分割的最小交易单位。

在实际的交易使用过程中，由于 BTC 与 Satoshi 的间隔过大，为使用方便，又增加了如下交易单位：

- ❖ 比特分（Bitcent，cBTC），1 cBTC = 0.01 BTC。
- ❖ 毫比特（Milli-Bitcoins，mBTC），1 mBTC = 0.001 BTC。
- ❖ 微比特（Micro-Bitcoins，μBTC 或 uBTC），1 μBTC = 0.000001 BTC。

但是在系统设计中，这些存储单位要转换成 BTC 和 Satoshi。

9.2 比特币的原理

9.2.1 比特币的体系结构

比特币的体系结构如图 9-1 所示，自下而上描述如下。

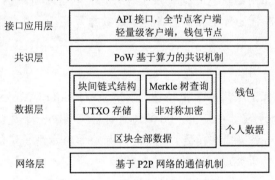

图 9-1 比特币的体系结构

1. 网络层

比特币系统通过 P2P 网络，将网络数据广播到各节点。比特币系统中不存在真正服务器节点，所有节点之间都是对等的。在全球运行的比特币系统中，可以认为都是所谓的客户端系统，只是存在不同类型的客户端系统，将在 9.2.2 节中描述。

为保证比特币系统在全球能够稳定运行，比特币系统中存在全球固定的种子节点，种子节点在比特币的核心源码中已经固定，分别是：

- ❖ seed.bitcoin.sipa.be。
- ❖ dnsseed.bluematt.me。
- ❖ dnsseed.bitcoin.dashjr.org。
- ❖ seed.bitcoinstats.com。
- ❖ seed.bitcoin.jonasschnelli.ch。

- ❖ seed.btc.petertodd.org。
- ❖ seed.bitcoin.sprovoost.nl。
- ❖ dnsseed.emzy.de。
- ❖ seed.bitcoin.wiz.biz。

2．数据层

比特币的全部数据以交易的方式存储在区块链中，每笔交易由表明交易来源的交易输入和表明交易去向的交易输出组成。交易输入和交易输出都可以有多项，表示一次交易可以将先前多个账户中的比特币合并后转给其他多个账户。所有交易通过输入与输出连接，使得每笔交易都可追溯。

未经使用的交易输出被称为 UTXO（Unspent Transaction Output），可以被新交易引用，作为合法输入。被使用过的交易输出被称为 STXO（Spent Transaction Output），无法被引用，作为新交易的合法输入。

比特币使用 Merkle 树确保数据的完整性。

比特币采用改进的非对称椭圆曲线加密算法（Elliptic Curve Cryptography，ECC），用户自己保留私钥，对自己发出的交易进行签名确认，并公开公钥。比特币采用公钥、私钥作为交易的账号，使用加密算法对交易进行数字签名，签名后的交易确保发生后不会被任何人修改。

每个用户可以有自己的钱包，钱包数据不属于区块链，但是每个用户都拥有自己的钱包数据库。钱包数据库采用相同的块式存储，用于保存用户在区块链中的交易数据。对用户而言，钱包是私钥的容器，通常通过有序文件或者简单的数据库实现。用户通过钱包查询自己的交易和拥有的比特币数量。

3．共识层

比特币系统的共识算法采用基于工作量证明算法（Proof of Work，PoW）的机制来实现，最早于 1998 年在 Bmoney 设计中提出。PoW 通过计算来猜测一个数值（Nonce），与本区块的特定数据合并后，经过哈希（报文摘要）运算，如果哈希值满足一定的条件，那么获得创建区块需求权限，并获得比特币奖励。这就是"挖矿"。

4．接口应用层

应用层通过不同类型节点提供的各种接口，获得比特币的相关信息。

（1）全节点

全节点是指包含全部交易信息的完整区块链节点，为完整区块链节点。在比特币发展的早期，所有节点都是全节点；当前比特币核心客户端也是完整区块链节点。全节点包含了从第一区块（创世区块）一直到网络中最新建立的区块，是全球比特币交易信息的一个复制信息。完整区块链节点可以独立自主地校验任何交易信息，而不需借助任何其他节点或其他信息来源。完整区块节点通过比特币网络获取包含交易信息的新区块，在验证无误后，将此更新合并至本地的区块链数据库。

最著名的全节点是核心客户端（Bitcoin Core），用 C++语言设计，是一个由社区驱动的自由软件项目，基于 MIT 协议授权发布。其下载地址为 https://bitcoin.org/zh_CN/download，截至 2020 年 7 月，最新版本是 0.20.0，源码维护网站为 https://github.com/bitcoin/bitcoin。

还有其他类型的客户端,如 BitcoinJ,采用 Java 语言设计,是比特币协议的开源实现,网站为 https://bitcoinj.github.io/,源码维护网站为 https://github.com/bitcoinj/bitcoinj。

（2）钱包节点

钱包是一个应用程序,为用户提供交互界面,不同平台有不同的钱包。用户通过钱包进行交易和查询自己的比特币数量,钱包是用户操作比特币的接口。在比特币系统中,通过非对称密钥体制对交易进行加密、签名和验证等操作,非对称密钥代表了用户的账号,根据密钥在区块链系统中对该用户账号参与的交易遍历查询,并最终计算获得该用户拥有的比特币数量。因此,钱包的特点如下。

- 从用户角度,用户通过钱包系统参与比特币的交易,获得在比特币系统中与自己账号的相关信息,并管理相关账号。
- 从系统角度,钱包系统复制了相关账号在比特币系统中所有参与的交易信息,并且根据这些交易信息计算出相关账号拥有的比特币数量;当用户参与交易时,钱包系统可以根据用户拥有的比特币数量,生成新的交易信息,上传到区块链系统。

根据实现形式,比特币钱包分为以下类型。

① PC 桌面钱包

运行在 PC 上的各种类型钱包,其特点是一般软件的实现与 PC 操作系统相关,数据保存于本地文件系统,安全度相对较高,主要包括如下。

- Bitcoin Core（网址为 https://bitcoin.org/）:全节点,也包含了钱包客户端。
- Electrum（网址为 https://electrum.org/）:一个轻量级的比特币客户端钱包,快速、简单、占用资源少,通过远程服务器处理比特币系统中最复杂的部分。
- mSIGNA（网址为 https://ciphrex.com/）:容易操作的钱包,具有快捷、简单、企业级别的可扩展性和很高的安全性等特点,支持 BIP32、多方签字交易、线下储存、多设备同步和加密的电子和纸样备份。
- GreenAddress（网址为 https://greenaddress.it/）:用户友好的多重签名钱包,提升了安全性,保证了隐私。

② 手机钱包

手机钱包依托智能手机操作系统（iOS 和 Android）。手机钱包大多设计简单易用,也有功能强大的全功能移动钱包。

- 比特派（网址为 https://bitpie.com/）:由比太团队（bither.net）研发的新一代区块链资产综合服务平台,支持多种区块链类型钱包,支持 BTC、ETH、EOS、USDT 等区块链资产,立足于 HD 钱包技术、多重签名和链上交易。
- 币信钱包（网址为 https://bixin.com/）:一站式区块链钱包、社交、交易、挖矿平台,支持闪电网络,支持数十种数字货币。

③ 在线钱包

在线钱包通过浏览器访问,并将用户的钱包存储在第三方 Web 服务器上,完全依赖于第三方服务器。在 Web 服务器端存储用户的私钥,并且通过用户自定义的密码进行加密。在线钱包的安全性差,但可以从任何联网设备获取。

第三方 Web 服务器一般为在线交易所,通过比特币网络拥有大量的比特币。截至 2020 年 1 月,全球拥有最多比特币的交易所如下（引自 https://eng.ambcrypto.com/only-7-bitcoin-entitiesin-the-network-hold-more-than-100k-btc/）：Coinbase，983800 BTC；Huobi，369100 BTC；Binance，240700 BTC；Bitfinex，214600 BTC；Bitstamp，165400 BTC；Kraken，132100 BTC；Bittrex，118100 BTC。

9.2.2　比特币网络

比特币采用 P2P 网络架构。P2P 是指网络中的每台计算机彼此对等，各节点共同提供网络服务，不存在任何"特殊"节点。所谓对等，是指网络中每个节点既是数据的提供者也是数据的使用者，节点间通过网络实现计算机资源与信息的共享，因此每个节点地位均等。P2P 网络架构是一种完全去中心化的网络拓扑结构，是比特币去中心化的基石。因此，比特币是一种点对点的数字货币系统。

比特币网络如图 9-2 所示，建立与网络层之上，不考虑逻辑节点之间的路由和拓扑关系，P2P 网络完全基于 TCP 构建，主网默认通信端口是 8333。比特币点对点之间互为 C/S 架构，即每个节点既是服务器端，可以等待其他节点的建立连接请求，也可以作为客户端，主动连接其他节点通信。

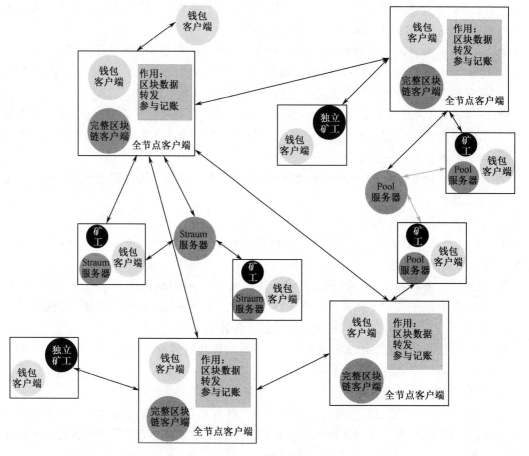

图 9-2　比特币网络

比特币网络是以比特币全节点客户端为核心组成的一个基于 P2P 的全球网络。网络中没有中心节点，全节点不仅存储所有的区块链数据，也根据特定算法，负责将收到的区块链数据路由到其他节点，所以也被称为路由节点。

1．节点类型

根据网络的功能不同，节点分为以下类型。

（1）全节点

全节点具有路由数据功能。节点只要下载了完整且最新的区块链数据，就可以作为一个全节点。只有全节点才能真正自己去验证交易，可以独立完成交易确认和广播，是支撑比特币转账交易的核心力量。全节点是比特币网络的主干。在比特币网络中，每个全节点的地位是相同的。从整个比特币网络的角度，全节点越多，比特币网络就越安全。

（2）矿工网络

在比特币网络中，任何一台计算机都可以作为算力进行计算，获得创建区块的权力，成为挖矿机。但是单台计算机的计算能力有限，参与全球算力竞争可能永远无法获胜，获得创建区块的比特币。为此，参与算力竞争的计算机可以联合起来，共同参与竞争，当竞争胜利后，根据协议分配获得比特币，即矿工网络。目前，矿工网络主要的协议有 Stratum 协议（见 9.3.2节）、科拉罗提出的 BetterHash 等。矿工网络需要通过完全节点连接比特币网络。

（3）钱包节点

钱包节点只关心与自己钱包中的地址相关部分交易，不会下载完整的区块链，所以也被称为轻节点。钱包节点发起简单支付验证（Simplified Payment Verification，SPV），然后向全节点请求数据来验证交易。钱包节点不能看到所有的交易历史。

2．网络运行

比特币网络的运行过程如下：

① 新的交易向全网进行广播。

② 每个节点都将收到的交易信息纳入一个区块。

③ 每个节点都尝试在自己的区块中尽快完成一个具有足够难度的工作量证明。

④ 当一个节点完成了一个工作量证明时，创建区块并向全网进行广播。

⑤ 当且仅当包含在该区块中的所有交易都是新的且是有效的时，其他节点才认同该区块的有效性。

⑥ 其他节点表示接收该区块，置于区块链的末尾。

9.2.3 比特币系统更新

比特币系统通过比特币更新提案（Bitcoin Improvement Proposal，BIP）改进其运行机制。BIP 是向比特币社区提供信息的设计文档，用于描述比特币新的流程或环境。BIP 不同的编号表示不同的文档提案，所有文档位于网站 https://github.com/bitcoin/bips/。

2011 年 8 月 19 日，BIP0001 开始实施，最先由 Amir Taaki 在 2011 年 8 月 19 号提出。BIP0001 定义了 BIP 的基本流程。

BIP9 设计了一套比特币系统更新方案，即比特币系统软分叉升级规范，见 https://github.com/ bitcoin/bips/blob/master/bip-0009.mediawiki#Abstract。BIP9 支持多个特性同时升级，

并新增投票时间区间和新增锁定期。

BIP9 将一个提案更新过程分为 5 个状态（如图 9-3 所示）。

❖ DEFINED：稳定状态，还没有开始升级，创世区块被预定义为这个状态。

❖ STARTED：提案进入投票开始状态。

❖ LOCKED_IN：锁定状态。

❖ ACTIVE：激活状态，提案正式开始生效，网中所有区块都已通过锁定期。

❖ FAILED：锁定期内没有达成投票成功的条件，不进行升级。

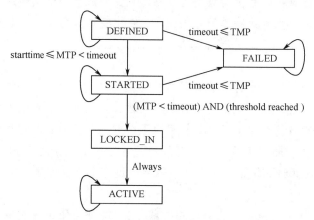

图 9-3　有限状态机图（引自 BIP9 文档）

其中，MPT（Merkle Patricia Trie）是最近 11 个块的时间戳中位数。区块链上的块时间并不是按照高度递增而严格递增的，但 MPT 时间是严格递增的（早期可能不是严格遵守）。

BIP 能够进入锁定期（即得到全网同意）的条件是在 2016 个块中支持的块数量达到 95%，在测试网络上是 75%，之后才能正式激活特性。

根据 BIP9，对版本号的 4 字节进行以下定义：前 3 位固定为 001，剩余 29 位可以用于特性设置，激发某个特性。如果处于激发状态，那么对应的位设置为 1。

9.3　共识机制

9.3.1　比特币共识算法

比特币采用 PoW 机制来实现共识，即通过猜测一个数值（Nonce），拼凑上交易数据后，进行哈希运算（哈希函数），使得其哈希值满足规定的上限。

比特币的哈希函数算法采用 SHA-256 算法，参与哈希运算的参数主要是区块链头部的几个参数，如图 9-4 所示。

❖ Version：4 字节，区块的版本号。

❖ hashPrevBlock：256 位，前块哈希值。

❖ hashMerkleRoot：256 位，Merkle 根哈希值，由区块中包含的所有交易哈希值运算得出。

❖ nTime：4 字节，时间，矿工开始哈希运算的时间点。

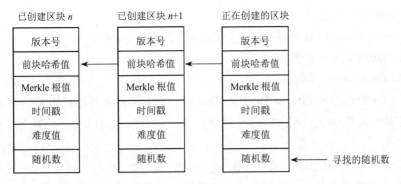

图 9-4 创建区块 nNonce

- ❖ nBits：4 字节，难度目标值，采用压缩法表示。
- ❖ Nonce：4 字节，满足条件的随机数，矿工通过算力寻找的参数。

将区块头上述相关参数转换成字节流，通过 SHA-265 运算获得哈希值，哈希值必须是 nBits 设定的难度系数条件。矿工通过调整随机数的值来寻找满足条件的随机数。基于密码学理论，只能通过暴力破解的方法，即采用随机数范围内遍历的方法寻找满足条件的随机数。因此，运算速度快，算力就大，找到符合条件的随机数的可能性就越大。

比特币系统设定了一个难度目标值（Target），运算哈希值小于目标值，则表示找到满足条件的随机数，挖矿成功，即需要满足公式：

$$SHA256(SHA256(Version + hashPrevBlock + hashMerkleRoot + nTime + nBits + nNonce$$
$$+ 扩展字段\ )) \leqslant Target \tag{9-1}$$

比特币系统的第一区块被称为创世区块，初始难度目标值为：

0x0000 0000 FFFF 0000 0000 0000 0000 0000 0000 0000 0000 0000 0000 0000 0000

在比特币系统中，难度目标值越小，挖矿难度就越大，因为哈希值目标值的范围会越小；反之，难度值越大，挖矿难度就越小。

为表示难度目标值有效字节数，比特币系统采用压缩表示法，由一个 4 字节的整数表示压缩存储目标值。表示方法为：第 1 字节存储目标值有效的字节数，记为 Ex；后 3 字节为目标值的最高 3 字节，记为 C1。如果目标值的最高位为 1（大于 0x80），需要在前面补上 0x00。有效字节数 Ex 包含后 3 字节 C1。

如上述创世区块初始难度目标值去掉前面的 0，其目标值为

FF FF 00 00 00 00 00 00 00 00 00 00 00 00 00 00 00 00 00 00 00 00 00 00 00 00 00 00

共 28 字节。由于最高位为 1，因此前面补上 00，因此有效字节数为 29 个，十六进制表示为 1D，目标值最高 3 字节为 00 FF FF，这时压缩表示为：0x1D00FFFF。

再如目标值：

0x000 0000 0000 0040 2CB0 0000 0000 0000 0000 0000 0000 0000 0000 0000 0000 0000

除去前面的 0，有效字节数为 26（十进制），即 1A（十六进制）。第 1 字节为 0x04，最高位不为 1，不需填充，目标值最高 3 字节为 0x0402CB，则难度目标值压缩表示为：0x1A0402CB。

与之对应，如果给出了压缩目标值，那么可以计算出 256 位目标值，算法如下：以指数（Ex）/系数（C1）格式计算，第 1 字节表示指数值，后 3 字节为系数值。计算公式如下：

$$Target = C1 \times 2^{0x08 \times (Ex - 0x03)} \tag{9-2}$$

其中，Target 即难度目标值。

如果 Target=0x1B0404CB，那么指数为 0x1B，系数为 0x0404CB。

$$Target = 0x0404cb \times 2^{0x08 \times (0x1b - 0x03)}$$

$$= 0x0404cb \times 2^{0x18}$$

$$= 0x00000000000404CB000000000000000000000000000000000000000000000000\ 0000000$$

另一个表示参数是难度，即相对创世区块的难度，表示为与创世区块难度目标值的比值，定义如下：

$$Difficulty = difficulty\_1\_target / cur\_target \tag{9-3}$$

cur_target 为当前难度目标值。difficulty_1_target 的创世区块难度目标值，因此，创世区块的难度为 1。

难度目标值（0x1B0404CB 压缩表示法）的难度为：

0x00000000FFFF0000000000000000000000000000000000000000000000000000 /

0x00000000000404CB000000000000000000000000000000000000000000000000

= 16307.420938523983 bdiff

这里，bdiff 表示本单位是比特币挖矿难度。

自从比特币创建以来，比特币难度曲线如图 9-5 所示，注意图中纵坐标的单位是 T，1 T=10^{12}。

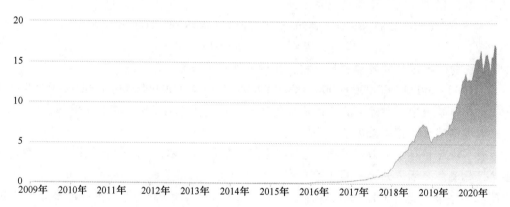

图 9-5　比特币难度曲线（引自 http://history.btc126.com/difficulty/）

比特币网络有一个全局的区块难度，矿池也会有一个自定义的共享难度。

比特币网络的算力是持续波动的，可以通过难度目标的调整，使得平均出块时间维持在 10 分钟左右。每当区块高度为 2016 的整数倍时，比特币系统就会自动调整难度目标，也就是比特币系统大约 14 天调整一次。如果上一个难度目标调整周期内，平均出块时间超过 10 分钟，那么降低挖矿难度，增大难度目标；反之，则提高挖矿难度，减小难度目标。

调整难度目标的计算公式为：

$$TarNew = TarCur \times ActTime2016 / TheoryTime2016 \tag{9-4}$$

其中，TarNew 为新难度目标值，TarCur 为当前难度目标值，ActTime2016 为实际 2016 个区块的出块时间，TheoryTime2016 为理论 2016 个区块出块时间（即 2 周）。

挖矿是寻找满足条件的 Nonce，由于其他数据值是固定的，因此相当于建立一个自变量为 Nonce 函数映射。Nonce 的范围只有 4 字节，而且哈希值结果为 32 字节即 256 位，自变量的变化范围远小于应变量的范围，必然存在可能无法找到符合提交件的 Nonce。为了解决这个问题，比特币系统采用扩展 Nonce 的方法，在 Nonce 之外再存储一些扩展字段，扩展字段数据、Nonce 和其他头数据一起哈希运算后满足目标条件。扩展字段数据被称为 Extra Nonce。由于区块中存储的第一个交易为奖励挖矿者的区块交易，因此被称为 Coinbase 交易。Extra Nonce 存储在 Coinbase 交易的数据区中，见 9.4.2 节。

9.3.2 比特币挖矿

挖矿计算的是基于 SHA-256 的哈希算法，运算速度越快，就能获得竞争优势，人们为此专门开发了有 SHA-256 算法运算优势的计算机，就是"矿机"。

评价矿机的指标主要是算力。算力指标定义如下：

H/s：算力最小的单位，每秒做 1 次 SHA256 运算，Hash/s，简写为 H/s。

kH/s：1 kH/s = 1000 H/s，每秒 1000 次 SHA256 运算。

MH/s：1 MH/s = 1000 kH/s，每 10^6 次 SHA256 运算。

GH/s：1 GH/s = 1000 MH/s，每秒 10^9 次 SHA256 运算。

TH/s：1 TH/s =1000 GH/s，每秒 10^{12} 次 SHA256 运算。

PH/s：1 PH/s =1000 TH/s，每秒 10^{15} 次 SHA256 运算。

EH/s：1 EH/s =1000 PH/s，每秒 10^{18} 次 SHA256 运算。

2020 年 7 月，比特币的全网算力为 121.12 EH/s。

目前，比特币挖矿经历了三个阶段。

❖ CPU（Central Processing Unit，中央处理器）：利用普通的计算机进行挖矿。

❖ GPU（Graphics Processing Unit，图像处理单元）：利用显卡进行挖矿，因为显卡中的 GPU 对 SHA-256 运算比 CPU 有优势。

❖ ASIC（Application Specific Integrated Circuit，特定应用集成电路）：专门为比特币挖矿设计的集成电路，以 2012 年阿瓦隆生产的世界上第一台 ASIC 矿机为代表。

CPU 只能进行顺序串行处理，一个 CPU 只能处理一个任务，但是有很强的通用性，能处理不同的数据类型和任务。

GPU 是针对图像像素处理的，特点是数据类型、运算类型简单，重复性高、可并行计算等，因此 GPU 的设计特点是拥有一个由数以千计的、更小的、更高效的计算核心组成的大规模并行计算架构，适合并行大量的简单运算。SHA-256 算法主要进行大量 32 位整数循环右移运算（Right-Rotate），算法简单且适合大规模并发计算，因此采用 GPU 的挖矿效率要比 CPU 高很多。

ASIC 矿机是指使用 ASIC 芯片作为核心运算零件的矿机，是专门从事比特币采矿程序的计算机，是针对 SHA-256 算法而进行优化的专用挖矿硬件，除了挖矿，其他什么也做不成。因为 ASIC 矿机在算力上有绝对的优势，所以 CPU、GPU 矿机开始逐渐被淘汰。

矿机、矿池形成了另一个网络，称为矿工网络。矿工网络采用的网络协议称为挖矿协议，当前主要采用 Stratum 协议。

Stratum 协议通信格式采用 JSON 数据格式，传输层采用 TCP，其中矿池为服务器。矿工与矿池之间的通信过程如图 9-6 所示。Stratum 协议采用主动分配任务方式：矿池方面，随时可以给矿机指派新任务；矿机方面，收到矿池指派的新任务时，应立即无条件转向新任务，同时矿机可以主动向矿池申请新任务。

图 9-6　矿机与矿池之间的通信过程

Stratum 协议过程描述如下。

1. 任务订阅

矿机启动，与矿池建立连接后，提交 subscribe 方法，消息内容如下：

```
{"id":1,"method":"mining.subscribe","params":[]}
```

矿池收到矿机的订阅消息后，响应消息内容如下：

```
{
    "id":1,
    "result":
    [
        [
            // 后面是 stratum session id
            ["mining.set_difficulty","deefbhghcaabcabe01"],
            ["mining.notify","ae6feabanfd8745a302"]
        ],
        "08000002",          // extraNonce1，十六进制，用于构造 Coinbase 交易
        4                    // extraNonce2_size，字节
    ],
    "error":null
}
```

其中，id 与矿机订阅消息中的 id 相同。

result 包含三部分：第一部分可选，对应不同方法的 id；第二部分是 extraNonce1，用于构建 Coinbase 交易；第三部分是 extraNonce2 的长度，其计数器的字节数。

2．请求授权

矿机以 mining.authorize 方法通过账号和密码登录到矿池，密码可空，矿池返回 true，则登录成功。mining.authorize 方法必须在初始化连接后马上进行，否则矿机得不到矿池任务。如：

{"id":2,"method":"mining.authorize","params":["slu.miner1","password"]}

矿池收到矿机的授权消息后，先对矿机名进行验证，矿机名的第一部分（"."左边部分）为用户名或子账号名，若该用户名不存在，则授权失败，返回 error，消息内容如下：

{"id":2,"result":null,"error":[29,"Invalid username",null]}

若成功，则返回如下消息：

{"id":2,"result":true,"error":null}

只有被矿池授权的矿机才能收到矿池指派任务。

3．任务分配

矿池定期发给矿机，矿池以 mining.notify 返回该任务。

```
{
    "method":"mining.notify",
    "params":[
        "bf",                                                    // 任务 ID
        "877be49f81bbe7ae192f869006b2f562ba33693f00170fc70000000000000000", // 前区块 Hash 值
        "0200000001000000000000000000000000000000000000000000000000000000_
        ffffffff20020862062f503253482f04b8864e5008",             // Coinbase 第一部分：Coinb1
        "072f736c7573682f000000000100f2052a010000001976a914d23fcdf86f7e756a64a7a9688ef_
        9903327048ed988ac00000000",                              // Coinbase 第二部分：Coinb2
        ["c5bd77249e27c2d3a3602dd35c3364a7983900b64a34644d03b930bfdb19c0e5",
        "049b4e78e2d0b24f7c6a2856aa7b41811ed961ee52ae75527df9e80043fd2f12"], // 交易 ID 列表
        "00000002",                                              // 区块版本
        "1c2ac4af",                                              // nBits，区块难度目标
        "504e86b9",                                              // nTime，时间戳，当前任务时间
        false    // 清理任务，true：矿机中止所有任务，马上开始新任务；false：等当前任务结束才开始新任务
    ]
}
```

4．挖矿

① 构建 Coinbase。用到的信息包括 Coinb1、extraNonce1、extraNonce2_size 和 Coinb2：

$$\text{Coinbase} = \text{Coinb1} + \text{extraNonce1} + \text{extraNonce2} + \text{Coinb2}$$

② 构建 hashMerkleRoot。利用 Coinbase 和 merkle_branch，构造 hashMerkleRoot。

③ 构建区块头开始挖矿。填充其余 5 个字段，矿池可以在 nNonce 和 extraNonce2 中搜索进行挖矿，如果搜索空间还不够，那么增加 extraNonce2_size 的值。

5．结果提交

如果矿机挖矿成功，发现一个 Nonce，那么提交给矿池，消息格式如下：

```
{
    "method": "mining.submit",
    "params": [
        "slu.miner1",                                            // 矿工名
```

```
        "bf",                                // 任务 ID
        "08000002",                          // extraNonce2
        "504f8dfe",                          // 当前时间
        "b2ef7452"                           // 发现的随机数 Nonce
    ],
    "id":4
}
```

矿池返回 true，表示矿池认可矿机的工作：

```
{
    "id":4,
    "result": true,
    "error": null
}
```

6. 难度调整

当比特币系统难度调整时，矿池通知矿机调整难度，消息格式如下：

```
Server:{"id":null,"method":"mining.set_difficulty","params":[123]}
```

其中，"params":[123]便是新难度值。123 表示新难度是创世区块难度的 123 倍。

9.4 区块结构和交易信息

9.4.1 区块及交易结构分析

区块链是采用块式存储，每个区块都通过一个数值（前块哈希值）指向前一个区块，区块与区块连成一个链，从而构成了链式存储。

区块链存储数据的核心特征就是不可篡改性，凡是存入区块链的数据都是不可修改的，任何数据的修改都会造成哈希值发生变化，而造成区块链的断裂，因此区块链系统的数据特征是只能向其添加数据，而不能修改数据。这一核心特性是构建比特币系统的基础。

比特币的区块包含比特币的所有核心信息，在网站 https://www.blockchain.com/ explore 可以查询所有的区块信息。每个区块包括区块头和区块体。区块头主要存储本区块的一些相关属性，由 80 字节构成，如图 9-7 所示，表 9-1 显示了区块 642274 的头信息。所有数据采用小端格式编码，即低有效位放在前面。时间戳表示自 1970 年 1 月 1 日 0 时 0 分 0 秒以来的秒数，小端格式编码。版本号为 4 字节无符号整数，创世区块的版本号。

区块体用来存储交易数据记录，实际上是由一个个交易构成的，每笔交易的输入引用上一笔交易的输出。图 9-8 描述比特币系统中交易过程。每个普通交易都包含若干输入和输出，且输入和输出的个数至少为 1。一个交易的输出可以成为另一个交易的输入。例如，交易 TX2 由一个输入（50k）和两个输出（分别为 20k）组成，该交易的付款方为 A，交易的收款方为 B，则 TX2 交易表示：A 消费了 50k 交易给 B，这 50k 来自交易 TX0 的输出；随后，B 消费了其中的 40k，分别在交易 TX4、TX5 中消费，单从交易 TX2 来看，如果没有交易费用给矿工，B 还有 10k 没有消费。

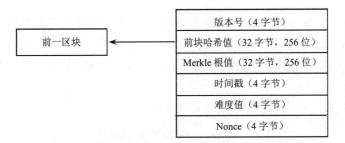

图 9-7　区块头信息

表 9-1　区块 642274 的头信息

名　称	值	说　明
Hash	0000000000000000000c705cee035da275c29edb8e200ba85b4b9b1364248582	前块哈希值
Confirmations	7	已被承认的区块数
Timestamp	2020-08-05　10:30:00	时间
Height	642274	区块高度
Miner	AntPool	挖矿者
Number of Transactions	2398	包含交易数
Difficulty	16,847,561,611,550.27	难度
Merkle root	f475dfdb143950f19a61c0595ce365dc54a34dbf0eaea9645eb49d9487b75412	Merkle 树根的值
Version	0x20800000	版本
Bits	386,970,872	难度目标值
Weight	3,992,851 WU	
Size	1,308,508 bytes	区块大小
Nonce	4,289,060,393	找到的目标随机数
Transaction Volume	12217.24920961 BTC	交易的币值
Block Reward	6.25000000 BTC	创建的区块奖励
Fee Reward	1.16977218 BTC	交易奖励

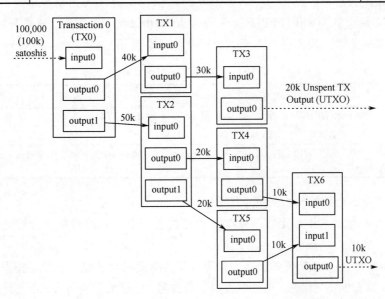

图 9-8　比特币系统的交易过程（引自 https://developer.bitcoin.org/devguide/block_chain.html）

在所有的交易中，第一个为挖矿奖励 Coinbase 交易，这个交易没有输入，一个区块中只能有一个 Coinbase 交易。除了 Coinbase 交易，其他交易都必须有输入和输出。当前，由于个人挖矿能力有限，Coinbase 交易输出收款方一般是矿池，矿池再将奖励通过交易分配给参与的各矿工。

每个交易在区块中的存储结构如表 9-2 所示。

表 9-2　交易的存储结构

名　称	长度（byte）	说　明
版本号	4	目前为 2
输入数量	1～9	压缩存储
一个或多个输入	41+	每个输入不少于 41 字节
输出数量	1～9	压缩存储
一个或多个输出	9+	每个输出至少 9 字节
锁定时间（nLockTime）	4	

其中，压缩存储的说明如下（下同）：

值范围	字节长度	字节含义
0～252	1 字节	
253～65535	3 字节	1 字节值 253，后 2 字节为该值
65536～4294967295	5 字节	1 字节值 254，后 4 字节为该值
>4294967295	9 字节	1 字节值 255，后 8 字节为该值

输入、输出的数量实际上一般小于 253，根据压缩算法，输入、输出数量的存储绝大多数为 1 字节。

锁定时间实际上不仅表示时间，是一个多意字段，表示在某高度的区块之前或某时间点之前该交易处于锁定状态，无法计入账本，如表 9-3 所示。若该笔交易的所有输入交易的 sequence 字段均为 INT32 最大值（0xFFFFFFFF），则忽略 lock_time 字段；否则，该交易在未达到 Block 高度或达到某个时刻前，则不会计入账本，即交易不会真正生效，如表 9-3 所示。

表 9-3　交易的锁定时间含义

值	含　义
0	立即生效
<500000000	含义为区块高度，处于该区块之前为锁定（不生效）
≥ 500000000	含义为 Unix 时间戳，表示从 1970 年 1 月 1 日 0 时 0 分 0 秒 UTC 开始，经历的秒数。处于该时刻之前为锁定（不生效）

每个输入交易的存储结构如表 9-4 所示。

交易的输入是付款方作为比特币收款方参与的上一个交易的输出，由前交易的哈希值和输出索引值唯一确定。

解锁脚本，作为上一个交易的输出，花费者需要对该输出解锁。花费者提供有效的解锁脚本，解锁脚本由签名和公钥组成。比特币提供了两种输入、输出脚本的形式：支付公钥哈希（Pay to Publish Key Hash，P2PKH）和支付脚本哈希（Pay to Script Hash，P2SH）。

表 9-4　输入交易存储结构

名　　称		长度（byte）	说　　明
前交易输出	前交易的哈希值	32	
	索引值	4	
解锁脚本	脚本长度	压缩存储	付款方锁定脚本
	脚本		
scriptWitness.stack	隔离见证	4	可选
相对时间锁 nSequence		4	

BIP-68 提案通过复用交易输入的 nSequence 字段，实现交易粒度的相对时间锁，即指定交易什么时候可以被写到区块链中，如表 9-5 所示。

表 9-5　交易的锁定时间含义

名　　称	值	含　　义
SEQUENCE_FINAL	0xFFFFFFFF	禁用 nLockTime
SEQUENCE_LOCKTIME_DISABLE_FLAG	0x80000000	禁用 nSequence
SEQUENCE_LOCKTIME_TYPE_FLAG	0x00400000	设置为 512 秒为粒度的时间单位
SEQUENCE_LOCKTIME_MASK	0x0000FFFF	掩码取 2 字节
SEQUENCE_LOCKTIME_GRANULARITY	9	锁粒度

nSequence 使用规则如下。

① 交易中所有输入的 nSequence 赋值 SEQUENCE_FINAL，那么整个交易的 nLockTime 字段无效，否则有效。

② 若 nSequence 与 SEQUENCE_LOCKTIME_DISABLE_FLAG 相与的结果为 1，即 nSequence 最高位为 1，则 nSequence 字段无效，不作为相对时间锁。

③ 若 nSequence 与 SEQUENCE_LOCKTIME_TYPE_FLAG 相与的结果为 1，即 nSequence 的第 10 位为 1，则 nSequence 作为一个以 512 秒为单位的相对时间锁，并通过 SEQUENCE_LOCKTIME_MASK 和 SEQUENCE_LOCKTIME_GRANULARITY 计算出相对时间锁。

④ 若以上均不成立，则 nSequence 作为一个区块相对高度单位，并与 SEQUENCE_LOCKTIME_MASK 相与，作为锁定区块高度。

在每个区块中，Coinbase 交易存储的数据有些特殊，如表 9-6 所示。

表 9-6　Coinbase 交易的输入交易数据

名　　称		长度（byte）	说　　明
前交易输出	前交易的哈希值	32	全 0
	索引值	4	固定为 0xFFFFFFFF
解锁脚本	脚本长度	压缩存储	内容为包含 Extra Nonce 和挖矿标签
	脚本		
相对时间锁 nSequence		4	0xFFFFFFFF

输出交易较为简单，存储结构如表 9-7 所示。第一个存储数据为输出的比特币数量；第二个存储数据为锁定脚本，锁定脚本对输出上了"锁"，谁能提供有效的解锁脚本，谁就能花费该输出，对应下一个交易的输入解锁脚本。

表 9-7　输出交易存储结构

<table>
<tr><th colspan="2">名　称</th><th>长度（byte）</th><th>说　　明</th></tr>
<tr><td colspan="2">比特币数量</td><td>8</td><td>单位：聪</td></tr>
<tr><td rowspan="2">锁定脚本</td><td>脚本长度</td><td>压缩存储</td><td rowspan="2"></td></tr>
<tr><td>脚本</td><td></td></tr>
</table>

9.4.2　区块及交易示例

网站 https://www.blockchain.com/btc 可以在线查询比特币系统的所有区块和区块中的所有交易情况。如输入 https://www.blockchain.com/btc/blocks?page=1，获得当前最新挖出的区块。图 9-9 显示了 2020 年 8 月 6 日最新挖出的区块。

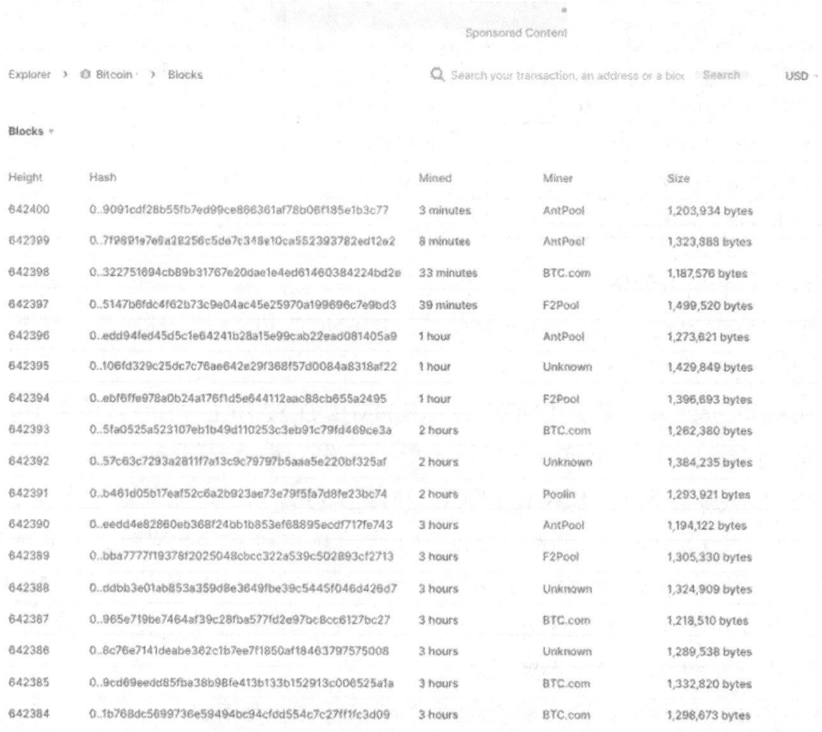

Sponsored Content

Explorer › Bitcoin › Blocks　　Search your transaction, an address or a bloc　Search　USD

Blocks

Height	Hash	Mined	Miner	Size
642400	0..9091cdf28b55fb7ed99ce866361af78b06f185e1b3c77	3 minutes	AntPool	1,203,934 bytes
642399	0..7f9891e7e6a28256c5de7c348e10ca552393782ed12e2	8 minutes	AntPool	1,323,888 bytes
642398	0..322751694cb89b31767e20dae1e4ed61460384224bd2e	33 minutes	BTC.com	1,187,576 bytes
642397	0..5147b6fdc4f62b73c9e04ac45e25970a199696c7e9bd3	39 minutes	F2Pool	1,499,520 bytes
642396	0..edd94fed45d5c1e64241b28a15e99cab22ead081405a9	1 hour	AntPool	1,273,621 bytes
642395	0..106fd329c25dc7c76ae642e29f368f57d0084a8318af22	1 hour	Unknown	1,429,849 bytes
642394	0..ebf6ffe978a0b24a176f1d5e644112aac88cb655a2495	1 hour	F2Pool	1,396,693 bytes
642393	0..5fa0525a523107eb1b49d110253c3eb91c79fd469ce3a	2 hours	BTC.com	1,262,380 bytes
642392	0..57c63c7293a2811f7a13c9c79797b5aaa5e220bf325af	2 hours	Unknown	1,384,235 bytes
642391	0..b461d05b17eaf52c6a2b923ae73e79f5fa7d8fe23bc74	2 hours	Poolin	1,293,921 bytes
642390	0..eedd4e82860eb368f24bb1b853ef68895ecdf717fe743	3 hours	AntPool	1,194,122 bytes
642389	0..bba7777f19378f2025048cbcc322a539c502893cf2713	3 hours	F2Pool	1,305,330 bytes
642388	0..ddbb3e01ab853a359d8e3649fbe39c5445f046d426d7	3 hours	Unknown	1,324,909 bytes
642387	0..965e719be7464af39c28fba577fd2e97bc8cc6127bc27	3 hours	BTC.com	1,218,510 bytes
642386	0..8c76e7141deabe382c1b7ee7f1850af18463797575008	3 hours	Unknown	1,289,538 bytes
642385	0..9cd69eedd85fba38b98fe413b133b152913c006525a1a	3 hours	BTC.com	1,332,820 bytes
642384	0..1b768dc5699736e59494bc94cfdd554c7c27ff1fc3d09	3 hours	BTC.com	1,298,673 bytes

图 9-9　2020 年 8 月 6 日显示的最新挖出区块

在网页中单击需要查看的区块，可以查看区块的所有交易。图 9-10 为区块高度为 642382 中的交易；可以获得交易的哈希值、所有输入账号和输出账号等相关信息；单击该交易的哈希值，可以获得该交易的详细信息。

每个区块和交易都有唯一的哈希值，虽然理论上不是一一对应的，但是由于碰撞的可能性极其微小，可以认为哈希值和区块及交易存在对应关系。

因此，可以以下方式查看区块和交易的详细信息。

❖ 区块信息：https://www.blockchain.com/btc/block/区块哈希值。

❖ 交易信息：https://www.blockchain.com/btc/tx/交易哈希值。

图 9-10 区块高度为 642382 中的交易

也可以通过 API 接口的方式获取区块和交易的相关信息，这些信息以 JSON 格式显示，获取方式如下：。

❖ 区块信息：https://api.blockcypher.com/v1/btc/main/blocks/区块哈希值。

❖ 交易信息：https://api.blockcypher.com/v1/btc/main/txs/交易哈希值。

如为获得区块高度为 642382 的 JSON 格式信息，可以单击以下链接：

```
https://api.blockcypher.com/v1/btc/main/blocks/0000000000000000000f3cdbbbd6ce8beba7b2d5
b140c1fe1894611fd8019bce
```

返回交易信息如下：

```
{
    "hash": "0000000000000000000f3cdbbbd6ce8beba7b2d5b140c1fe1894611fd8019bce",
    "height": 642382,
    "chain": "BTC.main",
    "total": 4002931462360,
    "fees": 169562748,
    "size": 849916,
    "ver": 1073733632,
    "time": "2020-08-05T21:42:10Z",
    "received_time": "2020-08-05T21:42:10Z",
    "coinbase_addr": "",
    "relayed_by": "138.201.36.73:8333",
    "bits": 386970872,
```

· 197 ·

        "nonce": 3008568177,
        "n_tx": 2729,
        "prev_block": "0000000000000000000acafc52c5e6ace11c1de0b974461ce86d4328be932075",
        "mrkl_root": "6e9b333e46f52ab12cdb55864f8f12e85a92ded8cc3c55f6d28b78b4993cc495",
        "txids": [
            "3d1a3c1350fe78b3b768494e349c7b2aae64a5eb659af0fb1a36f2eb9d4c61f0",
            "8bb0e2333bdeab6c74d1a054069b882ac85e627c79142552f05f9335be0e3e4a",
            "f1dbcc66a741e03069eade5ca5f8ccb790e54ce75b8f3d3b88fc99436a68aab5",
            "ac298b9b2870751bbdc235c2191ad6f31853bc9b31a39ea650141344604953cb",
            "4650a6dd97626f7b7748868eab2ff2753797ccd74581c587be5aaf65619f2fdb",
            "270d95f9286112434907d1c19408a08681e57005ba839ebbf5f5fd3657cbaa3a",
            "0b456afddf128a735cee37dfc5dd645ec8b5485fd7a947f6383d8ae7d78f4e33",
            "dbccfc631c55f0cbf8589ef8dfff2253c7251b15ef53286f371a72a6f0959266",
            "786c0fcaacce3f5cea63c8accaebbedc5a6dd18754c1d9812acdec8512b5f830",
            "1292458501a2a02265039477ebb66b576d2e560c90d1238c52027f12ab4ec560",
            "ac6a33e9986ef597eb7e034a93249b58822ce350f6ae6175a5aa081c05f572a7",
            "be92a80e77540d0b83f0c2efb992f7df18da61984f24deb3b6221c68e208c20e",
            "159b247983093f36cd4193f5f71ce0737017dfb21a5b4773deec847b9461a27a",
            "f3feb47b1102229ce5f5cd38e4520cb3dcce822fb587918e9cb922b4611ca051",
            "4324c3b36e98c957fa4fc89cfb289694b24d9475d6283146a2e3804821ebd17c",
            "2f145386e517d52ba45f2ff34499e7f99809658bc1fa69b3c8a05dea67a6d56d",
            "3b2471fe8fbb5c6208a61550675be5e75bfd2f739be2051ec79843bf57e9a1d2",
            "59815d3df122c87c2e394daddc1fb5902c2bd3ac9e75ba02e84285a267b8203b",
            "58853473ba9593100dd2284f12dd71ed11cf822cb5fab8ae9df5d9e1d94828e7",
            "f12a1caccad56432617acd12a3515e31b6a503b542409f209312d9ac0b4afaf1"
        ],
        "depth": 19,
        "prev_block_url": "https://api.blockcypher.com/v1/btc/main/blocks/000000000000
                    0000000acafc52c5e 6ace11c1de0b974461ce86d4328be932075",
        "tx_url": "https://api.blockcypher.com/v1/btc/main/txs/",
        "next_txids": "https://api.blockcypher.com/v1/btc/main/blocks/0000000000000000000
                f3cdbbbd6ce8beba7b2d5b140c1fe1894611fd8019bce?txstart=20\u0026limit=20"
    }

其中，第一个交易为 Coinbase 交易，即挖矿奖励交易。

第 642274 块的 Coinbase 交易 JSON 格式如下：

    {
        "block_hash": "0000000000000000000f3cdbbbd6ce8beba7b2d5b140c1fe1894611fd8019bce",
        "block_height": 642382,
        "block_index": 0,
        "hash": "3d1a3c1350fe78b3b768494e349c7b2aae64a5eb659af0fb1a36f2eb9d4c61f0",
        "addresses": ["bc1qjl8uwezzlech723lpnyuza0h2cdkvxvh54v3dn"],
        "total": 794562748,
        "fees": 0,
        "size": 306,
        "preference": "low",
        "confirmed": "2020-08-05T21:42:03.793Z",
        "received": "2020-08-05T21:42:03.793Z",

```
"ver": 2,
"double_spend": false,
"vin_sz": 1,
"vout_sz": 4,
"data_protocol": "unknown",
"confirmations": 218,
"confidence": 1,
"inputs": [
    {
        "output_index": -1,
        "script": "034ecd090485272b5f535a30322f4254432e434f4d2ffabe6d6d4c121c9c6b57
                   6aade3330fc84aff116eabcc4caa56d32e4fc9ad2fdc1c4932fd080000007296
                   cd105ab5f06080920000000000000",
        "sequence": 4294967295,
        "script_type": "empty",
        "age": 642382
    }
],
"outputs": [
    {
        "value": 794562748,
        "script": "001497cfc76442fe717f2a3f0cc9c175f7561b661997",
        "spent_by": "77615dbc4a486a946af416fe4ca4aae60262d80fec6aa530e231cb948fb05267",
        "addresses": [ "bc1qjl8uwezzlech723lpnyuza0h2cdkvxvh54v3dn" ],
        "script_type": "pay-to-witness-pubkey-hash"
    },
    {
        "value": 0,
        "script": "6a24aa21a9ede8af8e5f7f77d454b62c5e7b3c542087620830aeb409a8
                   2376c12b82f2dc6916",
        "addresses": null,
        "script_type": "null-data",
        "data_hex": "aa21a9ede8af8e5f7f77d454b62c5e7b3c542087620830aeb409a
                     82376c12b82f2dc6916"
    },
    {
        "value": 0,
        "script": "6a2952534b424c4f434b3a727425374904871258d3306956feb7e17817d475
                   fc495dd6566b0c1f00277c6b",
        "addresses": null,
        "script_type": "null-data",
        "data_hex": "52534b424c4f434b3a727425374904871258d3306956feb7e17817d475fc495
                     dd6566b0c1f00277c6b"
    },
    {
        "value": 0,
        "script": "6a24b9e11b6da337f19b81839fcaca66ce500aeed2218641f391a821271ff96af
                   30fc1cb8000",
```

```
        "addresses": null,
        "script_type": "null-data",
        "data_hex": "b9e11b6da337f19b81839fcaca66ce500aeed2218641f391a821271ff96af
                    30fc1cb8000"
      }
    ]
  }
```

其中，第一输出即为该交易的奖励值：794562748，单位为聪，即 7.94562748 BTC，其中挖矿奖励为 6.25，其余为交易奖励。

除了第一个交易，其他都是普通交易，如上述区块中第 4 个交易的 JSON 格式信息为：

```
  {
    "block_hash": "0000000000000000000f3cdbbbd6ce8beba7b2d5b140c1fe1894611fd8019bce",
    "block_height": 642382,
    "block_index": 3,
    "hash": "ac298b9b2870751bbdc235c2191ad6f31853bc9b31a39ea650141344604953cb",
    "addresses": [
        "1AsqLS1EPjNG3QEQ3x4g6jwaShp8jp7zbL",
        "1MUGPdr5XTW1QJSNVgdjgTFXhQeZXhQP5V",
        "3LwhiLSB4EVfHtBgkbLjfZDs9Cj9FbM7BS"
    ],
    "total": 519346059,
    "fees": 100000,
    "size": 224,
    "preference": "high",
    "relayed_by": "35.233.24.14:39388",
    "confirmed": "2020-08-05T21:42:10Z",
    "received": "2020-08-05T21:36:51.177Z",
    "ver": 1,
    "double_spend": false,
    "vin_sz": 1,
    "vout_sz": 2,
    "confirmations": 221,
    "confidence": 1,
    "inputs": [
        {
            "prev_hash": "9eb176245c902be56d66494c1c04f3f033f32f4e0906cf10871f4c6f45c7b1e1",
            "output_index": 1,
            "script": "483045022100dc3fbac0f3ed277f5ff53905aa7a992495f731c38f808802073047
                      aab98bdaf202203f3bc05d8d6602fd12e2a1042a7290d57271b412e20aa0bd2c6
                      3c060d1f125ba012103a524e0b26b3f63d40191cc825c62d6f58b7ed8de56676b
                      15fb2d323e2dc962d1",
            "output_value": 519446059,
            "sequence": 4294967295,
            "addresses": [ 1MUGPdr5XTW1QJSNVgdjgTFXhQeZXhQP5V" ],
            "script_type": "pay-to-pubkey-hash",
            "age": 642366
        }
```

```
        ],
        "outputs": [
            {
                "value": 516531788,
                "script": "76a9146c56473728fbcf666fd0e8fff4faa0c46f6e8fc088ac",
                "spent_by": "81a50db1b61cc5cb3a7c21a4e520ceb7c08eb7d29cbdb8e028f922c35602a54d",
                "addresses": [ "1AsqLS1EPjNG3QEQ3x4g6jwaShp8jp7zbL" ],
                "script_type": "pay-to-pubkey-hash"
            },
            {
                "value": 2814271,
                "script": "a914d3316d8fc5c3d313e1d40250fd35ee522304734a87",
                "spent_by": "6665328c487693e479eaa0bd0aa981a5ab855ae27b9b8832f866c75e53a90621",
                "addresses": [ "3LwhiLSB4EVfHtBgkbLjfZDs9Cj9FbM7BS" ],
                "script_type": "pay-to-script-hash"
            }
        ]
    }
```

可以看出，上述交易由 1 个输入和 2 个输出构成，输入交易可以得到来自交易的哈希值和输入锁定脚本等。

因此，对于每个交易的输入，溯源其前一个交易非常方便，溯源特性是区块链的重要特性。

9.5 比特币运行

比特币的运行机制是不断产生新的交易和新的区块，同时将这些交易和产生的区块广播于网络，被其他节点验证。

9.5.1 交易构建和验证

假如 A 通过自己的钱包向 B 转账，交易构建过程如下。

1. 构建交易

交易输入 vin：从 UTXO 集中找到 UTXO，寻找最接近交易值的 UTXO，作为新交易的输入，如果所有输出交易都不够交易值，则可以有多个 UTXO 组成。A 用自己的私钥创建签名，然后对前交易的锁定脚本进行解锁，作为新交易的输入，对新的交易进行签名，生成解锁脚本。

计算手续费，设定找零地址并计算找零。

构建交易输出 vout，生成交易哈希值；B 利用 ECDSA 签名算法对交易进行签名，生成锁定脚本。

2. 广播验证交易

构建交易后，A 所在的节点通过比特币网络向已连接的其他节点广播该交易，全节点收到交易后，验证交易的正确性，验证包括以下信息：

❖ 交易语法与数据是否正确。

❖ 输入与输出列表都不能空。

❖ 交易大小是否小于 1 MB。

❖ 输入交易值的总和是否小于输出交易值的总和。

❖ 哈希值不能为 0，序列号 N 不能为-1。

❖ 验证解锁脚本、锁定脚本（scriptPubKey）是否正确。

❖ 交易费用要高于一定值。

同时，节点根据存储本地存储区块链中该交易的相关信息，验证以下信息：

❖ 交易的输入是否有对应前交易的输出。

❖ 如果交易的输入是 Coinbase 交易，是否已经过 100 个确认。

❖ 每个输入的解锁脚本能否解锁前交易中输出的锁定脚本。

若验证正确，则根据完全节点的路由转发算法，将该交易路由转发，否则不转发该交易。这样，验证通过的交易便会被比特币网络中的所有节点收到。

3．打包交易

每个验证的完全节点验证交易后，会把收到的交易放到临时交易池。

每个交易收款方也要验证交易的付款方使用的 UTXO 是否合法；每个交易广播于网络后，要被比特币网络中的其他节点验证其正确性，验证交易付款方的 UTXO 是否合法，以及是否存在双花等问题。

参与交易方不可能都拥有所有区块链信息，因此有些交易信息无法验证。为此采用"简单支付验证"（Simplified Payment Verification，SPV）方法。SPV 方法用于允许在不存储完整区块链的情况下运行。这些类型的客户端被称为 SPV 客户端或轻客户端。随着比特币用户的增加，SPV 节点正成为比特币节点的最常见形式，尤其是对于比特币钱包而言。

SPV 节点只保存区块头，不需要保存每笔交易，因此，SPV 下载的数据量大为减少。

SPV 节点可以做如下工作。

首先，可以独立地验证任何一笔链上交易是否存在。验证原理是查询每笔交易的输入交易哈希值所在的区块，利用 Merkle 树对输入交易进行验证。

其次，SPV 节点可以独立地验证新的区块是否符合工作量证明。SPV 节点可以随时从比特币网络的完全节点同步最新的区块头，独立地计算新的区块头哈希值，验证其是否符合工作量证明。

最后，SPV 节点封装成钱包后可以保存自己关心的数据。SPV 钱包里包含了使用者所有的交易数据。从中可以获得自己的 UTXO。

使用 SPV 可以节省一大笔存储空间，无论交易量有多少，区块头保存的数据（哈希值）都是固定 80 字节，按照比特币 10 分钟产生一个区块，每年产出 52560 个区块。当只保存区块头时，每年新增的存储需求约为 4 MB。

9.5.2　区块构建和传播

在共识期间，全节点如果根据共识算法找一个满足条件的 Nonce，全节点会将交易池的交易打包到候选区块中，构建新区块，并将这个新区块打包广播到比特币网络。

网络中，其他全节点将验证新区块的合法性，规则如下。

❖ 新区块基本信息合法性检查，包括：区块大小、时间戳、交易、工作量和 MerkleRoot。

❖ 根据新区块的前区块哈希字段，在现有区块链中寻找前区块。

❖ 如果前区块所在的链是主区块链，那么将新区块添加上去。

❖ 如果前区块所在的链是备用链，那么节点将新区块添加到备用链，同时比较备用链与主链的工作量。如果备用链比主链积累了更多的工作量，那么节点将选择备用链作为其新的主链，而之前的主链成为了备用链。

❖ 如果在现有的区块链中找不到前区块，那么这个区块被认为是"孤块"。孤块被保存在孤块池中，直到它们的前区块被节点接收到。一旦收到了前区块且将其连接到现有的区块链上，节点会将孤块从孤块池中取出，并且连接到它的前区块，将其作为区块链的一部分。

9.6　比特币钱包

比特币钱包是用来生产私钥和地址、管理私钥和地址、接收和发送比特币的工具，通过交易计算 UTXO，从而获得用户拥有的比特币数量。

比特币系统系使用椭圆曲线（Elliptic Curve Cryptography，ECC）算法生成公钥和私钥。椭圆曲线算法是当前最流行的非对称密码算法之一，具有安全性高、计算量较小，处理速度更快，逐渐被大多数人采用，比特币系统采用的是 SECP256k1 曲线。用户可以通过比特币系统的客户端随时申请一对私钥/公钥，私钥是一串随机选出的 256 位（32 字节）数。

比特币的地址由公钥经过哈希算法 SHA256 和 RIPEMD160 生成，公式如下：

$$A = \text{RIPEMD160}(\text{SHA256}(K))$$

其中，K 为公钥，A 为生成地址。

地址实际上是二进制编码字节流，直接使用二进制或十六进制显示不便于阅读，为此采用 Base58CHeck 编码方式，将二进制码转换为 ASCII 格式。

Base58 是一种基于 ASCII 字符集的二进制编码格式，用于比特币和其他加密货币。这种编码格式不仅实现了数据压缩，保持了易读性，还具有错误诊断功能。Base58 是 Base64 编码格式的子集，同样使用大小写字母和 10 个数字，但舍弃了一些容易错读和在特定字体中容易混淆的字符。如：Base58 不含 Base64 中的数字"0"、大写字母"O"、小写字母"l"、大写字母"I"，以及"+"和"/"两个字符。

比特币的 Base58 字母表为：

123456789ABCDEFGHJKLMNPQRSTUVWXYZabcdefghijkmnopqrstuvwxyz

比特币系统中所有的私钥、交易的脚本哈希都是采用 Base58CHeck 编码展示或存储的。

因此，比特币地址是一个有数字和字母组成的字符串，实际上是以"1"开头的字符串，如下所示：

1J7mdg5rbQyUHENYdx39WVWK7fsLpEoXZy

9.7 比特币源码解读

比特币系统实现的软件很多，最著名的是 Bitcoin Core，当比特币协议更新时，一般从 Bitcoin Core 开始验证。截至 2020 年 8 月，Bitcoin Core 的最新版本是 0.20.0 版，Bitcoin Core 是一个开源的软件，其源代码软件仓库地址位于 https://github.com/bitcoin/bitcoin。通过阅读比特币源码，人们可以深入学习区块链和比特币的原理、相关知识，进而有可能开发出自己的区块链系统。

9.7.1 Bitcoin Core 简介

Bitcoin Core 是采用 C++语言编写的项目，支持 C++ 11 标准，支持在 Windows、Linux、苹果等不同操作系统下编译成目标软件。Bitcoin Core 大量使用了 boost 库。boost 库是 C++的准标准库，网站为 https://www.boost.org。

Bitcoin Core 项目生成的目标程序不只是一个执行程序，包含以下多个执行程序。

① bitcoind.exe：基于命令行的全节点程序，可以作为后台程序运行，包含比特币的核心节点，并且提供 RPC 服务，通过 JSON-RPC 协议和 RPC 服务，在客户端 bitcoin-cli.exe 以命令交互的方式访问比特币系统的数据，如访问区块链账本数据、进行钱包操作和系统管理等。

② bitcoin-qt.exe：基于 Qt 库实现的图形界面客户端程序，可以作为比特币的全节点运行，并提供钱包的前端功能。

③ bench_bitcoin.exe：编译系统更新，即检查系统使用的一些加密算法是否有更新。

④ bitcoin-cli.exe：功能完备的 RPC 客户端，通过服务器端 bitcoind.exe 操作区块链系统。

⑤ bitcoin-tx.exe：比特币交易处理模块，支持交易的查询和创建。

⑥ bitcoin-wallet.exe：一个离线的创建和管理比特币钱包工具。

⑦ test_bitcoin.exe：运行各模块的测试代码。

⑧ test_bitcoin-qt.exe：测试 Qt 模块的程序。

⑨ testconsensus.exe：测试共识算法。

上述程序中，bitcoind.exe 和 bitcoin-cli.exe 以 C/S 架构构成一个完整的区块链处理程序集合体；bitcoin-qt.exe 能直接对区块链操作的全节点图形界面程序，因此对区块链的操作一般是 bitcoind.exe、bitcoin-cli.exe 和 bitcoin-qt.exe。

9.7.2 Bitcoin Core 编译

Bitcoin Core 支持在不同的操作系统编译运行，因此源码尽量采用支持不同操作系统的 C++标准和准标准库 boost 库，图形界面上采用跨平台 Qt 库。

Bitcoin Core 编译前需要安装多个依赖库，包括：Berkeley DB，boost，DoubleConversion，libevent，Qt5，ZeroMQ。

由于 Bitcoin Core 编译成的目标程序基本上都是静态库，因此安装依赖库时需要安装静态依赖库。

下面以 Windows 10 操作系统和 Bitcoin Core 0.20.0 版本为例，说明编译过程。

1．编译环境安装

Bitcoin Core 编译时需要相关编译环境的支持。

（1）安装 Visual Studio C++

Visual Studio C++可以从微软网站选择社区版安装，学生或个人开发者免费下载使用社区版本。首先下载在线安装程序：https://visualstudio.microsoft.com/zh-hans/vs/，选择社区版 Commuity 2019，如图 9-11 所示，下载安装包（选择桌面开发）后安装。

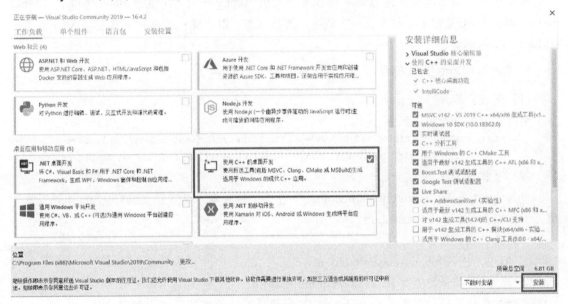

图 9-11　Visual Studio C++安装

（2）安装 Qt 支持库

由于 Qt 的安装程序只安装 Qt 动态链接库，而不提供静态连接库，Qt 官方也不提供静态库安装包，因此需要从 Qt 官方网站下载 Qt 源码，以静态编译的方式生成静态链接库。如果目标程序不需要 bitcoin-qt.exe，这一步可以忽略。

编译安装 Qt 静态库比较复杂，是可选项，安装教程置于本节最后。

（3）安装 Python

Python 主要用于运行编译脚本。进入 Python 官网 https://www.python.org/，根据自己需要，选择合适的版本进行下载。下载后，单击安装程序，按照默认方式安装即可。

（4）安装 Git

Git 是一个开源的分布式版本控制系统，可以有效、高速地处理从很小到非常大的项目版本管理，当前绝大多数开源软件都通过该系统管理。Git 下载位置为 https://git-scm.com/download/win，根据操作系统，选择合适版本，如 64 位 Git-2.28.0-64-bit.exe，默认安装即可。

（5）安装 CMake

CMake 是一个跨平台的安装（编译）工具，可以用简单的语句来描述所有平台的安装（编译过程），能够输出各种各样的 makefile 或者 project 文件，能测试编译器支持的 C++特性。

CMake 的下载网址为 https://cmake.org/download/，根据需要选择合适的版本进行下载，选择默认安装。

（6）安装 vcpkg

为提高安装依赖库的效率，Bitcoin Core 官方推荐使用 vcpkg 工具。安装过程如下：

① Git Clone，网址为 https://github.com/microsoft/vcpkg。

② 编译 vcpkg。执行 vcpkg 工程目录下的 "bootstrap-vcpkg.bat" 命令，即可编译。编译后，会在同级目录下生成 vcpkg.exe 文件。

编译期间，如果没有安装 cmake 和 powershell，vcpkg 会自动下载 portable 版本的 CMake 和 Powershell。但是由于各种原因，下载速度可能很慢，因此建议先自行下载安装 MSI 版本的 CMake、Powershell。

2. Bitcoin Core 编译安装

（1）安装依赖库

运行以下命令安装依赖库：

```
vcpkg install --triplet x64-windows-static berkeleydb boost-filesystem boost-multi-index
    boost-signals2 boost-test boost-thread libevent[thread] zeromq double-conversion
```

（2）下载源文件

进入 https://github.com/bitcoin/bitcoin，下载合适的版本，以下载主流分支 master 版本为例，下载文件为 bitcoin-master.zip。

（3）修改相关编译参数

① 解压，进入 bitcoin-master\build_msvc 目录。

② 修改 Qt 编译配置文件 common.qt.init.vcxproj。

将静态库的编译位置修改为自己安装 Qt 时编译好的静态库位置。如下：

```
<QtBaseDir> Qt 静态库绝对路径</QtBaseDir>
```

添加支持库 Qt5WindowsUiAutomationSupport.lib 和 Wtsapi32.lib 在以下位置：

```
$(QtLibraryDir)\Qt5WindowsUiAutomationSupport.lib;Wtsapi32.lib;
```

即修改为如下：

```
<QtReleaseLibraries>$(QtPluginsLibraryDir)\platforms\qminimal.lib;$(QtPluginsLibraryDir
)\platforms\qwindows.lib;$(QtLibraryDir)\qtfreetype.lib;$(QtLibraryDir)\qtharfbuzz.lib;
$(QtLibraryDir)\qtlibpng.lib;$(QtLibraryDir)\qtpcre2.lib;$(QtLibraryDir)\Qt5Accessibili
tySupport.lib;$(QtLibraryDir)\Qt5Core.lib;$(QtLibraryDir)\Qt5Concurrent.lib;$(QtLibrary
Dir)\Qt5EventDispatcherSupport.lib;$(QtLibraryDir)\Qt5FontDatabaseSupport.lib;$(QtLibra
ryDir)\Qt5Gui.lib;$(QtLibraryDir)\Qt5Network.lib;$(QtLibraryDir)\Qt5PlatformCompositorS
upport.lib;$(QtLibraryDir)\Qt5ThemeSupport.lib;$(QtLibraryDir)\Qt5Widgets.lib;$(QtLibra
ryDir)\Qt5WindowsUiAutomationSupport.lib;$(QtLibraryDir)\Qt5WinExtras.lib;$(QtLibraryDi
r)\qtmain.lib;userenv.lib;netapi32.lib;imm32.lib;Dwmapi.lib;version.lib;winmm.lib;UxThe
me.lib;Wtsapi32.lib</QtReleaseLibraries>
```

（4）运行编译

运行编译脚本

```
py -3 build_msvc\msvc-autogen.py
```

或者

```
msbuild /m bitcoin.sln /p:Platform=x64 /p:Configuration=Release /t:build
```

编译后，在\bitcoin-master\build_msvc\x64\Release 下有 9 个可执行文件，如图 9-12 所示。

名称	修改日期	类型	大小
libbitcoin_crypto	2020/7/19 23:12	文件夹	
libbitcoin_common	2020/7/19 23:13	文件夹	
libbitcoin_cli	2020/7/19 23:12	文件夹	
testconsensus.exe	2020/7/19 23:20	应用程序	419 KB
test_bitcoin-qt.exe	2020/7/20 8:57	应用程序	24,377 KB
test_bitcoin.exe	2020/7/20 8:38	应用程序	11,307 KB
bitcoin-wallet.exe	2020/7/19 23:25	应用程序	2,847 KB
bitcoin-tx.exe	2020/7/19 23:21	应用程序	1,246 KB
bitcoin-qt.exe	2020/7/20 9:00	应用程序	24,363 KB
bitcoind.exe	2020/7/19 23:25	应用程序	6,890 KB
bitcoin-cli.exe	2020/7/19 23:20	应用程序	1,112 KB
bench_bitcoin.exe	2020/7/19 23:27	应用程序	7,414 KB
testconsensus.pdb	2020/7/19 23:20	Program Debug...	6,660 KB
test_bitcoin-qt.pdb	2020/7/20 8:57	Program Debug...	90,540 KB
test_bitcoin.pdb	2020/7/20 8:38	Program Debug...	102,452 KB
bitcoin-wallet.pdb	2020/7/19 23:25	Program Debug...	35,548 KB
bitcoin-tx.pdb	2020/7/19 23:21	Program Debug...	18,748 KB
bitcoin-qt.pdb	2020/7/20 9:00	Program Debug...	89,708 KB
bitcoind.pdb	2020/7/19 23:25	Program Debug...	74,708 KB
bitcoin-cli.pdb	2020/7/19 23:20	Program Debug...	15,820 KB

图 9-12　编译结果

3．Qt 静态库编译

编译 Bitcoin Core 需要先编译 Qt 源码，生成静态库后，才能生成 Qt 版本程序。

编译 Bitcoin Core 0.20.0 版本时，不建议安装 Qt 最新版本，应该以\build_msvc \README.md 中指定的版本安装，因为 Qt 的一些控件存在向后不兼容的问题。本章以 Qt 5.14.2 版本为例安装。过程如下：

（1）下载 Qt 源码

Qt 的主网站为 http://download.qt.io/archive/qt/，由于源码比较大且是境外网站，存在无法打开或者下载速度慢的问题，推荐以下国内镜像网站下载。

中国科学技术大学镜像网站：http://mirrors.ustc.edu.cn/qtproject/archive/qt/5.14/5.14.2/single。

北京理工大学镜像网站：http://mirror.bit.edu.cn/qtproject/archive/qt/5.14/5.14.2/single。

中国互联网络信息中心镜像网站：https://mirrors.cnnic.cn/qt/archive/qt/5.14/5.14.2/single/。

下载文件为 qt-everywhere-src-5.14.2.zip。

（2）编译工具下载

Qt 官方支持的编译工具要求文档为：

```
https://doc.qt.io/qt-5/windows-requirements.html#building-from-source
```

解压文件中，打开源码目录的 README 文件，查看当前版本 Qt 要求的 Windows 环境下编译需要安装的工具：

```
ActivePerl - Install a recent version of ActivePerl (download page) and add the
            installation location to your PATH.
Python - Install Python from the here and add the installation location to your PATH.
```

需要安装相关工具：Python 解释器、Perl 解释器和 C++编译器（MINGW/MSVC）。

Perl 的 Windows 版有 2 种可以下载，分别是 ActivePerl 和 Strawberry Perl。其中，ActivePerl 需要注册后下载，Strawberry Perl 可以直接下载，推荐 Strawberry Perl。

安装时默认会添加 ActivePerl 到环境变量。

（3）修改编译参数

将下载的压缩文件解压，注意解压文件所在的父路径中不能有中文字符。在 Visual Sudio 下进入命令框：

```
x64 Native Tools Command Prompt for VS 2019
```

为使生成目标码为静态链接库，修改编译配置文件：QTBASE\MKSPECS\COMMON\MSVC-DESKTOP.CONF。修改-MD 为-MT，即动态编译改为静态编译。

修改前：

```
QMAKE_CFLAGS_RELEASE = $$QMAKE_CFLAGS_OPTIMIZE –MD
QMAKE_CFLAGS_RELEASE_WITH_DEBUGINFO += $$QMAKE_CFLAGS_OPTIMIZE –Zi –MD
QMAKE_CFLAGS_DEBUG = –Zi –MDd
```

修改后：

```
QMAKE_CFLAGS_RELEASE = $$QMAKE_CFLAGS_OPTIMIZE –MT
QMAKE_CFLAGS_RELEASE_WITH_DEBUGINFO += $$QMAKE_CFLAGS_OPTIMIZE –Zi –MT
QMAKE_CFLAGS_DEBUG = –Zi –MTd
```

（4）编译及安装

① 运行配置命令如下：

```
configure.bat –static –prefix "D:\qt" –confirm-license –opensource –debug-and-release
 –platform win32-msvc –nomake examples –nomake tests –plugin-sql-sqlite
 –plugin-sql-odbc –qt-zlib –qt-libpng –qt-libjpeg –opengl desktop –mp
```

说明：

❖ -prefix "D:\qt"：指明安装的目录。

❖ -confirm-license -opensource：指明是开源版本的 Qt。

❖ -debug-and-release：指明需要 debug 版和 release 版，可以单独选择 release 版。

❖ -platform win32-msvc：指明使用 msvc 编译，这里的 win32 并不指 32 位。

❖ -nomake examples -nomake tests：不编译样例。

❖ -plugin-sql-sqlite -plugin-sql-odbc -qt-zlib -qt-libpng -qt-libjpeg：可选编译插件。

❖ -opengl desktop：用系统自带的 opengl。

❖ -mp：采用多核编译加快编译速度。

② 运行命令 nmake 进行编译：

```
nmake
```

③ 安装：

```
nmake install
```

最后，将静态库集成到开发环境 Qt Creator，如图 9-13 所示，单击"添加"按钮，选择安装目录的文件 qmake.exe 即可。

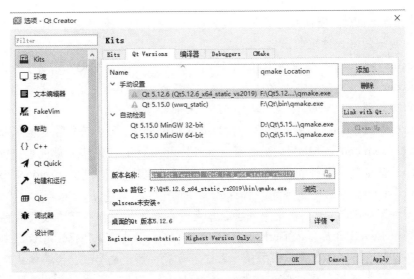

图 9-13　静态库集成到开发环境 Qt Creator

9.7.3　模块分析

进入目录 build_msvc，如图 9-14 所示，Bitcoin Core 遵循模块化设计，这些不同的目录生成对应目标代码时可以生成对应的可执行文件和 lib 库文件，生成文件在目录\build_msvc\x64\Release 中。

图 9-14　Bitcoin Core 源码分类

模块之间具有相对独立性，每个模块也可以独立下载、编译。

① libleveldb：写入 Berkeley DB 库的相关库，底层采用 Berkeley DB 数据库，底层 leveldb 是一个以文件块形式存在的块式存储，尽管 Bitcoin 逻辑上也是块式存储结构，但是文件块与 Bitcoin 的区块不存在一一对应关系。

② libsecp256k1：实现 ECC 椭圆曲线加密算法和相关签名算法。

③ libbitcoin_crypto：实现哈希算法，包括 SHA-256、SHA-512 算法。

④ libbitcoin_zmq：实现 ZeroMQ 消息队列库，用以传递网络消息。

⑤ libunivalue：序列化命令数据，将接收的用户输入命令序列化为程序识别数据，或将输出信息序列化为 JSON 格式的文本输出。

⑥ libbitcoin_wallet：钱包库，实现了钱包接口相关算法，包括解析 RPC 相关命令、钱包的加载、钱包数据的写入读取等。

⑦ libbitcoin_server：提供基于 RPC 的 HTTP 服务，处理相关 RPC 命令。

⑧ libbitcoin_util：处理数据相关工具，如记录日志、随机数生成、错误处理、对费用、比特币格式字符串处理、对 vector、set 等数据结构提供扩展处理等。

⑨ libbitcoin_common：通用底层库，对 Base58 编码处理、区块链参数处理 (Chainparams)、布隆过滤器 (Bloom.cpp)、Merkle 树处理 (merkleblock.cpp)、网络基础处理 (netbase.cpp、netaddress.cpp，套接字、主机和 IPv4/IPv6 处理)、网络通信消息处理 (protocol.cpp) 等。

⑩ libbitcoin_cli：客户端服务库、解析 RPC 命令。

整体框架如图 9-15 所示。框架中底层数据负责主要本地数据和网络数据的存储读取，本地数据存储采用 LevelDB 库写入 Berkeley DB 库，网络数据处理采用 ZeroMQ 机制，采用统一的序列化编码，以消除网络数据、不同操作系统下可能按照小端格式、大端格式存储数据造成的差别，基本数据类型序列化主要在文件 serialize.h 中，其上，区块、交易等数据类型按照统一的序列化方式处理。

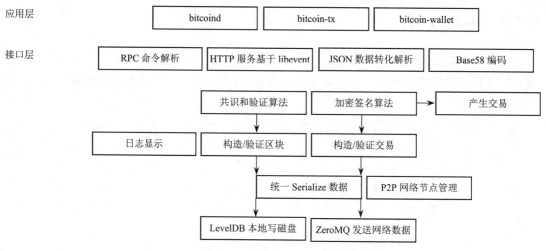

图 9-15　Bitcoin Core 整体框架

对网络层基于 P2P 网络节点统一管理，按照统一的策略广播和接收数据，支持 IPv4、IPv6 网络。

核心层包括区块的构造、交易的构造、交易的创建，以及加密签名算法、区块的验证、交易的验证等核心算法。

接口层基于 libevent 库，实现了 HTTP 服务器、RPC 命令解析处理，Base58 编码、接收、输出网络数据处理（主要是 JSON 格式）等，然后生成了多个执行文件 bitcoind.exe、bench_bitcoin.exe、bitcoin-qt.exe、bitcoin-cli.exe 等。

9.7.4　bitcoind 启动过程源码分析

bitcoind 由位于 bitcoind.cpp 文件的 main( )函数开始运行，启动过程如图 9-16 所示。

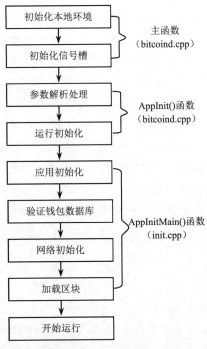

图 9-16　bitcoind 启动过程

1．设置本地环境及初始化消息信号

本地环境设置包括内存分配区、本地化语言、本地化文件路径设置，主要由 SetupEnvironment()函数完成。

基于 boost 的信号槽机制处理 bitcoind 的信号，分别是消息弹出框提示信息、用户询问的交互信息、程序初始化过程的信息。这部分由 noui_connect()函数完成。

```
void noui_connect()                          // 在 noui.cpp 中
{
    noui_ThreadSafeMessageBoxConn=uiInterface.ThreadSafeMessageBox_connect(noui_ThreadSafeMessageBox);
    noui_ThreadSafeQuestionConn = uiInterface.ThreadSafeQuestion_connect(noui_ThreadSafeQuestion);
    noui_InitMessageConn = uiInterface.InitMessage_connect(noui_InitMessage);
}
```

2．参数解析处理

bitcoind 可以处理的参数非常多，管理非常复杂，有些是默认参数，可以从命令行设置中得到，也可以从配置文件中得到。以前的版本是由三个 map 类型的变量保存，现在是将这些变量封装在类 ArgsManager（utli\system.cpp）中，由其生成的对象 gArgs 统一管理，每个参数是 map 类型变量的一个键值。其后根据这些参数运行。

运行策略：先初始化设置，然后读取命令行参数，再从配置文件中读取参数。可能用户仅是运行程序查看帮助以及版本，因此先处理命令行的版本与帮助命令的处理，这时直接可以退出程序。

3．运行初始化

根据用户设置的参数进行初始化。

① InitLogging，初始化日志记录和输出方式：输出的文件是否由控制台输出、时间等。

② InitParameterInteraction，初始化网络参数：绑定地址和端口号，如果设置了信任的节点（-connect），那么连接信任的节点，连接后不再通过内置的种子节点发现网络中的节点；如果设置了代理参数（-proxy），那么所有消息都由代理服务器转发，一般设置代理的目的是为了保护原始 IP 地址隐私，避免外部的攻击，默认禁用监听。

③ AppInitBasicSetup，注册相应的信号：主要注册接收操作系统的信号，如终端执行命令、系统崩溃等，根据不同操作系统做不同处理。

④ AppInitParameterInteraction，设置区块链运行参数：根据设置的参数，接收区块链参数初始化、交易费用初始化、钱包初始化。

⑤ AppInitSanityChecks，初始化随机函数参数：初始化加密算法椭圆函数的参数、基本库的完整性检测（椭圆曲线测试、gLibc 和 gLibcxx 库测试、随机数生成环境测试）、锁数据目录测试。

4．进入函数 AppInitMain( )

函数 AppInitMain( )的主要操作包括：

① 防止进程启动多个副本，保证本地主机只启动一个 bitcoind.exe 进程。

② 根据参数限制日志文件的大小，如果写入的日志已经超过限制大小 10%，那么先从开始删除 10%。

③ 写日志初始化，设定输出开始时间和相关参数等。

④ 根据参数设置脚本验证线程的数量，启动脚本验证线程组。

⑤ 启动任务线程。

⑥ 注册后台处理信号（处理节点发来处理网络数据的消息信号，如更新块、添加交易到临时交易池等）。

⑦ 注册 RPC 核心命令（注册那些可以解析的客户端命令，将其与对应处理的函数关联）。

⑧ 注册 ZMQ 的 RPC 命令。

⑨ 初始化并启动 HTTP、RPC 服务，启动 HTTP 服务基于跨平台的 libevent 开发。

⑩ 验证钱包数据库。验证钱包数据库的完整性，从而避免钱包内容被错误的修改。钱包的启用是通过一个宏定义来实现的，如果启用了这个宏，就会进行钱包数据的完整性校验，打开钱包文件并进行验证。

5．初始化网络

首先，通过 RegisterValidationInterface()函数注册，将网络节点注册到网络信号处理对象 m_internals 中，并注册一个节点。注意，这个节点虽然存储于 std::shared_ptr 类型智能指针，其销毁不是智能指针自动管理，而是由调用者根据网络状况销毁（断开、停止等），而主动销毁。收到网络消息后，根据信号机制，不同的消息类型交给不同的函数处理。

然后，根据网络参数，设置连接的节点参数、代理参数，是否作为服务端监听端口等。

Bitcoin Core 0.20 版本添加了新的选项"–asmap"，纳入了实验软件 Asmap，目的是防止理论的 Erebus 攻击，加强了比特币货币体系的抗审查性。

6. 加载区块

加载区块的耗时会比较长，包括：加载区块链索引（位于/blocks/index/*下），读取所有区块信息，建立所有区块的索引，并进行合法性检测，如第一个是否为创世纪区块、检查区块的完整性等，根据读取区块信息获取本地数据库中的每个 UTXO 的状态。

加载区块后开始建立交易索引，加载钱包。

7. 开始运行

启动网络通信，启动多线程任务调度，开始运行。

9.7.5 区块结构源码分析

区块结构包括：头文件 block.h 及其对应的实现文件 block.cpp，主要由 CBlockHeader 和 CBlock 类组成。前者是区块头结构体描述，是基类；后者则是整个区块的结构体，是派生类。

CBlockHeader 的主要代码如下：

```
int32_t   nVersion;              // 版本号
uint256  hashPrevBlock;          // 前区块 Hash
uint256  hashMerkleRoot;         // Merkle 树根
uint32_t  nTime;                 // 时间
uint32_t  nBits;                 // 难度
uint32_t  nNonce;                // 难度随机数
......
// 这个是转换成字节流和从字节流生成区块头的序列化重载，读取文件或接收网络数据生成区块头，写文件、生成
// 网络数据流及 Hash 字节流，皆来自本重载，从而不需考虑大端、小端的差异
SERIALIZE_METHODS(CBlockHeader, obj) {
    READWRITE(obj.nVersion, obj.hashPrevBlock, obj.hashMerkleRoot,
              obj.nTime, obj.nBits, obj.nNonce);
}
// 实现于 block.cpp，根据 SERIALIZE_METHODS 生成的字节流得到 Hash 结果
uint256 GetHash() const;
......
```

CBlock 作为区块体也相对简单，主要由交易组成，是一个向量。代码及说明如下：

```
// 交易向量，其中 CTransactionRef 是一个交易类 CTransaction 的智能指针
std::vector<CTransactionRef> vtx;
mutable bool fChecked;           // 只是一个在内存保存的变量，注意下面序列化不包含本变量
......
SERIALIZE_METHODS(CBlock, obj)   // 转换成字节流和从字节流生成区块的序列化重载
{
    READWRITEAS(CBlockHeader, obj);   // 调用区块头的序列化
    // 直接序列化交易向量 vector，在 serialize.h 中重载序列化 vector，在交易的类中定义交易的序列化
    READWRITE(obj.vtx);
}
......
```

9.7.6　交易结构源码分析

交易类 CTransaction 的声明在头文件 primitives\transaction.h 中，实现文件是 primitives\transaction.cpp。其中，序列化主要信息是版本号、输入交易、输出交易、锁定时间等，其他如哈希值则依据读入的信息计算得出，仅存于内存。关键代码如下：

```
public:
    static const int32_t CURRENT_VERSION=2;              // 版本常熟
    static const int32_t MAX_STANDARD_VERSION=2;         // 标准常数
    const std::vector<CTxIn> vin;                        // 输入交易
    const std::vector<CTxOut> vout;                      // 输出交易
    const int32_t nVersion;                              // 版本号
    const uint32_t nLockTime;                            // 交易时间
private:
    const uint256 hash;                                  // 哈希值，仅存于内存
    const uint256 m_witness_hash;                        // 仅存在内存
    ......
    template <typename Stream>                           // 交易生成字节流的序列化重载
    inline void Serialize(Stream& s) const {
        SerializeTransaction(*this, s);
    }
    ......
    bool IsCoinBase() const                              // 判断是否为 Coinbase 交易
    {
        return (vin.size() == 1 && vin[0].prevout.IsNull());
    }
    ......
```

9.7.7　交易过程源码分析

对于图形界面程序 bitcoin-qt，操作上由"交易"按钮完成。源码中，按照如图 9-17 顺序调用：首先响应按钮消息，经过中间的预处理，最终调用的是 CWallet 对象的 createTransaction( )函数。

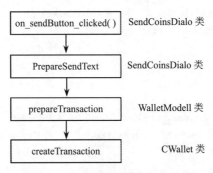

图 9-17　bitcoin-qt 创建交易过程

对于 bitcoind.exe 程序，操作由客户端 bitcoin-cli.exe 发送 RPC 命令"send to address"完成。源码中，在文件 rcpwallet.cpp 中有对应的解析该命令，调用 sendtoaddress( )函数。

sendtoaddress( )进行参数合法性检查后，调用函数 SendMoney( )；函数 SendMoney( )先检查 UTXO 是否大于输出，并生成锁定脚本后，再调用 CWallet 对象的 createTransaction( )函数创建交易，如图 9-18 所示。

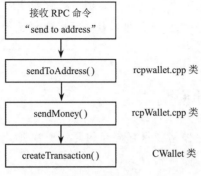

图 9-18　bitcoind 创建交易过程

因此，两种方式最终都是由 CWallet 对象的 createTransaction( )函数创建并完成交易，如图 9-19 所示。

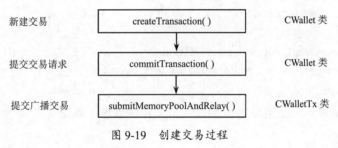

图 9-19　创建交易过程

9.8　Bitcoin Core 操作

Bitcoin Core 主要有两种用法：一种是图形界面的版本 bitcoin-qt.exe；另一种则是以后台进程方式启动的 bitcoind.exe，提供基于 HTTP 的 RPC 服务，bitcoin-cli.exe 以客户端的方式，通过网络发送 RPC 命令到 bitcoind.exe，由 bitcoind.exe 解析执行 RPC 命令。前者操作简单，后者功能丰富，两者运行基本没有区别，都可以以相同的方式识别命令参数、配置文件。

本章以后者为主说明 Bitcoin Core 的使用，运行的程序为 https://github.com/bitcoin/bitcoin 下载的 0.20.0 版本源码，在 Windows 10 操作系统下，经 9.7.2 节的方式编译后生成的执行程序为例子运行。

Bitcoin Core 有三种运行网络。

① 正常（式）网络，具有比特币系统完全节点所有正常功能，连接到正式的比特币网络，是实际运行的比特币网络。

② 测试网络（Testnet），是互联网中存在的用于测试的比特币区块链网络，是一个公共和共享的测试区块链。测试网络允许程序开发者或试用者进行试验性的操作，测试网络代币与实际的比特币是分开的且是不同的。

测试网络已有三代。Testnet2 只是第一个使用不同创世块重置的测试网络，因为人们开始用测试网络硬币交易真钱。Testnet3 是当前的测试网络。

使用"-testnet"标志运行 bitcoin-qt 或 bitcoind，以使用测试网（或将 testnet = 1 放入 bitcoin.conf 文件）。

③ 回归测试网络（Regtest）。与测试网络不同，回归测试网络在作为本地测试用的封闭的运行系统。测试网络将创建一个本地的创世区块，可以仅仅运行单个节点，也可以将其他节点添加到网络中。

9.8.1 生成目录和文件说明

Bitcoin Core 运行后会在存储路径保存同步的区块链数据、钱包数据、日志等信息。默认存储路径在不同操作系统中分别如下。

① Windows：

C:\Users\username\AppData\Roaming\Bitcoin\

② Linux：

$HOME/.bitcoin/

/home/username/.bitcoin/

③ Mac：

$HOME/Library/Application Support/Bitcoin/

/Users/username/Library/Application Support/Bitcoin/

配置文件 bitcoin.conf 也位于上述默认路径。

以 Windows 为例，在存储路径下生成多个文件和目录，如图 9-20 所示。

名称	修改日期	类型	大小
blocks	2020/8/27 9:43	文件夹	
chainstate	2020/8/27 10:01	文件夹	
regtest	2020/8/26 17:52	文件夹	
wallets	2020/8/27 10:06	文件夹	
.lock	2020/8/26 17:05	LOCK 文件	0 KB
banlist.dat	2020/8/26 17:05	DAT 文件	1 KB
debug.log	2020/8/27 10:06	文本文档	36 KB
fee_estimates.dat	2020/8/27 10:06	DAT 文件	243 KB
mempool.dat	2020/8/27 10:06	DAT 文件	1 KB
peers.dat	2020/8/27 10:06	DAT 文件	18 KB

图 9-20 存储路径下的文件和目录

目录说明如下。

（1）blocks 目录

blocks/blk*.dat：区块数据，保存了每个区块的完整数据。

blocks/rev*.dat：包含 undo 数据，用于回滚区块状态。

blocks/index/*.ldb：区块索引文件，目的是可以快速找到区块。

（2）chainstate 目录

chainstate/*.ldb：交易状态数据，存放 LevelDB 数据库文件，包含所有 UTXO 交易信息和这些交易信息的元数据，主要用于交易验证。

（3）wallets（钱包）目录

wallets 目录包含钱包的密钥、钱包数据库、钱包日志等相关信息。

其他文件包括：bitcoin.conf，比特币客户端的配置文件；debug.log，调试信息文件，包含各种日志信息；peers.dat，节点的信息；wallet.dat，钱包文件，保存用户私钥和交易记录。

9.8.2 命令行及配置文件说明

bitcoind.exe 为命令行程序，可以直接以命令行加参数的方式运行，在控制台下运行 "bitcoind.exe /?" 命令，可以看到可以执行的命令行参数。执行的命令行参数非常多，常用且重要的参数说明如下。

- ❖ -conf=<文件名>：指定配置文件（默认为 bitcoin.conf）。
- ❖ -testnet Use the test chain：使用比特币的测试链，以便更好地进行交易测试。
- ❖ -regtest Use the regtest chain：使用本地测试链。
- ❖ -pid=<文件名>：指定 pid（进程 ID）文件（默认为 bitcoind.pid）。
- ❖ -gen：生成比特币，值为 0 表示不生成比特币。
- ❖ -min：启动时最小化。
- ❖ -splash：启动时显示启动屏幕（默认为 1）。
- ❖ -datadir=<目录名>：指定数据目录。
- ❖ -dbcache：设置数据库缓存大小，单位为 MB（默认为 25）。
- ❖ -dblogsize：设置数据库磁盘日志大小，单位为兆字节（MB）（默认为 100）。
- ❖ -timeout：设置连接超时，单位为毫秒。
- ❖ -proxy：通过 Socks4 代理链接。
- ❖ -dns：addnode 允许查询 DNS 并连接。
- ❖ -port=<端口>：监听<端口>上的连接（默认为 8333，测试网络 testnet：18333）。
- ❖ -maxconnections：维护节点最多连接个数（默认为 125）。
- ❖ -addnode：添加一个节点，将区块链数据路由到该节点。
- ❖ -connect：仅连接到这里指定的节点。
- ❖ -irc：使用 IRC（因特网中继聊天）查找节点（默认为 0）。
- ❖ -listen：接收来自外部的连接（默认为 1）。
- ❖ -dnsseed：用 DNS 查找节点（默认为 1）。
- ❖ -banscore：与行为异常节点断开连接的临界值（默认为 100）。
- ❖ -bantime：重新允许行为异常节点连接所间隔的秒数（默认为 86400）。
- ❖ -maxreceivebuffer：每连接最大接收缓存，单位 KB（默认为 10000）。
- ❖ -maxsendbuffer：每连接最大发送缓存，单位 KB（默认为 10000）。
- ❖ -upnp：用全局即插即用（UPNP）映射监听端口（默认为 0）。
- ❖ -detachdb：分离货币块和地址数据库。会增加客户端关闭时间（默认为 0）。
- ❖ -paytxfee：发送交易每 KB 的手续费。
- ❖ -debug：输出额外的调试信息。
- ❖ -testnet：使用测试网络。

❖ -logtimestamps：调试信息前添加时间戳。

❖ -printtoconsole：发送跟踪/调试信息到控制台而不是 debug.log 文件。

❖ -printtodebugger：发送跟踪/调试信息到调试器。

❖ -rpcuser=<用户名>：JSON-RPC 连接使用的用户名。

❖ -rpcpassword=<密码>：JSON-RPC 连接使用的密码。

❖ -rpcport：JSON-RPC 连接所监听的<端口>（默认为 8332）。

❖ -rpcallowip：允许来自指定地址的 JSON-RPC 连接。

❖ -rpcconnect：发送命令到运行地址的节点（默认为 127.0.0.1）。

❖ -rescan：重新扫描货币块链以查找钱包丢失的交易。

❖ -checkblocks：启动时检查多少货币块（默认为 2500，0 表示全部）。

❖ -checklevel：货币块验证的级别（0～6，默认为 1）。

❖ SSL 选项：-rpcssl，用 OpenSSL（https）JSON-RPC 连接；-rpcsslcertificatechainfile=<
文件.cert>，服务器证书文件（默认为 server.cert）；-rpcsslprivatekeyfile=<文件.pem>，
服务器私匙文件（默认为 server.pem）；-rpcsslciphers=<密码>，可接收的密码。

上述参数中，除了-datadir 和-conf，所有命令行参数都可以通过配置文件 bitcoin.conf 来设置，而所有配置文件中的选项都可以在命令行中设置。其中，bitcoin.conf 必须位于默认目录或者-datadir 设定的目录下才有效。

参数 addnode 和参数 connect 的主要区别如下。

❖ addnode 参数：系统将 addnode 设置的节点信息广播到 addnode 设置的其他连接节点，
收到比特币系统广播的网络数据后，将路由到 addnode 设置的节点，本节点也将成为
比特币网络的一部分连接。本节点具有 Internet 地址时，可以设置 addnode 参数。

❖ connect 参数：本节点将仅连接 connect 设置的节点，并不广播数据给该节点，因此当
本节点作为位于局域网或者防火墙后时，一般设置 connect 参数，且设置的参数节点
一般为 Internet 中的节点。

bitcoin.conf 是纯文本文件，配置文件是"设置=值"格式的一个列表，每行一个。符号"#"
开始的，表示本行为注释行，默认的 bitcoin.conf 以注释的方式提供了测试用例。如下所示：

```
# 设置为在测试网络中运行
# testnet=1
# 回归测试模式
# regtest=1
# 设置通过 Socks5 代理连接
# proxy=127.0.0.1:9050
# 绑定侦听地址和端口，使用[host]:port 方式表示 IPv6 端口
# bind=<addr>
# 设置 addnode=来连接到指定的节点
# addnode=69.164.218.197
# 设置 connect= 仅连接到指定的节点
# connect=10.0.0.1:8333
# 侦听模式，除了'connect'设置为缺省模式
# listen=1
# 侦听的端口（默认为 8333，testnet: 18333，regtest: 18444）
# port=
```

```
# 入站、出站的最大连接数
# maxconnections=
# server=1，设置 Bitcoin-QT 和 bitcoind 接收 JSON-RPC 命令，提供 RPC 服务
# 设置 rpcuser 和 rpcpassword，以确保 JSON-RPC 的安全
# rpcuser= user
# rpcpassword= password
# 客户端在 HTTP 连接建立后，RPC HTTP 超时时间，单位：秒
# rpctimeout=30
# 默认仅允许来自本机的 RPC 连接，来设置想允许连接的其他主机 IP 地址。使用 * 作为通配符
# rpcallowip=192.168.1.*
# RPC 连接监听端口
# rpcport=8332
# 设置发送命令到远程运行的 bitcoind 客户端
# rpcconnect=127.0.0.1
```

9.8.3 bitcoin-qt.exe 的使用

bitcoin-qt.exe 是图形界面客户端程序，包含了比特币的核心节点和钱包的前端功能，启动后如图 9-21 所示，程序将自动连接区块链网络，同步下载已经生成的区块。在底部有显示"正在连接到节点"和"落后**年和**周"字样，这是指核心客户端通过连接网络中其他的节点后，发现落后下载的区块进度。

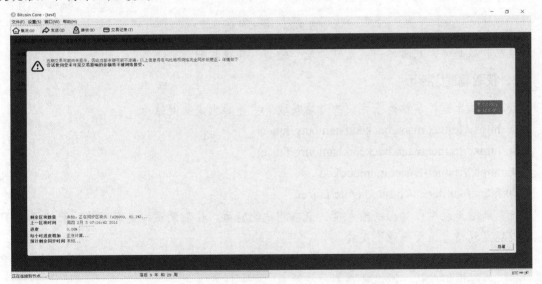

图 9-21 启动 bitcoin-qt.exe 程序

首次同步需要花费不少时间，截至 2020 年 8 月，完全下载至少需要 200 GB 以上的空间，所有操作都要等到同步完成后才能进行。

由于实际运行的 Bitcoin Core 测试需要真实的比特币进行交易，本书采用测试网络模式测试比特币。控制台以 bitcoin-qt.exe -testnet 方式运行。可以看到，首次运行需要同步区块数据，但是比真实的比特币网络数据要少得多，截至 2020 年 8 月，同步区块数据大概需要 20 GB。步骤如下。

1．申请测试比特币

单击"接收"选项，切换到请求付款属性页，在标签、金额、消息编辑框中分别填写对应的消息；单击"详见收款地址"，产生付款项，如图 9-22 所示，也可以在生成付款项后，选择该项，再单击"显示"按钮，显示付款信息。

图 9-22　请求付款

复制收款地址，或者单击"复制地址"按钮，获得收款地址。

2．获取测试比特币

获取测试币需要从称为水龙头的网站获取。主要的水龙头网站为：

❖ https://testnet.manu.backend.hamburg/faucet。

❖ https://testnet.manu.backend.hamburg/faucet。

❖ https://testnet-faucet.mempool.co/。

❖ https://kuttler.eu/en/bitcoin/btc/faucet/。

把复制的地址粘贴对应的输入框，请求测试比特币。注意测试币是有限的，网站根据 IP 地址发现重复请求，而可能不发放。

交易成功后，会显示一个绿色的交易哈希值。回到钱包，查看比特币，钱包不会马上收到比特币，需要网络确认，所以需要等一段时间。

3．发送比特币

添加收款人的地址，可以写成自己的，需要从接收那里生成一个接收地址，如图 9-23 所示。然后单击"发送"按钮。

4．查看交易记录

在交易记录选项中可以查看交易记录和交易状态，也可以在区块链浏览器中根据交易的 ID 查看。主要网站有：

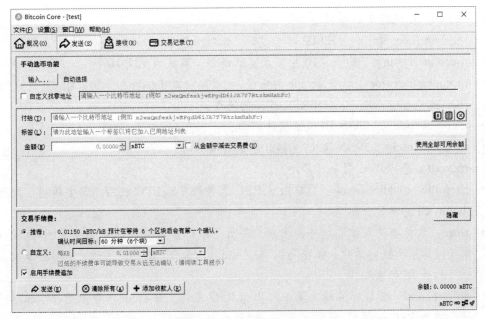

图 9-23　发送测试比特币

❖ https://www.blockchain.com/explorer?view=btc-testnet。

❖ https://tbtc.bitaps.com/blocks。

9.8.4　bitcoind.exe/bitcoin-cli.exe RPC 命令

bitcoind.exe 是一个全节点控制台程序，以后台方式运行。该程序启动后，需要一个客户端程序控制节点的运行。bitcoind.exe 与 bitcoin-qt.exe 兼容，可以运行同样的命令行参数，读取相同格式的配置文件。

bitcoind.exe 提供了 RPC 服务，作为 HTTP 和 RPC 服务器端运行，使用 JSON-RPC 协议，客户端可以通过 RPC 命令访问，并获得运行的结果。

bitcoin-cli.exe 作为客户端，基于 HTTP，通过网络向 bitcoind.exe 发送 RPC 命令，而控制 bitcoind.exe 的运行。

在配置文件中可以通过设置允许那些主机访问，并设置登录的账号和密码。设置方法见 9.8.3 节。

bitcoin-cli 命令的命令格式如下：

```
bitcoin-cli [options] <command> [params]
bitcoin-cli [options] -named <command> [name=value]...
bitcoin-cli [optio bitcoin-cli [options] ns] help        # 获取命令帮助
bitcoin-cli [options] help <command>                      # 获取 command 的命令帮助
```

其中，options 如下。

❖ -conf=<file>：指定配置文件路径。相对路径将以 datadir 位置作为前缀。默认文件为 bitcoin.conf。

❖ -datadir=<dir>：指定数据存储位置。

❖ -getinfo：从远程服务器获取一般信息。

- ❖ -named：传递指定的参数而不是位置参数。
- ❖ -rpcclienttimeout=<n>：HTTP 请求超时（以秒为单位），0 表示没有超时，默认为 900。
- ❖ -rpcconnect=<ip>：向指定 IP 的节点发送命令，默认为 127.0.0.1。
- ❖ -rpccookiefile=<loc>：认证 cookie 的路径，相对路径以 datadir 地址为前缀，默认为 datadir。
- ❖ -rpcpassword=<pw>：JSON-RPC 连接的密码。
- ❖ -rpcport=<port>：JSON-RPC 连接的端口。
- ❖ -rpcuser=<user>：JSON-RPC 连接时使用的用户名。
- ❖ -rpcwait：等待 RPC 服务器启动。
- ❖ -rpcwallet=<walletname>：向非默认 RPC 服务器发起 RPC 连接，需要精确匹配传递给 bitcoin-cli 的参数。
- ❖ -stdin：从标准输入读取额外的参数，每行一个，直到遇到 EOF 或按 Ctrl+D 组合键结束（推荐用于敏感信息，如密码）；与"-stdinrpcpass"结合使用时，使用标准输入的第一行作为 RPC 密码。
- ❖ -stdinrpcpass：读取标准输入第一行作为 RPC 密码；与-stdin 结合使用时，标准输入第一行作为 RPC 密码。

command 即 bitcoind.exe 可执行的 RPC 命令，可以运行"bitcoin-cli -help"命令获得相关 RPC 命令，也可以通过 https://developer.bitcoin.org/reference/rpc/index.html 获取相关 RPC 命令的信息。

9.8.5　bitcoind.exe/bitcoin-cli.exe regtest 测试

首先，配置 bitcoin.conf 文件如下：

```
regtest=1
# 采用回归测试方式启动
server=1
# 启动 HTTP 服务
fallbackfee=1
# 新版本产生区块时要求对此进行配
maxtxfee=20
# 默认为 0，配置了 fallbackfee 必须配置本项，且大于前者
```

然后，在控制台启动 bitcoind.exe，如图 9-24 所示。

bitcoin-cli.exe 启动后有一个默认钱包。测试步骤如下。

首先挖矿，通过挖矿才能产生比特币，产生的比特币必须在 100 个区块的深度后才能花费。命令如下：

```
bitcoin-cli -regtest -generate 100
```

注意：测试需要带上 regtest 标志。generate 命令新版本为参数模式而不是 RPC 命令模式，因此前面需要加符号"-"。

运行结果如图 9-25 所示，可以看到返回一个钱包地址和 100 个区块的哈希值。

查看钱包余额，如图 9-26 所示。

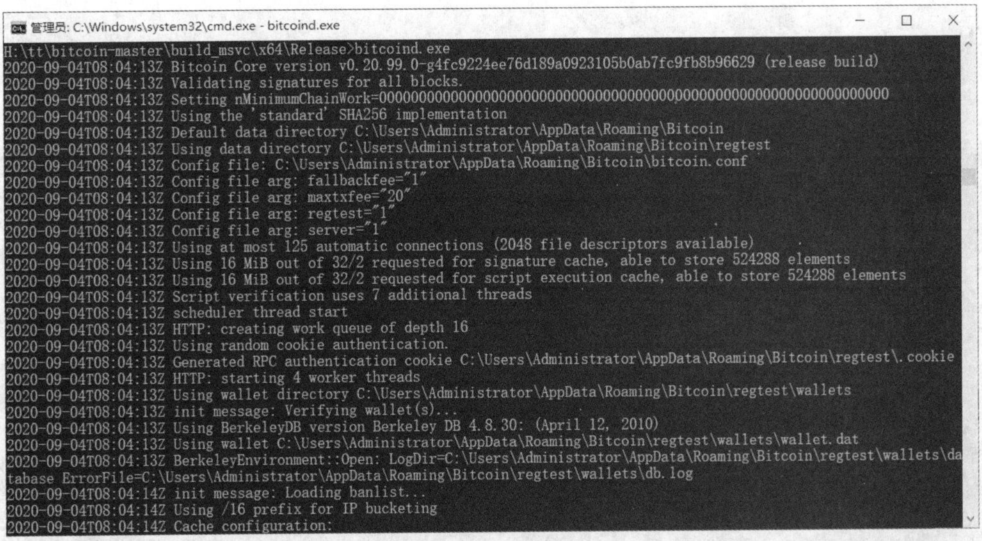

图 9-24　发送测试比特币

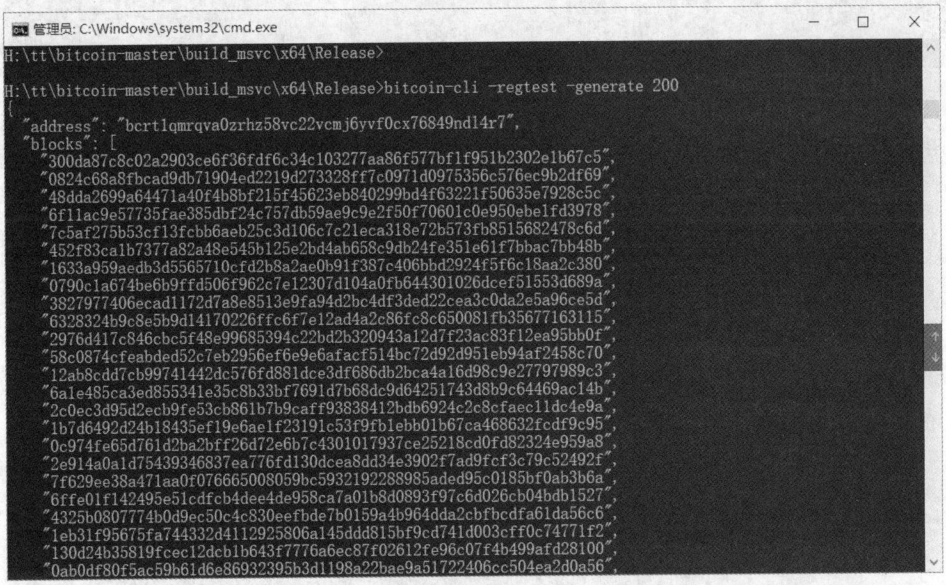

图 9-25　运行结果

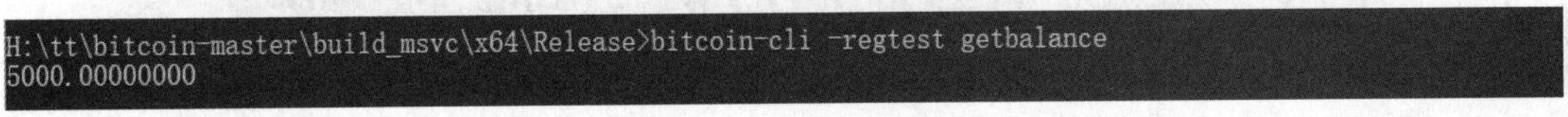

图 9-26　查看钱包余额

分配一个新地址，如图 9-27 所示。

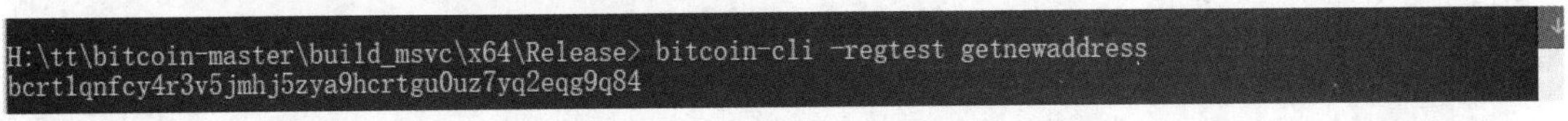

图 9-27　分配一个新地址

向新地址转账。这里转 100 比特币，输出的结果是该交易的哈希值，如图 9-28 所示。

查看该交易详细信息。通过 getrawtransaction 命令，根据上述交易哈希值获取指定交易，然后调用 decoderawtransaction 命令解码，如图 9-29 所示。

图 9-28　转账新地址

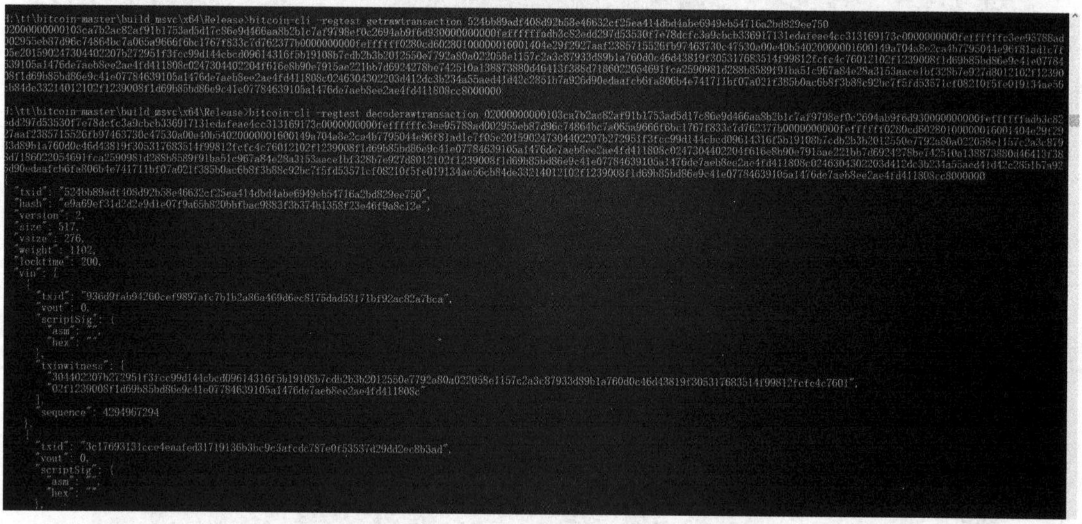

图 9-29　查看交易信息

生成一个区块，使得交易得到确认，如图 9-30 所示。

图 9-30　确认交易

查看收到的比特币，如图 9-31 所示。

图 9-31　查看收到的比特币

思考与练习

1. 比特币系统中，全节点与钱包节点的区别是什么？分别有什么作用？
2. 通过 https://www.blockchain.com/btc 分析区块和交易的信息。
3. 描述比特币系统的挖矿过程。
4. 比特币是按照文件作为块保存的，这个块与区块链的块一一对应吗？试分析异同。

5. 采用两台以上机器构建一个比特币 regtest 交易网络，并试图产生区块和交易。

参考文献

[1] https://www.boost.org
[2] https://www.blockchain.com/btc
[3] https://bit coin.org/zh_CN/download
[4] https://github.com/bitcoin/bitcoin
[5] http://history.btc126.com/difficulty/
[6] http://history.btc126.com/pools/
[7] https://developer.bitcoin.org/devguide/block_chain.html
[8] https://www.blockchain.com/btc
[9] https://api.blockcypher.com

第 10 章 以太坊系统

以太坊的本质就是一个基于交易的状态机（Transaction-Based State Machine）。全球存在一台以分布式形式存在的单机，其系统状态在不停改变。系统状态主要由区块链组成，区块链保存着状态和交易；当用户与以太坊交互时，其实就是在执行交易、改变系统状态。

10.1 以太坊详解

10.1.1 以太坊体系结构

以太坊架构分为 7 层，由下至上依次是存储层、数据层、网络层、协议层、共识层、合约层、应用层，如图 10-1 所示。

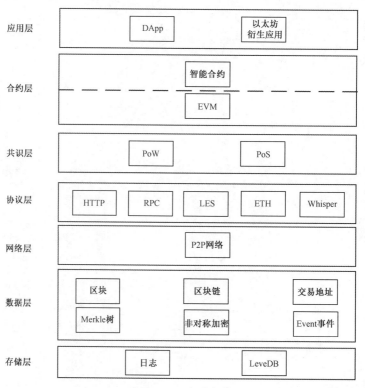

图 10-1 以太坊架构

存储层用于存储以太坊系统运行中的日志数据和区块链元数据，存储技术主要为文件系统和 LevelDB。

数据层用于处理以太坊交易中的各类数据，包括：将数据打包成区块，将区块维护成链式结构，区块内容的加密、哈希计算，区块内容的数字签名及增加时间戳印记，将交易数据构建成 Merkle 树，并计算 Merkle 树根节点的哈希值等。与比特币不同，以太坊引入了交易和交易池的概念。交易是指一个账户向另一个账户发送被签名的数据包的过程。交易池存放通过节点验证的交易，这些交易会放在矿工挖出的新区块中。事件（Event）是指与以太坊虚拟机（Ethereum Virtual Machine，EVM）提供的日志接口，当事件被调用时，对应的日志信息被保存在日志文件中。

与比特币一样，以太坊的系统也是基于 P2P 网络的，体现为网络层，每个节点既有客户端角色，又有服务器端角色。

协议层是以太坊提供的供系统各模块相互调用的协议支持，主要有 HTTP、RPC（Remote Procedure Call，远程过程调用）协议、LES 协议（Light Ethereum Sub-protocol，轻量级以太坊子协议）、ETH 协议、Whipser 协议等。以太坊基于 HTTP 客户端实现了对 HTTP 的支持，实现了 GET、POST 等 HTTP 方法。外部程序通过 JSON RPC 调用以太坊的 API 时，需通过 RPC 协议。Whisper 协议用于 DApp 间的通信。LES 允许以太坊节点同步获取区块时仅下载区块的头部，在需要时再获取区块的其他部分。

在以太坊系统中，共识层有 PoW 和 PoS 两种共识算法。

合约层分为两层，底层是 EVM，用于运行上层的智能合约。智能合约是运行在以太坊上的代码的统称，往往包含数据和代码两部分。智能合约系统将约定或合同代码化，由特定事件驱动触发执行。因此，在原理上，智能合约适用于对安全性、信任性、长期性的约定或合同场景。在以太坊中，智能合约的默认编程语言是 Solidity，与 JavaScript 语言类似。

应用层有 DApp（Decentralized Application，分布式应用）、以太坊钱包等衍生应用，是目前开发者最活跃的一层。

10.1.2　以太坊工作流程及运行原理

1. 以太坊区块链的范式阐述

以太坊的本质就是一个基于交易的状态机。在计算机科学中，状态机是指可以读取一系列的输入，然后根据这些输入转换成一个新的状态，如图 10-2 所示。

根据以太坊的状态机，我们从创世（Genesis）状态开始，网络中还没有任何交易的产生状态。当交易被执行后，创世状态就会转变成最终状态，如图 10-3 所示。在任何时刻，最终状态代表着以太坊当前的状态。

以太坊的状态有数百万个交易，这些交易都被打包到以太坊区块中。区块包含了一系列的交易（如图 10-4 所示），每个区块都与它的前一个区块链接。

为了让一个状态转换成下一个状态，交易必须是有效的。交易被认为是有效的，必须经过一个验证过程，即所谓的"挖矿"。挖矿就是一组节点（即计算机）用它们的计算资源来创建一个包含有效交易的区块。

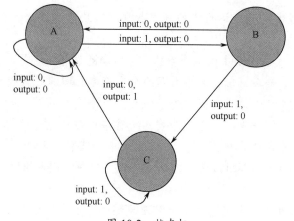

图 10-2　状态机

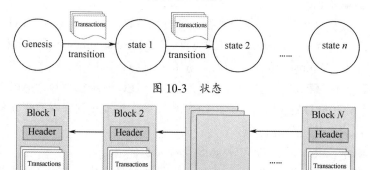

图 10-3　状态

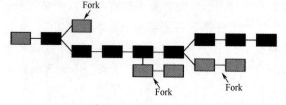

图 10-4　区块

　　任何在网络上宣称自己是矿工的节点都可以尝试创建和验证区块。矿工们在同一时间创建和验证区块。每个矿工在提交一个区块到区块链上时会提供一个数学机制的"证明",这个证明就像一个保证:如果这个证明存在,那么这个区块一定是有效的。为了让一个区块添加到主链上,矿工必须比其他矿工更快地提供出这个"证明",即工作量证明(Proof of Work)。

　　证实了一个新区块的矿工都会被奖励一定价值的奖赏。以太坊使用以太币(Ether)作为奖赏。每次证明了一个新区块,就会产生一个新的以太币,并被奖励给矿工。

　　区块链就是一个具有共享状态的交易单机,正确的当前状态是一个全球真相,所有人必须接受。拥有多个状态(或多个链)会摧毁这个系统,因为它在哪个是正确状态的问题上不可能得到统一结果。如果链分叉(Fork)了,矿工有可能在一条链上拥有 10 个币,一条链上拥有 20 个币,另一条链上拥有 40 个币。在这种场景下,没有办法确定哪条链才是"最有效的"。

　　不论什么时候,只要多个路径产生了,分叉就会出现(如图 10-5 所示)。我们通常想避免分叉,因为它们会破坏系统,强制人们去选择哪条链是他们相信的链。

![图 10-5 区块链分叉]

图 10-5　区块链分叉

为了确定哪个路径才是最有效的并防止多条链的产生，以太坊使用了 GHOST 协议的数学机制。

简单来说，GHOST 协议就是让我们必须选择一个在其上完成计算最多的路径。确定路径就是使用最近一个区块（叶子区块）的区块号，区块号代表着当前路径上总的区块数（不包含创世块）。区块号越大，路径越长，说明越多的挖矿算力被消耗在此路径上，以到达叶子区块。这种推理可以允许我们赞同当前状态的权威版本，如图 10-6 所示。

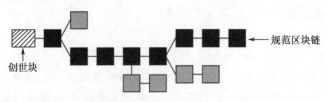

图 10-6　规范区块链

2．以太坊系统的主要组件

以太坊系统的主要组件包括：账户、账户状态、世界状态、Gas 和费用、交易、区块、交易执行、挖矿、PoW 等。

（1）账户

以太坊的全球"共享状态"是由很多小的对象（即账户）组成的，通过消息传递框架实现彼此交互。每个账户都有与之关联的状态和地址。以太坊中的地址是 160 位（20 字节）的标识符，用于标识任何账户。账户有两种：外部账户（由私钥控制，没有与之关联的代码）和合约账户（由合约代码控制，有与之关联的代码），如图 10-7 所示。

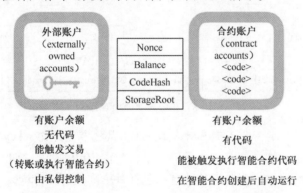

图 10-7　账户（来自网络）

理解外部账户和合约账户之间的根本区别是非常重要的。通过创建并使用私钥签名一个交易，外部账户能够给其他外部账户或其他合约账户发送消息。两个外部账户之间的消息只是简单的价值传输。但从外部账户发送到合约账户的消息可以激活合约账户的代码，允许它执行各种操作（如转移代币、写入内部存储、发新币、执行计算、创建新合约等）。

与外部账户不同，合约账户无法自行启动新的交易。相反，合约账户仅能够通过响应它们收到的交易来触发自身的交易，如从外部账户或从其他的合约账户的交易来触发。因此，任何以太坊上发生的操作始终由外部账户所触发的交易来启动。

（2）账户状态

账户状态由 4 部分组成。

① Nonce（随机数）。对于外部账户，Nonce 代表从这个账户地址发出来的交易数；对于合约账户，Nonce 是该账户创建的合约数，每创建一次会加 1。

② Balance（账户余额）：该地址拥有的 Wei 数量，1 Ether=10^{18} Wei。

③ StorageRoot：Merkle Patricia 树的根节点的哈希值。Merkle Patricia 树对账户的存储内容的哈希进行编码，默认情况下为空。

④ CodeHash：账户 EVM 代码的哈希。对于合约账户，CodeHash 是被哈希运算的代码；对于外部账户，Codehash 是空字符串的哈希值。

（3）世界状态

以太坊的全局状态是由账户地址和账户状态的一个映射组成。这个映射被保存在 Merkle Patricia 树中。Merkle Patricia 树是一种由一系列节点组成的二叉树，这些节点包括：树端的包含了源数据的大量叶子节点；一系列中间节点，这些节点是两个子节点的哈希值；一个根节点，同样是两个子节点的哈希值，代表整棵树。

树端的数据由想要保存的数据分块（Chunk）产生，再聚合为桶（Bucket）。接下来计算每个桶的哈希值，一直重复，直到只剩下一个哈希值，这就是根哈希，如图 10-8 所示。

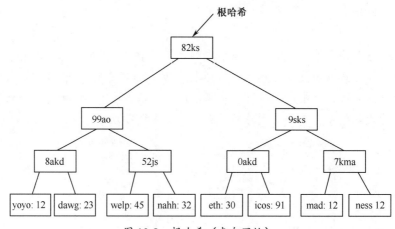

图 10-8　根哈希（来自网络）

这棵树要求存在其中的 value 都有对应的 key。从根节点开始，key 会告诉你顺着哪个子节点可以获得对应的值，这个值存在叶子节点中，如图 10-9 所示。在以太坊中，key/value 是地址和与地址相关联的账户之间状态的映射，包括每个账户的 Balance、Nonce、CodeHash 和 StorageRoot（StorageRoot 自己就是一棵树）。

同样，树结构也用来存储交易和收据。更具体地，每个区块都有一个头（header），保存了 Merkle Patricia 树 3 个根节点的哈希，包括状态树、交易树、收据树，如图 10-10 所示。

区块链是靠一群节点来维持的。节点有两种：全节点和轻节点。

全节点通过下载整条链进行同步，包含了整个链，从创世块到当前块，执行其中包含的所有交易。通常，矿工会存储全节点，因为他们在挖矿过程中需要全节点。

一个节点如果不需要执行所有的交易或轻松访问历史数据，就没必要保存整条链，这就是轻节点概念的来源。比起下载和存储整个链和执行其中所有的交易，轻节点仅仅下载链的头，从创世块到当前块的头，不执行任何交易或检索任何相关联的状态。轻节点可以访问块的头，而头中包含了树的 3 个哈希值，所有轻节点依然可以容易生成和接收关于交易、事件、余额

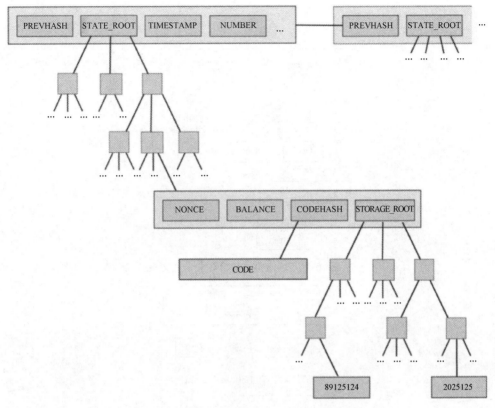

图 10-9 通过 key 找 value（来自网络）

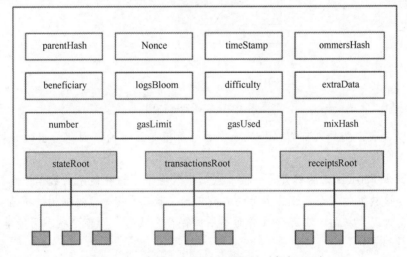

图 10-10 状态树、交易树和收据树（来自网络）

等可验证的答案，因为在 Merkle Patricia 树中，哈希值是向上传播的。如果一个恶意用户试图用一个假交易来交换 Merkle Patricia 树的叶的交易，这会改变它上节点的哈希值，同样导致上上节点哈希值的改变，一直到树的根节点，如图 10-11 所示。

任何节点想要验证一些数据，都可以通过 Merkle 证明来进行验证。Merkle 证明的组成如下：一块需要验证的数据，树的根节点哈希值，一个"分支"（从分块到根的路径上所有的哈希值），如图 10-12 所示。

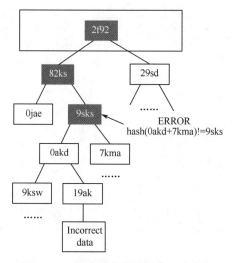

图 10-11　恶意用户替换其中一笔交易

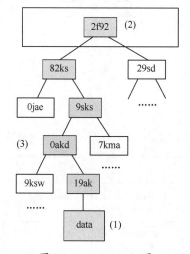

图 10-12　Merkle 证明

任何可以读取证明的人都可以验证分支的哈希值是连贯的，因此给出的分块在树中实际的位置就是在此处。

使用 Merkle Patricia 树的好处是，根节点加密取决于存储在树中的数据，而且根节点的哈希值可以作为该数据的安全标识。由于块的头包含了状态、交易、收据树的根哈希，所有任何节点都可以验证以太坊的一小部分状态而不用保存整个状态，而整个状态可能非常大。

（4）燃料和支付

以太坊有一个非常重要的概念是"费用"。在以太坊上，交易而消耗的计算都会产生费用，支付的费用以燃料（Gas）来计算，如图 10-13 所示。燃料是用于衡量特定计算所需费用的单位。燃料价格是愿意花费在每单位燃料上的 Ether 总量，用 gWei 来衡量。Wei 是 Ether 的最小单位，10^{18} Wei=1 Ether，1 gWei=1 000 000 000 Wei。

每次交易，交易发送人（转账人）都会设置 gasLimit 和 gasPrice。gasLimit 和 gasPrice 代表发送人愿意为交易支付的最大 Wei。例如，发送人设置 gasLimit 是 50000，gasPrice 是 20 gWei，意味着交易发送者愿意支付最多 50000×20 gWei=10^{15} Wei，即 0.001 Ether 用来执行该交易。如

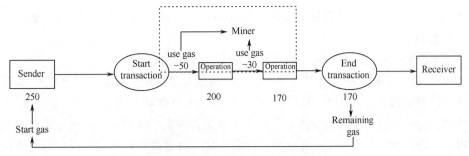

图 10-13 燃料和支付（来自网络）

果交易发送人账户余额可以覆盖这个最大值，就不会有问题。交易结束时，发送人会收到未被使用的燃料退款，并按最初价格交易。

如果交易发送人没有提供足够的燃料执行交易，交易会用光燃料且该交易无效。在这种情况下，交易过程中止，发生的任何状态更改都会被逆转，这样交易会结束，并回到交易前的以太坊状态，还会记录交易失败，显示什么交易试图发起并在哪里失败。同时，既然在用光燃料前已经花费了努力进行计算，逻辑上，这些花费的燃料不会再退还给交易发送人。

交易发送人花费的所有燃料都被送给"受益人"，通常是矿工的地址，矿工收取燃料作为奖励。

通常，交易发送人愿意支付的燃料价格（gasPrice）越高，矿工从交易中获得的价值越大。因此，矿工也会选择价格高的交易，自由选择他们愿意验证的交易。为了引导交易发送者设置燃料价格，矿工可以选择宣传他们会执行交易的最低燃料价格。

由于在交易中增加了存储，从而增加了所有节点的以太坊状态数据库的大小，因此设计了一个激励机制，以保持较小的数据存储量。如果交易中存在可以清除存储中条目的步骤，那么执行该操作的费用会被免除，并且由于释放存储空间产生的退款还被返还给发送人。

以太坊是图灵完备的语言，智能合约引入了循环语句，这使得以太坊容易受到停顿问题的影响，可能使程序无限运行。如果没有费用，恶意行为者可以通过在交易中执行无限循环，而轻易地破坏网络。因此，计费机制可以保护网络免受恶意攻击。以太坊网络上的存储也有成本，因此存储也是需要付费的。

（5）交易和消息

以太坊是基于交易的状态机，发生在不同账户之间的交易推动着以太坊的全球状态从一个状态转换到另一个状态。

交易是加密签名的指令，由外部账户生成并序列化，然后提交到区块链上。交易有两类：消息调用和合约创建（即创建新的以太坊合约的交易）。

交易均包含以下部分（如图 10-14 所示）。

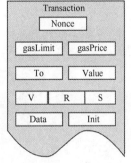

图 10-14 交易

① Nonce（随机数）：交易发送人发送的交易数量的计数，与比特币的 Nonce 概念不同。

② gasPrice：交易发送人愿意为执行交易所需的每单位燃料支付的 Wei 数量。

③ gasLimit：交易发送人愿意为执行交易支付的最大燃料数量。数量是设置并预付的，在任何计算完成之前确定。

④ To：接收人的地址。如是创建合约的交易，合约账户地址还不存在，故使用的是空值。

⑤ Value：从发送人转移到接收人的 Wei 总量。在创建合约的交易中，Value 作为新创建合约账户的初始余额。

⑥ V、R、S：用于生成签名，该签名可以标识交易的发送人。

⑦ Data：仅用于消息调用的可选字段，是指消息调用的输入数据（即参数）。如果智能合约充当域名注册的服务，对合约的调用可能需要输入字段如域名或 IP 地址。

⑧ Init：仅用于创建合约的交易，是一个不限制大小的字节数组，用来指定账户初始化程序的 EVM 代码。Init 只允许被调用一次，被调用后，将返回智能合约对应的合约地址，合约地址与合约账户产生永久关联关系。

（6）区块

区块就是交易的集合，公链或者联盟链将交易打包成区块后，会进行持久化存储。

（7）执行交易

所有交易的执行必须满足以下条件：

① 交易必须是格式正确的 RLP。RLP 代表"递归长度前缀"，是一种数据格式，用于编码二进制数据的嵌套数组。RLP 是以太坊用于序列化对象的格式。

② 有效的交易签名。

③ 有效交易 Nonce。一个账户的 Nonce 是从该账户发送过来交易计数。为了有效，交易 Nonce 必须等于发送者账户的 Nonce。

④ 交易的 gasLimit 必须等于或大于交易使用的固有燃料，发送人的账户余额必须有足够的 Ether 覆盖"预订"燃料成本。固有燃料包括：为执行交易预先定义的成本燃料；与交易一起发送的数据的燃料费用（每字节数据或代码相当于零时则是 4 Gas 的费用，每非零字节的数据或代码是 68 Gas 费用）；如果交易是创建合约的交易，则额外增加 32000 Gas。"预订"燃料成本包括两方面：最大的燃料成本（交易的 gasLimit 乘以交易的 gasPrice），从发送者转移到接收者的总价值（总值）。

如果交易满足以上 4 个条件，交易才会继续执行，如图 10-15 所示。

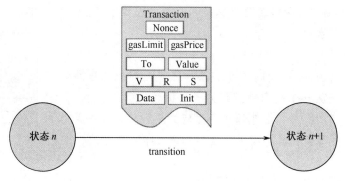

图 10-15　执行交易

在交易执行前，从发送人的余额中扣除预定的执行成本，并将发送人的账户 Nonce 加 1，以计入当前的交易。此时可以算出剩余燃料，作为交易的总 gasLimit，减去用过的固有燃料。

接下来交易开始执行。在交易的执行过程中，以太坊跟踪"子状态"，该子状态是记录交易过程中产生的信息的方法，主要包括：

① 自毁集：在交易完成后被抛弃的一组账户。

② 日志系列：虚拟机代码执行的归档及可索引的检查点。

③ 退还燃料：交易后退还给发送人的 Gas。

接下来，处理交易要求的各种计算。

一旦交易要求的所有步骤都被处理完毕，假定没有无效状态，则通过确定要退还给发送人的未使用的燃料来实现最终状态。除了未使用的燃料，发送人还可以从上面提到的"退还燃料"中获得补贴。

一旦发送人获得退款，那么：

① 燃料的 Ether 已经给到矿工。

② 交易使用的燃料被添加到区块燃料计数器（跟踪区块中所有交易使用的总燃料，并在验证区块时使用）。

③ 在自毁集中的所有账户都将被删除。

最后，留下新的状态和一组交易创建的日志。

3．运行原理

（1）合约创建

为了创建新的合约账户，首先使用特殊公式声明新账户地址，然后通过如下方式初始化新账户：

① 把 Nonce（随机数）设置为零。

② 将 Value 值设置为新创建账户的余额。

③ 从发送人的余额中扣除发送给新账户的价值。

④ 把存储设置为空。

⑤ 把合约的 CodeHash 设置为空字符串的哈希值。

一旦初始化账户，使用跟随交易发送的 Init 代码实际上能够创建账户。在执行这个初始化代码时会产生多样的变化。根据合约的构造函数，它可能升级账户的存储、创建其他合约账户、进行其他消息调用等。

执行初始化合约的代码需要使用燃料。交易不允许使用比剩余燃料更多的燃料。如果交易因燃料不足而退出，那么状态会复原到交易之前的那个点，但是发送人不会收到燃料退款，因为该燃料已在之前的执行中用完。但是，如果发送人用交易发送任何 Ether 价值，即使合约创建失败，Ether 价值也会被退回。

如果初始化代码执行成功，会支付最终的成功创建合约的成本。这是存储成本，支付费用跟所创建合约代码的大小成正比。如果没有足够的剩余燃料来支付最终的成本，交易再次出现燃料不足的异常，并中止。如果在交易执行过程中没有发生异常，则未使用的燃料会退还给交易的最初发送人，由此被改变的状态也允许持续存在。

（2）消息调用

消息调用的执行跟合约创建的执行类似，不过存在一些差异。

消息调用执行并不包括任何 Init 代码，因为没有创建新的账户。如果数据由交易发送人提供，则它可以包含输入数据。一旦消息被调用，就会输出数据，若后续执行需要输出数据，则会被相应的组件使用。

与合约创建一样，如果因为燃料不足或交易无效（如堆栈溢出、无效跳转目标或无效指令），消息调用退出，并且所使用的燃料不会退还给最初的调用者。相反，所有剩余的未使用的燃料被消耗，并且状态会复原到余额转移之前的点。

（3）执行模式

交易是在虚拟机上执行的，实际处理交易流程的部分协议是以太坊自己的虚拟机，即EVM。EVM 是图灵完备的虚拟机，唯一的限制是它与燃料内在绑定。也就是说，它的计算量受燃料约束。

EVM 有内存，其中的 item 存储为字寻址字节数组。内存不稳定，意味着它不是持久的。

EVM 还有存储空间。与内存不同，存储是稳定的，同时它作为系统状态的一部分进行维持。EVM 在虚拟 ROM 中存储程序代码，这些代码只能通过特别指令访问。通过这种方式，EVM 与经典的冯·诺依曼架构不同，其中的程序代码存储在内存或存储器中。

EVM 也有它自己的语言："EVM 字节代码"。当程序员编写以太坊智能合约时，一般会使用高阶语言，如 Solidity，然后可以将其编译为 EVM 可以理解的 EVM 字节代码。

10.1.3　以太坊区块结构和链结构

区块就是交易的集合，公有链或联盟链将交易打包成区块后会进行持久化存储。图 10-16 是经典的以太坊区块结构，以太坊区块结构由两部分组成：区块头（header）和区块体（body）。

1. 区块头

区块头存储了区块的元信息，用来对区块内容进行一些标识、校验、说明等。

（1）通用字段

ParentHash：父区块的哈希值。

Root：世界状态的哈希，stateDB 的 RLP 编码后的哈希值。

TxHash（Transaction Root Hash）：交易字典树的根哈希，由本区块所有交易的哈希值算出。

ReceiptHash：收据树的哈希。

Time：区块产生的 UNIX 时间戳。

Number：区块号。

Bloom：布隆过滤器，快速定位日志是否在这个区块中。

（2）公链场景

Coinbase：挖出这个块的矿工地址，挖出区块所奖励的 ETH 就会发放到这个地址。

Difficulty：当前工作量证明算法的复杂度。

gasLimit：每个区块 Gas 的消耗上限。

gasUsed：当前区块所有交易使用的 Gas 之和。

MixDigest：挖矿得到的 PoW 算法证明的摘要，也就是挖矿的工作量证明。

Nonce：挖矿找到的满足条件的值。

Uncle：叔块，与以太坊的共识算法相关。

一般，一个类以太坊的联盟链是需要上面介绍的通用字段的，但是也不绝对，还可能与选择的共识算法、隐私保护策略、设计偏好有关。

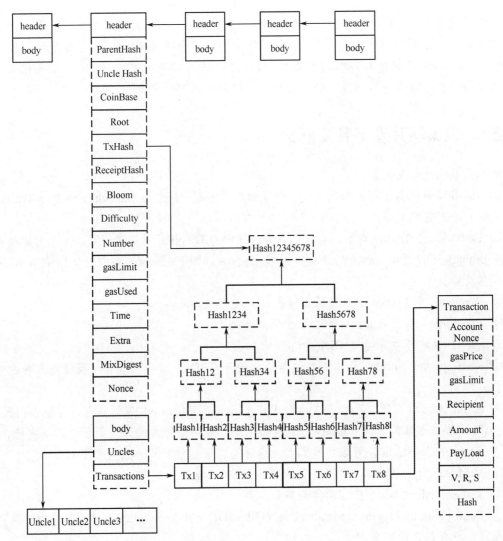

图 10-16　典型的以太坊区块结构

2. 区块体

区块体包括这个区块打包的所有交易。

10.2　以太坊开发环境

当开发者使用 Solidity 语言编写智能合约时，智能合约实际上是由 Solidity 代码编译后的程序，也就是说，智能合约的编译环境就是 Solidity 的编译环境。而这段程序（智能合约）的执行环境是 EVM。

在以太坊中，Solidity 编写的智能合约经过编译后会生成一串十六进制字节码，创建后进行调用时，也需要将调用的函数名称和参数转化成一串十六进制字节码，写进交易。当用户通过发起 ethSendTransaction 或者 ethCall 创建或者调用智能合约时，就要在交易的 Data 字段填入这个十六进制字节码。

创建智能合约时，EVM 会将这段字节码解析成相应的指令符序列，存储到一个新建的智能合约地址下。当用户调用这个智能合约时，以太坊本身会根据交易的 To 字段获取到这个智能合约的信息，EVM 先根据 Data 字段解析出的具体函数和参数生成具体的指令，再依次执行这些指令得到执行结果，这些操作会涉及对账户状态数据进行更改。

10.2.1 　以太坊开发工具及框架

流行的以太坊开发框架如下。

① Truffle：最流行的智能合约开发、测试和部署框架，经常与 Ganache（也是由 Truffle 团队开发的）一起搭配使用。

② Embark：与 Truffle 类似，也是一个功能强大的 DApp 开发框架，可以快速构建和部署 DApp。Embark 不仅可以与以太坊区块链通信，还集成了 IPFS/Swarm 去中心化存储和 Whisper 网络通信功能。

③ Populus：用 Python 语言写的智能合约开发框架。

④ Etherlime：基于 ethers.js 的 DApp 开发框架。

Solidity 的集成开发环境（IDE）如下。

① Remix：基于 Solidity 语言的在线智能合约开发 IDE，提供从编译，调试到部署的全流程支持。

② AtomAtom 编辑器：可结合 Atom Solidity Linter、Etheratom 等插件进行智能合约开发。

③ Pragma：非常简单的 Solidity 合约在线 IDE，提供合约的编译、部署与调用支持。

④ Superblocks Studio：可以在线编写、编译与部署智能合约，目前处于 beta 版本。

⑤ VIM Solidity：用 VIM 也可以写愉快地写 Solidity 了。

⑥ Visual Studio Code：日常用得最多的工具。

⑦ Intellij Solidity Plugin：JetBrains IntelliJ Idea IDE 上用的 Solidity 插件，支持语法高亮显示，格式化与代码自动补全。

下面介绍用于启动以太坊的以太坊客户端 Geth、编译智能合约的 Solidity 编译器和流行的智能合约开发框架 Truffle。

1. Geth

Geth 是 Go Ethereum 开源项目的简称，是使用 Go 语言编写且实现了 Ethereum 协议的客户端软件，也是目前用户最多、使用最广泛的客户端。Geth 客户端与以太坊网络进行连接和交互，可以实现账户管理、合约部署、挖矿等众多有趣且实用的功能。

Geth 启动时需要对创世块文件和相关参数进行配置。创世块文件 genesis.json 是区块链最重要的识别标志之一，每条区块链都有唯一识别的创世块文件。如果两台机器启动 Geth 时所选用的创世块文件不同，就无法被识别为同一条区块链的成员。因此，同一条联盟链中的所有节点必须使用同一份创世块文件进行初始化配置。

下面是创世块文件 genesis.json 的一个示例：

```
{
    "config": {
        "chainId": 1,
```

```
            "homesteadBlock": 1150000,
            "daoForkBlock": 1920000,
            "daoForkSupport": true,
            "eip150Block": 2463000,
            "eip150Hash": "0x2086799aeebeae135c246c65021c82b4e15a2c451340993aacfd2751886514f0",
            "eip155Block": 2675000,
            "eip158Block": 2675000,
            "byzantiumBlock": 4370000,
            "constantinopleBlock": 7280000,
            "petersburgBlock": 7280000,
            "ethash": {}
        },
        "nonce": "0x42",
        "timestamp": "0x0",
        "extraData": "0x11bbe8db4e347b4e8c937c1c8370e4b5ed33adb3db69cbdb7a38e1e50b1b82fa",
        "gasLimit": "0x1388",
        "difficulty": "0x400000000",
        "mixHash": "0x0000000000000000000000000000000000000000000000000000000000000000",
        "coinbase": "0x0000000000000000000000000000000000000000",
        "number": "0x0",
        "gasUsed": "0x0",
        "parentHash": "0x0000000000000000000000000000000000000000000000000000000000000000",
        "alloc": {
            "000d836201318ec6899a67540690382780743280": {
                "balance": "0xad78ebc5ac6200000"
            },
            "001762430ea9c3a26e5749afdb70da5f78ddbb8c": {
                "balance": "0xad78ebc5ac6200000"
            }
        }
    }
```

根据用途，配置可分为三类。

① 链配置。config 项是定义链配置，会影响共识协议，虽然链配置对创世块影响不大，但新区块的出块规则均依赖链配置。

② 创世块头信息配置。

Nonce：随机数，对应创世块 Nonce 字段。

timeStamp：UTC 时间戳，对应创世块 Time 字段。

extraData：额外数据，对应创世块 Extra 字段。

gasLimit：燃料上限，必填，对应创世块 GasLimit 字段。

difficulty：难度系数，必填，对应创世块 Difficulty 字段。搭建私有链时，需要根据情况选择合适的难度值，以便调整出块。

minHash：哈希值，对应创世块的 MixDigest 字段，与 nonce 值一起，证明在区块上已经进行了足够的计算。

coinbase：地址，对应创世块的 Coinbase 字段。

③ 初始账户资产配置。alloc 项是创世中初始账户资产配置。在生成创世块时，将此数据集中的账户资产写入区块，相当于预挖矿。这对开发测试和私有链非常好用，不需要挖矿就可以直接为任意多个账户分配资产。

Geth 的常用命令如下。

① 初始化创世块：

```
geth --datadir /path/to/datadir init /path/to/genesis.json
```

② 启动私有链：

```
geth --identity "TestNode" --rpc --rpcport "8545" --datadir /path/to/datadir
    --port "30303" --nodiscover console
```

其中，相关参数说明如下。

❖ --identity：指定节点 ID。

❖ --rpc：表示开启 HTTP-RPC 服务。

❖ --rpcport：指定 HTTP-RPC 服务监听端口号（默认为 8545）。

❖ --datadir：指定区块链数据的存储位置。

❖ --port：指定和其他节点连接所用的端口号（默认为 30303）。

❖ --nodiscover：关闭节点发现机制，防止加入同样配置的陌生节点。

③ 快速同步模式：

```
geth --fast console 2>network_sync.log
```

④ 浏览日志：

```
tail -f network_sync.log
```

⑤ 账户操作。

创建账户：

```
geth account new
```

查看账户：

```
geth account list
```

查看账户余额：

```
eth.getBalance(eth.accounts[])
```

解锁账户：

```
personal.unlockAccount(eth.accounts[], <password>)
```

转账：

```
eth.sendTransaction({from:sender, to:receiver, value: amount, gas: gasAmount})
```

⑥ 挖矿。

设置挖矿进程数目：

```
geth --mine --minerthreads=4
```

开始挖矿：

```
miner.start(8)
```

结束挖矿：

```
miner.stop()
```

查看挖矿速率：

```
miner.getHashrate()
```

查看区块高度：

```
eth.blockNumber
```

查看挖矿账户：

```
eth.coinbase
```

设置挖矿账户：

```
miner.setEtherbase(eth.accounts[0])
```

⑦ 检查连接状态。

检查是否连接：

```
net.listening
```

连接到的节点个数：

```
net.peerCount
```

添加节点：

```
admin.addPeer()
```

查看添加的节点的信息：

```
admin.peers
```

⑧ 查看。

查看区块信息：

```
eth.getBlock(n)
```

查看交易信息：

```
eth.getTransaction()
```

查看正在等待确认的交易：

```
eth.getBlock("pending",true).transactions
```

2．Solidity 编译器

以太坊官方社区提供了 Solidity 语言的编译开发工具 Solidity 项目（https://github.com/ethereum/solidity），用 C++语言编写。用户可以根据自己的操作系统下载相应发布版的二进制可执行文件。如果想使用最新的版本，可以同步最新的代码，自行编译，生成可执行文件。

Solidity 项目还提供了一个命令行工具：Solc。Solc 不仅提供将 Solidity 编译成字节码的功能，也提供一些智能合约相关的信息，如生成函数的签名（调用智能合约各个函数时的依据）、估算每个函数消耗的 Gas 等。下面介绍 Sole 的使用方法。

Solc 命令行工具基本的使用模板为：

```
solc [options] [input_file …]
```

其中，options 可以是各种参数，用于指定输出的文件的格式和输出路径等。

Solc 最常使用的例子如下：

```
solc --bin -o tmp/solcoutputcontract.sol
```

其中，--bin 是指将 Solidity 智能合约编译成十六进制字节码。执行以上命令后，会在 /tmp/solcoutput 目录下生成一个以代码中定义的合约名（非文件名）命名的 .bin 的文件，其中存着编译出来的字节码。

除了--bin，Solc 也支持其他格式的输出。

❖ --ast：所有源文件的抽象语法树。

❖ --ast-json：JSON 格式的抽象语法树。

❖ --ast-compact-on：压缩（去空格、空行）后的 JSON 格式抽象语法树。

❖ --asm：EVM 的汇编语言。

❖ --asm-json：JSON 格式的 EVM 汇编语言。

❖ --opcodes：操作码（与--asm 类似，区别在于 asm 会有一些对应到源文件的注释，而 opcodes 只有操作码）。

❖ --bin：十六进制字节码。

❖ --bin-runtime：运行时部分的十六进制码（没有构造函数部分）。

❖ --clone-bin：复制合约的十六进制字节码。

❖ --abi：应用程序二进制接口规范。

❖ --hashes：各函数的签名（十六进制名称，用于调用智能合约时识别指定的函数）。

❖ --userdoc：用户使用说明文档。

❖ --devdoc：开发者文档。

❖ --metadata：编译源文件的元数据（包括编译器版本、abi、userdoc、devdoc、设置、源文件 hash 等，以 JSON 格式组织在一起）。

另外，-o 用来指定输出文件路径。其他常用的选项如下。

❖ --optimize：编译字节码时进行优化。

❖ --optimize-runs n(=200)：在激活优化功能时，为了进行优化，试执行合约的次数。

❖ --add-std：添加标准合约。

❖ --libraries libs：指定合约依赖的库。

❖ --overwrite：在指定目录里覆盖已有的输出文件。

❖ --pretty-json：当用户指定输出的格式为 JSON 时，以可读性更好的形式输出。

❖ --gas：执行编译时打印出各个函数估测消耗的 Gas 数量。

3．Truffle

Truffle 是现在比较流行的 Solidity 智能合约开发框架，功能强大，可以快速搭建 DApp。Truffle 具体的特性如下。

❖ 内建智能合约编译、链接、部署和二进制包管理功能。

❖ 支持对智能合约的自动测试。

❖ 支持自动化部署、移植。

❖ 支持公有链和私有链，可以轻松部署到不同的网络中。

❖ 支持访问外部包，可以方便地基于 NPM 和 EthPM 引入其他智能合约的依赖。

❖ 可以使用 Truffle 命令行工具执行外部脚本。

10.2.2　以太坊开发环境的搭建

本节介绍以太坊客户端 Geth、编程语言 Solidity 和智能合约开发框架 Truffle 的安装。

1. Geth 安装

（1）Windows 系统中安装 Geth

安装包下载地址为 https://geth.ethereum.org/downloads/。下载完成后打开并安装，默认路径为 C:\Program Files\Geth。安装完成后，打开命令行，输入命令"geth help"，显示如图 10-17 所示，则表示安装成功。

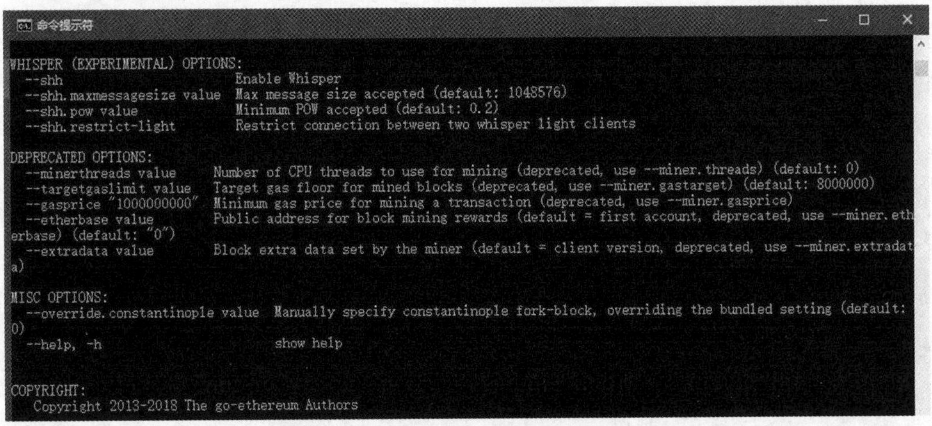

图 10-17　Windows 下 Geth 安装成功

（2）Linux 系统中安装 Geth

在 Linux 系统中，Geth 可以从指定源直接安装，也可以下载源代码并编译安装。下面以 Ubuntu 16.04 为例说明其安装部署过程。注意，在 Linux 环境下部分命令需要 root 权限执行，如 apt 命令等，本章代码中以"#"开头的命令表示需要 root 权限执行，以"$"开头的表示仅需在普通用户权限下执行。

使用 PPA 安装：

```
#apt-get install -y software-properties-common
#add-apt-repository -y ppa:ethereum/ethereum
#add-apt-repository -y ppa:ethereum/ethereum-dev
#apt-get update
#apt-get install ethereum
```

源代码编译。Geth 项目源代码下载地址为 https://github.com/ethereum/go-ethereum。使用以下命令下载源代码：

```
$ git clone https://github.com/ethereum/go-ethereum
```

使用以下命令安装 Go 语言编译器和其他依赖包，Go 语言包要求为 1.4 及以上版本：

```
# apt-get install -y golang build-essential libgmp3-dev
```

使用以下命令进入源代码目录并进行编译：

```
$ cd go-ethereum
$ make geth
```

编译完成后的二进制文件为 ./build/bin/geth。

2. Solidity 安装

（1）Windows 系统中安装 Solidity

Node.js 官方长期支持的版本为 8.10.0LTS，其下载地址为 https://nodejs.org/dist/v8.10.0/

node-v8.10.0-x64.msi。安装完成后，在命令行或终端中使用命令"npm install solc"进行安装。

（2）Linux 系统中安装 Solidity

使用 NPM 进行安装：使用命令"#apt-get install nodejs"安装 Node.js。安装完成后，使用命令"npm install solc"进行安装，再按如下方法进行源代码编译。

首先，使用如下命令加入相关的包依赖：

```
#sudo apt-get -y update
#sudo apt-get -y install language-pack-en-base
#sudo dpkg-reconfigure locales
#sudo apt-get -y install software-properties-common
#sudo add-apt-repository -y ppa:ethereum/ethereum
#sudo add-apt-repository -y ppa:ethereum/ethereum-dev
#sudo apt-get -y update
#sudo apt-get -y upgrade
```

然后使用如下命令下载并编译 Solidity：

```
#git clone --recursive https://github.com/ethereum/webthree-umbrella.git
#cd webthree-umbrella
# 更新 Solidity 库
#./webthree-helpers/scripts/ethupdate.sh --no-push --simple-pull --project solidity
# 编译 Solidity
#./webthree-helpers/scripts/ethbuild.sh --no-git --project solidity --all --cores 4 -DEVMJIT=0
```

3．安装 Truffle

（1）Windows 系统中安装 Truffle

在命令行或者终端中使用"#npm install --global --production windows-build-tools"命令安装依赖，安装完成后使用"#npm install -g truffle"命令安装 Truffle。

（2）Linux 系统中安装 Truffle

在命令行或者终端中使用"#npm install -g truffle"命令安装 Truffle。

10.3　以太坊智能合约开发

10.3.1　智能合约运行环境

以太坊虚拟机（EVM）是以太坊中智能合约的运行环境，被沙箱封装起来，事实上它被完全隔离运行。也就是说，运行在 EVM 内部的代码不能接触到网络、文件系统或者其他进程，甚至智能合约之间也只有有限的调用。

1．业务流程

以太坊虚拟机（EVM）用来执行以太坊上的交易，业务流程如图 10-18 所示。输入一笔交易，内部会转换成一个 Message 对象，传入 EVM 执行。如果是一笔普通转账交易，那么直接修改 StateDB 中对应的账户余额即可。如果是智能合约的创建或者调用，那么通过 EVM 中的解释器加载和执行字节码，执行过程中可能查询或者修改 StateDB。

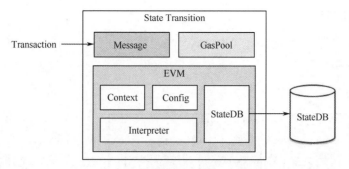

图 10-18　EVM 业务流程（来自网络）

2．固定燃料（Intrinsic Gas）

每笔交易需要收取固定燃料（如图 10-19 所示），如果交易不带额外数据（Payload），如普通转账，那么需要收取 21000 Gas。如果交易携带额外数据，那么额外携带的数据也需要收费，是按字节收费：字节为 0 的，收 4 Gas，字节不为 0 的，收 68 Gas。所以会看到很多做合约优化的，目的是减少数据中不为 0 的字节数量，从而降低燃料消耗。

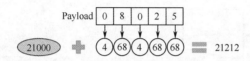

图 10-19　固定燃料示例（来自网络）

3．生成 Contract 对象

交易会被转换成 Message（消息）对象，传入 EVM，而 EVM 会根据 Message 生成一个 Contract（合约）对象，以便后续执行，如图 10-20 所示。Contract 会根据合约地址，从 StateDB 中加载对应的代码，然后送入解释器执行。执行合约能够消耗的燃料有一个上限，就是节点配置的每个区块能够容纳的 gasLimit。

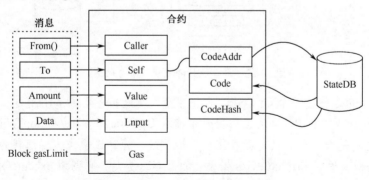

图 10-20　生成 Contract 对象（来自网络）

4．解释器执行

EVM 是基于栈的虚拟机，解释器中需要操作四大组件（如图 10-21 所示）。

❖ PC：类似 CPU 中的 PC 寄存器，指向当前执行的指令。

❖ Stack：执行堆栈，位宽为 256 bit，最大深度为 1024。

❖ Memory：内存空间。

❖ Gas：燃料池，耗光燃料则交易执行失败。

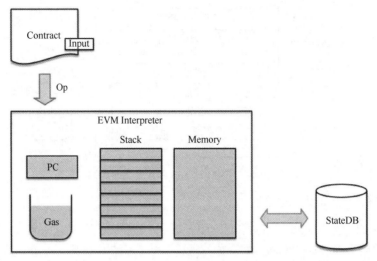

图 10-21　解释器需要操作的组件（来自网络）

具体解释执行的流程如图 10-22 所示。

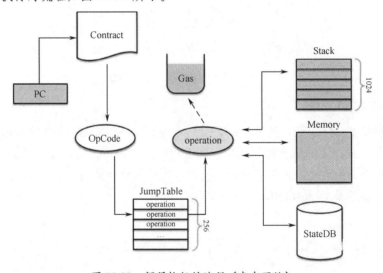

图 10-22　解释执行的流程（来自网络）

EVM 的每条指令称为一个 OpCode，占 1 字节，所以指令集最多不超过 256，具体描述参见 https://ethervm.io。首先 PC 会从合约代码中读取 OpCode，然后从 JumpTable 中检索出对应的 operation，也就是与其相关联的函数集合。接下来，计算该操作需要消耗的 Gas，如果 Gas 耗光，则执行失败，返回 ErrOutOfGas 错误；如果 Gas 充足，则调用 execute()执行该指令，根据指令类型的不同，会分别对 Stack、Memory 或者 StateDB 进行读写操作。

5．调用合约函数

EVM 怎么知道交易想调用的是合约里的哪个函数呢？前面提到跟合约代码一起送到解释器里的还有 Input，这个 Input 数据是由交易提供的，如图 10-23 所示。

Input 数据通常分为两部分：前 4 字节被称为 4-byte signature，是某个函数签名的 Keccak 哈希值的前 4 字节，作为该函数的唯一标识。后面跟的就是调用该函数需要提供的参数，长度不定。

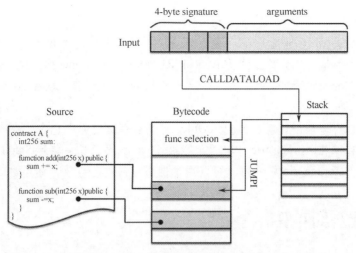

图 10-23 调用智能合约函数（来自网络）

例如，在部署完 A 合约后，调用 add(1)对应的 Input 数据是：0x87db03b70000000000000000 00000000000000000000000000000000000000000000000000000001。在编译智能合约的时候，编译器会自动在生成的字节码的最前面增加一段函数选择逻辑：先通过 CALLDATALOAD（把输入数据加载到 Stack 中）指令将 4-byte signature 压入堆栈，依次与该合约中包含的函数进行比对，如果匹配，那么调用 JUMPI 指令跳入该段代码，继续执行。

6. 合约调用合约

合约内部调用另一个合约，有 4 种调用方式：CALL，CALLCODE，DELEGATECALL，STATICALL。

这里以最简单的 CALL 为例，调用流程如图 10-24 所示。调用者把调用参数存储在内存中，然后执行 CALL 指令。CALL 指令执行时会创建新的 Contract 对象，并以内存中的调用参数作为其 Input。解释器会为新合约的执行创建新的 Stack 和 Memory，从而不会破环原合约的执行环境。新合约执行完成后，通过 RETURN 指令，把执行结果写入之前指定的内存地址，然后原合约继续向后执行。

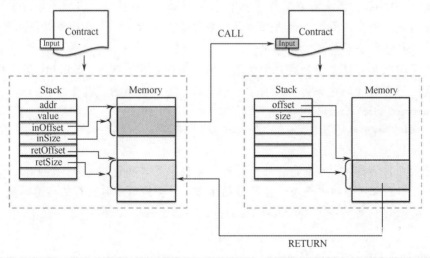

图 10-24　CALL 指令调用流程（来自网络）

7．创建合约

如果某一笔交易的 To 地址为 nil，那么表明该交易是用于创建智能合约的。

首先，创建合约地址，计算公式为 Keccak(RLP(call_addr, nonce))[:12]。也就是说，对交易发起人的地址和 Nonce 进行 RLP 编码，再计算 Keccak 的哈希值，取后 20 字节作为该合约的地址。

其次，根据合约地址创建对应的 stateObject，然后存储交易中包含的合约代码。该合约的所有状态变化会存储在 storage trie 中，最终以 key-value 的形式存储到 StateDB 中。代码一经存储就无法改变，storage trie 中的内容可以通过调用合约进行修改，如通过 SSTORE 指令。

10.3.2　智能合约开发语言

以太坊智能合约开发语言主要有如下 3 种。

① Solidity：官方推荐的以太坊智能合约开发语言，也是目前最主流的智能合约语言。

② Bamboo：将智能合约描述为有限状态机的语言，把智能合约看成一个状态和交易的函数，同时生成一个新的状态。这种语言目前在开发中。

③ Vyper：类 Python 的面向合约编程语言，专注于以太坊虚拟机，着重安全、简洁、和稳定性。Vyper 是一种通用的、实验性的编程语言，设计初衷是极大简化将代码编译为 EVM 字节码的过程，以便创建更容易理解的智能合约，使合约对相关各方更加透明，攻击入口点更少。Vyper 在逻辑上类似 Solidity，在语法上类似 Python。

Solidity 是官方推荐的以太坊智能合约开发语言，也是目前最为主流的智能合约语言，本节主要介绍使用 Solidity 语言进行以太坊智能合约开发。

Solidity 是一种用于编写智能合约的高级语言，语法类似 JavaScript。在以太坊平台上，Solidity 编写的智能合约可以被编译成字节码在以太坊虚拟机上运行。用 Solidity 语言编写智能合约避免了直接编写底层的以太坊虚拟机代码，提高了编码效率，同时具有更好的可读性。

1．结构

Solidity 中的合约与面向对象编程语言中的类（Class）很相似，在一个合约中可以声明多种成员，包括状态变量、函数、函数修改器、事件等。同时，一个合约可以继承另一个合约。本节将简单介绍各种成员的形式和作用。

状态变量是永久存储在合约账户中的值，用于保存合约的状态。Solidity 语言提供了多种类型的变量，下面的代码在合约中声明了一个无符号整数类型的状态变量：

```
contract SimpleStorage {
    uint someData;                    // 状态变量
}
```

函数是合约代码的执行单位。合约中可能包含提供各种功能的函数，它们相互调用，共同组成合约的工作逻辑。合约中还有一些特殊的函数，如合约创建时执行的构造函数、想调用一个不存在的函数时自动执行的 fallback( )函数等。下面的代码在合约中声明了一个不做任何操作的函数：

```
contract SimpleAction {
    function doNothing() { }                    // 函数
```

```
    }
```

函数修改器可用于改变函数的行为,在函数执行前或执行后插入其他逻辑,如在函数执行前进行参数检查等。下面的代码演示了如何使用一个函数修改器,确保一个函数只能被合约的创建者调用。

```
contract SimpleContract {
    address public creater;
    function SimpleContract() {
        creater = msg.sender;                // 构造函数中记录合约创建者
    }
    modifier onlyCreater () {                 // 函数修改器
        require(msg.sender == creater);
        _                                     // 下画线指代原函数代码
    }
    function abort() onlyCreater { }          // 使用函数修改器
}
```

事件是以太坊日志协议的高层次抽象,用于记录合约执行过程中发生的各种事件和状态变化。在下面的代码中,当 donate( )函数被调用时,会自动记录调用者的地址和以太币数量,以供将来查看。

```
contract Funding {
    event Deposit(address from, uint amount);  // 事件
    function donate() payable {
        Deposit(msg.sender, msg.value);        // 触发事件
    }
}
```

2. 变量类型

在计算机程序中需要使用变量来存储值。值有多种类型,如整数、小数、字符串等,不同类型的值需要存储在不同类型的变量中。

Solidity 是一门静态类型语言,每个变量必须指定变量的类型,否则无法正确编译。Solidity 提供了一些基础的变量类型,可以组合形成复杂的类型。根据参数传递方式的不同,变量类型可以分为两类:值类型和引用类型。值类型在每次赋值或者作为参数传递时都会创建一份拷贝,引用类型则有两种存储地点,即账户存储和内存。状态变量与部分类型的局部变量(数组、结构体等复杂类型)是默认保存在账户存储中的,而函数的参数和其他简单类型的局部变量保存在内存中。必要时可以在声明变量时加上 memory 或 storage 修饰词,来强制限定变量的存储地点。数据的存储地点非常重要,引用类型在不同的存储位置赋值,其产生的结果完全不同。

值类型包括布尔类型、整数类型、地址类型、固定长度字节数组等,引用类型包括数组、结构体等。

(1)值类型

① 布尔类型 (bool)。布尔类型可能的取值是常量 true 和 false,支持!(逻辑非)、&&(逻辑与)、||(逻辑或)、==(等于)、!=(不等于)等运算符。

② 整数类型。int 表示有符号整数,uint 表示无符号整数。变量支持通过后缀指明变量使用多少位进行存储,后缀必须是 8~256 范围内 8 的整数倍,如 int8、intl6、int256。如果没有

显式指明后缀，那么 int 默认表示 int256，uint 默认表示 uint256。

③ 枚举类型（enum）。枚举类型是一种用户自定义的类型，用于声明一些命名的常数。下面的代码演示了如何声明和使用枚举类型。枚举类型可以与整数类型之间显式地进行类型转换，但是不能自动进行隐式转换。枚举类型的成员默认从 0 开始，依次递增，在下面的例子中，DEFAULT、ONE、TWO 分别对应整数 0、1、2。

```
contract SirnpleEnurn {
    enurn SorneEnurn{DEFAULT, ONE, TWO};          // 声明一个枚举类型
}
```

④ 地址类型（address）。地址类型的长度为 20 字节（与以太坊账户地址长度一致），是合约的基类，拥有一些成员方法和变量。从 Solidity 0.5.0 版本开始，合约不再继承自地址类型，但是开发者仍可以通过显式类型转换将合约转换为地址类型。

<address>.balance：类型为 uint，表示账户的余额，单位是 Wei。

<address>.transfer(uint256 amount)：发送 amount 数量的以太币给 address 表示的账户，单位是 Wei，失败则会抛出异常。

<address>.send(uint256 amount) returns (bool)：与<address>.transfer 类似，同样进行以太币的转账。两者的区别是，若执行失败，<address>.transfer 会抛出异常并且终止代码，<address>.send 则返回 false，代码继续执行。注意，以太币的转账会有失败的风险，为了确保以太币转账的安全，一定要检查<addrcss>.send 的返回值，或者使用<address>.transfer。

<address>.call( ) returns (bool)：发起底层的 CALL 指令，失败则返回 false。

<address>.callcode( ) returns (bool)：发起底层的 CALLCODE 指令，失败则返回 false。

<address>.delegatecall( ) returns (bool)：发起底层的 DELETECALL 指令，失败则返回 false。

以上三个函数提供了一个底层的、灵活的方式与合约进行交互，<address>.call( )可以接受任何长度、任何类型的参数，每个参数将被填充到 32 字节，并拼接在一起。但有例外，当第一个参数的长度恰好是 4 字节时，该参数不会被打包成 32 字节，而是被作为指定函数的签名。在下面的代码中，第一个参数 bytes4(keccak256("fun(uint256)"))为长度 4 字节的函数签名，表示调用一个函数签名为 fun(uint256)的函数，4 则是实际传给 fun 函数的参数。

```
address nameReg = 0x72ba7d8e73fe8eb666ea66babc8116a4lbfb10e2;
nameReg.call(bytes4(keccak256("fun(uint256)")), 4);
```

函数签名使用基本类型的典型格式定义，如果有多个参数，那么用 "," 隔开，并且去掉表达式中的所有空格。

<address>.delegatecall 与<address>.call 的区别是，调用 delegatecall 时仅执行代码，而诸如账户存储、余额等方面都是用当前合约的数据，这是为了使用另一个合约中的库代码。为了代码能够顺利执行，调用者必须确保本合约中的存储变量与 delegatecall 执行的代码相兼容。

<address>.callcode 是早期使用的接口，比 CALL 拥有更低的权限，无法访问 msg.sender、msg.value 等变量。

以上三个函数是底层的函数调用。建议开发者尽量不要使用，因为它们破坏了 Solidity 语言的类型安全。

（2）引用类型

① 数组。Solidity 中的数组包括固定长度的数组、运行时可动态改变长度的动态数组。对于账户存储中的数组，数组元素可以是任何类型，而内存中的数组的元素不可以是映射。

包含固定 k 个 T 类型数据的数组可以用 T[k]语句声明，动态长度的数组用 T[]声明。

下面来了解数组的成员变量和函数。

❖ length：数组可以通过访问 length 成员获取数组的长度。对于账户存储中的数组，可以通过修改数组的 length 成员动态地改变数组的长度，而内存中的数组在创建后，其 length 成员已经完全确定了，无法修改。

❖ push：账户存储中的动态数组和 bytes 类型的变量可以通过调用 push 方法在数组尾部添加元素，返回值为数组新的长度。

❖ bytes 和 string：特殊的数组。bytes 通常用于表示任意长度的字节数据，而 string 用于表示任意长度的字符数据（UTF-8 编码）。但是 string 不支持 length 成员和下标访问。两者之间可以互相转换，如 bytes(s)可以将字符串 s 转换成 bytes 类型。但是，字符串中的字符是以 UTF-8 编码保存的，转换成 bytes 类型时会将多字节的字符展开，此时如果使用下标的方式访问 bytes，有可能只访问到字符的部分编码。如果访问一个字符串的长度，可以使用 bytes(s).length，但是这样获取的长度同样是以 UTF-8 编码计算的长度，而不是以单个字符计算的长度。

另外，因为 EVM 的限制，外部函数调用无法返回一个动态长度的数组，唯一的做法是将需要返回的内容放在一个足够长的定长数组中。

② 结构体（struct）。Solidity 语言中的结构体与 C 语言中的相似，允许开发者根据需要自定义变量类型。下面的代码展示了如何声明一个结构体：

```
contract Test {
    struct Student {
        string  name;
        uint  age;
        uint  score;
        string  sex;
    }
}
```

结构体可以作为映射或者数组中的元素，本身也可以包含映射和数组等类型，但是不能用作其本身的成员，因为结构体嵌套自身会导致无限循环。

③ 映射（Mapping）。映射是键值对映射关系的存储结构，用 mapping(KeyType=>ValueType) 来声明一个映射。其中，KeyType 可以是除映射、动态数组、合约、枚举类型、结构体以外的任何类型，ValueType 则可以是任意类型，包括映射本身。

映射可以看作一个散列表，其中所有可能存在的键都有一个默认值，默认值的二进制编码全为 0，所以映射并没有长度的概念。同时，映射并不存储键的数据，而仅仅存储它的 Keccak-256 散列值。

（3）类型转换

如果一个运算符作用于两个类型不同的变量，编译器会自动尝试将一个变量类型转换为另一个变量的类型，即隐式类型转换。通常，在语义合理且不会造成信息损失的情况下，允许进行隐式类型转换，如 uint8 转换为 uint16 或者 uint32，但是 int8 不能转换成 uint16，因为 uint16 不能表示负数。任何可以转换为 uint16 的变量都可以转换为 address 类型。

有时在编译器不能进行隐式类型转换的情况下可以强行进行类型转换，称为显式类型转换。但是请注意，进行显式类型转换前，必须知道你在进行什么操作并且确定操作的结果是你想要的，否则会造成很多异常情况。

```
uint32  a = 0x12345678;
uint16  b = uintl6(a);
```

以上代码将 uint32 类型转换为 uint16 类型，这导致了数值的高 16 位被截断。

（4）运算符

Solidity 语言也包括算术运算符、比较运算符、位运算等，优先级如表 10-1 所示。

表 10-1　Solidity 语言中运算符的优先级

优先级	运算符	描　　述
1	++, --	后自增，后自减
	new\<typename\>	new 运算符
	array[\<index\>]	数组下标
	\<object\>\<member\>	成员访问
	\<func\>(\<args\>⋯)	函数调用
	(\<statement\>)	圆括号
	++, --	前自增，前自减
2	+, -	一元加法，一元减法
	delete	delete 运算符
	!	逻辑非
	~	按位非
3	**	幂运算
4	*, /, %	乘法，除法，取模
5	+, -	加法，减法
6	\<\<, \>\>	位移
7	&	按位与
8	^	按位异或
9	|	按位或
10	\<, \>, \<=, \>=	不等
11	==, !=	等于
12	&&	逻辑与
13	||	逻辑或
14	? :	三目运算，\<condition\>?\<if-true\>:\<if-false\>
15	=, |=, ^=, &=, \<\<=, \>\>=, +=, -=, *=, /=, %=	赋值运算
16	,	逗号运算

需要特别注意 delete 运算符。在其他编程语言中，delete 经常作为一种与 new 相反的内存管理操作，用于释放内存。但是在 Solidity 中，delete 仅仅是一项赋值运算，用作给变量赋初始值。例如，delete a 与 a=0 是等效的；delete 用于数组表示将该数据变成一个长度为 0 的空数组；当作用于固定长度数组时，该数组将变为一个长度不变但每个元素都被赋值为默认值的数组；当作用于结构体时，delete 将递归作用于除映射外的所有成员；delete 对映射无效。下面的代码展示了 delete 对复杂类型变量的效果：

```
contract DeleteExample {
    function deleteArray() {
```

```
        uint [] memory a = new uint [](3);
        a[0] = l;    a[1] = 2;    a[2] = 3;
        delete a[1];                // 数组将变为[1,0,3]
        delete a;                   // a.length 变为 0
    }
    struct S {
        uint  a;
        string  b;
        bytes  c;
    };
    function deleteStruct() {
        S  s = S(1,"hello","world");
        delete s;              // 删除 s 中的所有元素，a、b、c 分别被赋值为 0、空串、0x0
    }
}
```

（5）类型推断

Solidity 语言中，var 关键字与 C++语言中的 auto 关键字类似，用于类型推断。

```
    uint24 x = 0xl23;
    var y = x;
```

var 声明的变量将拥有第一个赋值变量的类型，如上面代码中，y 的类型是 uint24。在使用中有时需要小心，如 for(var i=0; i < 2000; i++) {…}将是一个无限循环，因为根据类型推断 i 的类型为 unit8，所有 i 永远都不会满足跳出循环的条件（i>=2000）。

3．内置单位、全局变量和函数

Solidity 包含一些内置单位、全局变量和函数。

（1）货币单位

一个字面量的数字可以使用 wei、finney、szabo 和 ether 等后缀表示不同的额度，不加任何后缀则默认单位为 wei，如"2ether ==2000 finney"的结果是 true。

（2）时间单位

与货币单位相似，不同的时间单位可以以秒为基本单位进行转换，1 分钟= 60 秒，1 小时 = 60 分钟，1 天= 24 小时，1 星期= 7 天，1 年= 365 天。

注意，如果使用这些单位进行时间计算必须特别小心，因为一年并不总是有 365 天；同时因为闰秒的存在，一天也并不总是 24 小时。闰秒的计算难以预测，所以为保证日历库的精确性，需要由外部供应商定期更新。

（3）区块和交易属性

有些方法和变量可以用于获取区块和交易的属性。

❖ block.blockhash(uint blockNumber) returns (bytes32)：获取特定区块的散列值，只对不包括当前区块的 256 个最近的区块有效。

❖ block.coinbase：类型为 address，表示当前区块挖矿的矿工的账号地址。

❖ block.difficulty：类型为 uint，表示当前区块的挖矿难度。

❖ block.gaslimit：类型为 uint，表示当前区块的 Gas 限制。

❖ block.number：类型为 uint，表示当前区块编号。

❖ block.timestamp：类型为 uint，以 UNIX 时间戳的形式表示当前区块的产生时间。

❖ msg.data：类型为 bytes，表示完整的调用数据。

❖ msg.gas：类型为 uint，表示剩余的 Gas。

❖ msg.sender：类型为 address，表示当前消息的发送者地址。

❖ msg.sig：类型为 bytes4，调用数据的前 4 字节，函数标识符。

❖ msg.value：类型为 uint，表示该消息转账的以太币数额，单位是 Wei。

❖ now：类型为 uint，表示当前时间，是 block.timestamp 的别名。

❖ tx.gasprice：类型为 uint，表示当前交易的 Gas 价格。

❖ tx.origin：类型为 address，表示完整调用链的发起者。

（4）异常处理

❖ assert(bool condition)：当条件不为真时抛出异常，用于处理内部的错误。

❖ require(bool condition)：当条件不为真时抛出异常，用于处理输入或者来自外部模块的错误。

❖ revert()：中断程序执行并且回退状态改变。

（5）数学和加密函数

❖ addmod(uint x, uint y uint k) returns (uint)：计算 (x+y)%k，加法支持任意精度，但不超过 2 的 256 次方。

❖ mulmod(uint x, uint y, uint k) returns (uint)：计算 (x*y)%k，乘法支持任意精度，但不超过 2 的 256 次方。

❖ keccak256(...) returns (bytes32)：计算 Ethereum-SHA-3(Keccak-256) 散列值。

❖ sha3(...) returns (bytes32)：keccak256() 方法的别名。

❖ sha256(...) returns (bytes32)：计算 SHA-256 散列值。

❖ ripemd160(...) returns (bytes20)：计算 RIPEMD-160 散列值。

❖ ecrecover(bytes32 hash, uint8 v, bytes32 r, bytes32 s) returns (address)：用于签名数据的校验。如果签名数据正确，那么返回签名者的公钥地址，否则返回 0。

注意，在 Keccak256、SHA-3、SHA-256、RIPEMD160 等加密算法中，参数都是紧密打包的。"紧密打包"的意思是参数不会自动进行补位，而只是连接在一起。数字等字面量将自动使用足够表示的最小字节数来表示，如 keccak256(0)==keccak256(uint8(0))。

（6）与合约相关的变量和函数

❖ this：指代当前的合约，可以转换为地址类型。

❖ selfdestruct(address recipient)：销毁当前合约，并且将全部的以太币余额转账到作为参数传入的地址。

❖ Suicide(address recipient)：selfdestruct() 函数的别名。

4．控制结构语句

Solidity 与 JavaScript 或者 C 语言有相似的流程控制语句，包括 if-else、while、do-while、for、break、continue、return、?：（三目运算符）。注意，Solidity 不支持 switch 和 goto。

5．函数

在 Solidity 中，一个函数可以有多个参数，也可以有多个返回值，如果没有对返回值进行赋值，那么默认值为 0。

在下面代码中定义的函数接受两个参数（a 和 b），同时有两个返回值（sum 和 product）。我们可以给返回值赋值，或者使用 return 语句返回一个或多个返回值，return 的返回值数目和类型必须与函数声明中相同。

```
contract SimpleContract {
    function calculate(uint a, uint b) returns (uint sum, uint product) {
        sum = a + b;
        product = a * b;                    // 或者使用 return (a+b, a*b);
    }
}
```

函数调用分为两种情况：一种是调用同一合约中的函数，称为内部调用；另一种为调用其他合约实例的方法，称为外部调用。

在合约内部，如 foo(a,b) 就可以发起一个内部调用，其中 foo 是函数名，a、b 是传递的参数。内部调用对应 EVM 指令集中的 JUMP 指令，所以是非常高效的，在此期间，内存不会被回收。

函数的外部调用会创建一个消息发送给被调用的合约，如 this.a() 或 foo.bar() 这样调用外部的合约函数，foo 是一个合约的实例。对其他合约函数的调用必须是外部调用，外部调用会将函数调用的所有参数都保存到内存。注意，在构造函数中不能通过 this 调用函数，因为此时合约实例还未创建完成。

在调用一个外部函数时，我们可以像下面代码这样，通过 value 和 gas 指定转账的以太币和 Gas 的数量。对于 funding.donate.value(10).gas(800)()，funding 是一个合约的实例，donate 是想要调用的函数，value 指定通过这个函数调用转账 10 Wei，gas 指定 Gas 数量，最后一个括号进行函数调用。funding.donate.value(10).gas(800) 只设置了 value 和 gas，最后一个括号才是真正进行函数调用。donate 函数拥有 payable 修饰词，这样 donate 函数才可以设置 value。注意，Funding(addr) 进行了一个显式类型转换，表示我们知道这个地址对应的合约是 Funding，在这个过程中不会调用构造函数。

```
contract Funding {
    function donate () payable {}
}
contract Donator {
    funding funding;
    function setFunding(address addr) {
        funding= Funding(addr);
    }
    function callDonate() {
        funding.danate.value(10).gas(800)();
    }
}
```

以下几种情况会抛出异常：调用的合约不存在；被调用的不是一个合约账户，即该账户不包括代码；被调用的函数抛出了异常；调用过程中燃料耗尽。

当调用外部合约的时候需要特别小心，尤其是事先不知道其他合约代码的情况下。调用外部的合约表示进行了控制权转交，如果调用的是一个恶意的智能合约，将导致安全风险。

对于普通的函数调用，参数的传入顺序必须与声明时一致。Solidity 提供了一种特殊的函数调用方式，称为命名调用。

```
contract SimpleContract {
    function f(uint key, uint value) {
        //…
    }
    function g() {
        f({value: 2, key: 3});                    // 使用命名参数调用函数 f
    }
}
```

在上面的例子中，函数调用的参数使用"{ }"包裹起来，并且每个参数都有一个名字。这样函数可以根据函数声明中的参数名字获取参数，而参数可以以任意顺序排列。

有时，我们不希望某些函数可以被外部其他合约调用，Solidity 提供了 4 种可见性修饰词用于修改函数和变量的可见性，分别为 external、public、internal、private。函数的默认属性为 public，状态变量的默认属性为 internal，并且不可设置为 external。下面介绍 4 种可见性。

① external：用于修饰函数，表示函数为一个外部函数，外部函数是合约接口的一部分，这意味着只能通过其他合约发送交易的方式调用外部函数。

② public：用来修饰公开的函数/变量，表明该函数/变量既可以在合约外部访问，也可以在合约内部访问。

③ internal：内部函数/变量，表示只能在当前合约或者继承当前合约的其他合约中访问。

④ private：私有函数和变量，只有当前合约内部才可以访问。

可见性只限制了其他合约的访问权限，但是因为所有区块链数据都是以公开透明的方式存储的，外部观察者可以看到所有的合约数据。

6. constant 函数和 fallback 函数

在声明一个函数时，可以用 constant 或者 view 关键字告诉编译器这个函数进行的是只读操作，不会造成其他状态变化。

```
contract SimpleContract {
    function f(uint a, uint b) view returns (uint) {
        return a * (b + 42) + now;
    }
}
```

造成状态变化的语句包括：修改变量的值，触发事件，创建其他合约，调用任何非 constant 函数等。

外部可见的状态变量会自动生成对应的 constant()函数，称为访问函数。对于数组和映射这类变量，其访问函数接受表示下标值的参数。

```
contract Getter {
    struct Data {
        uint  a;
        bytes3  b;
    }
    mapping (uint=>rnapping(bool=>Data())) public data;
}
```

以上代码会为 data 变量自动生成一个类似下面这样的访问函数。

```
function data(unint arg1, bool arg2, uint arg3) view returns (uint a, bytes3 b) {
    a = data[arg1][arg2][arg3].a;
    b = data[arg1][arg2][arg3].b;
}
```

在合约中，有一个默认隐式存在的函数称为 fallback()函数。fallback()函数不能接受任何参数并且不能拥有返回值。

当一个合约收到无法匹配任何函数名的函数调用或者仅仅用于转账的交易时，fallback()函数会被自动执行，默认的行为是抛出异常。我们可以用"function(){}"方式重写 fallback()函数。在 Solidity 0.4.0 后的版本中，如果想让合约以简单的 Transfer 方式进行以太币转账，那么需要用"function() payable{}"方式实现 fallback()函数，给函数加上 payable 修饰词。

```
contract Test {
    // 这个合约收到任何函数调用都会触发 fallback()函数（因为没有其他函数）
    // 向这个合约发送以太币会触发异常，因为 fallback 函数没有 payable 修饰词
    function() { x = 1; }
    uint  x;
}
contract Caller {
    function callTest(Test test) {
        test.call(0xabcdef01);            // 对应的函数不存在
        // 触发 test 的 fallback 函数，导 test.x 的值变为 1
        // 下面这句话不会通过编译
        // 即彼某个交易向 test 发送了以太币，也会触发异常并且退回以太币
        // test.send(2 ether);
    }
}
```

当手动实现 fallback()函数时，需要特别注意燃料消耗，因为 fallback()函数只拥有非常少的燃料（2300 Gas）。比起 fallback()函数的燃料限制，一个触发了 fallback()函数的交易会消耗更多燃料，因为大约有 21000 Gas 或者更多的燃料会用于签名验证等过程。

在部署合约前必须充分测试 fallback()函数，确保其执行消耗少于 2300 Gas。

7. 函数修改器

Solidity 提供了一个函数修改器（Function Modifier）的特性。函数修改器与 Python 中的装饰器类似，可以在一定程度上改变函数的行为，如可以在函数执行前自动检查参数是否合法。函数修改器可以被继承，也可以被派生类覆盖重写。

下面的代码展示了如何声明并使用函数修改器：

```
contract owned {
    function owned() { owner = msg.sender; }
    address owner;
    // 这个合约定义了一个在派生合约中使用的函数修改器
    // "…;"指代被修改函数的函数体
    // 在这个函数执行前，先检查 msg.sender 是否是合约创建者，如果不是，就会抛出异常
    modifier onlyOwner {
        require(msg.sender ==owner);
```

```
            …;
        }
    }
    contract Contract is owned {
        // 从 owned 合约继承了 onlyOwner 函数修改器
        // 并且将其作用于 close 函数
        // 确保了这个函数只有在调用者为合约创建者时才会生效
        function close() onlyOwner {  selfdestruct(owner)  }
    }
```

下面的代码展示了函数修饰器是如何接收参数的，函数修改器的参数可以是上下文中存在的任意变量组成的表达式。

```
    contract proced{
        modifier costs(unit price) {
            if(msg.value >= prce) {
                _;
            }
        }
    }
    contract Register is priced, owned {
        mapping (address => bool) registeredAddresses;
        unit  price;
        function Register(unit initialPrice) {
            price = initialPrice;
        }
        function register() payable costs(price) {
            registeredAddress[msg.sender] = true;
        }
        function changePrice(uint _price)  onlyOwner {
            price = _price;
        }
    }
```

下面的例子展示了如何使用函数改器实现一个重入锁机制。

```
    contract Mutex{
        bool  locked;
        modifier  noReentrancy() {
            require(!locked);
            locked = true;
            _;
            locked = false;
        }
        function f() noReentrancy returns (uint) {
            require(msg.sender.call());
            return 7;
        }
    }
```

8. 异常处理

以太坊使用状态回退机制处理异常。如果发生了异常，当前消息调用和子消息调用产生的所有状态变化都将被撤销，并且返回调用者一个报错信号。Solidity 语言提供了 assert 和 require 函数来检查条件，并且当条件不满足时抛出一个异常。assert 函数用于检查变量和内部错误，require 函数用于确保程序执行的必要条件是成立的。一个正常运行的程序不应该遇到 assert 和 require 失败，否则程序代码中一定存在需要修复的问题。

revert 函数和 throw 关键字会标识发生了错误，并且回退当前的消息调用产生的状态改变。

当前调用收到子消息调用产生的异常时会自动抛出，所以异常会一层层"上浮"，直到最上层的根调用，代码会立刻终止执行并回退状态改变。但是<address>.send、call 和 delegatecall 是例外，这些函数在执行过程中抛出异常时会返回 false，而不是自动抛出异常。

下面的例子展示了如何使用 assert 和 require 确保程序正确运行：

```
contract AssertExample {
    function sendHalf(address addr) payable returns (uint balance) {
        require(msg.value%2 == 0);                // 只允许偶数
        uint balanceBeforeTransfer = this.balance;
        addr.transfer(msg.value/2);
        // 使用 assert 确保 transfer 转账成功，否则抛出异常
        assert(this.balance == balanceBeforeTransfer - msg.value/2);
        return this.balance;
    }
}
```

assert 类型的异常会在下述场景抛出：

❖ 访问数组越界，下标为负数或者超出长度。
❖ 访问固定长度的 bytesN 越界，下标为负数或者超出长度。
❖ 对 0 做除法或者对 0 取模，如 5/0、5%0。
❖ 进行移位操作时给了一个负数值。
❖ 将一个过大的数或者负数转换到枚举类型。
❖ 调用 assert 函数并且参数值为 false。

require 类型的异常会在下述场景抛出：

❖ 调用 throw。
❖ 调用 require 且参数值为 false。
❖ 发起一个消息调用，但是这个调用没有正常完成，如燃料耗尽、被调用函数不存在或者函数本身抛出一个异常（<address>.send、call 和 delegatecall 例外）。
❖ 使用 new 创建一个合约，但是与上面提到的原因一样，构造函数没有正常完成。
❖ 调用外部函数时指向一个不包含代码的地址。
❖ 合约通过一个没有 payable 修辞词的函数接收以太币，包括构造函数和 fallback 函数。
❖ 合约通过一个公开的访问函数接收以太币。
❖ <address>.transfer()失败。

在 require 类型的异常发生时，会执行回退操作（指令号 0xFD），对于 assert 类型的异常，则执行一个无效操作（指令号 0xFE）。在这两种情况下，以太坊虚拟机都会撤销所有的状态改

变。这样做是因为发生了意料之外的情况，交易无法安全执行下去。为了保证交易的原子性，最安全的操作就是撤销该交易对状态造成的影响。在编写合约代码时，我们需要合理使用 assert 和 require 函数，来保证代码能够按照预期进行。

9. 事件和日志

事件使用了 EVM 内置日志功能，以太坊客户端可以使用 JavaScript 的回调函数监听事件。当事件触发时，会将事件及其参数存到以太坊的日志中，并与合约账户绑定。以太坊的日志是与区块相关的，只要区块可以访问，日志就会一直存在。日志无法在合约中访问，即使是创建该日志的合约。

为了方便查找日志，可以给事件建立索引。每个事件最多有 3 个参数可以使用 indexed 关键字来设置索引。设置索引后，可以根据参数查找日志，甚至可以根据特定的值来过滤。如果一个数组（包括 bytes 和 string）被设置为索引，就会使用对应的 Keccak-256 哈希值作为主题 (topic)。所有未被索引的参数将作为日志的一部分存储。

以下代码创建了一个含有事件的合约。

```
contract Funding {
    event Deposit(address indexed  from,
                  bytes32 indexed  id,
                  uint  value);
    function deposit(bytes32 _id) payable {
        // 在 JavaScript API 中过滤 Deposit 事件，每次该函数的调用都可以被监听到
        Deposit(msg.sender, _id, msg.value);
    }
}
```

除了 event，还可以使用底层接口来记录日志，这些接口可以用 log0、log1、log2、log3 和 log4 函数来访问。logi 可以接受 i+1 个 bytes32 类型的参数，其中第一个参数用作日志的数据部分，其他参数作为 topic 保存。

上面的 event 代码与下面的 logi 接口的代码效果一致，其中 msg.value 是第一个参数，作为日志的数据部分（未被索引），其他三个参数都被索引了。第二个参数是一个十六进制数，表示这个事件的签名，由 keccak256("Deposit(address, hash256, uint256)")计算得到，因为事件的签名本身就是一个默认的 topic。

下面的代码简单展示了如何使用以太坊客户端 JavaScript API 监听事件。

```
var abi =                                /* abi 由编译器生成*/;
var Funding = web3.eth.contract(abi);
var funding = Funding.at(0x123);         /* 合约地址*/
var event= funding.Deposit();
// 监听事件
event.watch(function(error, result) {
    // result 包含各种信息，包括事件的多个参数
    if (!error)
        console.log(result);
});
// 也可以直接传一个回调函数给合约的事件，无须通过 event 的 watch 方法
var event = funding.Deposit(function(error, result) {
```

```
            if (!error)
                console.log(result);
    });
```

10. 智能合约的继承

Solidity 支持继承和多重继承，继承机制与 Python 很像，尤其是在多重继承方面。注意，当一个通过继承产生的合约被部署到区块链上时，实际上区块链上只创建了一个合约，所有基类合约的代码都会在子类合约中有一份副本。

下面的例子展示了如何进行合约的继承及其中可能存在的一些问题。

```
contract owned {
    function owned() {
        owner= msg.sender;
    }
    address  owner;
}
contract mortal is owned {
    function kill() {
        if (msg.sender ==owner)
            selfdestruct(owner);
    }
}
contract Base1 is mortal {
    function kill() {                    /* do cleanup 1 */
        super.kill();
    }
}
contract Base2 is mortal {
    function kill() {                    /* do cleanup 2 */
        super.kill();
    }
}
contract Final is Base2, Base1 { }
```

is 关键字用于合约的继承，后面可以跟多个合约名，mortal 是 owned 的派生合约，Base1 和 Base2 是 mortal 的派生合约，Final 是 Base2 和 Base1 的派生合约。

上面的代码中有一些细节需要注意。首先，Final 派生自两个合约（Base2 和 Base1），这两个合约名的顺序是有意义的，继承时会按照从左到右的顺序依次继承重写。其次，合约中的函数都是虚函数，意味着除非指定类名，否则调用的都是最后派生的函数。第三，Base1 和 Base2 中都是用了 super 来指定继承序列上的上一级合约的 kill 函数，而不是使用 mortal.kill。

在上面的例子中，Final 先继承 Base2，再继承 Base1，此时 Base2 中的 kill()函数会被 Base1 中的 kill()函数覆盖。从最后派生的合约（包括自身）开始，Final 的继承序列是 Final、Base1、Base2、mortal、owned。如果调用 Final 实例的 kill()函数，将依次调用 Base1.kill()、Base2.kill()、mortal.kill()。如果将 Base1 和 Base2 中的 super.kill()用 mortal.kill()替代，那么在执行 Base1.ki11()后，会直接执行 mortal.kill()，Base2.kill()将被绕过。进行多重继承时，需要特别仔细验证执行

路径是否与期望的一致。

　　派生合约的构造函数需要提供基类合约构造函数的所有参数，实现的方法有以下两种：第一种是直接在继承列表中指定 is Base(7)，在构造函数的参数为常量时比较方便；第二种是在定义派生类构造函数时提供 Base(_y*_y)，当基本合约的构造函数参数为变量时，必须使用这种方式。在下面的例子中，当两种方式同时存在时，第二种方式生效而第一种将会被忽略。

```
contract Base {
    uint  x;
    function Base(uint x) {
        x = x;
    }
}
contract Derived is Base(7) {
    function Derived(uint _y) Base(_y *_y) { }
}
```

　　Solidity 还允许使用抽象合约。抽象合约是指一个合约只有函数声明而没有函数的具体实现，即函数的声明用“；”结束。只要合约中有一个函数没有具体的实现，即使合约中其他函数都已实现，这个抽象合约就不能被编译，但抽象合约仍可以作为基本合约被继承。

```
contract Feline {
    function utterance() returns (bytes32);
}
contract Cat is Feline {
    function utterance() returns (bytes32) {
        return "miaow";
    }
}
```

10.4　应用系统开发实例

1. 第一个区块链程序

　　下面介绍如何运行第一个区块链程序。

　　① 新建第一个项目。新建一个文件夹，并在其中打开命令行或终端；输入“truffle init”，默认会生成一个 MetaCoin 的 demo。

　　② 编译项目。在命令行或终端输入“truffle compile”，Truffle 会对生成的项目进行编译。

　　③ 部署项目。在命令行或终端输入“truffle deploy”，会对生成的项目进行部署。

　　④ 启动服务。在命令行或终端输入“truffle serve”。启动服务后，可以在浏览器访问项目 http://localhost:8080/，如图 10-25 所示。

2. 以太坊投票智能合约案例

　　本节将实现一个投票智能合约，展示很多 Solidity 的功能。电子投票的主要问题是如何将投票权分配给正确的人员以及如何防止被操纵，本例的目标是展示如何进行委托投票，同时计票又是自动和完全透明的。

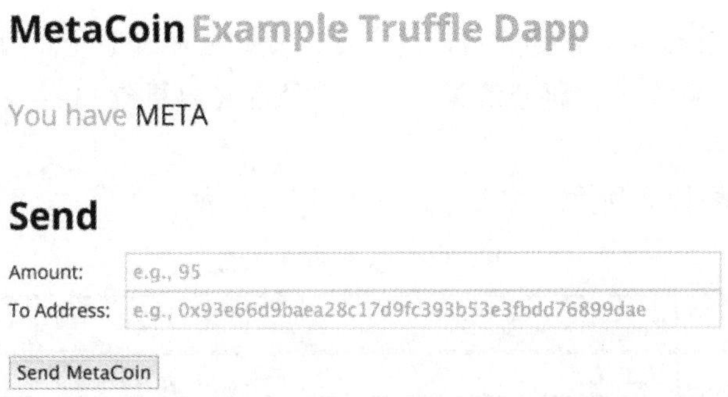

MetaCoin Example Truffle Dapp
You have META
Send
Amount:
e.g., 95
To Address:
e.g., 0x93e66d9baea28c17d9fc393b53e3fbdd76899dae
Send MetaCoin

图 10-25　MetaCoin 运行页面

解决的思路是为每个（投票）表决创建一份合约，为每个选项提供简称。然后作为合约的创造者（即主席），给予每个独立的地址以投票权。地址后面的人可以选择自己投票，或者委托给他们信任的人来投票。在投票时间结束时，winningProposal( )将返回获得最多投票的提案。

详细的合约代码示例及说明参见附录 G。

3．以太坊奖励积分项目

奖励积分是银行、大型超市、证券公司等用以提高用户忠诚度的营销手段，本节将介绍如何实现一个基于以太坊的积分商城，可以实现不同用户之间积分的相互转让，并且引入线下商家，提供丰富的积分兑换奖品和服务。

（1）区块链积分商城业务分析

本项目的核心业务为银行积分的流通，简要流程为：银行可以向本行客户发行积分，客户可以使用积分购买积分商城中的商品，也可以将自己的积分转让给其他客户或者商户。商户可以向积分商城发布商品，每售出一件商品就可以获得相应的积分，可以向银行发起积分清算请求，进行兑换，如图 10-26 所示。

银行
发行积分
清算积分
用户
转让积分
商户
转让积分
购买商品
转让积分
发布商品
商品

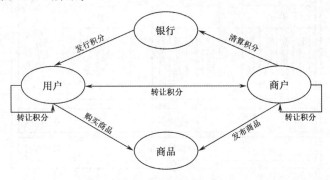

图 10-26　业务流程图

本项目主要涉及三类用户：客户、商户和银行。银行可以直接与商户进行交互，银行可以进行积分的发行，商户可以向银行发起积分清算。客户与客户、商户与商户、商户与客户之间都可以进行积分转让。

① 客户。客户通过注册账号登录积分系统，从中可以购买商品，转让积分给他人（客户或商户），查询自己的积分和所购商品。

② 商户。商户通过注册账号登录积分系统，从中可以发布商品，转让积分给他人（客户或商户），查询已经发布的商品和自己的积分，进行积分清算。

③ 银行。银行是管理员，也是合约的发布者。银行在积分系统中可以进行发行积分，查询已经发布的积分，与商户进行积分清算，查询已经清算的积分。

（2）智能合约分析

状态变量分析如表 10-2 所示。方法分析如表 10-3 所示。

表 10-2　状态变量分析

状态变量	类　型	作　用
owner	address	银行，合约的拥有者
issuedScoreAmount	uint	银行已经发行的积分总数
settledScoreAmount	uint	银行已经清算的积分总数

表 10-3　方法分析

合约方法	作　用	备　注
newMerchant	注册商户	人人皆可操作
newCustomer	注册客户	人人皆可操作
sendScoreToCustomer	发行积分	仅银行可以操作
transferScoreToAnother	转移积分	人人皆可操作
addGood	添加商品	仅商户可以操作
buyGood	购买商品	仅客户可以操作

（3）系统架构图

积分商城的系统架构图如图 10-27 所示。

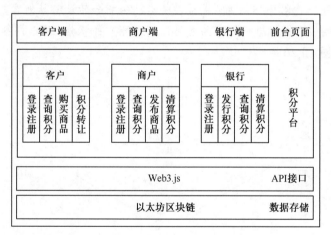

图 10-27　系统架构图

本章小结

以太坊是一个开源的有智能合约功能的公共区块链平台，通过其专用加密货币以太币提供去中心化的以太虚拟机来处理点对点合约。以太坊将区块链技术在数字货币的基础上进行了延伸，如果把比特币视为区块链 1.0，那么以太坊是区块链 2.0 的代表。

本章介绍了以太坊的相关知识，包括以太坊的体系结构、工作流程、运行原理、区块结构及链结构等，重点介绍了基于以太坊的区块链应用系统开发技术，包括以太坊开发环境、智能合约开发等，并给出了两个以太坊应用系统开发实例。

思考与练习

1. 简述以太坊外部账户与合约账户的定义与异同点。

2. 以太坊是如何避免交易分叉的？

3. 在一个以太坊交易中，交易发送人花费的燃料最终到哪里去了？

4. 为了让交易能够更快地执行，交易发送者应该设置较高的燃料价格还是较低的燃料价格？为什么？

5. 简述以太坊虚拟机（EVM）的功能和运行特点。

6. 合约调用合约有几种方式？简述其运行过程。

7. 根据本章所学内容搭建一个基于 Geth 和 Solidity 的以太坊开发环境。

8. 一个典型的拍卖过程如下：在一个公开的场合下，参与拍卖者依次叫价，每次出价都比前一次高，如果在一段时间内没有新的拍卖者出价，则拍卖过程中止，最后一次出价也就是出价最高者获胜。尝试基于第 7 题中搭建的开发环境，开发一个基于以太坊的拍卖智能合约。

参考文献

[1] 唐盛彬. 以太坊智能合约开发实战[M]. 北京：机械工业出版社，2019.

[2] 杨镇，姜信宝，朱智胜，盖方宇. 深入以太坊智能合约开发[M]. 北京：机械工业出版社，2019.

[3] 吴寿鹤，冯翔，刘涛，周广益. 区块链开发实战：以太坊关键技术与案例分析[M]. 北京：机械工业出版社，2018.

[4] （希）Andreas M. Antonopoulos 等. 精通以太坊：开发智能合约和去中心化应用[M]. 北京：机械工业出版社，2019.

[5] 闫莺，郑凯，郭众鑫. 以太坊技术详解与实战[M]. 北京：机械工业出版社，2018.

第11章 超级账本 Fabric

超级账本（Hyperledger）的 Fabric 项目是目前应用最广泛的开源联盟链平台。本章先介绍超级账本概况，再重点介绍超级账本 Fabric 项目。

11.1 超级账本简介

11.1.1 超级账本设计思想

超级账本（Hyperledger）是全球最大的企业级开源分布式账本平台，2015 年年底由 IBM 和 Data Asset 发起，Linux 基金会管理。许多科技和金融领域巨头纷纷参与超级账本项目，包括 Intel、甲骨文、腾讯、百度、NEC 等。根据超级账本官网（hyperledger.org）显示，超级账本已包括了十几个顶级项目，企业会员已接近 300 家。

超级账本的设计理念是能够满足不同应用场景下的不同需求，满足不同场景交易确认时间、信任、共识等不同需求。例如，当参与者是具有法律协议的可信度较高的金融机构时，可以实现快速共识及确认交易；当参与者之间信任度较低时，交易处理将增加安全性等措施，交易处理速度降低。超级账本的特点如下。

1. 模块化

超级账本的框架具有模块化、可重用、可扩展等特点。超级账本体系结构工作组为通信、共识、密码、身份、账本存储、智能合约和背书策略等定义了不同的功能模块和接口。这种模块化的设计使开发人员能够在不同类型组件升级，在不影响系统其他部分的情况下更新单个组件，容易进行测试。同时，不同模块的设计实现可以独立并行，极大提高了系统开发的效率。

2. 高安全性

安全性是超级账本考虑的一个关键因素。安全性和健壮性是区块链在企业应用领域得以快速发展的重要保证。与比特币和以太坊不同，超级账本主要用于联盟链环境，对用户的身份认证、权限控制、隐私安全、通信安全做了充分设计。

3. 互操作性

考虑到将来不同的区块链网络面临着通信和数据交换，超级账本充分考虑了智能合约的可移植性等互操作性。

4．完整的 API

超级账本的所有项目都提供了丰富且易于使用的 API。定义良好的 API 可以使外部客户端和应用程序能够快速、轻松地与超级账本的分布式账本网络进行交互，超级账本目前支持 Python、Node.js、Java SDK。

5．不以发行加密数字货币为目的

超级账本主要是为了帮助开发企业级区块链应用软件，其初衷与以太坊、比特币有很大不同，不是为了管理和发行加密货币。但是，超级账本项目也可以实现发币的功能。

超级账本的出现将区块链技术从金融领域拓展到更广泛的范围，特别是 Fabric 项目实现了许多创新的功能，包括权限管理、多通道、私有数据、模块化架构，以及可拔插的共识、可插拔的身份管理协议等（见 1.5.3 节的内容），设计核心都是为了满足企业业务需求的多样性。

超级账本项目从 2015 年出现至今，发展及更新速度非常快，是目前应用最广的开放联盟链开发平台。

11.1.2 超级账本顶级项目

超级账本项目是一个联合项目（Collaborative Project），由一组开源工具和面向不同目的和场景的多个子项目组成。本质上，超级账本顶级项目分为三类：框架、工具、类库。超级账本的框架服务于区块链开发；超级账本项目的类库是为提高区块链的开发效率而提供的开发工具及开发库；超级账本项目的工具一般是用来提供区块链开发完成后的测试服务的。三类顶级项目相互协作，构成了一个较为完善的超级账本生态系统。

1．框架类项目

超级账本框架类项目有 BESU、Burrow、Fabric、Indy、Iroha、Sawtooth 等。

（1）BESU

BESU 是一个开源的以太坊客户端，曾被称为 Pantheon，是提交给超级账本的第一个可以在公链上运行的区块链项目。BESU 采用 Apache 2.0 许可协议，用 Java 语言编写，可以在以太坊公网或私有许可网络上运行，也可以在 Rinkeby、Ropsten 和 Göi 等测试网络上运行。BESU 支持 PoW、PoA 和 PBFT 等共识算法。客户端还支持创建私有的、经过许可的联盟网络。

（2）Burrow

Burrow 是超级账本中来源于以太坊框架的项目，主要包含如下模块。

① 共识引擎：排序交易的完成依赖于 BFT 共识机制，能够对当前所发生的交易进行快速处理，并且防止区块链分叉。

② 应用程序区块链接口（Application BlockChain Interface，ABCI）：为共识引擎和智能合约引擎提供用于连接的接口规范。

③ 智能合约引擎：为开发人员提供强大的智能合约工具，用于完成复杂业务流程。

④ 网关：为系统集成和用户界面提供编程接口。

（3）Fabric

Fabric 是超级账本目前使用最广泛的框架类项目，也是本章重点介绍的内容。其本质是一个开源的分布式共享账本，专为企业环境中应用区块链而设计，采用高度模块化和可配置的架构，应用领域包括银行、金融、保险、医疗保健、人力资源、供应链、数字音乐分发等。

（4）Indy

Indy 项目的目的是实现分布式的身份管理，可以为创建和使用基于区块链或其他分布式账本的独立数字身份提供相应的工具、函数库和可重用组件。Indy 的主要特点如下。

① 组件可控：Indy 中可用于验证身份的各组件包括公钥、存在证明、允许撤销的密码累加器等，合法所有者可以更改或删除相应的身份信息。

② 隐私性：Indy 中的身份声明类似常见的出生证明、驾照、护照等凭证，支持使用零知识证明等密码技术来选择性地公开特殊环境下所需的特定数据。

（5）Sawtooth

Sawtooth 是一个用于构建、部署和运行分布式账本的高度模块化平台，目标是保持区块链的分布式特性，并使智能合约在企业领域应用时更加安全，采用 Nakamoto 共识（PoW/PoET）和经典共识（Raft/PBFT）重构共识接口来提升集成的易用性。Sawtooth 1.1 版本中新增了两个主要功能：共识接口和 WebAssembly 智能合约。

（6）Iroha

Iroha 最初是由日本 Soramitsu 公司开发的，并由 Soramitsu、Hitachi、NTTData 和 Colu 公司提议用于超级账本。Iroha 用 C++语言开发，已推出 1.0 版本，是继 Fabric、Sawtooth 和 Indy 后的第 4 个达到 1.0 版本的活跃的超级账本项目。Iroha 1.0 的功能包括：YAC 共识、完全可操作的多重签名、更新的客户端库、Windows 支持等。Iroha 项目源码目前均托管在 Github 中，包括 Iroha 的一些正式项目、提供服务的模块源码。

2. 类库

（1）Hyperledger Aries

Aries 项目由 Svrin、C3I 和 Evernym 等公司于 2019 年 5 月正式贡献到社区，核心代码地址为 https://github.com/hyperledger/aries。Aries 项目希望为客户端提供共享的密码学钱包和相关代码库（包括零知识证明），以及对于链下交互的消息支持，以简化区块链客户端的开发。

（2）Hyperledger Quilt

Quilt 是 InterLedger Protocol(ILP)的 Java 语言实现，是日本的 NTT Data 贡献的。InterLedger Protocol 定义了分布式账本与分布式账本之间、传统账本与分布式账本之间的交互过程。

（3）Hyperledger Transact

Transact 项目由 Intel、IBM、HACERA 等公司于 2019 年 5 月正式提交到社区，核心代码地址为 https://github.com/hyperledger/transact。Transact 提供了一种可扩展智能合约引擎，每个智能合约引擎都实现了一个处理智能合约的虚拟机或解释器，包括以太坊虚拟机（EVM）智能合约的 Seth、WebAssembly 智能合约的 Sabre。Transact 还为实现智能合约和智能合约引擎提供了 SDK，使得用各种编程语言编写智能合约业务逻辑变得很容易。

（4）URSA

URSA 项目是一个模块化的加密软件库，由 Intel、IBM、State Street 等公司于 2018 年 11 月贡献到社区，核心代码地址为 https://www.hyperledger.org/projects/ursa，旨在避免重复的加密工作（让人们使用同一个库），也以提高安全性为目标。URSA 是使用 C 和 Rust 语言构建的，自 2019 年 4 月后尚未发布过新版本。

3. 工具

（1）Avalon

Avalon 区块链项目受到广泛支持，由 Intel、IEXex、Blockchian Tech、IBM、微软、甲骨文等公司于 2019 年 9 月贡献到社区，旨在解决区块链项目在可扩展性和隐私性等痛点问题。其核心是提供一种受信任的计算服务（Trusted Computer Service，TCS），支持受信任的执行环境（Trusted Execution Environment，TEE）、零知识证明（Zero Knowledge Proof，ZKP）和安全多方计算（Multi-Party Compute，MPC）。

（2）Caliper

Caliper 是一个通用的区块链性能测试框架，允许用户使用自定义的用例测试不同的区块链解决方案，并得到一组性能测试结果。Caliper 可以对不同区块链平台进行基准测试。Caliper 在设计之初就考虑了伸缩性和可扩展性，因此容易集成到主流的运维监控系统。

（3）Cello

Cello 通过自动化方式配置和管理区块链操作，将按需部署模型引入区块链生态系统，从而减少工作量。

（4）Hyperledger Explorer

Hyperledger Explorer 是用于监控网络信息的浏览器，包括区块详情、节点日志、统计信息、智能合约和事务等，支持 Fabric 框架。

11.2　Fabric 基础

11.2.1　Fabric 概况

超级账本 Fabric 是一个开源的企业级许可分布式账本技术（Distributed Ledger Technology，DLT）平台，专为企业环境中设计开发区块链系统使用。

Fabric 是一种许可链，设有身份验证等准入机制，为具有共同目标但彼此之间并不完全信任的参与者提供区块链应用，降低了参与者恶意攻击的风险，可以使用拜占庭容错（Byzantine Fault Tolerance，BFT）和故障容错（Crash Fault Tolerance，CFT，即非拜占庭容错）共识协议来替代挖矿等资源耗费较大的共识机制。不同于非许可链，如以太坊、比特币等，发币等激励机制是 Fabric 的可选功能。

Fabric 在业务处理中引入了称为执行-排序-验证的新架构，为了解决顺序执行模型面临的可扩展性、灵活性、性能和机密性问题，将交易流分为三步：① 节点执行一笔交易检查其正确性，并对其进行背书；② 通过（可插拔的）共识协议对交易进行排序；③ 提交交易到账本前，先根据特定应用程序的背书策略来验证交易。

此外，为了满足企业不同的业务开发需求，Fabric 被设计为模块化架构，具有可插拔的共识机制、可插拔的身份管理协议、可插拔的密钥管理协议和加密库。

实际上，交易需要按照发生先后顺序打包成区块写入账本，这个过程需要各节点形成共识。与 PoW、PoS 等共识机制不同，Fabric 将根据交易顺序排序并打包的过程交由排序节点（Orderer）集群集中处理。由于采取了身份认证的准入机制，Fabric 目前提供两种 CFT 排序服务，一个是基于 etcd 包的 Raft 协议，另一个是 Kafka（其内部使用了 Zookeeper）。

Fabric 的智能合约被称为链码（Chaincode），用来实现区块链应用的业务逻辑。为了提高效率并保障隐私、保密性，Fabric 采用了基于 CA 和公钥证书的身份认证，在通信过程中使用 TLS 协议，同时支持将不同业务划分为不同通道（Channel），各通道业务彼此隔离。

11.2.2 Fabric 版本演进及特点

Fabric 架构经历了从 0.6 版本到 1.0 版本，再到 2.0 版本的演进，在架构上进行了重大改进，在可扩展、多通道的设计、共识机制等方面有了很大变化和进步，如图 11-1 所示。

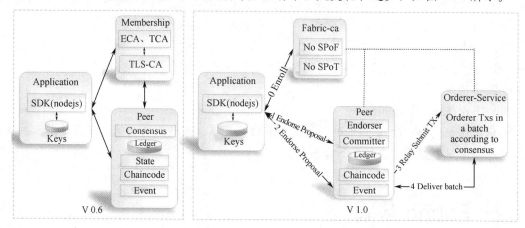

图 11-1　Fabric 0.6 及 1.0 版本演进（来自 IBM 区块链微讲堂）

1. Fabric 0.6 和 Fabric 1.0

Fabric 0.6 版本结构简单，形成应用（Application）、成员管理（Membership）、节点（Peer）的关系，主要业务全部集中于 Peer 节点。由于 Peer 节点承担了太多的功能，带来扩展性、可维护性、安全性、业务隔离等方面的诸多问题，Fabric 0.6 版本推出后，并没有在行业中大规模应用，只是在一些零星的案例中进行业务验证。

节点是区块链的通信实体，Fabric 节点有三种。

❖ 客户端用户：创建交易并提交交易到背书节点中。

❖ Peer 节点：接收客户端的交易请求，提交交易到排序节点（Orderer）中，Peer 节点之间通过 gRPC 消息进行通信，按照实际功能，可以分为背书节点（Endorser）、记账节点（Committer）、锚节点（Anchor）、主节点（Leader）等。

❖ 排序节点（Orderer）：在区块链网络中的作用是原子广播（Atomic Broadcast）和全排序（Total Orderer），即对全网所有交易进行排序后打包。

Fabric 1.0 版本对架构做了重大改进，新架构有如下变化。

① 分拆了 Peer 的功能，将数据维护和共识服务进行分离，共识服务从 Peer 节点中完全分离出来，由 Orderer 节点独立提供共识服务。

② 提出了多通道结构，增加了业务逻辑的灵活性，成功实现了数据隔离，增强了数据的

保密性。

③ 支持更强的配置功能和策略功能，进一步增强系统的灵活性和适应性。

2．Fabric 2.0

Fabric 2.0 版本又增加了许多新特性，包括智能合约的去中心化处理、网络部署的优化、私有数据增强和改进的性能。Fabric 2.0 的大部分改进集中在管理链码（Chaincode）生命周期的新方法上，最大限度地提高灵活性，创建更多的选项来实现分布式治理。此外，安全和数据隐私也是 Fabric 2.0 的重点，都是为了提供对私有通道的更细粒度控制和最小化漏洞。

Fabric 的智能合约被称为链码，是描述相关业务逻辑的一段代码，是对智能合约的扩展。Fabric 链码与底层账本是分开的，升级链码时，并不需要迁移账本数据到新链码中，实现了逻辑与数据的分离。

Fabric 2.0 的新特性主要如下。

（1）智能合约的去中心化处理

Fabric 2.0 版本引入了智能合约的去中心化管理。在此之前，链码的安装和实例化都是由一个组织在操作的，新的 Fabric 链码生命周期只有多个组织达成了共识，才可以与账本进行交互。与以前的生命周期相比，新的链码配置更新如下：

① 多组织必须认同链码参数。在 Fabric 1.x 版本中，一个组织能够为所有其他通道成员设置链码的参数（如背书策略）。新的链码的生命周期变得更加灵活，提供了中心化的信任模型（如之前版本的生命周期模型）、去中心化的链码要求足够多的组织同意才能生效的模型。

② 链码升级更安全。在以前的链码生命周期中，单个组织即可升级链码，这会给尚未安装新链码的通道成员带来风险。新的模型要求只有足够数量的组织同意后才允许升级链码。

③ 简化了背书政策和私有数据的更新。不必重新打包或者安装链码即可更新背书策略和私有数据集合的配置，同时设置了默认的背书策略，默认的背书策略在增加或者删除组织的时候生效。

④ 可检查的链码包。Fabric 生命周期将链码封装在易于阅读的 TAR 文件中并进行打包，这使得检查链码包和跨多个组织协调安装变得更容易。

⑤ 用一个安装包在通道上启动多个链码。旧版本的链码通过链码名和版本号来决定，Fabric 2.0 可用一个链码安装包在同一个通道或者不同的通道使用不同的名字进行多次部署。

（2）私有数据增强

Fabric 2.0 默认设置了私有数据集合，各组织在定义自己的私有数据时不需要重新创建私有数据集合，主要体现为以下几点：

① 私有数据可共享及验证。私有数据的哈希值会写入区块链网络，其他人可以进行审计。当私有数据需要向非原来集合中的成员共享时，该成员可以通过 GetPrivateDataHash()函数来验证，判断当前私有数据的哈希值与链上存的哈希值是否相同。

② 集合级别的背书策略。系统可以使用背书策略来定义私有数据。

（3）外部的链码启动器

在 Fabric 2.0 之前，用于构建和启动链码的过程是通过 Peer 节点实现的，无法进行自定义，必须使用特定的语言，依赖于 Docker 容器。从 Fabric 2.0 开始，在 Peer 节点的 core.yaml 文件中加入了 externalBuilder 配置，来自定义构建和启动链码的方式，不局限于 Docker。

（4）提高 CouchDB 性能的状态数据库缓存

使用外部 CouchDB 状态数据库时，背书和验证阶段的读取延迟历来是性能瓶颈。在 Fabric 2.0 中，每个 Peer 节点都进行了缓存，通过 core.yaml 中的 cacheSize 进行配置。

（5）基于 Alpine 的 Docker 镜像

从 Fabric 2.0 开始，Docker 镜像将使用 Alpine Linux 作为基础镜像，这是一个面向安全的轻量级 Linux 发行版的镜像，意味着占用空间小得多，5 MB 左右，并且可以提供更快速的下载和启动时间，占用主机系统上更少的磁盘空间。Alpine Linux 的设计从一开始就考虑到了安全性，发行版的最小化特性大大降低了系统安全漏洞的风险。

11.2.3　Fabric 架构

1. Fabric 主要服务

超级账本 Fabric 为应用开发提供了身份管理、账本管理、交易处理、智能合约等基本组件，如图 11-2 所示。身份管理组件由成员管理服务（Membership Service）模块实现。账本和交易由共识服务（Consensus Service）模块实现。智能合约由链码服务（Chaincode Service）实现。Fabric 十分重视安全性能，很多功能建立在安全和密码服务上。

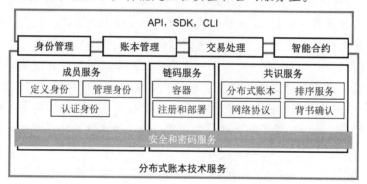

图 11-2　Fabric 基本组件（来自网络）

Fabric 为应用提供 gRPC API，并封装为 SDK 供应用程序调用。应用程序通过 SDK 访问成员管理、账本、交易、链码等资源。Fabric 应用开发流程见第 7 章。

（1）成员管理服务（Membership Service）

Fabric 设计之初，充分考虑到商业应用领域对隐私安全、监管、审计、性能等方面的需求，增加了准入机制和权限管理，用户必须被许可后才能加入网络。MSP（Membership Service Provider，成员管理提供者）是 Fabric 的可插拔组件，通过网络实体成员身份管理认证来实现上述功能。MSP 用来实现公钥、用户认证等密码学机制和协议。MSP 可以自己定义身份，也可以管理身份（身份验证）和认证（生成与验证签名规则）。Fabric 网络可以被一个或者多个 MSP 管理，以此提供模块化的成员操作，兼容不同成员标准和架构。

Fabric 网络对身份的鉴别和权限管理采用数字证书的方式来实现，CA 节点（Fabric CA）负责对 Fabric 网络节点的身份证书进行生成、撤销等管理。拥有证书后的实体才有权限访问网络。

CA 节点可以使用第三方 CA 系统，也可以使用 Fabric-CA 服务。CA 节点是超级账本的一个独立项目，将证书管理相关操作进行了封装，主要提供以下功能：① 身份注册，或者将连接到 LDAP（轻型目录访问协议）作为用户注册；② 颁发用户证书（ECert），用于认证用户身份；③ 颁发交易证书（TCert），保证链上交易的机密性；④ 证书续签与撤销等。

CA 节点提供客户端和 SDK 两种。每个 CA 节点都有一个根 CA 或者中间 CA。为了保证 CA 的安全性，中间 CA 可以采用集群方式搭建。为了便于证书管理，CA 节点一般使用根证书、业务证书、用户证书三级证书结构。根证书（最高级别的证书）用来签发业务证书，业务证书用来签发具体的用户证书，形成以根证书为顶层的树结构，所有下层证书都会继承根证书的信任体系。

在具体应用场景中，不同交易环节使用不同的业务证书，如 Enrollment Cert 是身份认证证书、Transaction Cert 是交易签名证书、TLS-Cert 是安全通信证书。

根证书（Root Certifiate）：每个 MSP 只有一个 CA 根证书，从 CA 根证书到最终用户证书形成一个证书信任链（Chain of Trust）。根证书是由 CA 根自签名的证书，用 CA 根签名生成的证书可以签发新的证书。msp 目录中的 cacerts 即 CA 根证书。

中间 CA 证书（Intermediate Certificate）：根证书的下级 CA 证书签发的证书，可以利用自己的私钥签发为其认证的用户颁发证书。

MSP 管理员证书：有根 CA 的证书路径，有权限修改通道配置（必须配置），即创建通道、加入通道等请求都需要管理员私钥进行签名。msp 目录中的 admincerts 即管理员证书。

TLS 根 CA 证书：自签名的证书，用于 TLS（Transport Layer Security，传输层安全协议）传输（必须配置）。msp 目录中的 tlscacerts 即 TLS 根 CA 的证书。

（2）共识服务（Consensus Service）

共识服务是区块链的核心组件，需要确保区块中每笔交易数据的有效性和有序性，以及区块链网络中不同节点之间数据的一致性。为了提高交易性能，Fabric 共识是背书节点对即将打包上链的一批交易的发生顺序、合法性及状态达成一致的过程，主要包括节点背书、排序和验证三个环节。为提高共识效率，根据功能，Fabric 将节点分为不同类型，如背书节点（Endorser Peer）、记账节点（Committer Peer）和排序节点（Orderer）等。

具体来说，客户端向背书节点提交交易提案进行背书签名，背书节点把经过背书签名后的交易发送回客户端，客户端收集到足够数量的背书交易后，把这些交易广播给排序服务节点，排序服务对交易进行排序并且产生区块，再把这些区块广播给记账节点，记账节点在验证所有的交易和背书信息都有效之后，把区块写入账本。

（3）链码服务（Chaincode Service）

在 Fabric 中，对区块链账本的改变是通过发起交易和调用链码共同完成的，即应用程序提交区块链的交易，需要通过触发执行相应链码来实现区块链的业务逻辑，只有通过链码才能更新账本数据。

例如，当应用程序想要在区块中写入数据时，需要以发起一笔交易的方式来完成。Fabric SDK 提供了相应的接口，应用程序调用 SDK 接口，通过交易管理提交交易提案（Transaction Proposal），应用程序收集到足够多的背书（Endorsement）后，将此交易以广播的形式发送给排序节点（Orderer），排序节点对交易排序后，将其打包成区块，再广播给记账节点，完成上链，如图 11-3 所示。

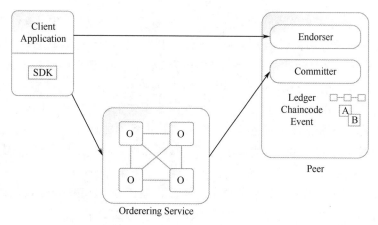

图 11-3 排序服务执行流程（来自网络）

为了给链码提供安全的执行环境，确保执行过程的安全和用户数据的隔离，保证用户数据的私密性，链码被部署到 Docker 容器中运行。链码支持 Go、Java、Node.js 等语言编写。

应用程序对于账本的操作主要分为两种：对数据进行读取、对数据进行写入。用户获得授权后，可以通过多种方式查询账本数据，包括输入区块号查询区块、利用区块哈希值查询区块、使用交易 ID 查询交易等，还可以依据通道的名称查询区块链信息。

链码分为用户链码和系统链码。我们平时说的链码一般指的是用户链码。用户链码是指由应用开发人员使用 Go、Java、JavaScript 等语言编写的区块链分布式账本的状态及处理逻辑，运行在链码容器 Docker 中，通过 Fabric 提供的接口 SDK 与账本平台进行交互。

系统链码负责 Fabric 节点自身的处理逻辑，包括系统配置、背书、校验等工作，仅支持 Go 语言，在 Peer 节点启动时会自动完成注册和部署。系统链码有以下 5 种。

① 生命周期系统链码（LSCC）：负责 Fabric 链码生命周期管理，1.x 版本的生命周期要求在通道上进行实例化或升级链码。

② 配置系统链码（CSCC）：在所有 Peer 节点上运行，以处理通道配置的变化，如变更背书策略。

③ 查询系统链码（QSCC）：在所有 Peer 节点上运行，以提供账本 API，包括区块查询、交易查询等。

④ 背书系统链码（ESCC）：在背书节点上运行，对一个交易响应进行背书签名。

⑤ 验证系统链码（VSCC）：验证一个交易，包括检查背书策略和读写集版本。

（4）安全和密码服务（Security and CryptoService）

安全问题是区块链的核心问题，对于企业级的联盟链更是重中之重。Fabric 定义了一套 BCCSP（BlockChain Cryptographic Service Provider）接口，可以替换安全模块。实现模块中包含了密钥生成、哈希运算、签名、验证、加密/解密等算法。

2．Fabric 网络架构

节点是区块链上通信的主体。不同的节点可以运行在同一台物理机器上，也可以分散运行在不同的物理机器上。Fabric 节点构成 P2P 网络，通过 Gossip 协议进行状态同步和数据分发。

Gossip 协议是 P2P 网络的常见协议，用于网络内多个节点之间的数据分发或者信息交换。由于其设计简单、容易实现、容错性较高，被广泛用于分布式系统。Gossip 协议是由种子节点发起的，当一个种子节点有状态更新需要传播给网络中其他节点时，会随机选择周围几个节点散播消息，收到消息的节点也会重复该过程，直至最终网络所有节点都收到该消息。这个过程可能需要一定的时间，虽然不能保证在某时刻所有节点都收到该消息，但是理论上，最终网络中所有节点都会收到该消息，因此 Gossip 协议能够保证消息的最终一致性。

下面对 Fabric 网络的节点及其他相关核心概念进行介绍。

（1）客户端（Client）

客户端即客户端应用程序，是用户与区块链网络进行交互的媒介。客户端的主要功能包括：操作 Fabric 网络，包括更新网络配置、启停节点等；操作运行在网络中的链码，包括安装、实例化、发起交易和调用链码等。

客户端与区块链网络进行交互前，需要连接到区块链网络中的任意一个 Peer 节点上，才可以创建并提交交易到 Fabric 网络中。Peer 节点和 Orderer 节点提供友好的 gRPC 远程服务访问接口，供客户端进行调用。目前，除了基于命令行界面的客户端，还提供了支持多种语言开发的 SDK，包括 Java、Nodejs、Go 语言等。这些 SDK 都对底层 gRPC 接口进行了封装，便于区块链项目的开发。

（2）组织（Organization）

Fabric 是个典型的联盟链平台，而联盟是由组织组成的，联盟链就是由这些组织构成的区块链。组织一般包括组织名称、ID、MSP 信息、管理策略、认证策略、锚节点等基本信息。一个组织一般信任同一个 CA（根 CA 或者中间 CA），同一组织的成员节点之间的互信程度很高。同一组织的成员在区块链网络中被视为代表该组织的同一个身份，能够根据策略代表组织进行签名。

（3）Peer 节点

Fabric 网络中，每个组织都包含一个或者多个 Peer 节点，每个 Peer 节点可以根据策略担任多种角色。

① 背书节点（Endorser Peer）：对客户端发来的交易提案进行合法性和访问控制权限检查，并模拟运行该交易，对交易造成的状态变化进行签名背书（Endorsement），并将背书结果返回客户端进行响应的过程。交易是否合法需要满足背书的相关条件，这些条件是由链码的背书策略决定。背书节点是一个动态角色，在链码实例化的时候设置背书策略（Endorsement Policy），指定哪些节点对交易背书才有效。

② 主节点（Leader Peer）：负责本组织与系统排序节点（Orderer）进行通信，从排序服务节点处拉取（Pull）获得最新的区块，并通过 Gossip 协议同步给组织内的其他 Peer 节点。主节点可以提前设置好，也可以在运行过程中由所有的 Peer 节点动态选举产生。

③ 记账节点（Committer Peer）：对 Orderer 节点打包后的交易区块进行验证检查，验证通过后将区块写入账本。

④ 锚节点（Anchor Peer）：实现本组织与其他组织的通信。

（4）排序节点（Orderer）

排序节点（Orderer）在维护 Fabric 网络的全局账本一致性上起核心作用。排序节点通过 broadcast 接口，并行接收客户端发送的交易信息，然后对这些交易进行排序。排序的原则为先到先服务（First In First Served，FIFS）。实际上，区块内的交易顺序与实际的顺序不一定一致，与交易到达排序节点的时间顺序有关。排序后的交易根据一定的规则，打包成区块，并发送给记账节点。

排序服务中提供了多通道（Multi-Channel）功能。多通道实现了数据的隔离，保证了只有在同一个通道内的 Peer 节点才能访问通道内的数据，有效地保护的数据的隐私性。此外，为了进一步保证隐私性，发往排序节点的数据不是完整交易数据，可以选择是交易加密处理后的数据或是交易 ID 等。

Fabric 中的共识机制目前支持 Solo 模式、Kafka 模式、Raft 模式。

① Solo 模式是一种最简单的共识模式，只有一个排序节点为网络提供排序服务和产生区块，没有可扩展性，因此无法应用于生产环境。Solo 模式比较容易部署，占用资源较少，仅适合用于开发和测试环境。

② Kafka 模式是一个分布式、具有水平伸缩能力、崩溃容错能力的日志系统。Fabric 中可以有多个 Kafka 节点，利用 ZooKeeper 进行管理。由于管理 Kafka 集群花费的代价过大，在基础设施和设置方面难度较高，Fabric 2.0 版本不再使用 Kafka 排序服务。

③ Raft 模式是 Fabric 1.4.1 引入的，Fabric 2.0 版本主要支持 Raft。Raft 是一种基于 ETCD 的崩溃容错（CFT）排序服务。虽然 Raft 有许多与 Kafka 类似的功能，但是 Raft 引入了许多新的概念，排序服务比基于 Kafka 的排序服务更容易设置和管理，并且允许不同组织为分布式排序服务贡献节点，是目前建议使用的一种排序服务方式。

3．通道（Channel）

Fabric 的数据存储结构被设计成多账本体系，同一个通道中的所有 Peer 节点都保存和维护一份相同的账本数据。通道的创建主要是满足数据的安全性和访问控制要求。用户创建新的通道时，需要发送配置交易（Configuration Transaction），并且创建该通道的创世块。

通道由成员（组织）、组织锚节点、账本、链码应用程序和排序服务节点定义。Fabric 的每个交易都是在一个通道上执行的，每一方必须经过身份验证和授权，才能在该通道上进行交易。加入通道的每个 Peer 节点都有其自己的身份，由 MSP（成员服务提供者）提供。

也就是说，同一通道的节点共享一条完整区块链，该通道上的所有配置和交易、账本、身份、链码实例等是共享的，这些数据在不同的通道的节点上相互隔离的。此外，排序服务被划分成彼此隔离的广播信道，同一广播信道仅属于同一通道。

11.2.4　Fabric 数据存储结构

账本是 Fabric 的关键组件。区块链网络中，所有交易信息都记录在账本中。

如前所述，Fabric 支持多通道，每个通道对应一个账本，每个 Peer 节点可以加入一个或多个通道，并且可以维护多个账本的副本，Fabric 的账本结构由文件系统、状态数据库，历史数据索引和区块索引组成，如图 11-4 所示。区块链结构一般以文件系统的方式进行存储；状态数据库支持 CouchDB 和 LevelDB 存储方式，索引数据库和历史数据库主要支持 LevelDB 存储方式。

从整体看，账本包括区块链结构和以下三个数据库结构。

① 索引数据库（Index DB）：将区块的一些属性和存放位置关联在一起，形成索引，如区块哈希、区块高度、交易 ID 等，这样在查找区块时能够更方便。

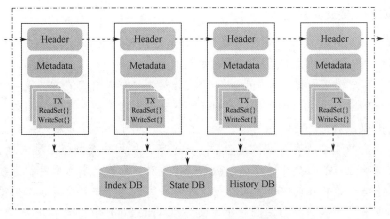

图 11-4　Fabric 账本结构（来自网络）

② 历史数据库（HistoryDB）：即区块历史记录，不存储交易状态的历史变更结果，只存储数据在某笔交易中变化记录，可以提高区块链的历史交易信息的查询效率。

③ 状态数据库（State DB）：存储世界状态（WorldState）。状态数据记录的是交易执行结果的最新状态，代表了通道上所有键的最新值。为了提高链码执行的效率，所有状态的最新键值都存储到状态数据库中。状态数据库目前支持 LevelDB 和 CouchDB。

LevelDB 是 Fabric 默认的数据库，采用 C++语言编写的高性能嵌入式数据。CouchDB 支持多种数据类型的存储与查询。应用系统作为 JSON 文档存储时，CouchDB 是一个特别合适的选择。一般，LevelDB 的存储效率要高于 CouchDB。

11.2.5　Fabric 交易流程

Fabric 的正常交易流程是基于整个 Fabric 网络已经搭建完毕，并且能够正常运行的前提下。Fabric 交易流程如图 11-5 所示。

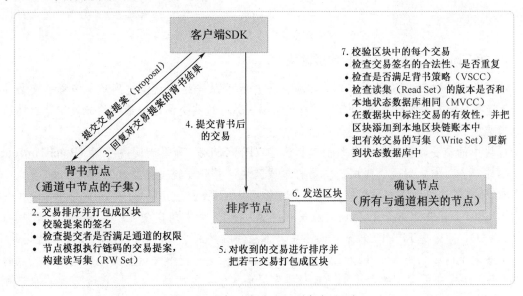

图 11-5　Fabric 交易流程（来自网络）

1. 第一阶段：提交交易提案

交易流程的第一阶段是客户端应用程序向背书节点提交提案，请求同一个通道内背书节点对交易模拟执行，并验证后向客户端做出反馈。

具体来说，客户端应用程序首先生成一个交易提案，根据通道的背书策略定义，将交易提案发送给通道中的背书节点。背书节点收到交易提案后，首先检查交易签名是否合法，然后判断签名者身份的权限级别，确认其是否有权进行交易。此外，背书节点还会检查交易提案的格式是否正确等。交易通过所有合法性校验后，背书节点使用该交易提案独立地执行一个链码，以生成交易提案响应。链码执行时读取的数据（键值对）是节点中本地的状态数据库数值。需要说明的是，链码在背书节点中是模拟执行，对数据库的写操作只改变状态数据库，并不改变账本的状态，所有的写操作将归总到一个写集合（Write Set）中记录下来。

如图 11-6 所示，应用程序 A1 生成交易（T1）的提案 P，并将其发送给通道 C 上的背书节点 P1 和 P2。P1 使用 T1 提案 P 调用链码 S1，以生成 T1 的响应 R1，P1 对 R1 响应进行背书 E1。P2 独立使用交易 T1 提案 P 来执行 S1，以生成 T1 响应 R2，P2 对 R2 响应背书得 E2。应用程序 A1 收到交易 T1 发来的两个已背书的响应，即 E1 和 E2。当应用程序收到足够数量节点的签名背书响应后，第一阶段就完成了。

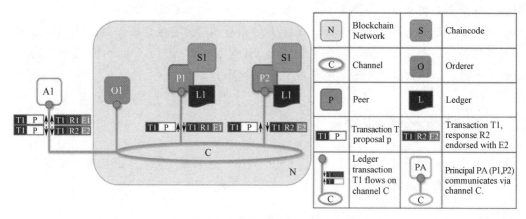

图 11-6　提交交易提案（来自 Fabric 官方文档）

2. 第二阶段：交易排序并打包成区块

在完成交易的第一阶段后，客户端应用程序已经从一组节点接收到足够多背书交易提案响应，接下来将交易发送给排序节点，打包交易区块。这些交易区块最终将分发给通道的所有 Peer 节点，以便在第三阶段进行最终验证和提交。

区块中的交易数量取决于区块的期望大小（BatchSize）和最大间隔时间（BatchTimeout）。

排序节点将一定时间间隔内的交易打包成区块，并分发给当前通道的所有 Peer 节点，最终所有 peer 节点中的账本数据都是一致的。如图 11-7 所示，应用程序 A1 向排序节点 O1 发送由 E1 和 E2 背书的交易 T1，同时应用程序 A2 将 E1 背书的交易 T2 发送给排序节点 O1。排序服务 O1 将交易 T1、T2 和来自网络中其他应用程序的交易打包到区块 B2 中。在区块 B2 中，交易发生的顺序是 T1、T2、T3、T4、T6、T5，但这可能不是这些交易到达排序节点的顺序，一个区块中交易发生的顺序不一定与排序服务接收交易的顺序相同。Peer 节点在验证和提交交易时是按照到达排序节点的先后顺序进行的。

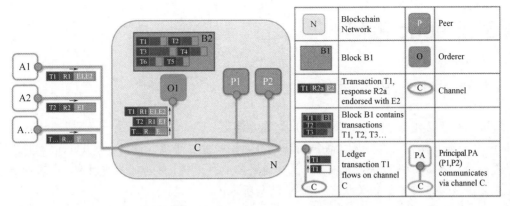

图 11-7　交易排序并打包成区块（来自 Fabric 官方文档）

3. 第三阶段：验证和提交

第三个阶段是交易整个流程的最后一个阶段，涉及排序服务对区块的分发、Peer 节点对区块的验证，最终记账节点将这些通过验证的区块更新到账本中。

验证节点会对一个区块内的每笔交易进行验证，以确保这些交易在更新到账本之前已经得到足够的相关背书节点的背书。未通过验证的交易会被保留下来进行审计，不会提交到账本上。通过下面示例对此阶段进行更详细的解释。

如图 11-8 所示，排序节点将区块分发给 Peer 节点。

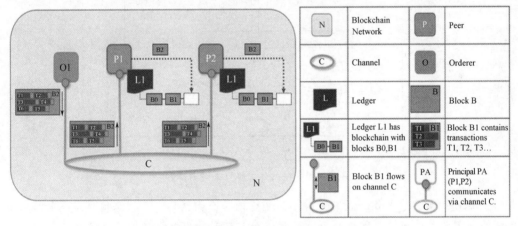

图 11-8　验证和提交（来自 Fabric 官方文档）

排序节点 O1 将区块 B2 发给节点 P1 和 P2。节点 P1 处理区块 B2，最终将一个新的区块添加到节点 P1 的账本 L1 上。同时，节点 P2 处理区块 B2，最终将一个新的区块添加到节点 P2 的账本 L1 上。该过程结束后，节点 P1 和 P2 各自的账本 L1 是一致的，并且 P1 和 P2 都会把已经处理完成的交易信息发送给与它们所连接的客户端应用程序。

当排序服务产生一个新的区块时，与排序节点连接的所有 Peer 节点都将收到这个新区块的副本。注意，并不是每个 Peer 节点都需要连接到排序节点上，前面提到过，一般一个组织由 Leader 节点负责与 Order 节点通信。本组织内部接收到新区块信息的节点后，会通过 Gossip 协议，将新区块信息发送给其他更新信息的 Peer 节点上，最终所有的 Peer 节点均会收到新区块的信息，保证区块链中全局账本的一致性。

11.3 Fabric 链码

11.3.1 Fabric 链码的概念

Fabric 的智能合约（Smart Contract）也称为链码（Chaincode），是一段可采用 Go、Java、Node.js 语言编写的代码，实现区块链网络成员共识的业务逻辑。链码会对 Fabric 客户端应用程序发出的交易或 CLI 命令做出响应，执行链码的业务逻辑，并与账本进行交互。这种交互实际上是创建或读取账本的相关状态，如图 11-9 所示。

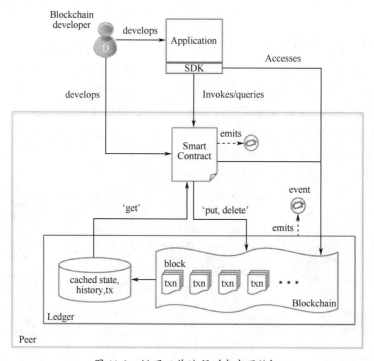

图 11-9　链码工作流程（来自网络）

除了 Ledger 账本，Fabric 还有三种不同用途的状态数据库，其状态值是采用 key-value 形式存放的。因此，这里的与账本交互实际也包含与各种状态数据库的交互。

如图 11-10 所示，链码被编译成一个独立的应用程序，在 Docker 容器中运行。链码容器被启动后，会通过 gRPC 与启动该链码的 Peer 节点连接，也就是说，Peer 节点和链码容器之间是通过 gRPC 来交互的。链码容器与节点的交互主要包括调用链码、读写账本和返回响应结果。链码容器的 shim 层是节点与链码交互的中间层，当链码需要读写账本时，通过 shim 层发送消息给节点，节点在操作账本并反馈消息给链码。

由于链码运行在 Docker 容器中，被调用的基本流程如图 11-11 所示。

① 客户端发送请求给 Peer 节点，Peer 节点收到请求后，给链码发送一个相应的消息对象请求链码。

② 链码通过输入的函数和参数向状态数据库获取或写入数据。

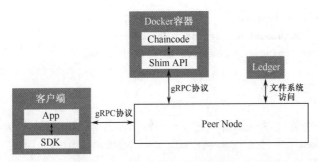

图 11-10　客户端、Peer 节点和链码交互模块（来自网络）

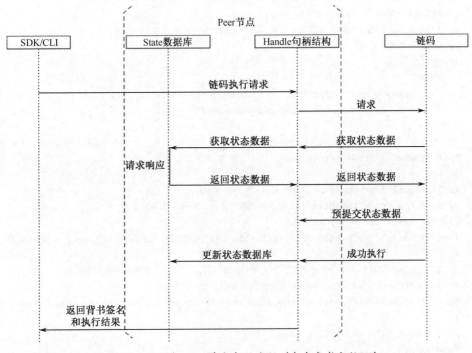

图 11-11　链码与 Peer 节点交互流程（来自参考文献[8]）

③ 链码通过执行调用的函数和参数得到对应的执行结果，链码会向 Peer 节点发送预提交的状态数据。

④ Peer 节点收到提交的数据，进行验证并进行背书签名。

⑤ Peer 节点把背书签名后的执行结果返回给客户端。

11.3.2　Fabric 链码结构

下面主要介绍基于 Go 语言的链码接口和结构。

1. 链码接口

链码需要一个 SimpleChaincode 的结构体，其定义了 Init 和 Invoke 两个函数。Init 函数主要实现链码的实例初始化或升级等交易；Invoke 主要是实现链码的调用或查询等交易的处理逻辑。链码还包含一个 main 函数，作为链码的启动入口。

在 Go 语言下的 shim 包中，接口规范如下：

```
type Chaincode interface{
    Init(stub ChaincodeStubInterface) peer.Response
    Invoke(stub ChaincodeStubInterface) peer.Response
}
```

2．链码结构

编写一个链码必要的内容包括引入包、声明链码结构体、Init 函数、Invoke 函数和主函数。

```
// package main 定义了包名。package main 表示一个可独立执行的程序
package main
// 引入依赖包，链码需要引入一些 Fabric 提供的系统包
// fmt 是输入输出包，根据需要引入
// shim 包提供了链码所需的 API 用来访问和操作数据状态、上下文环境、调用其他链码
// peer 包提供了链码执行后的响应信息
import(
    "fmt"
    "github.com/hyperledger/fabric/core/chaincode/shim"
    "github.com/hyperledger/fabric/protos/peer"
)
// 声明结构体，每个链码必须定义一个结构体，结构体名称可以自定义，结构体的名称需满足 Go 语言命名规范
type SimpleChaincode struct {
}
// Init 函数用于链码的初始化，在链码实例化或升级时执行
// shim.ChaincodeStubInterface 提供的函数用来读取和修改账本的状态
// peer.Response：封装的响应信息
func (t *SimpleChaincode) Init(stub shim.ChaincodeStubInterface) peer.Response{
}
// Invoke 函数实现链码运行中被调用或查询时的处理逻辑，可以简单理解为链码方法入口
// 根据不同的函数和参数调用 Invoke 函数中的其他分支方法来响应业务
func (t *SimpleChaincode) Invoke(stub shim.ChaincodeStubInterface) peer.Response{
}
// 主函数，需要调用 shim.Start()函数
func main() {
    err := shim.Start(new(SimpleChaincode))
    if err != nil {
        fmt.Printf("Error starting Simple chaincode: %s", err)
    }
}
```

调用 Init 和 Invoke 函数时，会传入参数 stub shim.ChaincodeStubInterface，这个参数提供的接口为我们编写链码的业务逻辑提供了大量实用的方法。

11.3.3　区块链开发者模式

链码不同于一般的程序，必须安装到网络中才能执行，调试也比较烦琐。因此为了便于链码调试，就有了"开发者模式"。开发者模式省去了建设通道等操作，让链码调试能够更加快捷、简单。这里介绍 Fabric 官方提供的方法，需要在三个命令行终端下执行。

1．终端 1：启动调试网络

Fabric 官方在 fabric-samples/chaincode-docker-devmode 目录下提供了开发者模式所用的示

例网络，进入此目录，执行"docker-compose -f docker-compose-simple.yaml up -d"命令，即可启动测试网络。

命令执行成功后，会启动加载 4 个容器：orderer、peer、chaincode 和 cli。

2. 终端 2：编译并运行链码

在 chaincode-docker-devmode 目录下，打开第二个命令行终端，依次输入：

```
docker exec –it chaincode bash          // 进入链码容器
cd go                                    // 进入存放链码的目录
// 编译 chaincode_example.go 文件
go build chaincode_example.go
CORE_PEER_ADDRESS=peer:7052 CORE_CHAINCODE_ID_NAME=mycc:0 ./chaincode_example
```

下面以 chaincode_example.go 链码文件为例，编译并运行。

3. 终端 3：调试链码

在终端 3 下依然需要安装和实例化链码。在 chaincode-docker-devmode 目录下，打开第三个命令行终端，依次输入：

```
docker exec –it cli bash                                         // 进入 cli 容器
peer chaincode install –p chaincodedev/chaincode/go –n mycc –v 0    // 安装链码
peer chaincode instantiate –n mycc –v 0 –c '{"Args":[]}' –C myc     // 初始化链码
```

链码安装、初始化完成后，就可以继续测试链码其他功能。

11.4 Fabric 环境搭建

本书给出的 Fabric 网络环境搭建过程示例选择 Fabric 1.4.1 单机 Solo 版。Fabric 环境搭建包括开发环境准备、开发语言安装和 Fabric 网络环境搭建。

11.4.1 开发环境准备

1. 操作系统安装

Fabric 开发实践离不开虚拟机，无论搭建网络环境还是运行实战项目，都需要在虚拟机下进行。在安全操作系统前，需要先安装虚拟机环境。

本节示例采用的软件是 VMware Workstation Pro，在进行网络环境搭建前，需要在 VMware Workstation Pro 软件中安装 Ubuntu 虚拟机，虚拟机中还用到 Docker 容器。VMware Workstation Pro 及 Ubuntu 的安装步骤参见附录 A。

2. 常用工具安装

安装 Go 语言环境、配置 Docker 容器、拉取 Fabric 镜像时需要在终端输入大量的命令，以下常用的工具可以协助快速完成相关操作，具体步骤参见附录 B。

① Git。Git 是一个开源的分布式版本控制系统，可以对一系列的版本进行控制，即便在不联网的状态下，仍然可以使用其多数命令信息操作。

② Curl。Curl 是在命令行下工作的文件传输工具，几乎支持所有的协议，可以与服务器

上传或下载数据。

③ Wget。Wget 是一个自动下载文件的自由工具，退出系统后仍可以继续在后台执行，直到下载任务完成，可以有效避免下载过程中由于网络问题导致的下载失败。

3．Go 语言环境安装

在 Ubuntu 安装成功后，还需要在虚拟机中安装 Go 语言环境。Go 语言各版本的安装包参考网址为 https://studygolang.com/dl，具体步骤参见附录 C。

4．Docker 环境配置

Docker 是一个开源的应用容器，基于 Google 公司推出的 Go 语言实现。Docker 的启动可以在秒级内实现，除了运行的应用，基本不消耗额外的系统资源，使得应用的性能很高。Docker 的具体安装参见附录 D。

5．拉取 Fabric 镜像

拉取 Fabric 镜像的具体步骤参见附录 E。

11.4.2　Fabric 网络搭建

Fabric 开发环境准备好后，要根据实际的应用场景来搭建 Fabric 网络。

第一，根据应用实际来规划组织数量，组织中的节点数量，排序节点数量，并给各节点分配相应网络地址。

第二，为各节点颁发公钥证书。

第三，生成创世区块和通道文件。

第四，启动 Orderer 节点和 Peer 节点。

第五，创建通道，节点加入通道。

第六，在通道上部署智能合约。

至此，Fabric 网络搭建就完成了。具体搭建流程参见附录 F。

11.5　Fabric 链码示例解析

本节通过解析 Github 上的一个链码示例，分析 Fabric 链码的编写方法。示例链码主要实现牛奶商品信息在销售和溯源过程的信息创建、查询、交易和溯源等功能。

链码实现了 Init 函数和 Invoke 函数。Invoke 函数具体实现了牛奶信息初始化、增加牛奶销售信息、牛奶信息查询和牛奶历史信息查询等功能，如表 11-1 所示。

链码代码如下：

```
package main
import (
    "bytes"
    "encoding/json"
    "fmt"
```

表 11-1　牛奶溯源链码函数和参数

函　　数	分支方法	功　　能	所需参数
Init	无	无	无
Invoke	milkInit	牛奶信息初始化	["milkInit","milkid_1","milk_a","65","product_area"]
	trans	牛奶增加销售信息	["trans","milkid_1","trans_1","sale_area"]
	query	跟据牛奶编号查询牛奶信息	["query","milked_1"]
	getHistoryForKey	查询牛奶历史信息	["getHistoryForKey","milked_1"]
	testRangeQuery	范围查询（起始 ID、终止 ID）	["testRangeQuery","milk_a","milk_b"]

```go
    "strconv"
    "time"
    "github.com/hyperledger/fabric/core/chaincode/shim"
    pb "github.com/hyperledger/fabric/protos/peer"
)
var logger = shim.NewLogger("Service")
type SimpleChaincode struct {
}
// 牛奶的数据结构
type Milk struct {
    ID  string 'json:"id"'                          // 牛奶编号
    Name  string 'json:"name"'                       // 产品名称
    Price  float64 'json:"Price"'                     // 价格
    Produce_place  string 'json:"produce_place"'      // 产地
    Produce_time  string 'json:"produce_time"'        // 生产时间
    Traces  []Trace 'json:"traces"'
}
// 追溯信息
type Trace struct {
    TransID  string 'json:"transID"'                 // 交易 ID
    Place  string 'json:"place"'                      // 交易地
    TimeStamp  string 'json:"timeStamp"'              // 交易时间
}
// 安装 Chaincode
func (t *SimpleChaincode) Init(stub shim.ChaincodeStubInterface) pb.Response {
    logger.Info("######## Register Init ########")
    return shim.Success(nil)
}
func (t *SimpleChaincode) Invoke(stub shim.ChaincodeStubInterface) pb.Response {
    logger.Info("######## Register Invoke ########")
    function, args := stub.GetFunctionAndParameters()
    if function == "milkInit" {                      // 牛奶信息初始化
        return t.milkInit(stub, args)
    }
    if function == "trans" {                          // 牛奶交易
        return t.trans(stub, args)
    }
    if function == "query" {                          // 查询牛奶信息
        return t.query(stub, args)
    }
    if function == "getHistoryForKey" {               // 查询牛奶信息
```

```
        return t.getHistoryForKey(stub, args)
    }
    if function == "testRangeQuery" {                    // 范围查询
        return t.testRangeQuery(stub, args)
    }
    logger.Errorf("Unknown action, check the first argument, must be one of 'milkInit',
                'trans', "+"'query', 'testRangeQuery', But got: %v", args[0])
    return shim.Error(fmt.Sprintf("Unknown action, check the first argument, must be one of
                'milkInit', 'trans', "+"'query', 'testRangeQuery', But got: %v", args[0]))
}


// 主函数
func main() {
    err := shim.Start(new(SimpleChaincode))
    if err != nil {
        fmt.Printf("Error starting Simple chaincode: %s", err)
    }
}
```

1. milkInit()函数

milkInit()函数是初始化牛奶信息，包含牛奶编号、牛奶名称、牛奶价格和牛奶产地等参数。输入牛奶编号等参数，输入参数格式：

```
["milkInit","milked_1","milk_a","65","area"]
```

分别代表牛奶编号、牛奶名称、价格和产地，然后判断参数个数并通过 GetState()函数来验证牛奶编号是否为空或存在错误。创建牛奶变量类型后，用 json.Marshal()函数将参数序列化成 JSON 对象后，写入账本。

```
func (t *SimpleChaincode) milkInit(stub shim.ChaincodeStubInterface, args []string) pb.Response {
    if len(args) != 4 {
        return shim.Error("Incorrect number of arguments. Expecting 4, function followed
                by 1 milkID and 3 value")
    }

    var milkID string                        // 实体
    var Name string                          // 发布者编号、发布产品的名称
    var Price float64                        // 价格
    var produce_place string                 // 产地
    var produce_time string                  // 生产时间
    var err error

    milkID = args[0]
    Name = args[1]
    Price, _ = strconv.ParseFloat(args[2], 64)
    produce_place = args[3]
    x := time.Now()
    produce_time = x.Format("2018-01-02 15:04:05")
    var milk Milk

    milk.ID = milkID
    milk.Name = Name
    milk.Price = Price
```

```
        milk.Produce_place = produce_place
        milk.Produce_time = produce_time
        uBytes, _ := json.Marshal(milk)
        Avalbytes, err := stub.GetState(milkID)
        if err != nil {
            return shim.Error("Failed to get state")
        }
        if Avalbytes != nil {
            return shim.Error("this id already exist")
        }

        // 通过 json.Msrshal()函数把输入的参数序列化后写入账本
        err = stub.PutState(milkID, uBytes)
        if err != nil {
            return shim.Error(err.Error())
        }
        return shim.Success([]byte(milkID + "success! "))
    }
```

2. trans()函数

trans()函数是增加牛奶销售地址。输入参数个数，输入参数格式为

```
["trans","milkid_1","trans_1","sale_area"]
```

分别表示牛奶编号、经销商编号和经销地址。接着，判断参数个数，通过 GetState()函数验证牛奶编号是否为空或存在错误。把其他参数序列化成 JSON 对象后，调用 PutState()函数进入账本。

```
func (t *SimpleChaincode) trans(stub shim.ChaincodeStubInterface, args []string) pb.Response {
    if len(args) == 3 {
        milkID := args[0]                               // 牛奶编号
        agencyID := args[1]                             // 经销商编号
        place := args[2]                                // 经销地址
        // 用 stub.GetState()函数进行判断，若 milkID 重复，则返回 error
        mBytes, err := stub.GetState(milkID)
        if err != nil {
            shim.Error("Cann't get the milkID")
        }
        var milk Milk
        err = json.Unmarshal(mBytes, &milk)
        if err != nil {
            shim.Error("Cann't convert to MILK struct")
        }
        var trace Trace
        trace.TransID = agencyID
        c := time.Now()
        trace.TimeStamp = c.Format("2019-10-01 12:04:05")
        trace.Place = place
        milk.Traces = append(milk.Traces, trace)
        // 用 json.Marsha()函数把输入的参数序列化到 JOSN 对象中，然后在把序列化后的 JSON 对象写入账本
        mBytes, _ = json.Marshal(milk)
        err = stub.PutState(milkID, mBytes)
        if err != nil {
```

```
            return shim.Error("fail to add trance:" + err.Error())
        }
        return shim.Success([]byte("success"))
    }
}
```

3. query()函数

query()函数用来根据牛奶编号查询牛奶信息。输入牛奶编号参数，参数格式为

```
["query","milked_1"]
```

判断参数个数并调用 GetState()函数判断参数是否为空、是否出现错误。根据输入参数，调用
GetState()函数，从账本中查询信息并输出。

```
func (t *SimpleChaincode) query(stub shim.ChaincodeStubInterface, args []string) pb.Response {
    if len(args) != 1 {
        return shim.Error("Incorrect number of arguments. Expecting ID of the Service to query")
    }
    var milkID string
    var err error
    milkID = args[0]
    // 用 stub.GetState()函数判断 milkID 是否重复，若重复，会提示 error
    Avalbytes, err := stub.GetState(milkID)
    if err != nil {
        jsonResp := "{\"Error\":\"Failed to get state for " + milkID + "\"}"
        return shim.Error(jsonResp)
    }
    if Avalbytes == nil {
        jsonResp := "{\"Error\":\"Nil count for " + milkID + "\"}"
        return shim.Error(jsonResp)
    }
    jsonResp := string(Avalbytes)
    fmt.Printf("Query Response:%s\n", jsonResp)
    return shim.Success(Avalbytes)
}
```

4. getHistoryForKey()函数

getHistoryForkey()函数是通过牛奶编号查询牛奶历史记录。输入牛奶编号，参数格式为：

```
["getHistoryForKey","milked_1"]
```

并判断参数个数，然后调用 GetHistoryForKey()函数查询键值的历史记录。GetHistoryForKey()
函数通过迭代器构造出键值的历史记录 JSON 数组，然后返回结果。

```
func (t *SimpleChaincode) getHistoryForKey(stub shim.ChaincodeStubInterface,
                                           args []string) pb.Response {
    if len(args) != 1 {
        return shim.Error("Incorrect number of arguments. Expecting 2,
                        function followed by 1 accountID and 1 value")
    }
    var milkID string                          // 牛奶编号
    var err error
    milkID = args[0]
    // 用 stub.GetHistoryForKey()函数来获取相关参数的历史记录
    HisInterface, err := stub.GetHistoryForKey(milkID)
```

```
        fmt.Println(HisInterface)
        Avalbytes, err := getHistoryListResult(HisInterface)
        if err != nil {
            return shim.Error("Failed to get history")
        }
        return shim.Success([]byte(Avalbytes))
    }

func getHistoryListResult(resultsIterator shim.HistoryQueryIteratorInterface) ([]byte, error) {
    defer resultsIterator.Close()
    // 通过迭代器查询出结果 JSON 数组，最后返回查询结果
    var buffer bytes.Buffer
    buffer.WriteString("[")
    bArrayMemberAlreadyWritten := false
    for resultsIterator.HasNext() {
        queryResponse, err := resultsIterator.Next()
        if err != nil {
            return nil, err
        }
        if bArrayMemberAlreadyWritten == true {
            buffer.WriteString(",")
        }
        item, _ := json.Marshal(queryResponse)
        buffer.Write(item)
        bArrayMemberAlreadyWritten = true
    }
    buffer.WriteString("]")
    fmt.Printf("queryResult:\n%s\n", buffer.String())
    return buffer.Bytes(), nil
}
```

5. testRangeQuery()函数

testRangeQuery()函数范围查询，通过 startkey 和终 endkey 来查询牛奶信息。输入两个参数，参数格式为：

```
["testRangeQuery","milk_a","milk_b"]
```

进行范围查询，查询范围为起始（包括）和终止（不包括）。

调用 GetStateByRange()函数进行范围查询，返回结果是迭代器 StateQueryIteratorInterface 结构。通过迭代器的迭代构造出查询结果的 JSON 对象，最后返回查询结果。

```
func (t *SimpleChaincode) testRangeQuery(stub shim.ChaincodeStubInterface,
                                         args []string) pb.Response {
    // resultsIterator, err := stub.GetStateByRange("b1001", "b1010")
    startID := args[0]
    endID := args[1]
    resultsIterator, err := stub.GetStateByRange(startID, endID)
    if err != nil {
        return shim.Error("Query by Range failed")
    }
    services, err := getListResult(resultsIterator)
    if err != nil {
        return shim.Error("getListResult failed")
```

```
        }
        return shim.Success(services)
    }


    // 返回结果是由迭代器 StateQueryIteratorInterface 结果，按照字典序迭代每个键值对
    func getListResult(resultsIterator shim.StateQueryIteratorInterface) ([]byte, error) {
        // 调用 Close()函数关闭
        defer resultsIterator.Close()
        // 通过迭代器查询出结果 JSON 数组，最后返回查询结果
        var buffer bytes.Buffer
        buffer.WriteString("[")
        bArrayMemberAlreadyWritten := false

        for resultsIterator.HasNext() {
            queryResponse, err := resultsIterator.Next()
            if err != nil {
                return nil, err
            }
            if bArrayMemberAlreadyWritten == true {
                buffer.WriteString(",")
            }
            buffer.WriteString("{\"Key\":")
            buffer.WriteString("\"")
            buffer.WriteString(queryResponse.Key)
            buffer.WriteString("\"")
            buffer.WriteString(", \"Record\":")

            buffer.WriteString(string(queryResponse.Value))
            buffer.WriteString("}")
            bArrayMemberAlreadyWritten = true
        }
        buffer.WriteString("]")
        fmt.Printf("queryResult:\n%s\n", buffer.String())
    }
```

11.6　基于 Fabric 的电子合同存证系统开发实例

本节介绍基于 Fabric 的电子合同存证系统的完整开发实例，让读者对 Fabric 应用开发过程有整体的了解。为突出介绍重点，本节仅实现合同签署方（即普通用户）和法院两个角色及电子合同上链存证、溯源的简单功能。

11.6.1　实例需求分析

随着信息化技术的普及，越来越多的纸质合同被电子合同替代。这些电子合同在操作和使用过程中容易遭到篡改或删除，极大影响了电子合同的真实性和可信性。此外，电子合同还存在诸多风险，如电子合同签订成本高，合同纠纷处理效率低、举证难，中心化存储数据易被篡

改，电子合同存在易丢失等。采用区块链系统实现电子合同上链，可以有效解决上述问题。

本实例用户角色为两种，分别是普通用户和法院用户。普通用户即合同签订者。系统的主要功能有：普通用户在线下完成合同的沟通，并签署完成电子合同，通过登录区块链电子合同存证平台，将合同的哈希值存储在区块链上。合同签订方均有权随时查看区块链上存储的合同详情。当合同出现争议等纠纷时，普通用户可以向法院提出申诉请求。法院受理后，可以调看区块链电子存证平台上所存的申诉用户的电子合同证据，并进行核验，如果需要，还可以对区块链上存储的电子合同信息进行溯源。上述业务流程如图 11-12 所示。

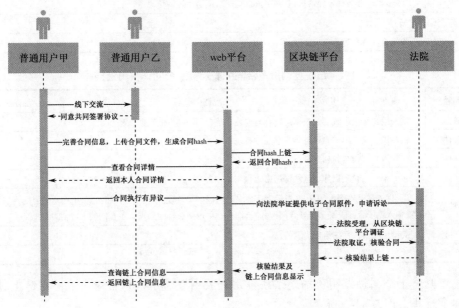

图 11-12　区块链电子合同存证系统业务流程

普通用户可以将电子合同的哈希值存到区块链上。其用例描述如表 11-2 所示，详细说明了普通用户填写合同相关信息并将哈希值上链操作的整个过程。

表 11-2　普通用户将电子合同的哈希值上链用例描述

用例编号	1	用例名称	电子合同哈希值上链	参与者	普通用户
用例概述	普通用户填写合同相关描述信息，并生成电子合同哈希值上链				
前置条件	普通用户输入用户名以及密码登录该系统				
后置条件	普通用户填写合同描述信息，生成哈希值，上链，数据上链成功				
成功保证	前端 Web 端、后台数据库、区块链网络运行正常				
基本事件流	① 进入登录界面；② 按要求输入用户名、密码；③ 单击"登录"按钮；④ 单击电子合同的上链菜单栏；⑤ 输入电子合同相关描述信息，并上传电子合同生成哈希显示；⑥ 将电子合同哈希值上链				
备选事件流	哈希值等信息未生成，系统给出提示信息				
规则与约束	电子合同哈希值上链存证成功				

普通用户查询链上合同详情用例描述如表 11-3 所示。

当普通用户的合同内容存在异议时，法院可根据链上合同进行核验其真实性。法院在区块链电子合同存证系统的功能有：用户注册、登录、电子合同查询、电子合同核验等。

法院查询用户合同列表及链上合同详情用例描述如表 11-4 所示。

表 11-3　普通用户查询链上合同详情用例描述

用例编号	2	用例名称	查询链上合同详情	参与者	普通用户
用例概述	普通用户将电子合同 HASH 值上链之后，查询链上合同详情					
前置条件	普通用户输入用户名以及密码登录该系统					
后置条件	普通用户填写合同描述信息，生成 hash 值上链，查询链上数据成功					
成功保证	前端 Web 端、后台数据库以及区块链网络运行正常					
基本事件流	① 进入登录界面；② 按要求输入用户名、密码；③ 单击"登录"按钮；④ 单击电子合同列表菜单栏；⑤ 单击电子合同列表详情按钮；⑥ 查询电子合同链上详情信息					
备选事件流	无					
规则与约束	电子合同链上数据查询成功					

表 11-4　法院查询用户合同列表及链上合同详情用例描述

用例编号	3	用例名称	法院链上取证	参与者	法院用户
用例概述	法院用户登录系统后，查询用户合同列表、某合同在链上的存证信息					
前置条件	法院用户输入用户名和密码，登录该系统					
后置条件	法院用户查询合同列表及链上合同详情成功					
成功保证	Web 端、后台数据库、区块链网络运行正常					
基本事件流	① 进入登录界面；② 按要求输入用户名、密码；③ 单击"登录"按钮；④ 单击电子合同列表菜单栏；⑤ 输入电子合同关键字搜索合同；⑥ 查询普通用户所有合同列表、各合同的上链信息					
备选事件流	关键字有误，系统给出提示信息					
规则与约束	法院获得授权查询合同列表及链上合同详情成功					

法院用户链上合同溯源用例描述了法院用户收到普通用户诉讼请求后，在链上进行取证操作的整个过程，如表 11-5 所示。

表 11-5　法院用户链上合同溯源用例描述

用例编号	4	用例名称	用户链上合同溯源	参与者	法院用户
用例概述	法院用户收到普通用户诉讼请求之后对当前用户合同进行溯源查询					
前置条件	法院用户输入用户名以及密码登录该系统					
后置条件	法院用户溯源查询成功					
成功保证	前端 Web 端、后台数据库以及区块链网络运行正常					
基本事件流	① 进入登录界面；② 按要求输入用户名、密码；③ 单击"登录"按钮；④ 单击合同溯源菜单栏；⑤ 查询链上历史合同详情					
备选事件流	无					
规则与约束	法院用户链上历史数据查询成功					

11.6.2　区块链网络架构实例

为了突出区块链应用开发的存证和溯源功能，本实例对网络架构做了相应简化，涉及的参与方只有两方，即普通用户和法院。在实际场景中还会有其他参与方。系统包括 3 个排序节点、2 个组织，每个组织下设 2 个节点。

基于 Fabric 的网络环境搭建详细过程可参考 11.4 节，这里具体说明电子合同存证系统的业务场景架构及组织、节点信息。

根据简化后的场景需求，设计如图 11-13 所示的系统架构图。本实例基于 Fabric 1.4.1，在 CentOS 7 上搭建网络环境，采用 Raft 共识，网络搭建包括 3 个 Orderer、2 个组织，每个组织下有 2 个 Peer。每个组织下都有一个 CA 节点，其中节点 ca.court 负责为法院组织内用户颁发证书，节点 ca.customer 负责为普通用户组织内的用户颁发证书。

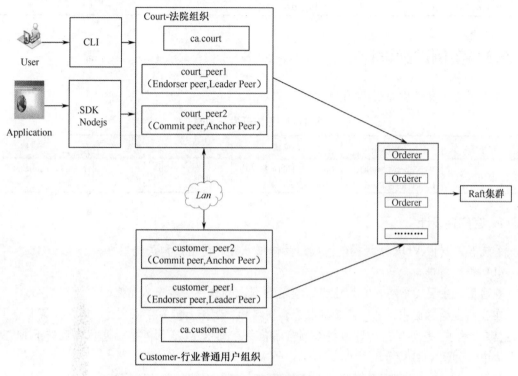

图 11-13　系统场景架构

具体来说，本系统涉及普通用户和法院用户两类，因此设计对应用户的两类组织，分别为行业普通用户和法院，如表 11-6 所示。

每个组织内仅包含两个节点，每个节点在作为主节点、锚节点、背书节点、确认节点上，功能有重复，如表 11-7 所示。

表 11-6　组织信息

组织标识符	说　　明
customer	模拟普通用户组织
court	模拟法院组织

表 11-7　节点说明

组织标识符号	节点标识	说　　明
court	court_peer0	既是 Endorser 节点又是 Leader 节点
court	court_peer1	既是 Committer 节点又是 Anchor 节点
customer	customer_peer0	既是 Endorser 节点又是 Leader 节点
customer	customer_peer1	既是 Committer 节点又是 Anchor 节点

各节点 IP 地址分配情况表如表 11-8 所示。

表 11-8　各节点 IP 地址分配情况表

节点名称	IP 地址	节点名称	IP 地址
orderer0.example.com	192.168.30.2	peer0.customer.example.com	192.168.30.7
orderer1.example.com	192.168.30.3	peer1.customer.example.com	192.168.30.8

节点名称	IP 地址	节点名称	IP 地址
orderer2.example.com	192.168.30.4	ca.court.example.com	192.168.30.9
peer0.court.example.com	192.168.30.5	ca.customer.example.com	192.168.30.10
peer1.court.example.com	192.168.30.6	—	

11.6.3 实例详细设计

本实例的开发环境如表 11-9 所示。

表 11-9　系统开发环境表

操作系统	开发工具	数据库	服务器	浏览器	运行环境
Windows 10	WebStorm、MySQL、Hyperledger Fabric	MySQL、Fabric 框架内置账本数据库等	Express	Chrome	Nodejs，Fabric1.4.1 基础网络

1．客户端设计

系统客户端由 VUE 框架搭建而成，具体细分为普通用户和法院用户。

（1）普通用户

普通用户主要功能有：合同上链、查看合同、溯源，查看个人信息。

在合同上链界面中，用户需填写电子合同名称，选择上传的合同文件，选择性填写合同的描述信息。单击"提交"按钮，即可将合同哈希值保存到链上，合同具体信息保存到链下 MySQL 数据库中，如图 11-14 所示。

图 11-14　合同上链

合同列表界面显示出用户上传的所有合同文件。单击"详情"按钮，可以查看该合同文件名等详细信息、上链信息，如图 11-15 所示，如所在区块、区块哈希、上一区块哈希、交易号及上链日期等，如图 11-16 所示。

图 11-15　合同列表

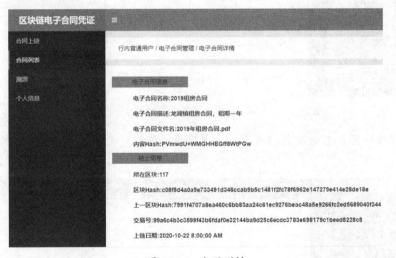

图 11-16　合同详情

溯源界面可以查看到合同编号、合同哈希值、时间戳、是否删除等信息，如图 11-17 所示。如果合同已经被删除，则链上存储的合同哈希值为空。

图 11-17　普通用户溯源界面

（2）法院用户

法院用户主要功能有：查看合同信息、溯源，查看法院信息。

法院用户可以查看所有普通用户上传的合同。单击"详情"按钮,可查看某合同的主要信息、哈希值等信息,如图 11-18 所示。

图 11-18　查看合同信息

在溯源界面中可以查看交易哈希值、合同哈希(杂凑)值、时间戳、是否删除等信息,如图 11-19 所示。

图 11-19　法院用户溯源界面

2. 链码设计实现

本实例链码采用 Go 语言进行编写,主要实现的功能包括:电子合同存证、合同查询、合同溯源。

(1) 链码函数及参数

Invoke()函数主要实现上传电子合同信息,更新电子合同信息,查询电子合同信息、溯源电子合同和删除电子合同等功能,如表 11-10 所示。

表 11-10 链码函数和参数格式表

函数名	格 式	说 明	参 数
Init	无	无	[]
Invoke	initContract	上传电子合同信息	["initContract","100","VALUE_1"]
	updateContract	更新电子合同信息	["updateContract","100","VALUE_2",]
	query	查询电子合同信息	["query","100"]
	queryHistory	溯源电子合同信息	["queryHistory","100"]
	delete	删除电子合同信息	["delete","100"]

(2) 链码具体实现

① 定义链码基本结构

```go
package main
import (
    "encoding/json"
    "fmt"
    "strconv"
    "time"
    "bytes"
    "github.com/hyperledger/fabric/core/chaincode/shim"
    pb "github.com/hyperledger/fabric/protos/peer"
)
// 定义链码结构体
type SimpleChaincode struct {
}
// 定义合同结构体
type Contract struct {
    ID      string  'json:"id"'       // ID
    Context string  'json:"context"'  // 哈希值
}
// 声明 Init 函数
func (t *SimpleChaincode) Init(stub shim.ChaincodeStubInterface) pb.Response {
    fmt.Println("Init")
    return shim.Success(nil)
}
// 定义 Invoke 函数
func (t *SimpleChaincode) Invoke(stub shim.ChaincodeStubInterface) pb.Response {
    fmt.Println(" Invoke")
    function, args := stub.GetFunctionAndParameters()
    if function == "initContract" {
        return t.initContract(stub, args)
    }
    else if function == "updateContract" {
        return t.updateContract(stub, args)
    }
    else if function == "queryHistory" {
        return t.queryHistory(stub, args)
    }
    else if function == "query" {
        return t.query(stub, args)
```

```
        }
        else if function == "delete"{
            return t.delete(stub, args)
        }
        return shim.Error("Invalid invoke function name. Expecting \"initContract\"
                        \"updateContract\" \"query\" \"queryHistory\" \"delete\"")
    }

    func main() {
        err := shim.Start(new(SimpleChaincode))
        if err != nil {
            fmt.Printf("Error starting Simple chaincode: %s", err)
        }
    }
```

② initContract()函数

initContract()函数主要功能是上传一个合同信息，先用 var 关键字声明合同结构体中的合同编号 ID 和合同内容 context 变量，判断输入参数个数和合同编号 ID 是否存在，再根据输入的合同参数，把参数序列化后调用 putstate()函数把合同参数写入账本。

```
    func (t *SimpleChaincode) initContract(stub shim.ChaincodeStubInterface, args []string) pb.Response {
        fmt.Println("Generate a contract")
        var ID string
        var Context string
        var Contract Contract
        var err error

        // 判断参数个数
        if len(args) != 2 {
            return shim.Error("Incorrect number of arguments. Expecting 4")
        }
        ID = args[0]
        Context = args[1]
        // 判断ID是否存在
        bytes ,err := stub.GetState(ID)
        if err != nil {
            return shim.Error(err.Error())
        }
        else if bytes != nil{
            fmt.Println("This ID already exists: ")
            return shim.Error("This ID already exists:")
        }

        // 更新合同信息
        err = json.Unmarshal(bytes , &Contract)
        Contract.Context = Context
        Contract.ID = ID
        // 通过 json.Msrshal()把输入的参数序列化
        jsons, errs := json.Marshal(Contract)
        if errs != nil {
            return shim.Error(errs.Error())
        }
        // 调用 PutState()函数, 把输入的合同信息写入账本
```

```
        err = stub.PutState(args[0], jsons)
        if err != nil {
            return shim.Error(err.Error())
        }
        fmt.Printf(" success \n")
        return shim.Success(nil)
    }
```

③ updateContract()函数

updateContract()函数用来更新合同信息。先判断输入参数个数，调用 GetState()函数判断合同编号是否存在，若合同编号不存在，把输入的参数信息直接添加到账本中；若合同编号已经存在，判断合同 context 值是否相同、是否为空，更新合同信息，最后把更新后的信息序列化并调用 putstate()函数把信息写入账本。

```
func (t *SimpleChaincode) updateContract(stub shim.ChaincodeStubInterface,
                                        args []string) pb.Response {
    var ID string
    var Context string
    var Contract Contract

    // 判断参数个数
    if len(args) != 2 {
        return shim.Error("Incorrect number of arguments. Expecting 2. ")
    }
    ID = args[0]
    Context = args[1]

    // 根据合同编号，使用 GetState()方法判断合同编号是否存在
    bytes, err := stub.GetState(ID)
    if err != nil {
        return shim.Error(err.Error())
    }

    // 根据合同编号，把合同信息反序列化，并判断合同是否重复
    err = json.Unmarshal(bytes, &Contract)
    if Contract.Context == Context{
        fmt.Println("The Context already exists: ")
        return shim.Error("The Context already exists:")
    }
    else if Contract.Context != ""{
        Contract.Context = Context
    }
    bytes1 ,err :=json.Marshal(Contract)

    // 用 PutState()把合同信息写入账本
    err = stub.PutState(ID,bytes1)
    if err != nil {
        return shim.Error(err.Error())
    }
    return shim.Success([]byte("update is successful"))
}
```

④ query()函数

query()函数是通过合同编号 ID 查询对应合同的状态信息。

```go
func(t *SimpleChaincode) query(stub shim.ChaincodeStubInterface, args []string) pb.Response {
    var ID string
    var err error
    // 判断参数个数
    if len(args) != 1 {
        return shim.Error("Incorrect number of arguments. ")
    }
    ID = args[0]

    // 根据合同编号，用 GetState()判断合同编号是否存在
    Avalbytes, err1 := stub.GetState(ID)
    if err1 != nil {
        return shim.Error(err1.Error())
    }
    if err != nil {
        jsonResp := "{\"Error\":\"Failed to get state for " + ID + "\"}"
        return shim.Error(jsonResp)
    }

    // 判断合同是否为空
    if Avalbytes == nil {
        jsonResp := "{\"Error\":\"Nil context for " + ID + "\"}"
        return shim.Error(jsonResp)
    }

    jsonResp := "{\"Name\":\"" + ID + "\",\"context\":\"" + string(Avalbytes) + "\"}"
    fmt.Printf("Query Response:%s\n", jsonResp)
    return shim.Success(Avalbytes)
}
```

⑤ queryHistory()函数

queryHistory()函数对合同信息进行溯源，通过合同编号 ID 查询对应的合同历史信息，通过输入合同编号，调用 GetHistoryForKey()函数返回对应的所有历史值，然后返回查询结果。

```go
func(t *SimpleChaincode) queryHistory(stub shim.ChaincodeStubInterface, args []string) pb.Response {
    // 判断参数个数
    if len(args) != 1 {
        return shim.Error("Incorrect number of arguments. Expecting 1")
    }
    ID := args[0]
    fmt.Printf("- start getHistoryForContract: %s\n", ID)

    // 调用 GetHistoryForKey()，获取对应历史信息
    resultsIterator, err := stub.GetHistoryForKey(ID)
    if err != nil {
        return shim.Error(err.Error())
    }

    // 通过迭代器构造出查询结果 JSON 数组并返回结果。
    defer resultsIterator.Close()
```

```go
        var buffer bytes.Buffer
        buffer.WriteString("[")
        bArrayContractAlreadyWritten := false
        for resultsIterator.HasNext() {
            response, err := resultsIterator.Next()
            if err != nil {
                return shim.Error(err.Error())
            }
            if bArrayContractAlreadyWritten == true {
                buffer.WriteString(",")
            }
            buffer.WriteString("{\"TxId\":")
            buffer.WriteString("\"")
            buffer.WriteString(response.TxId)
            buffer.WriteString("\"")
            buffer.WriteString(",\"Value\":")

            if response.IsDelete {
                buffer.WriteString("null")
            }
            else {
                buffer.WriteString(string(response.Value))
            }
            buffer.WriteString(",\"Timestamp\":")
            buffer.WriteString("\"")
            buffer.WriteString(time.Unix(response.Timestamp.Seconds,
                              int64(response.Timestamp.Nanos)).String())
            buffer.WriteString("\"")
            buffer.WriteString(",\"IsDelete\":")
            buffer.WriteString("\"")
            buffer.WriteString(strconv.FormatBool(response.IsDelete))
            buffer.WriteString("\"")
            buffer.WriteString("}")
            bArrayContractAlreadyWritten = true
        }
        buffer.WriteString("]")
        fmt.Printf("- getHistoryForContract returning:\n%s\n", buffer.String())
        return shim.Success(buffer.Bytes())
    }
```

（3）delete()函数

delete()函数通过输入的合同编号，删除对应合同信息，虽然合同信息从账本中被删除，但删除合同的操作会被记录在区块中。

```go
    func(t *SimpleChaincode) delete(stub shim.ChaincodeStubInterface, args []string) pb.Response {
        var jsonResp string

        // 判断参数个数
        if len(args) != 1 {
            return shim.Error("Incorrect number of arguments. Expecting 1")
        }

        // 根据合同编号，用 GetState()判断合同编号是否存在
```

```
            ID := args[0]
            valAsBytes, err := stub.GetState(ID)
            if err != nil {
                jsonResp = "{\"Error\":\"Failed to get state for " + ID + "\"}"
                return shim.Error(jsonResp)
            }
            else if valAsBytes == nil {
                jsonResp = "{\"Error\":\"Contract does not exist: " + ID + "\"}"
                return shim.Error(jsonResp)
            }

            // 调用 DelState()，删除对应合同信息
            err = stub.DelState(ID)
            if err != nil {
                return shim.Error("{\"Error\":Failed to delete state," + err.Error() + "\"}")
            }
            return shim.Success(nil)
        }
```

本章小结

　　超级账本 Fabric 是目前联盟链应用最广的开发平台，也是本章的介绍重点。本章首先介绍了超级账本项目框架和各子项目的功能，包括 Fabric 相关概念、术语、架构、交易流程和特点。与以太坊相比，基于 Fabric 的应用开发的环境配置比较烦琐，本章简要介绍了其环境配置和 Fabric 网络搭建流程，具体详细的配置及搭建步骤可以参考本书附录。本章还重点解析了 Fabric 链码结构，通过牛奶溯源链码来讲解其主要的存证和溯源编写方法。最后，本章通过简化的基于 Fabric 的电子合同存证系统开发实例，将本章内容从动手实践角度进行贯穿综合。

思考与练习

1. Fabric 具有哪些类型的节点？分别具有什么功能？
2. Fabric 有几个状态数据库？其功能分别是什么？
3. 什么是通道？其主要作用有哪些？
4. 简述 Fabric 的交易流程。
5. Fabric SDK 的作用是什么？
6. Init( )函数和 Invoke( )函数分别执行什么功能？
7. docker exec -it chaincode bash 命令执行什么功能？
8. docker exec -it cli bash 命令执行什么功能？
9. 安装链码的命令是什么？实例化链码的命令是什么？
10. 在开发者模式下，需要经过几个步骤实现链码的安装调试？这些步骤是否能打乱？
11. 在编写链码时，声明链码结构体是否能随意命名？
12. 对于如下代码段：

```
marbleAsBytes, err := _____(marbleName)          // 弹珠名称
if err != nil {
    return shim.Error("Failed to get marble: " + err.Error())
}
else if marbleAsBytes != nil {
    fmt.Println("This marble already exists: " + marbleName)
    return shim.Error("This marble already exists: " + marbleName)
}
```

检查弹珠是否已经存在，需要调用哪个方法（stub.GetState）来对弹珠名称（进行查重）？

13. 对于如下代码段：

```
err = _____(marbleName, marbleJSONasBytes)
if err != nil {
    return shim.Error(err.Error())
}
```

把弹珠信息写入账本，需要调用哪个方法（stub.PutState）？

14. 分析 Fabric 架构在安全性、效率等方面存在的优缺点。

15. 由于采用了 CA、Order 集群等组件，Fabric 被诟病为伪区块链，你如何看待这种看法？

参考文献

[1] Hyperledger Fabric. https://github.com/hyperledger/fabric.

[2] fabric-chaincode-go. https://github.com/hyperledger/fabric-chaincode-go.

[3] IBM. Learn-chaincode. https://github.com/IBM-Blockchain-Archive/learn-chaincode.

[4] Hyperledger Fabric 官方使用说明文档. https://hyperledger-fabric.readthedocs.io.

[5] 牛奶溯源源码. https://github.com/Jonleon/MilkTrace.

[6] 汇智网（Hyperledger Fabric）. http://blog.hubwiz.com/categories/Hyperledger-Fabric.

[7] https://www.pianshen.com/article/96591472509.

[8] 蔡亮，李启雷，梁秀波. 区块链技术进阶与实战[M]. 北京：人民邮电出版社，2020.

[9] 杨保华. 区块链原理、设计与应用[M]. 北京：机械工业出版社，2017.

[10] 冯翔，刘涛，吴寿鹤，周广益. 区块链开发实战：Hyperledger Fabric 关键技术与案例分析[M]. 北京：机械工业出版社，2018.

[11] 超级账本项目网站. https://www.hyperledger.org/.

[12] Fabric 2.0 新特性. https://zhuanlan.zhihu.com/p/107682654.

[13] Hyperledger Fabric 架构演进. https://www.cnblogs.com/llongst/p/9425186.html.

[14] Hyperledger Fabric 官方文档. https://hyperledger-fabric-cn.readthedocs.io/zh/release-1.4.

附录 A　安装 VMware 和 Ubuntu

VMware Workstation Pro 和 Ubuntu 虚拟机均支持 Windows 7 以上的操作系统，本书为 Windows 10 版本。

1. 安装 VMware Workstation Pro

下载 VMware Workstation Pro 软件，参考网址 https://www.jianshu.com/p/552179808ebf，如 15.04 版本。

下载好安装包后，进入安装页面，根据安装向导的提示进行操作，选择好安装位置后，即可等待安装完毕。

2. Ubuntu 安装

VMware Workstation Pro 安装结束后，再安装 Ubuntu 虚拟机。本例采用 Ubuntu 16.04.3，参考网址为 http://old-releases.ubuntu.com/releases/16.04.3/。

安装 Ubuntu 虚拟机，除了正常按照向导进行，还需要注意以下两点：① 建议在 VMware Workstation 主界面中选择"创建新的虚拟机"；② 建议选择"典型（推荐）"，如图 A-1 所示。

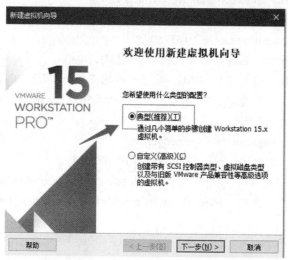

图 A-1　安装向导（一）

具体安装步骤如下：

① 在安装向导中选择"稍后安装操作系统"，然后单击"下一步"按钮。

② 出现如图 A-2 所示的对话框，在"客户机操作系统"中选择"Linux"，在"版本"中

选择"Ubuntu 64 位"。

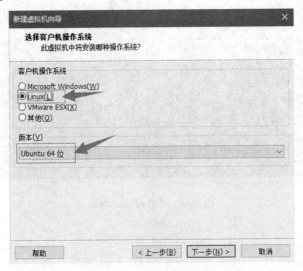

图 A-2　安装向导（二）

③ 在出现的对话框中自定义选择存储位置和磁盘大小，单击"完成"按钮，结束安装。

④ 在安装好的虚拟机首页（如图 A-3 所示）中单击"开启虚拟机"按钮。

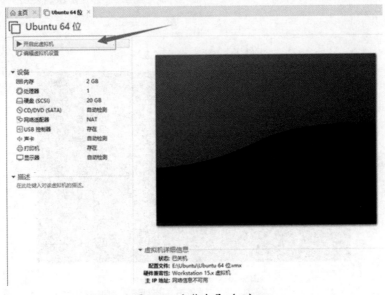

图 A-3　安装向导（三）

⑤ 开启虚拟机后，在界面（如图 A-4 所示）中单击"设置"按钮（右下角的 CD 小图标），在弹出的对话框（如图 A-5 所示）中选择"使用 ISO 镜像文件"（即保存 Ubuntu 的位置），然后单击"确定"按钮。

⑥ 再次单击"设置"按钮（图 A-4 右下角的 CD 小图标），然后选择"连接"。

⑦ 单击虚拟机软件上方的重启选项，重启虚拟机，进入安装界面（如图 A-6 所示），选择"安装 Ubuntu"。

⑧ 安装结束后，重启，即可进入 Ubuntu，正常使用。

图 A-4 安装向导（四）

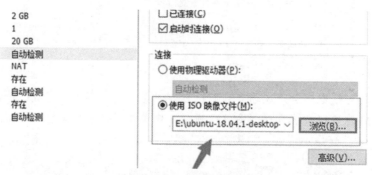

图 A-5 安装向导（五）

图 A-6 安装 Ubuntu 界面

附录 B 安装 Go 语言环境

1. 下载安装包

打开终端，在命令行输入以下命令，下载安装包：

```
wget https://studygolang.com/dl/golang/go1.11.linux-amd64.tar.gz
```

2. 解压安装包，移动到 /usr/local 文件夹下

在终端中输入命令：

```
tar -xzf go1.11.linux-amd64.tar.gz
```

对安装包进行解压，再输入命令

```
sudo mv go /usr/local
```

将安装包移动到 local 文件夹中。

3. 路径配置

在终端中输入以下命令进行路径的配置。

```
export  PATH=$PATH:/usr/local/go/bin
export  GOROOT=/usr/local/go
export  GOPATH=$HOME/go
export  PATH=$PATH:$HOME/go/bin
```

4. 创建 Go 文件夹

在终端输入命令：

```
mkdir -p go/src/github.com/hyperledger/fabric
```

创建分级文件夹。

创建完毕，同样在终端中输入命令：

```
sudo chmod -R 777 go
```

给 go 文件夹及该文件夹下的所有文件都授予读写和执行权限。

附录 C　安装 Docker

1. 下载 Docker-ce

Docker-ce 是 Docker 的社区版本，适用于基于 Docker 研发的应用开发者或者小型团队，通过在终端命令行中输入以下命令来安装：

```
sudo apt-get update
sudo apt-get install docker-ce
```

在终端的命令行输入：

```
docker version
```

若出现如图 C-1 所示的界面，就说明已经安装成功了。

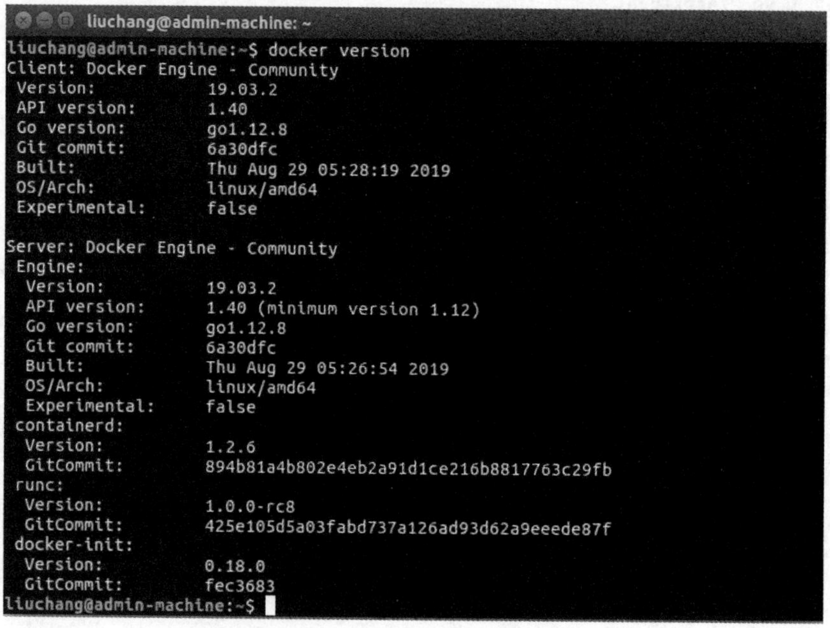

图 C-1　Docker 安装成功界面

2. 安装 Docker-Compose

Docker-Compose 是一个用于定义和运行多个容器的应用，可以轻松、高效地管理容器。在安装 Docker-Compose 前需要安装 Python-pip。Python-pip 是一个通用的 Python 包管理工具，提供了对 Python 包的查找、下载、安装、卸载的功能。在终端命令行输入：

```
sudo apt-get install python-pip
```

安装 Python-pip 完毕，在命令行中输入：

```
sudo pip install docker-compose
```

安装 Docker-Compose。

安装完毕，通过输入命令：

```
docker-compose -version
```

查看版本号、是否安装成功，如图 C-2 所示。

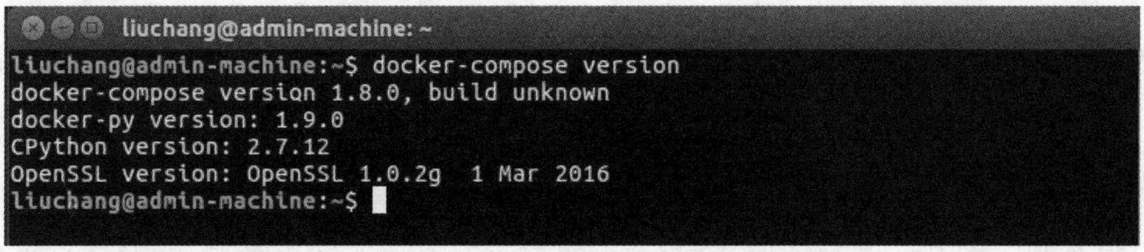

图 C-2　Docker-Compose 安装成功

附录 D　Fabric 常用工具

1. Git

Git 是一个开源的分布式版本控制系统，与常用的版本控制工具 CVS 等不同，在没有网络时仍然可以使用大部分命令和操作，在网络恢复时再与服务器进行同步，这样可以更好地实现多人联合编程。

打开终端，在命令行中输入命令：

```
sudo apt-get install git
```

即可进行安装。

2. curl

curl 是一个 Linux 命令行工具，既可以从服务器下载数据，也能向服务器上传数据。curl 命令非常强大，几乎支持所有的协议。

打开终端，在命令行中输入命令：

```
sudo apt-get install curl
```

即可进行安装。

3. wget

wget 是在命令行下用来下载文件的工具，可以从指定 URL 下载文件。wget 非常稳定，下载过程中如果由于网络的原因下载失败，wget 会不断尝试，直到整个文件下载完毕。

打开终端，在命令行中输入命令：

```
sudo apt-get install wget
```

即可进行安装。

附录 E　拉取 Fabric 镜像

1．下载 fabric.git

打开终端，在命令行中输入

```
cd go/src/github.com/hyperledger
```

进入 hyperledger 文件夹，再输入命令：

```
git clone https://github.com/hyperledger/fabric.git
```

进行下载。

2．下载 fabric 镜像

在下载镜像前进入系统设置，在"Software & Updates"选项卡（如图 E-1 所示）中，把下载软件源改为 http://mirrors.aliyun.com/ubuntu，因为连接下载镜像速度会更快。

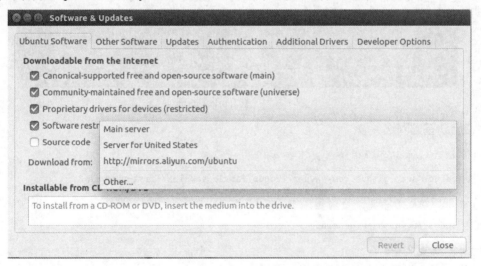

图 E-1　切换系统下载源

设置完成后，在命令行中输入命令：

```
sudo ./fabric/scripts/bootstrap.sh
```

下载镜像文件。

下载完成后，在命令行输入命令：

```
docker images
```

若出现如图 E-2 所示的内容，即说明镜像下载成功。

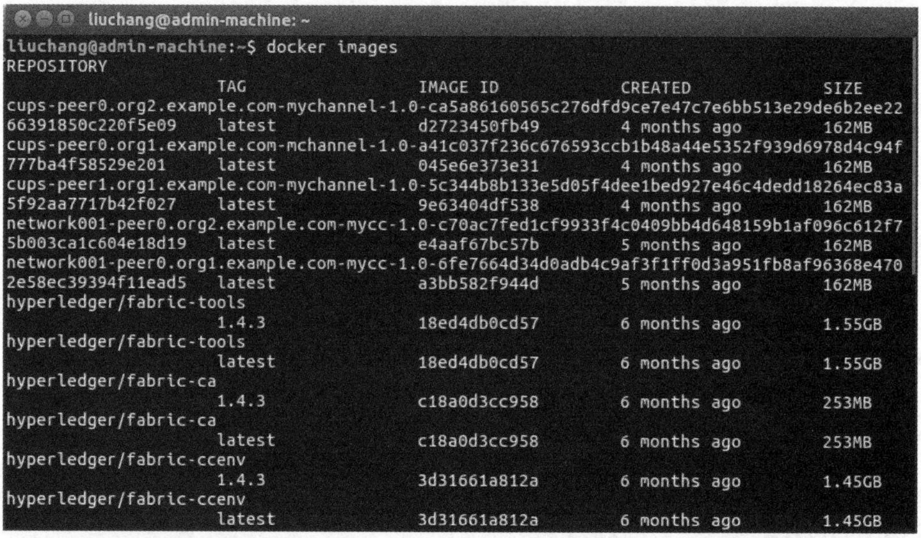

图 E-2　查看镜像信息

3. 下载 fabric-samples

Fabric-samples 是 GitHub 官网提供的模板案例，在搭建基础环境时需要用到这些文件。在终端命令行输入命令：

```
cd go/src/github.com/hyperledger/fabric
```

进入 fabric 文件夹，接着输入如图 E-3 所示的命令下载 fabric-samples。

图 E-3　下载 fabric-samples

4. 启动基础网络

打开终端，在命令行中输入以下命令：

```
cd go/ src/ github.com/ hyper ledger/fabric-samples/first-network
```

进入 first-network 文件夹；接着输入命令：

```
sudo ./byfn.sh -m generate
```

生成所需的配置文件。

文件生成后，在命令行中继续输入命令：

```
sudo ./byfn.sh up
```

开启网络，若出现如图 E-4 所示，即表示启动成功。

启动成功后，在终端命令行中输入命令：

```
sudo ./byfn.sh down
```

将网络关闭。

至此，准备工作已经全部完成。

图 E-4　网络启动成功

附录 F 搭建 Fabric 网络

1. 配置 Fabric 基本网络环境

Fabric 网络搭建中组织和节点的个数可以自己设定，本例包含一个排序服务节点 orderer 和三个组织 org1、org2、org3。每个组织内包含 1 个节点，即包含 3 个 peer 节点。

网络环境的具体配置步骤如下。

（1）创建文件夹

打开虚拟机终端，在命令行中输入命令：

```
sudo mkdir go/src/github.com/hyperledger/fabric/cups
```

创建一个名为 cups 的文件夹（文件夹名可以自定义），保存后续生成的节点、证书等文件。

（2）配置 IP 地址

在 hosts 文件中需要配置 orderer 节点和 peer 节点的 IP 地址，下面以 peer 节点为例进行 IP 配置。

打开终端，在命令行中输入命令：

```
sudo gedit /etc/hosts
```

打开 hosts 文件，在本机 peer 节点上添加整个 Fabric 网络所有节点的 IP 地址，如图 F-1 所示。

图 F-1 打开 hosts 文件

配置 IP 地址的命令语句需要输入三部分内容：IP 地址、角色（Order/peer）、域名，如图 F-2 所示。

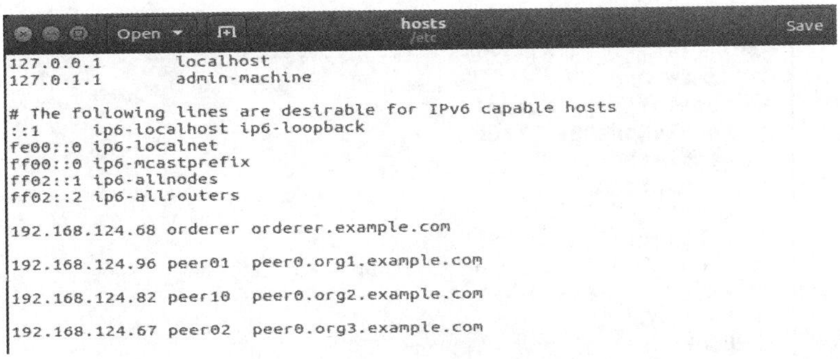

```
127.0.0.1       localhost
127.0.1.1       admin-machine

# The following lines are desirable for IPv6 capable hosts
::1     ip6-localhost ip6-loopback
fe00::0 ip6-localnet
ff00::0 ip6-mcastprefix
ff02::1 ip6-allnodes
ff02::2 ip6-allrouters

192.168.124.68 orderer orderer.example.com

192.168.124.96 peer01  peer0.org1.example.com

192.168.124.82 peer10  peer0.org2.example.com

192.168.124.67 peer02  peer0.org3.example.com
```

图 F-2　配置 IP 地址

2．生成 Fabric 需要的证书文件

Fabric 网络在启动前需要为各节点生成对应的证书。生成证书可以通过 cryptogen 模块完成，cryptogen 模块会根据提供的配置文件生成所需要的证书。

先在 cups 文件夹下新建一个文件夹，一般命名为 crypto-config，保存生成的证书。

生成证书时需要用到的配置文件为 crypto-config.yaml。在拉取 Fabric 镜像中从 GitHub 官网下载过 fabric-samples 模板案例文件，进入此文件夹可找到该配置文件，并将该配置文件复制到 cups 文件夹中。在 crypto-config.yaml 配置文件中可以对 peer 节点和 orderer 节点的配置信息进行管理，生成节点的私钥和公钥证书。

另外，在配置文件中需要对排序节点进行命名，如命名为 orderer，标明所在域为 example.com，Hostname 也命名为 orderer，如图 F-3 所示。

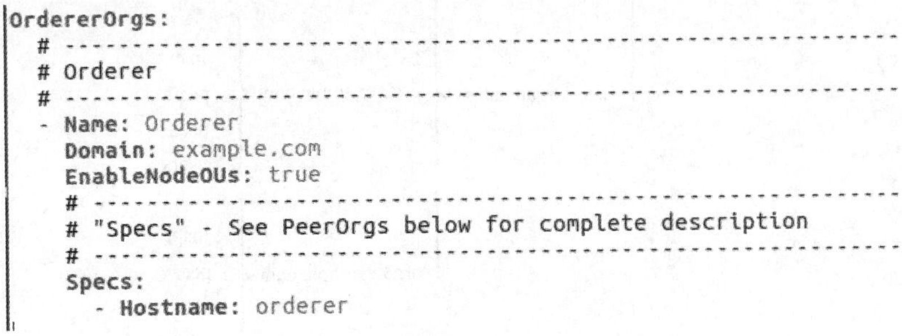

```
OrdererOrgs:
  # ---------------------------------------------------------------
  # Orderer
  # ---------------------------------------------------------------
  - Name: Orderer
    Domain: example.com
    EnableNodeOUs: true
    # -------------------------------------------------------------
    # "Specs" - See PeerOrgs below for complete description
    # -------------------------------------------------------------
    Specs:
      - Hostname: orderer
```

图 F-3　排序节点命名

将三个组织分别为命名为 org1、org2、org3，域名分别为 org1.example.com、org2.example.com、org3.example.com，节点数均为 1 个，如图 F-4 所示。

在终端命令行中输入命令：

```
cryptogen generate --config=crypto-config.yaml
```

可以生成 Fabric 所需的证书。

生成证书后，crypto-config 文件夹结构如图 F-5 所示。

crypto-config 文件夹内包含 ordererOrganization 和 peerOrganization 两个子文件夹，分别保存 orderer 节点和 peer 节点的证书内容。因为设置了 1 个 orderer 节点和 3 个 peer 节点，所以 ordererOrganization 文件夹下有 1 个 orderer 域名的相关证书文件夹，peerOrganization 文件夹下有 3 个 peer 域名的相关证书文件夹。

```
# Org2: See "Org1" for full specification
# ------------------------------------------
- Name: Org2
  Domain: org2.example.com
  EnableNodeOUs: true
  Template:
    Count: 2
  Users:
    Count: 1
# Org3: See "Org1" for full specification
# ------------------------------------------
- Name: Org3
  Domain: org3.example.com
  EnableNodeOUs: true
  Template:
    Count: 2
  Users:
    Count: 1
```

图 F-4　组织命名

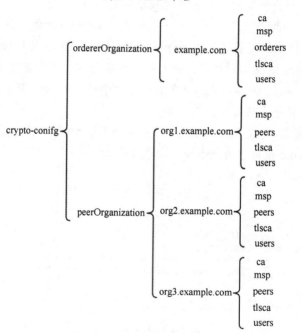

图 F-5　证书文件夹结构

在 order 节点下：

❖ ca 文件夹，存放组织的根证书。

❖ msp 文件夹，存放 order 管理员的证书，根域名服务器的签名证书、TLS 连接用的身份证书。

❖ orderers 文件夹，存放 orderer 节点相关证书、与其他节点 TLS 连接用的身份证书。

❖ tlsca 文件夹，存放 TLS 相关的证书和私钥。

❖ users 文件夹，存放节点用户相关的证书。

在 peer 节点下，以 org1 为例：

❖ ca 文件夹，存放根节点签名证书。

❖ msp 文件夹，存放代表该组织的身份信息，包括：被根证书签名的组织管理员的身份验证证书，组织的根证书，TLS 连接身份证书。

❖ peers 文件夹，存放 org1 所有 peer 节点的证书，包括：组织管理员的身份证书，组织根证书，当前节点的私钥，当前节点签名的数字证书，TLS 连接的身份证书，验证本节点签名的证书，以及当前节点用来签名的私钥文件。

❖ tlsca 文件夹，存放 TLS 相关的证书和私钥。

❖ users 文件夹，存放属于该组织的用户实体，包括：管理员身份验证的信息，用户所属组织的根证书，用户私钥，用户的签名证书，SDK 客户端使用的 TLS 连接通信证书，组织根证书管理员身份证书，以及管理员私钥。

3. 生成创世区块和通道

Fabric 的每个通道都建有一个账本，交易信息存储在账本区块中。账本的第一个区块不存储交易数据，只存储一些配置信息，被称为创世区块。configtxgen 模块专门负责生成系统的创世区块和通道文件，运行时需要 configtx.yaml 配置文件。

configtx.yaml 文件中定义了组织和通道信息，在 fabric-samples 文件中找到 configtx.yaml 配置文件，需要进行修改的是 Organizations 部分，添加 org1、org2 和 org3，其他配置信息可以不进行更改，如图 F-6 所示。

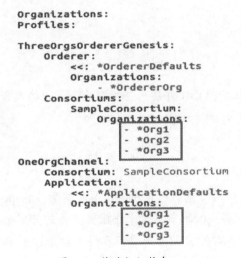

图 F-6 修改组织信息

修改完配置文件后，需要创建一个文件夹来存储之后生成的文件。文件夹名称可以自命名，但是要与之后的操作命令保持一致。如命名为 channel-artifacts，在终端命令行中输入命令：

```
mkdir channel-artifact
```

继续在命令行中输入命令：

```
configtxgen- profile ThreeOrgsOrdererGenesis -outputBlock ./ channel- arti facts/genesis.block
```

将生成的创世区块保存到刚才创建的 channel-artifacts 文件夹中。

继续在命令行中输入命令：

```
configtxgen -profile ThreeOrgsChannel -outputCreateChannelTx ./ channel-artifacts/
channel.tx -channelID mychannel
```

以生成通道文件。

4．启动 orderer 节点

orderer 节点负责交易的打包和区块的生成。在启动 orderer 节点前，先在 fabric-samples 文件中找到 orderer.yaml 配置文件。修改文件名，与之前命名的文件夹名称保持一致即可，如图 F-7 所示。

```
environment:
  - CORE_VM_ENDPOINT=unix:///host/var/run/docker.sock
  - CORE_LOGGING_LEVEL=INFO
  - CORE_PEER_GOSSIP_USELEADERELECTION=true
  - CORE_PEER_GOSSIP_ORGLEADER=false
  - CORE_PEER_PROFILE_ENABLED=true
  - CORE_PEER_LOCALMSPID=OrgCppMSP
  - CORE_PEER_ID=peer0.orgcpp.test.com
  - CORE_PEER_ADDRESS=peer0.orgcpp.test.com:7051
  - CORE_PEER_GOSSIP_BOOTSTRAP=peer0.orgcpp.test.com:7051
  - CORE_PEER_GOSSIP_EXTERNALENDPOINT=peer0.orgcpp.test.com:7051
  - CORE_VM_DOCKER_HOSTCONFIG_NETWORKMODE=cups_default
  - CORE_PEER_TLS_ENABLED=true
  - CORE_PEER_TLS_CERT_FILE=/etc/hyperledger/fabric/tls/server.crt
  - CORE_PEER_TLS_KEY_FILE=/etc/hyperledger/fabric/tls/server.key
  - CORE_PEER_TLS_ROOTCERT_FILE=/etc/hyperledger/fabric/tls/ca.crt
volumes:
  - /var/run/:/host/var/run/
  - ./crypto-config/peerOrganizations/orgcpp.test.com/peers/peer0.orgcpp.test.com/msp:/etc/hyperledger/fabric/msp
  - ./crypto-config/peerOrganizations/orgcpp.test.com/peers/peer0.orgcpp.test.com/tls:/etc/hyperledger/fabric/tls
working_dir: /opt/gopath/src/github.com/hyperledger/fabric/peer
command: peer node start
networks:
  default:
    aliases:
      - cups
ports:
  - 7051:7051
  - 7053:7053
```

图 F-7　修改文件名

修改 docker-orderer.yaml 配置文件后，在终端命令行中输入命令：

```
docker-compose -f docker -orderer.yaml up -d
```

即可启动 orderer 节点。

5．启动 peer 节点

peer 节点是 Fabric 的核心节点，打包所有交易数据后，由 peer 模块存储在区块链中。与启动 orderer 节点的方法一样，peer 节点也采用配置文件的方式来启动，具体步骤如下：进入工作文件夹 cups，切换到 peer 节点的虚拟机，在终端命令行中输入命令：

```
cd go/src/github.com/hyperledger/fabric/cups
```

进入 cups 文件夹。

（1）远程复制

前面已经使用命令生成了 crypto-config 和 channel-artifacts 两个文件夹。方便起见以及避免出错，可以通过远程复制的方式，将 orderer 节点中的 crypto-config 和 channel-artifacts 文件夹复制到本机的 cups 文件夹下。远程复制通过 src 命令实现。

本示例中 orderer 节点宿主机的 IP 为：192.168.124.68，用户名为 master，因此在终端命令行中分别输入以下命令来进行复制：

```
scp -r master@192.168.124.68:/home/master/cups/channel-artifacts ./
scp -r master@192.168.124.68:/home/master/cups/crypto-config ./
```

（2）关闭 docker 容器

在启动 peer 节点前需要先关闭 docker 容器，避免后续步骤出现错误。

在终端命令行中输入命令：

```
docker rm -f $(docker ps -aq)
```

关闭 docker。

（3）修改配置文件

先在 fabric-samples 文件中找到 docker-peer.yaml 配置文件，再修改文件的路径、添加 IP 地址，如图 F-8 所示。

```
environment:
  - CORE_LEDGER_STATE_STATEDATABASE=CouchDB
  - CORE_LEDGER_STATE_COUCHDBCONFIG_COUCHDBADDRESS=couchdb:5984

  - CORE_PEER_ID=peer1.org1.example.com
  - CORE_PEER_NETWORKID=cups
  - CORE_PEER_ADDRESS=peer1.org1.example.com:7051
  - CORE_PEER_CHAINCODELISTENADDRESS=peer1.org1.example.com:7052
  - CORE_PEER_GOSSIP_EXTERNALENDPOINT=peer1.org1.example.com:7051
  - CORE_PEER_LOCALMSPID=Org1MSP
  - CORE_VM_ENDPOINT=unix:///host/var/run/docker.sock
  - CORE_VM_DOCKER_HOSTCONFIG_NETWORKMODE=cups
  - CORE_LOGGING_LEVEL=DEBUG
  - CORE_PEER_GOSSIP_SKIPHANDSHAKE=true
  - CORE_PEER_GOSSIP_USELEADERELECTION=true
  - CORE_PEER_GOSSIP_ORGLEADER=false
  - CORE_PEER_PROFILE_ENABLED=false
  - CORE_PEER_TLS_ENABLED=false
  - CORE_PEER_TLS_CERT_FILE=/etc/hyperledger/fabric/tls/server.crt
  - CORE_PEER_TLS_KEY_FILE=/etc/hyperledger/fabric/tls/server.key
  - CORE_PEER_TLS_ROOTCERT_FILE=/etc/hyperledger/fabric/tls/ca.crt
  - CORE_VM_DOCKER_HOSTCONFIG_NETWORKMODE=cups_default
volumes:
  - /var/run/:/host/var/run/
  - ./crypto-config/peerOrganizations/org1.example.com/peers/
peer1.org1.example.com/msp:/etc/hyperledger/fabric/msp
  - ./crypto-config/peerOrganizations/org1.example.com/peers/
peer1.org1.example.com/tls:/etc/hyperledger/fabric/tls
working_dir: /opt/gopath/src/github.com/hyperledger/fabric/peer
command: peer node start
ports:
  - 7051:7051
  - 7052:7052
  - 7053:7053
depends_on:
  - couchdb
networks:
  default:
    aliases:
      - cups
extra_hosts:
  - "orderer.example.com:192.168.124.68"
  - "peer0.org2.example.com:192.168.124.82"
  - "peer0.org3.example.com:192.168.124.67"
```

图 F-8　修改配置文件

（4）启动 peer 节点

在终端命令行中输入命令：

```
docker-compose -f docker-peer.yaml up -d
```

启动 peer 节点。

启动结束后，在终端命令行中输入命令：

```
docker ps -a
```

查看是否启动成功。

6. 创建并加入通道

（1）创建应用通道

先在终端命令行中输入命令：

```
docker exec -it cli bash
```

进入客户端容器，再输入命令：

```
peer channel create -o orderer.example.com:7050 -c mychannel -t 50s -f
    ./channel-artifacts/ channel.tx
```

创建应用通道。

（2）将运行的 peer 节点加入通道

通道创建完毕，在终端命令行中输入命令：

```
peer channel join -b mychannel.block
```

加入刚才创建的通道。

7．部署智能合约

这里以官网的智能合约样例模板为例，链码名为 chaincode_example02，在终端命令行中输入命令：

```
peer chaincode install -n mychannel -p github.com/hyperledger/fabric/cups/chaincode/
    go/chaincode_example02 -v1.0
```

即可成功安装链码。

安装完毕，就可以对链码进行实例化和调用了。

8．错误总结

至此，Fabric 的网络环境搭建已经结束。以下是在搭建环境中遇到的一些常见错误。

（1）启动 orderer 节点出现错误

在启动 orderer 节点时经常提示无法连接到 docker 进程，它是否已在进行，主要原因是 docker 不是由系统服务方式启动的。

解决方案如下：在命令行中输入命令

```
service docker start
```

启动 docker 服务，生成自启动服务 systemctl enable docker.service 和 systemctl status docker.service，此时的服务状态为 active（running），再次启动 orderer 节点即可成功。

（2）peer 节点中的 ca 一直退出

启动 peer 节点时最容易出现的问题就是 peer 节点中的 ca 一直莫名退出，如图 F-9 所示。

图 F-9　莫名退出错误

这里需要在 ca 文件夹中找到自己生成的秘钥名称，来更换 peer 节点配置文件中的名称，如图 F-10 所示。

单击"保存"按钮后，清空 docker 容器的内容，关闭 docker 容器。

再次启动，就可以成功启动 ca 了，如图 F-11 所示。

ca
hyperledger fabric cups crypto-config peerOrganizations org1.example.com ca
Recent
Home
Desktop
Documents
Downloads
10d4bfcdc564e7f34d190da0c2170953c09db6600894ae1ddffffeb22dbda66a_sk
ca.org1.example.com-cert.pem
docker-peer01.yaml (~/go/src/github.com/hyperledger/fabric/cups) - gedit
Comment/Uncomment the port mapping if you want to hide/expose the CouchDB service,
for example map it to utilize Fauxton User Interface in dev environments.
ports:
- "5984:5984"
ca:
container_name: ca
image: hyperledger/fabric-ca
environment:
- GODEBUG=netdns=go
- FABRIC_CA_HOME=/etc/hyperledger/fabric-ca-server
- FABRIC_CA_SERVER_CA_NAME=ca
- FABRIC_CA_SERVER_TLS_ENABLED=false
- FABRIC_CA_SERVER_TLS_CERTFILE=/etc/hyperledger/fabric-ca-server-config/ca.org1.example.com-cert.pem
- FABRIC_CA_SERVER_TLS_KEYFILE=/etc/hyperledger/fabric-ca-server-config/10d4bfcdc564e7f34d190da0c2170953c09db6600894ae1ddffffeb22dbda66a_sk
ports:
- "7054:7054"
command: sh -c 'fabric-ca-server start --ca.certfile /etc/hyperledger/fabric-ca-server-config/ca.org1.example.com-cert.pem --ca.keyfile /etc/hyperledger/fabric-ca-server-config/10d4bfcdc564e7f34d190da0c2170953c09db6600894ae1ddffffeb22dbda66a_sk -b admin:adminpw -d'
volumes:
- ./crypto-config/peerOrganizations/org1.example.com/ca/:/etc/hyperledger/fabric-ca-server-config

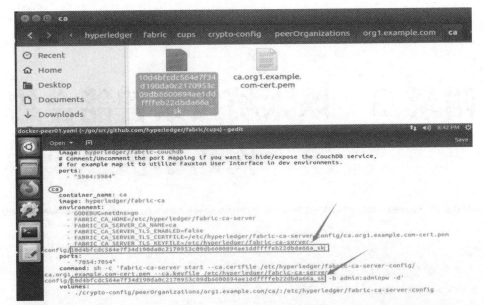

图 F-10 修改秘钥名称

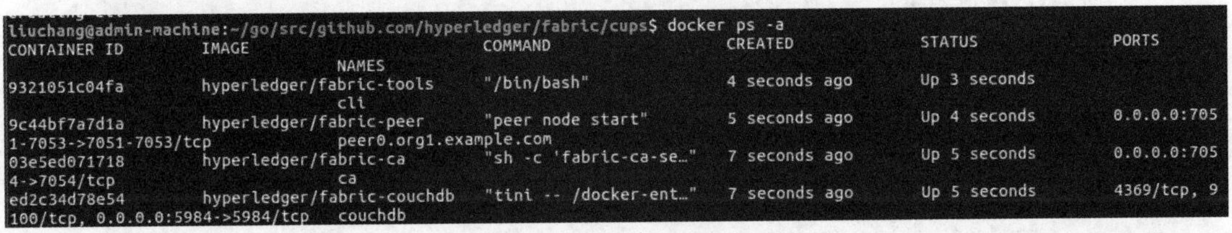

liuchang@admin-machine:~/go/src/github.com/hyperledger/fabric/cups$ docker ps -a
CONTAINER ID IMAGE COMMAND CREATED STATUS PORTS NAMES
9321051c04fa hyperledger/fabric-tools "/bin/bash" 4 seconds ago Up 3 seconds cli
9c44bf7a7d1a hyperledger/fabric-peer "peer node start" 5 seconds ago Up 4 seconds 0.0.0.0:7051-7053->7051-7053/tcp peer0.org1.example.com
03e5ed071718 hyperledger/fabric-ca "sh -c 'fabric-ca-se…" 7 seconds ago Up 5 seconds 0.0.0.0:7054->7054/tcp ca
ed2c34d78e54 hyperledger/fabric-couchdb "tini -- /docker-ent…" 7 seconds ago Up 5 seconds 4369/tcp, 9100/tcp, 0.0.0.0:5984->5984/tcp couchdb

图 F-11 成功启动 ca

附录 G 以太坊投票智能合约代码示例

以太坊投票智能合约代码示例如下：

```solidity
pragma solidity ^0.4.22;

/// @title 委托投票
contract Ballot {
    // 这里声明了一个新的复合类型用于稍后的变量，用来表示一个选民
    struct Voter {
        uint weight;                    // 计票的权重
        bool voted;                     // 若为真，则代表该人已投票
        address delegate;               // 被委托人
        uint vote;                      // 投票提案的索引
    }

    // 提案的类型
    struct Proposal {
        bytes32 name;                   // 简称（最长 32 个字节）
        uint voteCount;                 // 得票数
    }

    address public chairperson;

    // 这声明了一个状态变量，为每个可能的地址存储一个 Voter
    mapping(address => Voter) public voters;

    // 一个 Proposal 结构类型的动态数组
    Proposal[] public proposals;

    // 为 proposalNames 中的每个提案创建一个新的（投票）表决
    constructor(bytes32[] proposalNames) public {
        chairperson = msg.sender;
        voters[chairperson].weight = 1;
        // 对于提供的每个提案名称，创建一个新的 Proposal 对象，并把它添加到数组的末尾
        for (uint i = 0; i < proposalNames.length; i++) {
```

```
        // Proposal({ })创建一个临时 Proposal 对象
        // proposals.push()将其添加到 proposals 的末尾
        proposals.push(Proposal({
            name: proposalNames[i],
            voteCount: 0
        }));
    }
}


// 授权 voter 对这个（投票）表决进行投票，只有 chairperson 可以调用该函数
function giveRightToVote(address voter) public {
    // 若 require 的第一个参数的计算结果为`false`
    // 则终止执行，撤销所有对状态和以太币余额的改动
    // 在旧版 EVM 中这曾经会消耗所有 gas，但现在不会了
    // 使用 require 来检查函数是否被正确地调用，是一个好习惯
    // 也可以在 require 的第二个参数中提供一个对错误情况的解释
    require(
        msg.sender == chairperson,
        "Only chairperson can give right to vote."
    );
    require(
        !voters[voter].voted,
        "The voter already voted."
    );
    require(voters[voter].weight == 0);
    voters[voter].weight = 1;
}


// 把投票委托到投票者 to
function delegate(address to) public {
    // 传引用
    Voter storage sender = voters[msg.sender];
    require(!sender.voted, "You already voted.");

    require(to != msg.sender, "Self-delegation is disallowed.");

    // 委托是可以传递的，只要被委托者 to 也设置了委托。一般来说，这种循环委托是危险的
    // 因为如果传递的链条太长，就可能需消耗的 gas 要多于区块中剩余的（大于区块设置的 gasLimit）
    // 这种情况下，委托不会被执行。而在另一些情况下，如果形成闭环，就会让合约完全卡住
    while (voters[to].delegate != address(0)) {
        to = voters[to].delegate;

        // 不允许闭环委托
        require(to != msg.sender, "Found loop in delegation.");
    }

    // sender 是一个引用，相当于对 voters[msg.sender].voted 进行修改
    sender.voted = true;
```

```
        sender.delegate = to;
        Voter storage delegate_ = voters[to];
        if (delegate.voted) {
            // 若被委托者已经投过票了，则直接增加得票数
            proposals[delegate.vote].voteCount += sender.weight;
        } else {
            // 若被委托者还没投票，则增加委托者的权重
            delegate.weight += sender.weight;
        }
    }


    // 投票（包括委托给你的票）给提案 proposals[proposal].name
    function vote(uint proposal) public {
        Voter storage sender = voters[msg.sender];
        require(!sender.voted, "Already voted.");
        sender.voted = true;
        sender.vote = proposal;

        // 若 proposal 超过了数组的范围，则会自动抛出异常，并恢复所有的改动
        proposals[proposal].voteCount += sender.weight;
    }


    /// @dev 结合之前所有的投票，计算出最终胜出的提案
    function winningProposal() public view
            returns (uint winningProposal_)
    {
        uint winningVoteCount = 0;
        for (uint p = 0; p < proposals.length; p++) {
            if (proposals[p].voteCount > winningVoteCount) {
                winningVoteCount = proposals[p].voteCount;
                winningProposal_ = p;
            }
        }
    }


    // 调用 winningProposal()函数，以获取提案数组中获胜者的索引，并以此返回获胜者的名称
    function winnerName() public view returns (bytes32 winnerName_)
    {
        winnerName_ = proposals[winningProposal()].name;
    }
}
```

附录 H 以太坊积分商城项目智能合约代码示例

以太坊积分商城项目智能合约代码示例如下。

1. 构造函数

编写基本框架，状态变量，添加构造函数，设置管理员。

```solidity
pragma solidity ^0.4.24;

contract Score{
    address owner;                    // 合约的拥有者，银行
    uint issuedScoreAmount;           // 银行已经发行的积分总数
    uint settledScoreAmount;          // 银行已经清算的积分总数
    struct Customer {
        // 客户 address
        address customerAddr;
        // 客户密码
        bytes32 password;
        // 积分余额
        uint scoreAmount;
        // 购买的商品数组
    bytes32[] buyGoods;
    }
    struct Merchant {
        // 商户 address
        address merchantAddr;
        // 商户密码
        bytes32 password;
        // 积分余额
        uint scoreAmount;
        // 发布的商品数组
        bytes32[] sellGoods;
    }
    struct Good {
        // 商品 ID
        bytes32 goodId;
```

```
        // 价格
        uint price;
        // 商品属于哪个商户
        address belong;
    }
    mapping (address=>Customer) customer;        // 根据客户的 address 查找某个客户
    mapping (address=>Merchant) merchant;        // 根据商户的 address 查找某个商户
    mapping (bytes32=>Good) good;                // 根据商品 ID 查找该件商品
    address[] customers;                         // 已注册的客户数组
    address[] merchants;                         // 已注册的商户数组
    bytes32[] goods;                             // 已经上线的商品数组
    // 构造函数
    function Score() {
        owner =msg.sender;
    }
}
```

2. 注册商户函数

```
// 注册一个商户
event NewMerchant(address sender, bool isSuccess, string message);
function newMerchant(address _merchantAddr,string memory _password) public {
    // 判断是否已经注册
    if (!isMerchantAlreadyRegister(_merchantAddr)) {
        // 还未注册
        merchant[_merchantAddr].merchantAddr = _merchantAddr;
        merchant[_merchantAddr].password = stringToBytes32(_password);
        merchants.push(_merchantAddr);
        emit NewMerchant(msg.sender, true, "注册成功");
        return;
    }
    else {
        emit NewMerchant(msg.sender, false, "该账户已经注册");
        return;
    }
}
```

3. 注册客户函数

```
// 注册一个客户
event NewCustomer(address sender, bool isSuccess, string password);
function newCustomer(address _customerAddr, string memory _password) public {
    // 判断是否已经注册
    if (!isCustomerAlreadyRegister(_customerAddr)) {
        // 还未注册
        customer[_customerAddr].customerAddr = _customerAddr;
        customer[_customerAddr].password = stringToBytes32(_password);
        customers.push(_customerAddr);
        emit NewCustomer(msg.sender, true, _password);
        return;
```

```
            }
            else {
                emit NewCustomer(msg.sender, false, _password);
                return;
            }
        }
```

4. 修饰器

修饰限定作用，非管理员不允许调用被修饰的函数。

```
// 修饰器，限定仅管理员可以执行函数(draw, drawback 函数)
modifier onlyOwner {
    require(manager == msg.sender);
    _;
}
```

5. 银行发行积分函数

```
// 银行发送积分给客户,只能被银行调用， 且只能发送给客户
event SendScoreToCustomer(address sender, string message);
function sendScoreToCustomer(address _receiver,uint _amount) public onlyOwner {
    if (isCustomerAlreadyRegister(_receiver)) {               // 已经注册
        issuedScoreAmount += _amount;
        customer[_receiver].scoreAmount += _amount;
        emit SendScoreToCustomer(msg.sender, "发行积分成功");
        return;
    }
    else {                                                    // 还没注册
        emit SendScoreToCustomer(msg.sender, "该账户未注册， 发行积分失败");
        return;
    }
}
```

6. 积分转让函数

```
// 两个账户转移积分， 任意两个账户之间都可以转移,客户商户都调用该方法
// _senderType 表示调用者类型， 0表示客户， 1表示商户
event TransferScoreToAnother(address sender, string message);
function transferScoreToAnother(uint _senderType, address _sender, address _receiver,
                                uint _amount) public {
    //目的账户不存在
    if (!isCustomerAlreadyRegister(_receiver) && !isMerchantAlreadyRegister(_receiver)){
        emit TransferScoreToAnother(msg.sender, "目的账户不存在,请确认后再转移！");
        return;
    }
    // 客户转移
    if (_senderType == 0) {
        if (customer[_sender].scoreAmount >= _amount) {
            customer[_sender].scoreAmount -= _amount;
            if (isCustomerAlreadyRegister(_receiver)) {      // 目的地址是客户
                customer[_receiver].scoreAmount += _amount;
```

```
            }
            else {
                merchant[_receiver].scoreAmount += _amount;
            }
            emit TransferScoreToAnother(msg.sender, "积分转让成功！");
            return;
        }
        else {
            emit TransferScoreToAnother(msg.sender, "你的积分余额不足，转让失败！");
            return;
        }
    }
    else {                                              // 商户转移
        if (merchant[_sender].scoreAmount >= _amount) {
            merchant[_sender].scoreAmount -= _amount;
            if (isCustomerAlreadyRegister(_receiver)) {     // 目的地址是客户
                customer[_receiver].scoreAmount += _amount;
            }
            else {
                merchant[_receiver].scoreAmount += _amount;
            }
            emit TransferScoreToAnother(msg.sender, "积分转让成功！");
            return;
        }
        else {
            emit TransferScoreToAnother(msg.sender, "你的积分余额不足，转让失败！");
            return;
        }
    }
}
```

7. 添加商品函数

```
// 商户添加一件商品
event AddGood(address sender, bool isSuccess, string message);
function addGood(address _merchantAddr, string memory _goodId, uint _price) public {
    bytes32 tempId = stringToBytes32(_goodId);
    // 首先判断该商品 Id 是否已经存在
    if (!isGoodAlreadyAdd(tempId)) {
        good[tempId].goodId = tempId;
        good[tempId].price = _price;
        good[tempId].belong = _merchantAddr;
        goods.push(tempId);
        merchant[_merchantAddr].sellGoods.push(tempId);
        emit AddGood(msg.sender, true, "创建商品成功");
        return;
    }
    else {
        emit AddGood(msg.sender, false, "该件商品已经添加，请确认后操作");
```

```
            return;
        }
    }
```

8. 购买商品函数

```
// 用户用积分购买一件商品
event BuyGood(address sender, bool isSuccess, string message);
function buyGood(address _customerAddr, string memory _goodId) public {
    // 首先判断输入的商品 Id 是否存在
    bytes32 tempId = stringToBytes32(_goodId);
    if (isGoodAlreadyAdd(tempId)) {                         // 该件商品已经添加，可以购买
        if (customer[_customerAddr].scoreAmount < good[tempId].price) {
            emit BuyGood(msg.sender, false, "余额不足，购买商品失败！");
            return;
        }
        else {                                              // 对这里的方法抽取
            customer[_customerAddr].scoreAmount -= good[tempId].price;
            merchant[good[tempId].belong].scoreAmount += good[tempId].price;
            customer[_customerAddr].buyGoods.push(tempId);
            emit BuyGood(msg.sender, true, "购买商品成功");
            return;
        }
    }
    else {                                                  // 没有这个 Id 的商品
        emit BuyGood(msg.sender, false, "输入商品 Id 不存在，请确定后购买");
        return;
    }
}
```

9. 完整合约

```
pragma solidity ^0.5.0;
contract Utils {
    function stringToBytes32(string memory source) internal pure returns (bytes32 result) {
        assembly {
            result := mload(add(source, 32))
        }
    }
    function bytes32ToString(bytes32 x) internal pure returns (string memory) {
        bytes memory bytesString = new bytes(32);
        uint charCount = 0;
        for (uint j = 0; j < 32; j++) {
            byte char = byte(bytes32(uint(x) * 2 ** (8 * j)));
            if (char != 0) {
                bytesString[charCount] = char;
                charCount++;
            }
        }
        bytes memory bytesStringTrimmed = new bytes(charCount);
```

```
            for (uint j = 0; j < charCount; j++) {
                bytesStringTrimmed[j] = bytesString[j];
            }
            return  string(bytesStringTrimmed);
        }
    }
contract Score is Utils {
    address owner;                               // 合约的拥有者, 银行
    uint issuedScoreAmount;                      // 银行已经发行的积分总数
    uint settledScoreAmount;                     // 银行已经清算的积分总数
    struct Customer {
        address customerAddr;                    // 客户 address
        bytes32 password;                        // 客户密码
        uint scoreAmount;                        // 积分余额
        bytes32[] buyGoods;                      // 购买的商品数组
    }
    struct Merchant {
        address merchantAddr;                    // 商户 address
        bytes32 password;                        // 商户密码
        uint scoreAmount;                        // 积分余额
        bytes32[] sellGoods;                     // 发布的商品数组
    }
    struct Good {
        bytes32 goodId;                          // 商品 Id
        uint price;                              // 价格
        address belong;                          // 商品属于哪个商户 address
    }
    mapping(address => Customer) customer;
    mapping(address => Merchant) merchant;
    mapping(bytes32 => Good) good;               // 根据商品 Id 查找该件商品
    address[] customers;                         // 已注册的客户数组
    address[] merchants;                         // 已注册的商户数组
    bytes32[] goods;                             // 已经上线的商品数组
    // 增加权限控制, 某些方法只能由合约的创建者调用
    modifier onlyOwner(){
        if (msg.sender == owner) _;
    }
    // 构造函数
    constructor() public {
        owner = msg.sender;
    }
    // 返回合约调用者地址
    function getOwner() view public  returns (address) {
        return owner;
    }
    // 注册一个客户
    event NewCustomer(address sender, bool isSuccess, string password);
    function newCustomer(address _customerAddr, string memory _password) public {
```

```solidity
        //判断是否已经注册
        if (!isCustomerAlreadyRegister(_customerAddr)) {
            //还未注册
            customer[_customerAddr].customerAddr = _customerAddr;
            customer[_customerAddr].password = stringToBytes32(_password);
            customers.push(_customerAddr);
            emit NewCustomer(msg.sender, true, _password);
            return;
        }
        else {
            emit NewCustomer(msg.sender, false, _password);
            return;
        }
    }
    // 注册一个商户
    event NewMerchant(address sender, bool isSuccess, string message);
    function newMerchant(address _merchantAddr,
        string memory _password) public {
        //判断是否已经注册
        if (!isMerchantAlreadyRegister(_merchantAddr)) {
            //还未注册
            merchant[_merchantAddr].merchantAddr = _merchantAddr;
            merchant[_merchantAddr].password = stringToBytes32(_password);
            merchants.push(_merchantAddr);
            emit NewMerchant(msg.sender, true, "注册成功");
            return;
        }
        else {
            emit NewMerchant(msg.sender, false, "该账户已经注册");
            return;
        }
    }
    // 判断一个客户是否已经注册
    function isCustomerAlreadyRegister(address _customerAddr) internal view returns (bool) {
        for (uint i = 0; i < customers.length; i++) {
            if (customers[i] == _customerAddr) {
                return true;
            }
        }
        return false;
    }
    // 判断一个商户是否已经注册
    function isMerchantAlreadyRegister(address _merchantAddr) public view returns (bool) {
        for (uint i = 0; i < merchants.length; i++) {
            if (merchants[i] == _merchantAddr) {
                return true;
            }
        }
```

```
        return false;
    }
    // 查询用户密码
    function getCustomerPassword(address _customerAddr) view public returns (bool, bytes32) {
        // 判断该用户是否注册
        if (isCustomerAlreadyRegister(_customerAddr)) {
            return (true, customer[_customerAddr].password);
        }
        else {
            return (false, "");
        }
    }

    // 查询商户密码
    function getMerchantPassword(address _merchantAddr) view public returns (bool, bytes32) {
        // 判断该商户是否注册
        if (isMerchantAlreadyRegister(_merchantAddr)) {
            return (true, merchant[_merchantAddr].password);
        }
        else {
            return (false, "");
        }
    }
    // 银行发送积分给客户，只能被银行调用，且只能发送给客户
    event SendScoreToCustomer(address sender, string message);
    function sendScoreToCustomer(address _receiver,
        uint _amount) onlyOwner public {
        if (isCustomerAlreadyRegister(_receiver)) {          // 已经注册
            issuedScoreAmount += _amount;
            customer[_receiver].scoreAmount += _amount;
            emit SendScoreToCustomer(msg.sender, "发行积分成功");
            return;
        }
        else {                                               // 还没注册
            emit SendScoreToCustomer(msg.sender, "该账户未注册，发行积分失败");
            return;
        }
    }
    // 根据客户 address 查找余额
    function getScoreWithCustomerAddr(address customerAddr) view public returns (uint) {
        return customer[customerAddr].scoreAmount;
    }
    // 根据商户 address 查找余额
    function getScoreWithMerchantAddr(address merchantAddr) view public returns (uint) {
        return merchant[merchantAddr].scoreAmount;
    }
    // 两个账户转移积分，任意两个账户之间都可以转移，客户商户都调用该方法
    // _senderType 表示调用者类型，0 表示客户，1 表示商户
    event TransferScoreToAnother(address sender, string message);
```

```solidity
function transferScoreToAnother(uint _senderType,
    address _sender,
    address _receiver,
    uint _amount) public {
    // 目的账户不存在
    if(!isCustomerAlreadyRegister(_receiver) && !isMerchantAlreadyRegister(_receiver)) {
     emit TransferScoreToAnother(msg.sender, "目的账户不存在, 请确认后再转移! ");
        return;
    }
    if (_senderType == 0) {                                        // 客户转移
        if (customer[_sender].scoreAmount >= _amount) {
            customer[_sender].scoreAmount -= _amount;
            if (isCustomerAlreadyRegister(_receiver)) {           // 目的地址是客户
                customer[_receiver].scoreAmount += _amount;
            }
            else {
                merchant[_receiver].scoreAmount += _amount;
            }
            emit TransferScoreToAnother(msg.sender, "积分转让成功! ");
            return;
        }
        else {
            emit TransferScoreToAnother(msg.sender, "你的积分余额不足, 转让失败! ");
            return;
        }
    }
    else {                                                        // 商户转移
        if (merchant[_sender].scoreAmount >= _amount) {
            merchant[_sender].scoreAmount -= _amount;
            if (isCustomerAlreadyRegister(_receiver)) {           //目的地址是客户
                customer[_receiver].scoreAmount += _amount;
            }
            else {
                merchant[_receiver].scoreAmount += _amount;
            }
            emit TransferScoreToAnother(msg.sender, "积分转让成功! ");
            return;
        }
        else {
            emit TransferScoreToAnother(msg.sender, "你的积分余额不足, 转让失败! ");
            return;
        }
    }
}
// 银行查找已经发行的积分总数
function getIssuedScoreAmount() view public returns (uint) {
    return issuedScoreAmount;
}
```

```solidity
// 银行查找已经清算的积分总数
function getSettledScoreAmount() view public returns (uint) {
    return settledScoreAmount;
}
// 商户添加一件商品
event AddGood(address sender, bool isSuccess, string message);
function addGood(address _merchantAddr, string memory _goodId, uint _price) public {
    bytes32 tempId = stringToBytes32(_goodId);
    // 判断该商品 Id 是否已经存在
    if (!isGoodAlreadyAdd(tempId)) {
        good[tempId].goodId = tempId;
        good[tempId].price = _price;
        good[tempId].belong = _merchantAddr;
        goods.push(tempId);
        merchant[_merchantAddr].sellGoods.push(tempId);
        emit AddGood(msg.sender, true, "创建商品成功");
        return;
    }
    else {
        emit AddGood(msg.sender, false, "该件商品已经添加, 请确认后操作");
        return;
    }
}
// 商户查找自己的商品数组
function getGoodsByMerchant(address _merchantAddr) view public returns (bytes32[] memory) {
    return merchant[_merchantAddr].sellGoods;
}


// 用户用积分购买一件商品
event BuyGood(address sender, bool isSuccess, string message);
function buyGood(address _customerAddr, string memory _goodId) public {
    // 判断输入的商品 Id 是否存在
    bytes32 tempId = stringToBytes32(_goodId);
    if (isGoodAlreadyAdd(tempId)) {                     // 该件商品已经添加, 可以购买
        if (customer[_customerAddr].scoreAmount < good[tempId].price) {
            emit BuyGood(msg.sender, false, "余额不足, 购买商品失败");
            return;
        }
        else {                                          // 对这里的方法抽取
            customer[_customerAddr].scoreAmount -= good[tempId].price;
            merchant[good[tempId].belong].scoreAmount += good[tempId].price;
            customer[_customerAddr].buyGoods.push(tempId);
            emit BuyGood(msg.sender, true, "购买商品成功");
            return;
        }
    }
    else {                                              // 没有这个 Id 的商品
        emit BuyGood(msg.sender, false, "输入商品 Id 不存在, 请确定后购买");
```

```
                return;
        }
    }
    // 客户查找自己的商品数组
    function getGoodsByCustomer(address _customerAddr) view public returns (bytes32[] memory) {
        return customer[_customerAddr].buyGoods;
    }
    // 判断输入的商品 Id 是否存在
    function isGoodAlreadyAdd(bytes32 _goodId) internal view returns (bool) {
        for (uint i = 0; i < goods.length; i++) {
            if (goods[i] == _goodId) {
                return true;
            }
        }
        return false;
    }
    // 商户和银行清算积分
    event SettleScoreWithBank(address sender, string message);
    function settleScoreWithBank(address _merchantAddr, uint _amount) public {
        if (merchant[_merchantAddr].scoreAmount >= _amount) {
            merchant[_merchantAddr].scoreAmount -= _amount;
            settledScoreAmount += _amount;
            emit SettleScoreWithBank(msg.sender, "积分清算成功！");
            return;
        }
        else {
            emit SettleScoreWithBank(msg.sender, "您的积分余额不足，清算失败！");
            return;
        }
    }
}
```

附录I 以太坊积分商城项目 DApp 代码示例

以太坊积分商城项目 DApp 代码示例如下。

1. 环境准备

（1）安装 Truffle

使用 Truffle 框架构建项目。

安装命令：

```
npm install -g truffle
```

创建空项目：

```
mkdir Sorce
```

（2）安装 Ganache

安装命令：

```
npm install -g ganache-cli
```

2. 部署合约

（1）Truffle 初始化

命令：

```
truffle init
```

操作完成后，项目文件夹结构如下：contracts，Solidity 合约文件夹；migrations，部署脚本文件文件夹；test，测试脚本文件夹；truffle-config.js，Truffle 配置文件。

（2）编译合约

将合约放在 contracts 文件夹中。

运行命令：

```
truffle compile
```

（3）部署合约

打开 Ganache，在 migrations 中添加部署脚本文件 2_deploy_contracts.js。

内容如下：

```
var Score = artifacts.require("./Score.sol");
module.exports = function(deployer) {
```

```
    deployer.deploy(Score);
  };
```

运行命令:

```
truffle migrate
```

部署成功后如图 I-1 所示。

```
Deploying 'Score'
-----------------
> transaction hash:    0x378b8babc5ea42295d847f286ec1a40f15f1a5687a5196a3d5f70f51001f2f1b
> Blocks: 0            Seconds: 0
> contract address:    0x53f35eeB94aFd73945b40883ED48249dC456A157
> block number:        3
> block timestamp:     1623808434
> account:             0x25CcC91F4149bd4EAec8589059F65E37D4862aBA
> balance:             99.95164574
> gas used:            2168757 (0x2117b5)
> gas price:           20 gwei
> value sent:          0 ETH
> total cost:          0.04337514 ETH


> Saving migration to chain.
> Saving artifacts
-----------------------------------------
> Total cost:          0.04337514 ETH
```

图 I-1   合约部署

3. npm init 初始化项目

在 Node 开发中使用 npm init 会生成一个 pakeage.json 文件, 这个文件主要记录项目的详细信息, 包括项目开发中用到的包和项目的详细信息等记录。

(1) 运行命令

```
npm init
```

生成一个 package.json 文件, 文件内容如下:

```
{
    "name": "app",
    "version": "1.0.0",
    "description": "Frontend example using truffle v3",
    "scripts": {
        "lint": "eslint ./",
        "build": "webpack",
        "dev": "webpack-dev-server"
    },
    "author": "Douglas von Kohorn",
    "license": "MIT",
    "devDependencies": {
        "babel-cli": "^6.22.2",
        "babel-core": "^6.22.1",
        "babel-eslint": "^6.1.2",
        "babel-loader": "^6.2.10",
        "babel-plugin-transform-runtime": "^6.22.0",
        "babel-preset-env": "^1.1.8",
        "babel-preset-es2015": "^6.22.0",
```

```
        "babel-register": "^6.22.0",
        "copy-webpack-plugin": "^4.0.1",
        "css-loader": "^0.26.1",
        "eslint": "^3.14.0",
        "eslint-config-standard": "^6.0.0",
        "eslint-plugin-babel": "^4.0.0",
        "eslint-plugin-mocha": "^4.8.0",
        "eslint-plugin-promise": "^3.0.0",
        "eslint-plugin-standard": "^2.0.0",
        "html-webpack-plugin": "^2.28.0",
        "json-loader": "^0.5.4",
        "style-loader": "^0.13.1",
        "truffle-contract": "^1.1.11",
        "web3": "^0.20.0",
        "webpack": "^2.2.1",
        "webpack-dev-server": "^2.3.0"
    }
}
```

（2）安装依赖

命令如下：

```
npm install
```

运行后会在项目文件夹中生成 node_modules 文件夹。

（3）配置 webpack.config.js

在项目文件夹中配置 webpack.config.js，内容如下：

```
const path = require('path')
const CopyWebpackPlugin = require('copy-webpack-plugin')
module.exports = {
    entry: './app/javascripts/app.js',
    output: {
        path: path.resolve(__dirname, 'build'),
        filename: 'app.js'
    },
    plugins: [
        // Copy our app's index.html to the build folder.
        new CopyWebpackPlugin([
        {
            from: './app/index.html', to: 'index.html' }]),
        new CopyWebpackPlugin([
        {
            from: './app/customer.html', to: 'customer.html' }]),
        new CopyWebpackPlugin([
        {
            from: './app/bank.html', to: 'bank.html' }]),
        new CopyWebpackPlugin([
        {
            from: './app/merchant.html', to: 'merchant.html' } ])
```

```
        ],
    module: {
        rules: [
        {
            test: /\.css$/,
            use: ['style-loader', 'css-loader']
        }],
        loaders: [
        {
            test: /\.json$/, use: 'json-loader' },
        {
            test: /\.js$/,
            exclude: /(node_modules|bower_components)/,
            loader: 'babel-loader',
            query: {
                presets: ['es2015'],
                plugins: ['transform-runtime']
            }
        }]
    }
}
```

（4）启动服务

运行命令：

```
npm run dev
```

启动成功后在浏览器访问 http://localhost:8080/。

4．前端页面展示

（1）客户端（如图 I-2 所示）

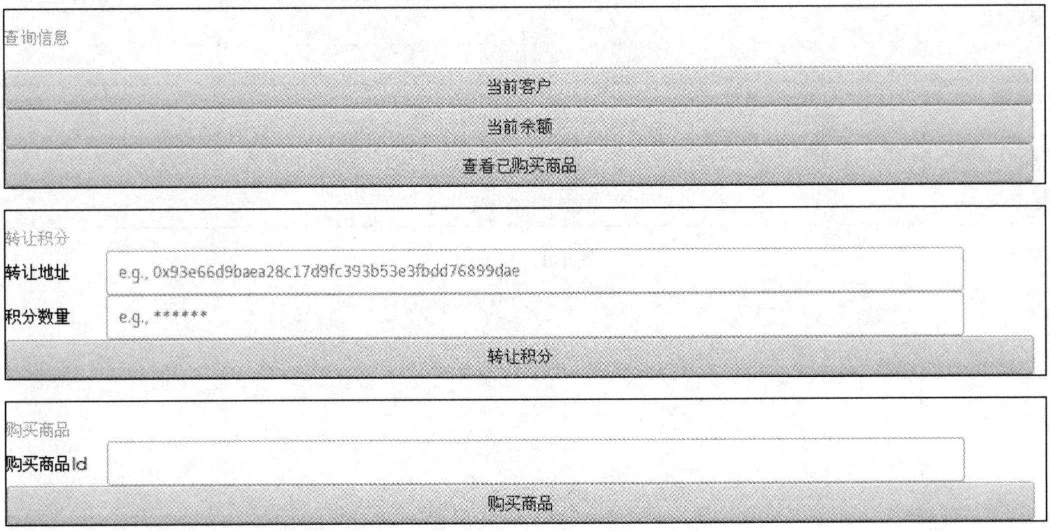

查询信息

| 当前客户 |
| 当前余额 |
| 查看已购买商品 |

转让积分

转让地址　e.g., 0x93e66d9baea28c17d9fc393b53e3fbdd76899dae

积分数量　e.g., ******

转让积分

购买商品

购买商品Id

购买商品

图 I-2　客户端

(2) 商家端（如图 I-3 所示）

查询信息

| 当前商户 |
| 当前余额 |

转让积分

转让积分地址 e.g., 0x93e66d9baea28c17d9fc393b53e3fbdd76899dae

积分数量 e.g., ******

转让积分

添加商品

商品ID

商品价格

添加商品

查看已添加商品

积分清算

清算积分数额

清算积分

图 I-3 商家端

(3) 银行端（如图 I-4 所示）

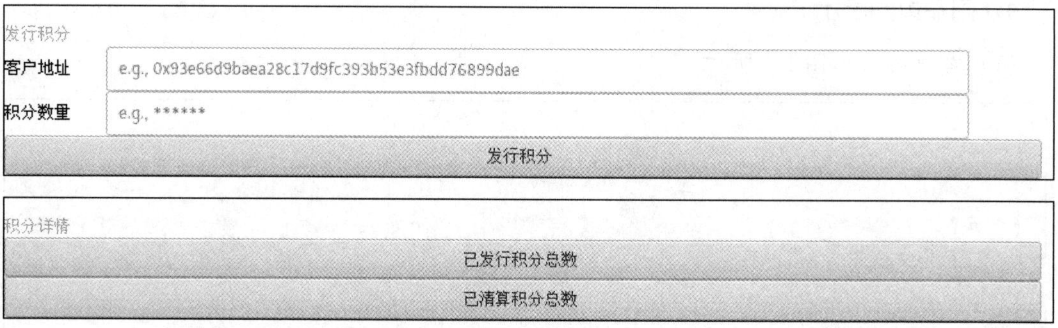

发行积分

客户地址 e.g., 0x93e66d9baea28c17d9fc393b53e3fbdd76899dae

积分数量 e.g., ******

发行积分

积分详情

| 已发行积分总数 |
| 已清算积分总数 |

图 I-4 银行端